새로운 배움, 더 큰 즐거움

미래엔 콘텐츠와 함께 새로운 배움을 시작합니다!
더 큰 즐거움을 찾아갑니다!

유형중심
확률과 통계

WRITERS

미래엔콘텐츠연구회
No.1 Content를 개발하는 교육 전문 콘텐츠 연구회

박현숙 영신여고 교사 | 고려대 수학교육과
조택상 선사고 교사 | 한국교원대 수학교육과
박상의 장충고 교사 | 성균관대 수학과

COPYRIGHT

인쇄일 2021년 4월 1일(2판1쇄)
발행일 2021년 4월 1일

펴낸이 김영진, 신광수
펴낸곳 (주)미래엔
등록번호 제16-67호

교육개발1실장 하남규
개발책임 전지혜
개발 문희주, 박지민

개발기획실장 김효정
개발기획책임 이병욱

디자인실장 손현지
디자인책임 김병석
디자인 김석헌, 윤지혜

CS본부장 강윤구
CS지원책임 강승훈

ISBN 979-11-6413-758-9

동기부여는 당신을 시작하게 하는 것이다.

습관은 당신을 계속 나아가도록 하는 것이다.

- Jim Rohn

좋은 습관을 기르기 위해 가장 좋은 건
지금 바로 행동으로 옮기는 것입니다.
좋은 습관은 우리의 삶의 성패를 좌우할 정도로
중요합니다.

수학 공부도 마찬가지입니다.
집중력 있고 끈기 있게 공부하고,
어려운 문제도 포기하지 않고 끝까지 풀어내는
좋은 습관을 기르면 수학 공부가 즐거워지고
수학 성적이 올라갑니다.

유형중심은 여러분의 수학 공부에 동기부여가 되고,
여러분의 꾸준한 노력과 함께하겠습니다.

Features & Structures

중단원 개념 학습 이해하기 쉬운 Lecture별 개념 정리

Lecture별 유형 학습 기본 문제와 유형별·난이도별 문제로 구성

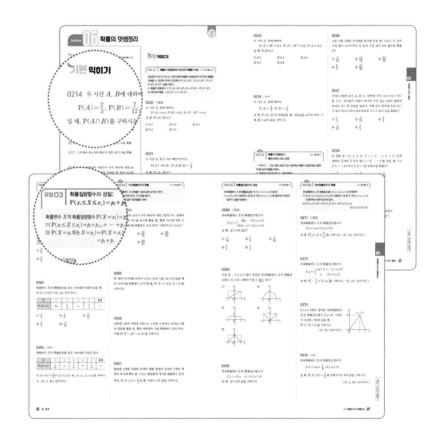

- 교과서 내용을 분석하여 Lecture별로 핵심 개념만을 알차게 정리하였습니다.

- 개념을 쉽게 이해할 수 있도록 개념 설명과 함께 예, 참고, 주의 등을 제시하였습니다.

기본 익히기

- 개념 및 공식을 제대로 익혔는지 확인할 수 있는 기본 문제를 수록하였습니다.

유형 익히기

- 교과서와 시험에 출제된 문제를 철저히 분석하여 개념과 문제 형태에 따라 다양한 유형으로 구성하였습니다.

- 문제 해결 방법을 익힐 수 있도록 유형별 해결 전략을 수록하였습니다.

1 교과서에 수록된 문제부터 시험에 출제된 문제까지 **수학의 모든 문제 유형을 한 권**에 담았습니다.

2 주제(Lecture)별 구성으로 **하루에 한 주제씩 완전 학습이 가능**합니다.

3 문제의 난이도에 따라 분류하고 시험에서 출제율이 높은 유형별 문제는 다시 상, 중, 하의 난이도로 세분화하여 **기본부터 실전까지 완벽한 대비가 가능**합니다.

중단원 실전 학습

시험 출제율이 높은 문제로 선별하여 구성

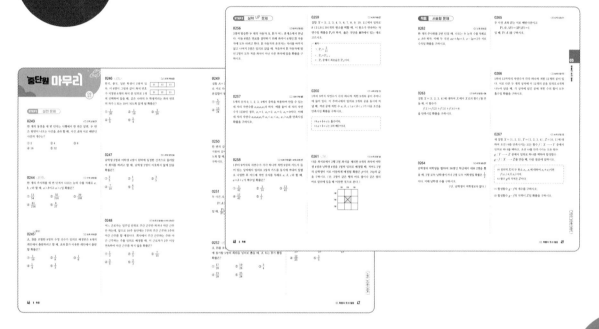

STEP1   실전 문제

• 앞에서 학습한 유형을 변형 또는 통합한 문제로 실전에 완벽하게 대비할 수 있습니다.

STEP2   실력 UP 문제

• 난이도 높은 문제를 풀어 봄으로써 수능 및 평가원, 교육청 모의고사까지 대비할 수 있습니다.

적중   서술형 문제

• 단계별로 배점 비율이 제시된 서술형 문제를 제공하여 학교 시험을 더욱 완벽하게 대비할 수 있습니다.

• 정답만 빠르게 확인할 수 있습니다.

• 문제 이해에 필요한 자세한 풀이와 도움 개념을 수록하였습니다.

바른답 · 알찬풀이

이 책의
차례

Contents

학습 계획 note

완전 학습을 위해 스스로 학습 계획을 세워 실천하세요.
이해가 부족한 경우에는 반복하여 학습하세요.

01일차 1st 월 일 2nd 월 일
02일차 1st 월 일 2nd 월 일
03일차 1st 월 일 2nd 월 일

04일차 1st 월 일 2nd 월 일
05일차 1st 월 일 2nd 월 일
06일차 1st 월 일 2nd 월 일

07일차 1st 월 일 2nd 월 일
08일차 1st 월 일 2nd 월 일
09일차 1st 월 일 2nd 월 일

10일차 1st 월 일 2nd 월 일
11일차 1st 월 일 2nd 월 일
12일차 1st 월 일 2nd 월 일

III 통계

13일차	1st	월	일	2nd	월	일
14일차	1st	월	일	2nd	월	일
15일차	1st	월	일	2nd	월	일

16일차	1st	월	일	2nd	월	일
17일차	1st	월	일	2nd	월	일
18일차	1st	월	일	2nd	월	일

19일차	1st	월	일	2nd	월	일
20일차	1st	월	일	2nd	월	일
21일차	1st	월	일	2nd	월	일

유형중심이 제안하는 100% 효과 만점 학습법

이렇게 **계획**해요!

가장 좋은 수학 공부법은 꾸준히 공부하는 것입니다.
차례에 있는 〈학습 계획 note〉를 이용하여 단원 학습 계획을 세워 보세요.

이렇게 **공부**해요!

문제집을 3번 반복 학습하면 완벽하게 이해하게 됩니다.
공부 시기와 횟수에 따라 다음과 같이 공부하세요.

	1 첫 번째 공부할 때 (진도 전 예습)	**2** 두 번째 공부할 때 (진도 후 복습)	**3** 시험 전 공부할 때
중단원 개념 학습	• 핵심 개념을 이해하고 공식을 암기합니다. • 교과서를 먼저 읽은 후 공부하면 더 쉽게 개념을 이해할 수 있습니다.	• 핵심 개념을 보며 수업 시간에 배운 내용을 떠올려 봅니다. • 복습하면서 이해가 안 되는 개념은 선생님께 질문하여 반드시 이해하도록 합니다.	• 핵심 개념을 빠르게 읽어 보면서 중요한 개념이나 공식은 노트에 쓰면서 정리합니다. • 정리한 내용은 시험 보기 직전에 한 번 더 확인합니다.
기본 익히기	• 문제를 꼼꼼히 풀어 개념을 어느 정도 이해하고 있는지 확인합니다.	• 첫 번째 공부할 때 틀렸던 문제를 다시 풀어 봅니다.	• 눈으로 읽으면서 빠르게 풀어 봅니다.
유형 익히기	• 유형별 대표 문제 중심으로 풀어 봅니다. • 틀린 문제는 체크해 두고 반드시 복습합니다.	• 유형별 모든 문제를 풀어 봅니다. • 첫 번째 공부할 때 틀렸던 문제는 집중해서 풀고, 또 틀리면 관련 개념을 다시 공부합니다.	• 모든 문제를 다시 푸는 것보다는 그동안 공부하면서 틀렸던 문제에 집중해 취약한 부분을 보강합니다. • 빈출 유형은 반드시 풀어 봅니다.
중단원 마무리	• 얼마나 이해했는지 점검하기 위해 step 1 실전 문제 중심으로 풀어 봅니다.	• 공부한 후 성취 수준을 확인해 봅니다. 첫 번째 공부할 때도 풀었다면 점수를 비교해 봅니다. • step 2 실력 up 문제와 적중 서술형 문제를 풀어 학교 시험 만점에 도전해 봅니다.	• 실제 학교 시험을 보는 것처럼 제한 시간 내에 풀어 봅니다. • 틀린 문제는 반드시 다시 풀어 봅니다.

I

경우의 수

여러 가지 순열

Lecture 01 원순열, 중복순열 ^{01 일차}

개념 01-1 원순열 ∞ 9~10쪽 | 유형 01~03 |

(1) **원순열**: 서로 다른 것을 원형으로 배열하는 순열을 **원순열**이라고 한다.

참고 원순열에서 회전하여 배열이 일치하는 것은 모두 같은 것으로 본다.

(2) **원순열의 수**: 서로 다른 n개를 원형으로 배열하는 원순열의 수는

$$\frac{n!}{n}=(n-1)!$$

예 4명의 가족이 원탁에 둘러앉는 경우의 수는

$$\frac{4!}{4}=3!=6$$

개념 01-2 중복순열 ∞ 11~12쪽 | 유형 04~06 |

(1) **중복순열**: 서로 다른 n개에서 중복을 허용하여 r개를 택하는 순열을 **중복순열**이라 하고, 이 중복순열의 수를 기호로 $_n\Pi_r$와 같이 나타낸다.

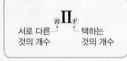

$$_n\Pi_r$$
서로 다른   택하는
것의 개수   것의 개수

(2) **중복순열의 수**: 서로 다른 n개에서 r개를 택하는 중복순열의 수는

$$_n\Pi_r=n^r$$

참고 순열의 수 $_n\mathrm{P}_r$에서는 $0\le r\le n$이어야 하지만, 중복순열의 수 $_n\Pi_r$에서는 중복하여 택할 수 있으므로 $r>n$일 수도 있다.

Lecture 02 같은 것이 있는 순열 ^{02 일차}

개념 02-1 같은 것이 있는 순열 ∞ 13~16쪽 | 유형 07~11 |

(1) **같은 것이 있는 순열의 수**

n개 중에서 같은 것이 각각 p개, q개, $\cdots$, r개씩 있을 때, n개를 일렬로 나열하는 순열의 수는

$$\frac{n!}{p!\times q!\times\cdots\times r!}\ (\text{단},\ p+q+\cdots+r=n)$$

참고 n개를 서로 다른 것으로 보고 일렬로 나열하는 것 중 같은 경우가 $p!\times q!\times\cdots\times r!$가지씩 있다.

예 4개의 숫자 1, 1, 2, 2를 일렬로 나열하는 경우의 수는

$$\frac{4!}{2!\times 2!}=6$$

(2) **순서가 정해진 순열의 수**

서로 다른 n개 중에서 특정한 $r\ (0<r\le n)$개의 순서가 일정하게 정해졌을 때, n개를 일렬로 나열하는 순열의 수는

$$\frac{n!}{r!}$$

참고 특정한 것의 순서가 정해졌을 때, 정해진 순서에는 자리의 바뀜이 없기 때문에 순서가 정해진 것들은 모두 같은 것으로 생각하고 같은 것이 있는 순열을 이용한다.

예 5개의 숫자 1, 2, 3, 4, 5를 일렬로 나열할 때, 2, 3, 4는 이 순서대로 나열하는 경우의 수는

$$\frac{5!}{3!}=20$$

개념 CHECK

1 다음 □ 안에 알맞은 수를 써넣으시오.

> 서로 다른 6개의 구슬을 원형으로 배열하는 경우의 수는
>
> $\dfrac{6!}{□}=(□-1)!=□!=□$

2 다음 □ 안에 알맞은 수를 써넣으시오.

> 0부터 9까지의 숫자를 사용하여 만들 수 있는 다섯 자리의 비밀번호의 개수
>
> ⇨ 서로 다른 10개에서 중복을 허용하여 5개를 택하는 중복순열의 수
>
> ⇨ $_□\Pi_□$

3 다음 □ 안에 알맞은 수를 써넣으시오.

(1) $_3\Pi_2=□^□=□$

(2) $_2\Pi_3=□^□=□$

4 다음 □ 안에 알맞은 수를 써넣으시오.

> 5개의 숫자 1, 1, 3, 3, 3을 일렬로 나열하는 경우의 수는
>
> $\dfrac{5!}{2!\times□!}=□$

1 6, 6, 5, 120

2 10, 5

3 (1) 3, 2, 9   (2) 2, 3, 8

4 3, 10

원순열, 중복순열

 **익히기** ∞8쪽 | 개념 01-1, 2 |

0001 서로 다른 5개의 깃발을 원형으로 꽂는 경우의 수를 구하시오.

0002 서로 다른 색의 초 7개 중에서 3개를 뽑아 컵케이크 위에 원형으로 꽂는 경우의 수를 구하시오.

0003~0004 남학생 2명과 여학생 4명이 원탁에 둘러앉을 때, 다음을 구하시오.

0003 모든 경우의 수

0004 남학생끼리 이웃하게 앉는 경우의 수

0005~0008 다음 값을 구하시오.

0005 $_5\Pi_3$ **0006** $_2\Pi_4$

0007 $_3\Pi_3$ **0008** $_6\Pi_1$

0009~0010 다음 등식을 만족시키는 자연수 n 또는 r의 값을 구하시오.

0009 $_n\Pi_2=64$ **0010** $_5\Pi_r=625$

0011~0012 다음을 구하시오.

0011 ○ 또는 ×로만 답할 수 있는 5개의 문제에 임의로 답하는 경우의 수

0012 3개의 문자 C, A, T에서 중복을 허용하여 만들 수 있는 네 자리 암호의 개수

유형 익히기

유형 01 원탁에 둘러앉는 경우의 수 ∞ 개념 01-1

(1) n명이 원탁에 둘러앉는 경우의 수는 ⇨ $(n-1)!$
(2) 원탁에 둘러앉을 때,
　① 이웃하는 사람이 있는 경우: 이웃하는 사람을 한 사람으로 생각하여 구한다.
　② 이웃하지 않는 사람이 있는 경우: 이웃해도 되는 사람을 원형으로 배열하고, 그 사이사이에 이웃하지 않는 사람을 배열한다.

0013 대표

4쌍의 부부가 원탁에 둘러앉을 때, 부부끼리 이웃하게 앉는 경우의 수는?

① 48 ② 60 ③ 72
④ 84 ⑤ 96

0014

가수 4명과 배우 3명이 원탁에 둘러앉을 때, 배우끼리 이웃하지 않게 앉는 경우의 수를 구하시오.

0015

어른 5명과 아이 5명이 원탁에 둘러앉아 식사를 하려고 한다. 어른과 아이가 교대로 앉는 경우의 수를 구하시오.

0016

할아버지, 할머니를 포함한 6명의 가족이 원탁에 둘러앉을 때, 할아버지와 할머니가 마주 보고 앉는 경우의 수를 구하시오.

유형 02 도형에 색칠하는 경우의 수 ∞ 개념 01-1

회전시켰을 때 모양이 일치하는 도형에 색을 칠하는 경우의 수는 다음과 같은 순서로 구한다.

❶ 기준이 되는 영역에 색을 칠하는 경우의 수를 구한다.
❷ 원순열을 이용하여 나머지 영역에 색을 칠하는 경우의 수를 구한다.
❸ ❶과 ❷의 결과를 곱한다.

참고 입체도형에 색을 칠하는 경우의 수를 구할 때는 밑면이나 마주 보는 면, 평행한 면 등에 색을 칠하는 경우를 먼저 생각한다.

0017 대표

오른쪽 그림과 같이 정사각형을 4등분한 4개의 영역을 서로 다른 7가지 색 중에서 4가지 색을 택하여 칠하는 경우의 수는? (단, 각 영역에는 한 가지 색만 칠하고, 회전하여 일치하는 것은 같은 것으로 본다.)

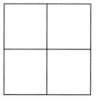

① 150　　② 170　　③ 190
④ 210　　⑤ 230

0018

오른쪽 그림은 중심이 같은 두 원 사이를 4등분 하여 만든 도형이다. 이 도형의 5개의 영역을 서로 다른 7가지 색 중 5가지 색을 사용하여 칠하는 경우의 수를 구하시오. (단, 각 영역에는 한 가지 색만 칠하고, 회전하여 일치하는 것은 같은 것으로 본다.)

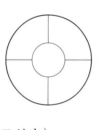

0019 [서술형]

오른쪽 그림은 정삼각형과 그 외접원의 중심 O에서 정삼각형의 세 꼭짓점을 연결하여 만든 도형이다. 이 도형의 6개의 영역을 서로 다른 6가지 색을 모두 사용하여 칠하는 경우의 수를 구하시오.
(단, 각 영역에는 한 가지 색만 칠하고, 회전하여 일치하는 것은 같은 것으로 본다.)

0020

오른쪽 그림과 같이 밑면이 정사각형이고 옆면이 모두 합동인 정사각뿔에서 각 면을 서로 다른 5가지 색을 모두 사용하여 칠하는 경우의 수는? (단, 각 면에는 한 가지 색만 칠하고, 회전하여 일치하는 것은 같은 것으로 본다.)

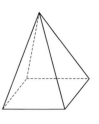

① 26　　② 28　　③ 30
④ 32　　⑤ 34

0021

오른쪽 그림과 같이 오각뿔대의 윗면과 아랫면은 모두 정오각형이고 옆면은 모두 합동인 사다리꼴이다. 각 면을 서로 다른 7가지 색을 모두 사용하여 칠하는 경우의 수를 구하시오. (단, 각 면에는 한 가지 색만 칠하고, 회전하여 일치하는 것은 같은 것으로 본다.)

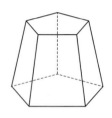

유형 03 여러 가지 모양의 탁자에 둘러앉는 경우의 수 ∞ 개념 01-1

다각형 모양의 탁자에 둘러앉는 경우의 수는 다음과 같은 순서로 구한다.

❶ 원형으로 배열하는 경우의 수를 구한다.
❷ 원형으로 배열하는 한 가지 경우에 대하여 기준이 되는 자리의 위치에 따라 존재하는 서로 다른 경우의 수를 구한다.
❸ ❶과 ❷의 결과를 곱한다.

0022 대표

오른쪽 그림과 같은 직사각형 모양의 탁자에 6명이 둘러앉는 경우의 수는? (단, 회전하여 일치하는 것은 같은 것으로 본다.)

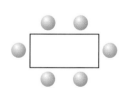

① 240　　② 280　　③ 320
④ 360　　⑤ 400

0023

오른쪽 그림과 같은 정오각형 모양의 탁자에 10명이 둘러앉는 경우의 수는? (단, 회전하여 일치하는 것은 같은 것으로 본다.)

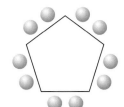

① $8! \times 2$　　② $8! \times 5$

③ $9! \times 2$　　④ $9! \times 5$

⑤ $10! \times 2$

0024

오른쪽 그림과 같은 사다리꼴 모양의 탁자에 5명이 둘러앉는 경우의 수를 구하시오. (단, 회전하여 일치하는 것은 같은 것으로 본다.)

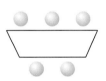

유형 04 | 중복순열　　∞ 개념 01-2

서로 다른 n개에서 r개를 택하는 중복순열의 수는

$\Rightarrow {}_n\Pi_r = n^r$

0025 [대표]

수진이를 포함한 6명의 학생이 영화, 연극, 뮤지컬 3가지 중에서 하나씩을 선택하여 관람하려고 할 때, 수진이가 영화를 선택하지 않는 경우의 수는?

① 243　　② 356　　③ 486

④ 512　　⑤ 729

0026

4명의 학생이 3대의 버스 A, B, C 중에서 한 대씩을 선택하여 탑승하는 경우의 수는? (단, 빈 버스가 있을 수 있다.)

① 27　　② 42　　③ 64

④ 81　　⑤ 112

0027

서로 다른 3자루의 볼펜을 서로 다른 5개의 주머니에 남김없이 나누어 담는 경우의 수를 구하시오. (단, 빈 주머니가 있을 수 있다.)

0028 [서술형]

3개의 문자 a, b, c에서 중복을 허용하여 4개를 뽑아 일렬로 나열할 때, a끼리 이웃하지 않도록 나열하는 경우의 수를 구하시오.

0029

2개의 부호 ●, ━를 사용하여 일렬로 나열한 신호를 만들려고 한다. 이 2개의 부호를 합해서 1개 이상 n개 이하로 사용하여 200개 이상의 서로 다른 신호를 만들려고 할 때, n의 최솟값을 구하시오.

유형 05 자연수의 개수 ; 중복순열
∞ 개념 01-2

(1) $1, 2, 3, \cdots, n$ $(1 \le n \le 9)$의 n개의 숫자에서 중복을 허용하여 만들
수 있는 r자리 자연수의 개수는
⇨ $_n\Pi_r$

(2) $0, 1, 2, 3, \cdots, n$ $(1 \le n \le 9)$의 $(n+1)$개의 숫자에서 중복을 허용
하여 만들 수 있는 r자리 자연수의 개수는
⇨ $n \times {}_{n+1}\Pi_{r-1}$
└→ 가장 높은 자리에는 0을 제외한 n개의 숫자만 올 수 있다.

0030 대표

4개의 숫자 1, 2, 3, 4에서 중복을 허용하여 네 자리 자연수
를 만들 때, 3441보다 작은 자연수의 개수는?

① 182   ② 184   ③ 186
④ 188   ⑤ 190

0031

6개의 숫자 0, 1, 2, 3, 4, 5에서 중복을 허용하여 만든 모든
자연수를 크기가 작은 것부터 순서대로 나열할 때, 1200은
몇 번째 수인지 구하시오.

0032 [서술형]

5개의 숫자 2, 3, 5, 7, 9에서 중복을 허용하여 네 자리 자연
수를 만들 때, 숫자 2와 숫자 3을 반드시 포함하는 것의 개수
를 구하시오.

유형 06 함수의 개수 ; 중복순열
∞ 개념 01-2

두 집합 $X = \{a_1, a_2, a_3, \cdots, a_r\}$, $Y = \{b_1, b_2, b_3, \cdots, b_n\}$에 대하여

(1) X에서 Y로의 함수의 개수는 → 정의역의 각 원소에 공역의 원소가 하나씩 대응
⇨ $_n\Pi_r = n^r$

(2) X에서 Y로의 일대일함수의 개수는 → 정의역의 각 원소에 공역의 서로 다른
⇨ $_n\mathrm{P}_r$ (단, $r \le n$)   원소가 하나씩 대응

0033 대표

두 집합 $X = \{1, 2, 3\}$, $Y = \{a, b, c, d, e\}$에 대하여 X에
서 Y로의 함수의 개수를 a, 일대일함수의 개수를 b라 할 때,
$a+b$의 값을 구하시오.

0034

두 집합 $X = \{a, b, c, d\}$, $Y = \{2, 4, 6, 8\}$에 대하여 X
에서 Y로의 함수 f 중에서 $f(a) \ne 4$, $f(c) \ne 8$을 만족시키
는 함수의 개수는?

① 64   ② 128   ③ 144
④ 232   ⑤ 256

0035

두 집합 $X = \{1, 2, 3, 4\}$, $Y = \{1, 2, 3, 4, 5\}$에 대하여
함수 $f : X \longrightarrow Y$ 중에서 $f(1) + f(3) = 6$을 만족시키는
함수의 개수는?

① 25   ② 50   ③ 75
④ 100   ⑤ 125

Lecture 02 같은 것이 있는 순열

기본 익히기

∞8쪽 | 개념 02-1 |

0036~0038 다음을 구하시오.

0036 5개의 문자 x, y, y, y, z를 일렬로 나열하는 경우의 수

0037 6개의 숫자 2, 3, 3, 4, 4, 4를 일렬로 나열하는 경우의 수

0038 success의 7개의 문자를 일렬로 나열하는 경우의 수

0039 6개의 문자 p, p, q, r, r, s를 일렬로 나열할 때, r가 맨 앞에 오도록 나열하는 경우의 수를 구하시오.

0040~0041 다음을 구하시오.

0040 4개의 문자 a, b, c, d를 일렬로 나열할 때, c, d는 이 순서대로 나열하는 경우의 수

0041 house의 5개의 문자를 일렬로 나열할 때, s가 e보다 앞에 오도록 나열하는 경우의 수

0042 다음 그림과 같은 도로망이 있다. A 지점에서 B 지점까지 최단 거리로 가는 경우의 수를 구하시오.

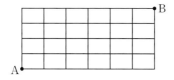

유형 익히기

유형 07 문자의 나열; 같은 것이 있는 순열
∞개념 02-1

n개의 문자 중에서 같은 것이 각각 p개, q개, $\cdots$, r개씩 있을 때, n개의 문자를 일렬로 나열하는 경우의 수는

$\Rightarrow \dfrac{n!}{p! \times q! \times \cdots \times r!}$ (단, $p+q+\cdots+r=n$)

0043 대표

highschool의 10개의 문자를 일렬로 나열할 때, 모음끼리 이웃하도록 나열하는 경우의 수가 $k \times 7!$이다. 이때 상수 k의 값은?

① 2 ② 3 ③ 4
④ 5 ⑤ 6

0044

8개의 문자 a, a, b, c, c, c, c, d를 일렬로 나열할 때, 양 끝에 서로 다른 문자가 오도록 나열하는 경우의 수는?

① 210 ② 350 ③ 490
④ 630 ⑤ 840

0045

internet의 8개의 문자를 일렬로 나열할 때, 2개의 n은 서로 이웃하고 2개의 e는 서로 이웃하지 않도록 나열하는 경우의 수를 구하시오.

바른답·알찬풀이 004쪽

0046

tomato의 6개의 문자를 일렬로 나열할 때, o끼리 이웃하거나 t끼리 이웃하도록 나열하는 경우의 수는?

① 96   ② 104   ③ 112

④ 120   ⑤ 128

유형08 **자연수의 개수 ; 같은 것이 있는 순열** ∞ 개념 02-1

n개의 숫자 중에서 같은 것이 있을 때, 이를 이용하여 만들 수 있는 자연수의 개수는 다음과 같은 순서로 구한다.
❶ 주어진 조건에 따라 기준이 되는 자리부터 숫자를 먼저 나열한다.
❷ 나머지 자리에 남은 숫자를 나열한 후 같은 것이 있는 순열을 이용하여 자연수의 개수를 구한다.

0047 대표

5개의 숫자 0, 0, 1, 1, 2를 모두 사용하여 만들 수 있는 다섯 자리 자연수의 개수는?

① 12   ② 14   ③ 16

④ 18   ⑤ 20

0048

6개의 숫자 1, 1, 2, 2, 3, 4를 모두 사용하여 만들 수 있는 여섯 자리 자연수 중에서 일의 자리, 십의 자리, 천의 자리의 숫자가 모두 짝수인 경우의 수는?

① 6   ② 9   ③ 12

④ 15   ⑤ 18

0049

6개의 숫자 1, 2, 2, 2, 3, 3에서 4개를 택하여 만들 수 있는 네 자리 자연수의 개수는?

① 24   ② 28   ③ 32

④ 38   ⑤ 42

0050 [서술형]

5개의 숫자 2, 2, 3, 5, 5에서 4개를 택하여 네 자리 자연수를 만들 때, 3의 배수의 개수를 구하시오.

유형09 **순서가 정해진 순열** ∞ 개념 02-1

서로 다른 n개를 일렬로 나열할 때, 특정한 r $(0<r≤n)$개는 정해진 순서대로 나열하는 경우의 수는
⇨ 순서가 정해진 r개를 같은 것으로 생각하여 같은 것이 r개 포함된 n개를 일렬로 나열하는 순열의 수를 구한다.
⇨ $\dfrac{n!}{r!}$

0051 대표

3개의 숫자 1, 2, 3과 3개의 문자 a, b, c를 일렬로 나열할 때, $c12ab3$, $1ab23c$와 같이 숫자는 크기가 작은 것부터 순서대로 나열하는 경우의 수는?

① 80   ② 120   ③ 160

④ 200   ⑤ 240

0052

afternoon의 9개의 문자를 일렬로 나열할 때, 자음이 모음보다 앞에 오도록 나열하는 경우의 수는?

① 420   ② 520   ③ 620

④ 720   ⑤ 820

0053 [서술형]

college의 7개의 문자를 일렬로 나열하는 경우의 수를 a, g가 c보다 앞에 오도록 나열하는 경우의 수를 b라 할 때, $a+b$의 값을 구하시오.

0054

7개의 숫자 1, 2, 3, 4, 5, 6, 7을 일렬로 나열할 때, 4는 1보다 앞에 오고, 3은 6보다 뒤에 오고, 2와 7은 이웃하도록 나열하는 경우의 수는?

① 360   ② 390   ③ 420

④ 450   ⑤ 480

0055

민호는 국어와 수학을 포함한 7개의 과목을 월요일부터 일요일까지 매일 한 과목씩 공부하려고 한다. 이 중에서 국어와 수학을 포함한 4개의 과목을 월요일부터 목요일까지 공부할 때, 수학을 국어보다 먼저 공부하려고 한다. 7일 동안 공부하는 과목의 순서를 정하는 경우의 수는?

① 600   ② 630   ③ 660

④ 690   ⑤ 720

유형10 최단 거리로 가는 경우의 수   ∞개념 02-1

(1) A 지점에서 P 지점을 거쳐 B 지점까지 최단 거리로 가는 경우의 수는

⇨ (A → P로 가는 경우의 수)
     × (P → B로 가는 경우의 수)

(2) A 지점에서 P 지점을 거치지 않고 B 지점까지 최단 거리로 가는 경우의 수는

⇨ (A → B로 가는 경우의 수) − (A → P → B로 가는 경우의 수)

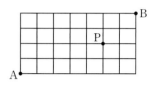

0056 [대표]

오른쪽 그림과 같은 도로망이 있다. A 지점에서 P 지점을 거쳐 B 지점까지 최단 거리로 가는 경우의 수는?

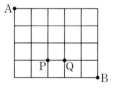

① 126   ② 128   ③ 130

④ 132   ⑤ 134

0057

오른쪽 그림과 같은 도로망이 있다. A 지점에서 $\overline{PQ}$를 거쳐 B 지점까지 최단 거리로 가는 경우의 수를 구하시오.

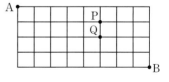

0058

오른쪽 그림과 같은 도로망이 있다. A 지점에서 $\overline{PQ}$를 거치지 않고 B 지점까지 최단 거리로 가는 경우의 수를 구하시오.

0059 [서술형]

오른쪽 그림과 같은 도로망이 있다. A 지점에서 B 지점까지 최단 거리로 갈 때, P 지점은 거치고, Q 지점은 거치지 않고 가는 경우의 수를 구하시오.

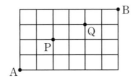

0060

오른쪽 그림과 같이 크기가 같은 정육면체 12개를 쌓아 올려 직육면체를 만들었을 때, 정육면체의 모서리를 따라 꼭짓점 A에서 꼭짓점 B까지 최단 거리로 가는 경우의 수는?

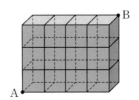

① 240　　　② 250　　　③ 260

④ 270　　　⑤ 280

유형 11 | 최단 거리로 가는 경우의 수; 그림이 복잡한 경우　　∞ 개념 02-1

A 지점에서 B 지점까지 최단 거리로 갈 때, 그림이 복잡한 경우는 다음과 같은 순서로 구한다.
❶ A 지점에서 B 지점까지 최단 거리로 갈 때 반드시 거쳐야 하는 점을 P, Q, …로 잡는다.
❷ A → P → B, A → Q → B, … 와 같은 경로를 따라 최단 거리로 가는 경우의 수를 각각 구한다.
❸ ❷에서 구한 경우의 수를 모두 더한다.

0061 〔대표〕

오른쪽 그림과 같은 도로망이 있다. A 지점에서 B 지점까지 최단 거리로 가는 경우의 수는?

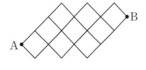

① 32　　　② 36　　　③ 40

④ 44　　　⑤ 48

0062

오른쪽 그림과 같은 도로망이 있다. A 지점에서 B 지점까지 최단 거리로 가는 경우의 수는?

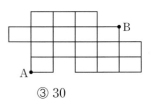

① 20　　　② 25　　　③ 30

④ 35　　　⑤ 40

0063

오른쪽 그림과 같은 도로망이 있다. 호수는 지나갈 수 없다고 할 때, A 지점에서 B 지점까지 최단 거리로 가는 경우의 수는?

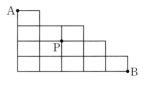

① 40　　　② 44　　　③ 50

④ 54　　　⑤ 60

0064

오른쪽 그림과 같은 도로망이 있다. A 지점에서 B 지점까지 최단 거리로 갈 때, P 지점은 거치지 않고 가는 경우의 수는?

① 27　　　② 28　　　③ 29

④ 30　　　⑤ 31

중단원 마무리

03
일차

STEP1 실전 문제

0065 중요!

○○ 9쪽 유형 **01**

스케이트 선수 5명과 하키 선수 2명이 원탁에 둘러앉을 때, 하키 선수 사이에 스케이트 선수가 1명만 앉는 경우의 수를 구하시오.

0066 평가원

○○ 9쪽 유형 **01**

1학년 학생 2명, 2학년 학생 2명, 3학년 학생 3명이 있다. 이 7명의 학생이 일정한 간격을 두고 원 모양의 탁자에 모두 둘러앉을 때, 1학년 학생끼리 이웃하고 2학년 학생끼리 이웃하게 되는 경우의 수는? (단, 회전하여 일치하는 것은 같은 것으로 본다.)

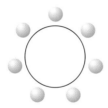

① 96　　　　② 100　　　　③ 104
④ 108　　　　⑤ 112

0067

○○ 10쪽 유형 **02**

오른쪽 그림은 합동인 원 5개와 각 원의 중심을 꼭짓점으로 하는 정오각형으로 이루어진 도형이다. 이 도형에서 나누어진 11개의 영역을 서로 다른 11가지 색을 모두 사용하여 칠하는 경우의 수가 $k \times 11!$일 때, 상수 k의 값을 구하시오. (단, 각 영역에는 한 가지 색만 칠하고, 회전하여 일치하는 것은 같은 것으로 본다.)

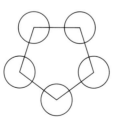

0068

○○ 10쪽 유형 **03**

다음 그림과 같이 정삼각형 모양의 두 탁자 A, B가 있다. A 탁자에 6명이 둘러앉는 경우의 수를 a, B 탁자에 5명이 둘러앉는 경우의 수를 b라 할 때, $a-b$의 값을 구하시오. (단, 회전하여 일치하는 것은 같은 것으로 본다.)

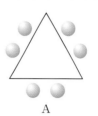 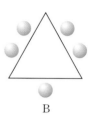

A　　　　　　　　B

0069

○○ 11쪽 유형 **04**

서로 다른 7개의 떡을 흰 접시, 파란 접시, 노란 접시에 남김없이 나누어 담으려고 할 때, 흰 접시에는 떡을 3개만 담는 경우의 수는? (단, 빈 접시가 있을 수 있다.)

① 280　　　　② 350　　　　③ 420
④ 490　　　　⑤ 560

0070

○○ 11쪽 유형 **04**

서로 다른 6권의 공책을 4명의 학생 A, B, C, D에게 남김없이 나누어 주려고 한다. A와 B가 받는 공책을 합하면 2권일 때, A가 B보다 공책을 적지 않게 받는 경우의 수는? (단, 공책을 받지 못하는 학생이 있을 수 있다.)

① 704　　　　② 708　　　　③ 712
④ 716　　　　⑤ 720

0071 수능

○○ 12쪽 유형 **05**

숫자 1, 2, 3, 4, 5 중에서 중복을 허락하여 네 개를 택해 일렬로 나열하여 만든 네 자리의 자연수가 5의 배수인 경우의 수는?

① 115　　　　② 120　　　　③ 125
④ 130　　　　⑤ 135

0072

∞ 13쪽 유형 07

8개의 문자 A, B, B, B, C, C, C, C가 각각 하나씩 적힌 8장의 카드가 있다. 이 8장의 카드를 같은 문자가 적힌 카드끼리는 이웃하지 않게 일렬로 나열하는 경우의 수는?

① 8   ② 11   ③ 14

④ 17   ⑤ 20

0073

∞ 13쪽 유형 07

다음 그림과 같이 한 변의 길이가 2인 정사각형 모양의 타일과 가로의 길이가 1, 세로의 길이가 2인 직사각형 모양의 타일이 있다. 이 두 종류의 타일을 사용하여 가로의 길이가 7, 세로의 길이가 2인 직사각형 모양의 벽면을 빈틈없이 붙이는 경우의 수는? (단, 직사각형 모양의 타일은 가로와 세로를 바꾸어 붙일 수 없고, 사용하지 않는 타일이 있을 수 있다.)

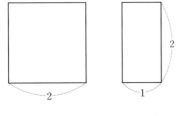

① 15   ② 18   ③ 21

④ 24   ⑤ 27

0074

∞ 12쪽 유형 06 + 13쪽 유형 07

두 집합 $X = \{1, 2, 3, 4, 5, 6, 7\}$, $Y = \{8, 9, 10\}$에 대하여 다음 조건을 만족시키는 함수 $f : X \longrightarrow Y$의 개수를 구하시오.

> (가) $f(a) = 8$인 집합 X의 원소 a의 개수는 1이다.
> (나) $f(b) = 9$, $f(c) = 10$인 집합 X의 두 원소 b, c의 개수는 각각 최대 3, 5이다.

0075 중요!

∞ 14쪽 유형 08 + 유형 09

7개의 숫자 4, 5, 5, 5, 6, 7, 7을 모두 사용하여 일곱 자리 자연수를 만들 때, 4가 6보다 앞자리에 오는 홀수의 개수를 구하시오.

0076 수능

∞ 16쪽 유형 11

그림과 같이 마름모 모양으로 연결된 도로망이 있다. 이 도로망을 따라 A 지점에서 출발하여 C 지점을 지나지 않고, D 지점도 지나지 않으면서 B 지점까지 최단 거리로 가는 경우의 수는?

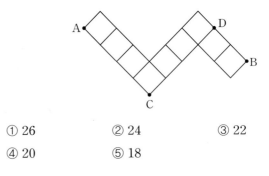

① 26   ② 24   ③ 22

④ 20   ⑤ 18

0077

∞ 16쪽 유형 11

다음 그림과 같은 도로망이 있다. A 지점에서 B 지점까지 최단 거리로 가는 경우의 수는?

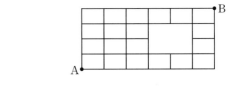

① 100   ② 110   ③ 120

④ 130   ⑤ 140

0078 ∞ 10쪽 유형 **02**

오른쪽 그림과 같이 합동인 6개의 도형과 정육각형으로 이루어진 원이 있다. 이때 7개의 영역에서 인접한 영역은 서로 다른 색으로 칠하여 구분하려고 한다. 이 7개의 영역을 서로 다른 7가지 색을 모두 사용하여 칠하는 경우의 수를 a, 초록, 빨강, 노랑, 파랑의 4가지 색 중에서 초록은 세 번, 빨강은 두 번, 노랑과 파랑은 각각 한 번씩만 사용하여 칠하는 경우의 수를 b라 하자. 이때 $a+b$의 값은? (단, 각 영역에는 한 가지 색만 칠하고, 회전하여 일치하는 것은 같은 것으로 본다.)

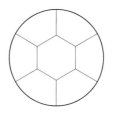

① 842
② 848
③ 854
④ 860
⑤ 866

0079 (수능) ∞ 14쪽 유형 **09**

어느 회사원이 처리해야 할 업무는 A, B를 포함하여 모두 6가지이다. 이 중에서 A, B를 포함한 4가지 업무를 오늘 처리하려고 하는데, A를 B보다 먼저 처리해야 한다. 오늘 처리할 업무를 택하고, 택한 업무의 처리 순서를 정하는 경우의 수는?

① 60
② 66
③ 72
④ 78
⑤ 84

0080 ∞ 15쪽 유형 **10**

지훈이와 슬기가 각각 주사위를 던져 나오는 눈의 수가 더 큰 사람이 이기는 게임을 반복할 때, 이긴 횟수가 진 횟수보다 3이 크면 이긴다고 한다. 예를 들어 지훈이가 4승 2패인 상태에서 지훈이가 이기면 게임은 지훈이가 이긴 상태로 끝난다. 처음 게임을 시작하여 지훈이가 6승 3패로 이긴 상태로 경기가 끝나는 경우의 수는? (단, 주사위의 눈이 같게 나오는 경우는 게임 횟수에서 제외한다.)

① 21
② 24
③ 27
④ 30
⑤ 33

0081 ∞ 9쪽 유형 **01**

12개의 의자가 있는 원탁이 있다. 남학생 6명과 여학생 3명이 다음 규칙에 따라 이 원탁에 둘러앉는 경우의 수가 $k \times 7!$일 때, 상수 k의 값을 구하시오.

> (개) 남학생은 3명씩 2조로 나누고, 여학생 3명은 같은 조로 묶는다.
> (내) 남학생 2개의 조, 여학생 1개의 조 사이사이에는 반드시 빈 의자 1개를 놓는다.

0082 ∞ 11쪽 유형 **04**

3개의 문자 a, b, c에서 중복을 허용하여 5개를 뽑아 일렬로 나열하려고 할 때, 다음 물음에 답하시오.

(1) a가 한 번도 나오지 않는 경우의 수를 구하시오.

(2) a가 한 번만 나오는 경우의 수를 구하시오.

(3) a가 두 번 이상 나오는 경우의 수를 구하시오.

0083 ∞ 14쪽 유형 **08**

6개의 숫자 1, 1, 2, 4, 4, 5를 모두 사용하여 만들 수 있는 여섯 자리 자연수 중에서 4의 배수의 개수를 구하시오.

02 ❶ 경우의 수
중복조합과 이항정리

중단원 핵심 개념을 정리하였습니다.
Lecture별 유형 학습 전에 관련 개념을 완벽하게 알아두세요.

Lecture 03 중복조합　　　(04 일차)

개념 03-1 중복조합　　　○○ 22~24쪽 | 유형 01~03 |

(1) **중복조합:** 서로 다른 n개에서 중복을 허용하여 r개를 택하는 조합을 **중복조합**이라 하고, 이 중복조합의 수를 기호로 $_nH_r$와 같이 나타낸다.

서로 다른 $\overset{_nH_r}{\underset{\text{것의 개수}}{\underline{}}}$ 택하는
것의 개수　　것의 개수

(2) **중복조합의 수:** 서로 다른 n개에서 r개를 택하는 중복조합의 수는

$$_nH_r = _{n+r-1}C_r$$

예 ① 5개의 숫자 1, 2, 3, 4, 5 중에서 중복을 허용하여 2개를 택하는 경우의 수는

$$_5H_2 = _{5+2-1}C_2 = _6C_2 = \frac{6 \times 5}{2 \times 1} = 15$$

② 3개의 문자 a, b, c 중에서 중복을 허용하여 5개를 택하는 경우의 수는

$$_3H_5 = _{3+5-1}C_5 = _7C_5 = _7C_2 = \frac{7 \times 6}{2 \times 1} = 21$$

참고 조합의 수 $_nC_r$에서는 $0 \le r \le n$이어야 하지만 중복조합의 수 $_nH_r$에서는 중복하여 택할 수 있으므로 $r > n$일 수도 있다.

(3) 순열, 중복순열, 조합, 중복조합을 정리하면 다음과 같다.

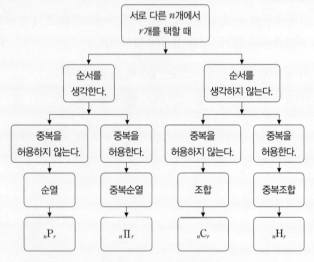

예 3개의 숫자 1, 2, 3에서 2개의 숫자를 택할 때,
① 순서를 생각하고 서로 다른 2개의 숫자를 택하는 경우 ➡ 순열 ➡ $_3P_2 = 6$
② 순서를 생각하고 중복을 허용하여 2개의 숫자를 택하는 경우 ➡ 중복순열 ➡ $_3\Pi_2 = 9$
③ 순서를 생각하지 않고 서로 다른 2개의 숫자를 택하는 경우 ➡ 조합 ➡ $_3C_2 = 3$
④ 순서를 생각하지 않고 중복을 허용하여 2개의 숫자를 택하는 경우 ➡ 중복조합 ➡ $_3H_2 = 6$

(4) **방정식의 해의 개수**

방정식 $x_1 + x_2 + x_3 + \cdots + x_n = r$ (n, r는 자연수)에서

① 음이 아닌 정수인 해의 개수

　➡ 서로 다른 n개에서 r개를 택하는 중복조합의 수

　➡ $_nH_r = _{n+r-1}C_r$

② 자연수인 해의 개수

　➡ 서로 다른 n개에서 $(r-n)$개를 택하는 중복조합의 수

　➡ $_nH_{r-n} = _{n+(r-n)-1}C_{r-n} = _{r-1}C_{r-1-(r-n)} = _{r-1}C_{n-1}$ (단, $n \le r$)

개념 CHECK

1 다음 □ 안에 알맞은 수를 써넣으시오.

(1) $_2H_4 = _\square C_4 = \square$

(2) $_3H_5 = _\square C_5 = \square$

2 다음 □ 안에 알맞은 수를 써넣으시오.

> 모양이 서로 다른 4개의 상자 중에서 중복을 허용하여 2개를 택하는 경우의 수는
>
> $_\square H_\square = _{4+\square-1}C_\square$
> $\quad = _\square C_2$
> $\quad = \square$

3 다음은 방정식 $x + y + z = 7$의 음이 아닌 정수인 해의 개수를 구하는 과정이다. □ 안에 알맞은 것을 써넣으시오.

> 주어진 방정식을 만족시키는 음이 아닌 정수 x, y, z의 순서쌍을 (x, y, z)라 하자. 이때
>
> $(1, 1, 5) \longrightarrow xyzzzzz$,
>
> $\boxed{} \longrightarrow xyyzzzz$,
>
> $(0, 2, 5) \longrightarrow yyzzzzz$, $\cdots$
>
> 와 같은 대응을 생각하면 구하는 해의 개수는 3개의 문자 x, y, z에서 □개를 택하는 중복조합의 수와 같으므로
>
> $_\square H_\square = \square$

---

1 (1) 5, 5　(2) 7, 21
2 4, 2, 2, 2, 5, 10
3 (1, 2, 4), 7, 3, 7, 36

개념 CHECK

개념 04-1 이항정리

〔 25~27쪽 | 유형 04~07 〕

(1) 이항정리: n이 자연수일 때, $(a+b)^n$의 전개식을 조합의 수를 이용하여 나타내면 다음과 같고, 이것을 **이항정리**라고 한다.

$$(a+b)^n={}_n C_0 a^n+{}_n C_1 a^{n-1}b+\cdots+{}_n C_r a^{n-r}b^r+\cdots+{}_n C_n b^n$$

예 이항정리를 이용하여 $(a-b)^4$을 전개하면
$$(a-b)^4={}_4 C_0 a^4+{}_4 C_1 a^3(-b)+{}_4 C_2 a^2(-b)^2+{}_4 C_3 a(-b)^3+{}_4 C_4(-b)^4$$
$$=a^4-4a^3b+6a^2b^2-4ab^3+b^4$$

(2) 이항계수: n이 자연수일 때, $(a+b)^n$의 전개식에서 각 항의 계수 ${}_n C_0$, ${}_n C_1$, $\cdots$, ${}_n C_r$, $\cdots$, ${}_n C_n$을 **이항계수**라 하고, ${}_n C_r a^{n-r}b^r$을 $(a+b)^n$의 전개식의 일반항이라고 한다.

〔참고〕 (1) $a^0=1$, $b^0=1$로 정한다. (단, $a\neq0$, $b\neq0$)

(2) ${}_n C_r={}_n C_{n-r}$ 이므로 $(a+b)^n$의 전개식에서 $a^{n-r}b^r$의 계수와 $a^r b^{n-r}$의 계수는 같다.

(3) n이 자연수일 때, $(a+b+c)^n$의 전개식의 일반항은 다음과 같다.

$${}_n C_p a^p\times{}_{n-p} C_q b^q c^{n-p-q}=\frac{n!}{p!q!r!}a^p b^q c^r \ (\text{단, } p+q+r=n,\ p\geq0,\ q\geq0,\ r\geq0\text{인 정수})$$

4 다음 □ 안에 알맞은 것을 써넣으시오.

> 이항정리를 이용하여 $(a+b)^3$을 전개하면
> $$(a+b)^3$$
> $$={}_3 C_0 a^3+\square a^2b+\square ab^2$$
> $$\qquad\qquad+{}_3 C_3 b^3$$
> $$=a^3+\square a^2b+\square ab^2+b^3$$

개념 04-2 이항계수의 성질

〔 27쪽 | 유형 08 〕

n이 자연수일 때, 이항정리를 이용하여 $(1+x)^n$을 전개하면
$$(1+x)^n={}_n C_0+{}_n C_1 x+{}_n C_2 x^2+\cdots+{}_n C_n x^n$$
이다. 이를 이용하면 다음 등식을 얻을 수 있다.

(1) ${}_n C_0+{}_n C_1+{}_n C_2+\cdots+{}_n C_n=2^n$

(2) ${}_n C_0-{}_n C_1+{}_n C_2-\cdots+(-1)^n {}_n C_n=0$

(3) ${}_n C_0+{}_n C_2+{}_n C_4+\cdots={}_n C_1+{}_n C_3+{}_n C_5+\cdots=2^{n-1}$

〔참고〕 $(1+x)^n={}_n C_0+{}_n C_1 x+{}_n C_2 x^2+\cdots+{}_n C_n x^n$에 $x=1$, $x=-1$을 각각 대입하면 (1), (2)의 등식을 얻을 수 있다.

5 다음은 $(x+y)^6$의 전개식에서 $x^4 y^2$의 계수를 구하는 과정이다. □ 안에 알맞은 것을 써넣으시오.

> $(x+y)^6$의 전개식의 일반항은
> $${}_6 C_r x^{\square} y^r$$
> $x^4 y^2$항은 $r=\square$일 때이므로 $x^4 y^2$의 계수는
> $${}_6 C_{\square}=\square$$

개념 04-3 파스칼의 삼각형

〔 28쪽 | 유형 09 〕

n이 자연수일 때, $(a+b)^n$의 전개식의 이항계수를 차례로 다음과 같이 배열한 것을 **파스칼의 삼각형**이라고 한다.

$(a+b)^1$	${}_1 C_0\ {}_1 C_1$	$1\ 1$
$(a+b)^2$	${}_2 C_0\ {}_2 C_1\ {}_2 C_2$	$1\ 2\ 1$
$(a+b)^3$	${}_3 C_0\ {}_3 C_1\ {}_3 C_2\ {}_3 C_3$	$1\ 3\ 3\ 1$
$(a+b)^4$	${}_4 C_0\ {}_4 C_1\ {}_4 C_2\ {}_4 C_3\ {}_4 C_4$	$1\ 4\ 6\ 4\ 1$

6 다음 □ 안에 알맞은 수를 써넣으시오.

(1) ${}_4 C_0+{}_4 C_1+{}_4 C_2+{}_4 C_3+{}_4 C_4=\square^{\square}$
$$=\square$$

(2) ${}_4 C_0-{}_4 C_1+{}_4 C_2-{}_4 C_3+{}_4 C_4=\square$

(3) ${}_4 C_0+{}_4 C_2+{}_4 C_4=\square^{\square}=\square$

〔참고〕 파스칼의 삼각형에서 다음과 같은 조합의 성질이 성립함을 알 수 있다.

(1) 각 단계의 양 끝에 있는 수는 모두 1이다. ⇨ ${}_n C_0=1$, ${}_n C_n=1$

(2) 각 단계의 수의 배열이 좌우 대칭이다. ⇨ ${}_n C_r={}_n C_{n-r}$

(3) 각 단계에서 이웃하는 두 수의 합은 그 두 수의 아래쪽 중앙에 있는 수와 같다.
⇨ ${}_{n-1} C_{r-1}+{}_{n-1} C_r={}_n C_r$ (단, $1\leq r<n$)

7 파스칼의 삼각형을 이용하여 다음을 ${}_n C_r$ 꼴로 나타내시오.

(1) ${}_5 C_2+{}_5 C_3$

(2) ${}_3 C_2+{}_3 C_3+{}_4 C_4$

---

4 ${}_3 C_1$, ${}_3 C_2$, 3, 3

5 $6-r$, 2, 2, 15

6 (1) 2, 4, 16 (2) 0 (3) 2, 3, 8

7 (1) ${}_6 C_3$ (2) ${}_5 C_4$

Lecture 03 중복조합

기본 익히기

∞ 20쪽 | 개념 03-1 |

0084~0087 다음 값을 구하시오.

0084 ${}_6H_5$

0085 ${}_2H_3$

0086 ${}_4H_4$

0087 ${}_3H_0$

0088~0091 다음 등식을 만족시키는 자연수 n 또는 r의 값을 구하시오.

0088 ${}_5H_3={}_nC_3$

0089 ${}_2H_7={}_nC_1$

0090 ${}_8H_r={}_{11}C_4$

0091 ${}_4H_r={}_{10}C_3$

0092~0093 다음을 구하시오.

0092 2명의 학생에게 같은 종류의 우유 5개를 나누어 주는 경우의 수 (단, 우유를 못 받는 학생이 있을 수 있다.)

0093 모양이 서로 다른 6개의 접시에 같은 종류의 초콜릿 3개를 담는 경우의 수 (단, 빈 접시가 있을 수 있다.)

0094 방정식 $x+y=6$에 대하여 다음을 구하시오.

(1) 음이 아닌 정수인 해의 순서쌍 (x, y)의 개수

(2) 자연수인 해의 순서쌍 (x, y)의 개수

0095 방정식 $x+y+z=4$에 대하여 다음을 구하시오.

(1) 음이 아닌 정수인 해의 순서쌍 (x, y, z)의 개수

(2) 자연수인 해의 순서쌍 (x, y)의 개수

유형 익히기

유형 01 | 중복조합의 수

∞ 개념 03-1

(1) 서로 다른 n개에서 r개를 택하는 중복조합의 수는
$$\Rightarrow {}_nH_r={}_{n+r-1}C_r$$

(2) 서로 다른 n개에서 중복을 허용하여 r $(n \leq r)$개를 택할 때, 서로 다른 n개가 적어도 한 개씩 포함되도록 택하는 중복조합의 수는
$$\Rightarrow {}_nH_{r-n}$$

0096 대표

사과, 배, 복숭아, 석류 중에서 중복을 허용하여 10개를 사는 경우의 수는?

(단, 같은 종류의 과일은 서로 구별하지 않는다.)

① 286　　　② 288　　　③ 290

④ 292　　　⑤ 294

0097

$(a+b+c)^6$의 전개식에서 서로 다른 항의 개수는?

① 24　　　② 26　　　③ 28

④ 30　　　⑤ 32

0098

2명의 후보가 출마한 선거에서 6명의 유권자가 한 명의 후보에게 각각 투표할 때, 무기명으로 투표하는 경우의 수를 a, 기명으로 투표하는 경우의 수를 b라 하자. $b-a$의 값을 구하시오. (단, 기권이나 무효인 표는 없다.)

0099

$2 \le a \le b \le c \le 7$을 만족시키는 자연수 a, b, c의 순서쌍 (a, b, c)의 개수는?

① 52   ② 54   ③ 56

④ 58   ⑤ 60

0100 〔서술형〕

같은 종류의 빨간 펜 5자루, 같은 종류의 파란 펜 3자루, 노란 펜 1자루를 세 사람에게 남김없이 나누어 주는 경우의 수를 구하시오. (단, 펜을 받지 못하는 사람이 있을 수 있다.)

0101

불고기버거, 치킨버거, 새우버거를 파는 가게에서 7개의 버거를 살 때, 각 종류의 버거가 적어도 한 개씩은 포함되도록 사는 경우의 수는?

(단, 같은 종류의 버거는 서로 구별하지 않는다.)

① 7   ② 9   ③ 11

④ 13   ⑤ 15

0102

같은 종류의 볼펜 8자루를 서로 다른 3개의 필통에 다음 조건을 만족시키도록 넣을 때, 볼펜을 필통에 나누어 넣는 경우의 수는?

> ㈎ 각 필통에는 적어도 1자루의 볼펜을 넣는다.
> ㈏ 각 필통에는 볼펜을 최대 4자루까지 넣을 수 있다.

① 12   ② 13   ③ 14

④ 15   ⑤ 16

방정식 $x_1 + x_2 + x_3 + \cdots + x_n = r$ (n, r는 자연수)에서

(1) 음이 아닌 정수인 해의 개수는
⇨ 서로 다른 n개에서 r개를 택하는 중복조합의 수
⇨ $_n\mathrm{H}_r = {}_{n+r-1}\mathrm{C}_r$

(2) 자연수인 해의 개수는
⇨ 서로 다른 n개에서 $(r-n)$개를 택하는 중복조합의 수
⇨ $_n\mathrm{H}_{r-n} = {}_{r-1}\mathrm{C}_{n-1}$ (단, $n \le r$)

0103 〔대표〕

방정식 $x + y + z = 10$을 만족시키는 음이 아닌 정수 x, y, z의 순서쌍 (x, y, z)의 개수를 a, 자연수 x, y, z의 순서쌍 (x, y, z)의 개수를 b라 할 때, $a - b$의 값을 구하시오.

0104

부등식 $x + y + z < 4$를 만족시키는 음이 아닌 정수 x, y, z의 순서쌍 (x, y, z)의 개수를 구하시오.

0105

방정식 $x + y + z = 15$를 만족시키는 $x \ge 1$, $y \ge 2$, $z \ge 3$인 자연수 x, y, z의 순서쌍 (x, y, z)의 개수를 구하시오.

0106

방정식 $x + y + z = n + 3$을 만족시키는 자연수 x, y, z의 순서쌍 (x, y, z)의 개수가 45일 때, 자연수 n의 값은?

① 6   ② 7   ③ 8

④ 9   ⑤ 10

0107

방정식 $x+y+z+3w=12$를 만족시키는 양의 정수 x, y, z, w의 순서쌍 (x, y, z, w)의 개수는?

① 31   ② 33   ③ 35

④ 37   ⑤ 39

0108 〔서술형〕

다음 조건을 만족시키는 자연수 x, y, z, w의 순서쌍 (x, y, z, w)의 개수를 구하시오.

> (가) x, y, z, w 중에서 1인 것은 2개이다.
> (나) $x+y+z+w=11$

유형03 | 함수의 개수; 중복조합   ∞ 개념 03-1

두 집합 $X=\{1, 2, 3, \cdots, r\}$, $Y=\{1, 2, 3, \cdots, n\}$에 대하여 함수 $f : X \longrightarrow Y$ 중에서 $x_1 \in X$, $x_2 \in X$일 때,

(1) $x_1 < x_2$이면 $f(x_1) < f(x_2)$인 함수 f의 개수는 ⇨ $_nC_r$ (단, $r \leq n$) → 중복을 허용하지 않고 정의역의 원소의 개수만큼 공역의 원소를 택하여 크기 순으로 대응시킨다.

(2) $x_1 < x_2$이면 $f(x_1) \leq f(x_2)$인 함수 f의 개수는 ⇨ $_nH_r$ → 중복을 허용하여 정의역의 원소의 개수만큼 공역의 원소를 택하여 크기순으로 대응시킨다.

0109 〔대표〕

두 집합 $X=\{a, b, c, d\}$, $Y=\{1, 2, 3, 4, 5, 6\}$에 대하여 X에서 Y로의 함수 f 중에서 $f(a) \leq f(b) \leq f(c) \leq f(d)$를 만족시키는 함수의 개수는?

① 110   ② 114   ③ 118

④ 122   ⑤ 126

0110

집합 $X=\{1, 2, 3, 4, 5, 6\}$에 대하여 X에서 X로의 함수 f 중에서 다음 조건을 만족시키는 함수의 개수는?

> (가) $f(1) < f(2) < f(3) < f(4)$
> (나) $f(5) \geq f(6)$

① 315   ② 335   ③ 355

④ 375   ⑤ 395

0111

집합 $X=\{1, 2, 3, 4, 5\}$에 대하여 X에서 X로의 함수 f 중에서 다음 조건을 만족시키는 함수의 개수는?

> (가) $f(3)$은 짝수이다.
> (나) 집합 X의 임의의 두 원소 x_1, x_2에 대하여 $x_1 < x_2$이면 $f(x_1) \leq f(x_2)$이다.

① 60   ② 63   ③ 66

④ 69   ⑤ 72

0112

두 집합 $X=\{1, 2, 3, 4, 5\}$, $Y=\{1, 2, 3, 4, 5, 6\}$에 대하여 X에서 Y로의 함수 f 중에서 다음 조건을 만족시키는 함수의 개수를 구하시오.

> (가) $f(2)=3$
> (나) $f(1) \leq f(2) \leq f(3) < f(4) \leq f(5)$

Lecture 04 이항정리

기본 익히기

∞ 21쪽 | 개념 04-1~3 |

0113~0116 이항정리를 이용하여 다음 식을 전개하시오.

0113 $(a+b)^6$

0114 $(a-3)^5$

0115 $(2x-y)^4$

0116 $\left(x+\dfrac{1}{x}\right)^3$

0117~0120 다음을 구하시오.

0117 $(x+1)^7$의 전개식에서 x^4의 계수

0118 $(a-2)^{10}$의 전개식에서 a^7의 계수

0119 $(3x+2y)^6$의 전개식에서 xy^5의 계수

0120 $\left(x-\dfrac{1}{x}\right)^4$의 전개식에서 상수항

0121~0123 다음 식의 값을 구하시오.

0121 $_8C_0+_8C_1+_8C_2+\cdots+_8C_8$

0122 $_9C_0-_9C_1+_9C_2-\cdots-_9C_9$

0123 $_{10}C_0+_{10}C_2+_{10}C_4+_{10}C_6+_{10}C_8+_{10}C_{10}$

0124 오른쪽 파스칼의 삼각형에서 □ 안에 알맞은 수를 써넣고, 파스칼의 삼각형을 이용하여 $(x-1)^5$을 전개하시오.

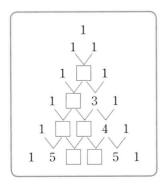

유형 익히기

유형 04 빈출 $(a+b)^n$의 전개식
∞ 개념 04-1

(1) $(a+b)^n$의 전개식의 일반항은
⟹ $_nC_r a^{n-r}b^r$

(2) $(ax+by)^n$의 전개식의 일반항은
⟹ $_nC_r(ax)^{n-r}(by)^r=_nC_r a^{n-r}b^r x^{n-r}y^r$

0125 대표

$\left(ax-\dfrac{1}{x^2}\right)^5$의 전개식에서 $\dfrac{1}{x}$의 계수가 270일 때, 실수 a의 값을 구하시오.

0126

$\left(x-\dfrac{a}{x}\right)^8$의 전개식에서 x^4의 계수가 448일 때, x^6의 계수는? (단, $a>0$)

① -16 ② -24 ③ -32
④ -40 ⑤ -48

0127

$\left(2a-\dfrac{1}{2}b\right)^6$의 전개식에서 a^3b^3의 계수를 p, a^4b^2의 계수를 q라 할 때, $p+q$의 값은?

① 40 ② 45 ③ 50
④ 55 ⑤ 60

0128

$(1+ax)^6$의 전개식에서 x^3의 계수와 $(a+x)^7$의 전개식에서 x^3의 계수가 같을 때, 양수 a의 값은?

① $\dfrac{2}{7}$ ② $\dfrac{4}{7}$ ③ 1

④ 2 ⑤ 3

유형05 **$(a+b)(c+d)^n$의 전개식** ∞ 개념 04-1

$(a+b)(c+d)^n$의 전개식의 일반항은
⇨ $a(c+d)^n+b(c+d)^n$으로 변형하여 생각한다.

0129 대표

$\left(x-\dfrac{1}{x^2}\right)\left(x^2+\dfrac{1}{x}\right)^6$의 전개식에서 x^4의 계수는?

① -15 ② -5 ③ 5

④ 15 ⑤ 20

0130

$(1-2x)^5+x(2+x)^5$의 전개식에서 x^2의 계수는?

① 80 ② 90 ③ 100

④ 110 ⑤ 120

0131 〔서술형〕

$(x^2-x)\left(x+\dfrac{a}{x}\right)^4$의 전개식에서 상수항이 256일 때, 실수 a의 값을 구하시오.

0132

$(1+x+x^2)\left(x^2+\dfrac{1}{x}\right)^4$의 전개식에서 x의 계수는?

① 1 ② 2 ③ 3

④ 4 ⑤ 5

유형06 **$(a+b)^m(c+d)^n$의 전개식** ∞ 개념 04-1

$(a+b)^m(c+d)^n$의 전개식의 일반항은
⇨ $(a+b)^m$과 $(c+d)^n$의 전개식에서 일반항을 각각 구하여 곱한다.
⇨ $_mC_r \times {_nC_s}\, a^{m-r}b^r c^{n-s}d^s$

0133 대표

$(2x+1)^4(x-2)^5$의 전개식에서 x^2의 계수는?

① -320 ② -208 ③ -105

④ -80 ⑤ -32

0134

$(1+ax)^3(1-3x)^4$의 전개식에서 x의 계수가 3일 때, 실수 a의 값은?

① -15 ② -10 ③ -5

④ 5 ⑤ 10

0137

31^{31}을 900으로 나누었을 때의 나머지는?

① 1 ② 11 ③ 21

④ 31 ⑤ 41

0138 [서술형]

$4^{10}+6^{10}$을 25로 나누었을 때의 나머지를 구하시오.

유형07 $(1+x)^n$의 전개식의 활용 ∞ 개념 **04-1**

$_nC_0+_nC_1x+_nC_2x^2+\cdots+_nC_nx^n=(1+x)^n$에서 x 대신 상수 a를 대입한다.

$\Rightarrow$ $_nC_0+_nC_1a+_nC_2a^2+\cdots+_nC_na^n=(1+a)^n$

[참고] 주어진 조건을 이용하여 $(1+x)^n$의 전개식 꼴의 식을 세우거나 주어진 식을 $(1+x)^n$꼴로 변형한다.

0135 대표

$_{10}C_1\times3+_{10}C_2\times3^2+_{10}C_3\times3^3+\cdots+_{10}C_{10}\times3^{10}$의 값은?

① $2^{20}-1$ ② 2^{20} ③ $2^{20}+1$

④ $3^{20}-1$ ⑤ 3^{20}

유형08 이항계수의 성질 ∞ 개념 **04-2**

이항계수의 합에 대한 식이 주어지면 다음을 이용하여 주어진 식을 변형한다.

(1) $_nC_0+_nC_1+_nC_2+\cdots+_nC_n=2^n$

(2) $_nC_0-_nC_1+_nC_2-\cdots+(-1)^n{}_nC_n=0$

(3) $_nC_0+_nC_2+_nC_4+\cdots=_nC_1+_nC_3+_nC_5+\cdots=2^{n-1}$

0139 대표

부등식 $500<_nC_1+_nC_2+_nC_3+\cdots+_nC_n<2000$을 만족시키는 자연수 n의 개수는?

① 1 ② 2 ③ 3

④ 4 ⑤ 5

0136

$_{20}C_1\times7^{19}+_{20}C_2\times7^{18}+_{20}C_3\times7^{17}+\cdots+_{20}C_{20}$의 값은?

① 7^{20} ② 2^{60} ③ $2^{60}-7^{20}$

④ $2^{60}+7^{20}$ ⑤ 20^{20}

0140

$_{30}C_1-_{30}C_2+_{30}C_3-_{30}C_4+\cdots+_{30}C_{29}$의 값은?

① -2^{29} ② -2 ③ 2

④ 2^{29} ⑤ 2^{30}

0141

$$\frac{_{19}C_0+_{19}C_1+_{19}C_2+\cdots+_{19}C_9}{_{17}C_9+_{17}C_{10}+_{17}C_{11}+\cdots+_{17}C_{17}}=2^n$$을 만족시키는 자연수 n의 값은?

① 1   ② 2   ③ 4

④ 8   ⑤ 16

0142 [서술형]

집합 $A=\{1, 2, 3, \cdots, 10\}$의 부분집합 중에서 원소의 개수가 홀수인 집합의 개수를 구하시오.

유형 09   파스칼의 삼각형   ∞ 개념 04-3

이항계수의 합을 구할 때, 다음을 이용한다.
(1) $_1C_0=_2C_0=_3C_0=\cdots=_nC_0=1$
    $_1C_1=_2C_2=_3C_3=\cdots=_nC_n=1$
(2) $_nC_r=_nC_{n-r}$
(3) 파스칼의 삼각형에서
    $_{n-1}C_{r-1}+_{n-1}C_r=_nC_r$
                    (단, $1\leq r<n$)

0143 대표

다음 중 아래 색칠한 부분에 있는 수의 합과 같은 것은?

$$1$$
$$_1C_0 \quad _1C_1$$
$$_2C_0 \quad _2C_1 \quad _2C_2$$
$$_3C_0 \quad _3C_1 \quad _3C_2 \quad _3C_3$$
$$_4C_0 \quad _4C_1 \quad _4C_2 \quad _4C_3 \quad _4C_4$$
$$_5C_0 \quad _5C_1 \quad _5C_2 \quad _5C_3 \quad _5C_4 \quad _5C_5$$
$$_6C_0 \quad _6C_1 \quad _6C_2 \quad _6C_3 \quad _6C_4 \quad _6C_5 \quad _6C_6$$

① $_6C_5$ ② $_7C_4$ ③ $_7C_5$

④ $_8C_4$ ⑤ $_8C_5$

0144

다음 중 아래 색칠한 부분에 있는 수의 합과 같은 것은?

$$1$$
$$_1C_0 \quad _1C_1$$
$$_2C_0 \quad _2C_1 \quad _2C_2$$
$$_3C_0 \quad _3C_1 \quad _3C_2 \quad _3C_3$$
$$_4C_0 \quad _4C_1 \quad _4C_2 \quad _4C_3 \quad _4C_4$$
$$\vdots$$
$$_{10}C_0 \quad _{10}C_1 \quad _{10}C_2 \quad \cdots \quad _{10}C_9 \quad _{10}C_{10}$$

① $_{11}C_3-2$ ② $_{11}C_3-1$ ③ $_{11}C_3$

④ $_{11}C_2$ ⑤ $_{11}C_3+1$

0145

다음 중 $_2C_2+_5C_4+_6C_4+_7C_4+_8C_4+_9C_4$의 값과 같은 것은?

① $_{10}C_3$ ② $_{10}C_4$ ③ $_{10}C_5$

④ $_{11}C_4$ ⑤ $_{11}C_5$

0146

자연수 n에 대하여 $(1+x)^{n+1}$의 전개식에서 x^2의 계수를 a_n이라 할 때, $a_1+a_2+a_3+\cdots+a_{10}$의 값은?

① 204   ② 208   ③ 212

④ 216   ⑤ 220

중단원 마무리

STEP1 실전 문제

0147

∞ 22쪽 유형 01

$(x+y)^5(a+b+c)^7$의 전개식에서 서로 다른 항의 개수는?

① 210   ② 216   ③ 222

④ 228   ⑤ 234

0148 교육청

∞ 22쪽 유형 01

같은 종류의 공 6개를 남김없이 서로 다른 3개의 상자에 나누어 넣으려고 한다. 각 상자에 공이 1개 이상씩 들어가도록 나누어 넣는 경우의 수는?

① 6   ② 7   ③ 8

④ 9   ⑤ 10

0149 수능

∞ 22쪽 유형 01

세 정수 a, b, c에 대하여 $1 \leq |a| \leq |b| \leq |c| \leq 5$를 만족시키는 모든 순서쌍 (a, b, c)의 개수는?

① 200   ② 240   ③ 280

④ 320   ⑤ 360

0150

∞ 23쪽 유형 02

세 정수 x, y, z에 대하여 $x \geq -2$, $y \geq -2$, $z \geq 3$일 때, 방정식 $x+y+z=8$을 만족시키는 순서쌍 (x, y, z)의 개수는?

① 35   ② 40   ③ 45

④ 50   ⑤ 55

0151 중요!

∞ 23쪽 유형 02

방정식 $x+y+z+w=14$를 만족시키는 자연수 중 홀수인 x, y, z, w의 순서쌍 (x, y, z, w)의 개수는?

① 52   ② 54   ③ 56

④ 58   ⑤ 60

0152

∞ 23쪽 유형 02

다음 조건을 만족시키는 음이 아닌 정수 a, b, c의 모든 순서쌍 (a, b, c)의 개수를 구하시오.

> ㈎ $a+b+c=7$
> ㈏ $2^a \times 4^b$은 8의 배수이다.

① 30   ② 32   ③ 34

④ 36   ⑤ 38

0153

∞ 24쪽 유형 03

집합 $X=\{1, 2, 3, 4\}$에 대하여 집합 X에서 X로의 함수 f 중에서 다음 조건을 만족시키는 함수의 개수는?

> (가) $f(1)+f(4)=5$
> (나) $f(1) \leq f(2) \leq f(3) \leq f(4)$

① 10   ② 11   ③ 12

④ 13   ⑤ 14

0154 중요!

∞ 25쪽 유형 04

$(1+ax)^n$의 전개식에서 x^2의 계수가 112이고 x^n의 계수가 256일 때, $a+n$의 값은? (단, a, n은 자연수이다.)

① 8   ② 9   ③ 10

④ 11   ⑤ 12

0155

∞ 26쪽 유형 06

$(ax+1)^4(2x-1)^5$의 전개식에서 x^3의 계수가 -32일 때, 정수 a의 값은?

① 1   ② 2   ③ 3

④ 4   ⑤ 5

0156

∞ 27쪽 유형 07

19^{21}을 400으로 나누었을 때의 나머지는?

① 1   ② 19   ③ 119

④ 219   ⑤ 361

0157

∞ 27쪽 유형 08

집합 $A=\{1, 2, 3, 4, 5, 6, 7, 8\}$의 부분집합 중에서 5를 포함하고 원소의 개수가 4 이상인 집합의 개수를 구하시오.

0158

∞ 28쪽 유형 09

다음은 등식 ${}_nC_r+{}_nC_{r+1}={}_{n+1}C_{r+1}$을 이용하여

$$1^2+2^2+3^2+\cdots+n^2=\frac{n(n+1)(2n+1)}{6}$$
$$(n=1, 2, 3, \cdots)$$

을 증명한 것이다.

> **증명**
>
> (i) $n=1$일 때, $1^2=\dfrac{1\times(1+1)\times(2+1)}{6}$
>
> (ii) $n\geq2$일 때,
>
>   2 이상인 자연수 k에 대하여
>
> $k^2=\boxed{\text{(가)}}+2\times{}_kC_2$로 나타낼 수 있으므로
>
> $1^2+2^2+3^2+\cdots+n^2$
>
> $={}_1C_1+({}_2C_1+2\times{}_2C_2)+({}_3C_1+2\times{}_3C_2)$
> $+\cdots+({}_nC_1+2\times\boxed{\text{(나)}})$
>
> $=({}_1C_1+{}_2C_1+{}_3C_1+\cdots+{}_nC_1)$
> $+2({}_2C_2+{}_3C_2+{}_4C_2+\cdots+\boxed{\text{(나)}})$
>
> $={}_{n+1}C_2+2\times\boxed{\text{(다)}}$
>
> $=\dfrac{n(n+1)(2n+1)}{6}$

이때 (가), (나), (다)에 알맞은 식을 각각 $f(k)$, $g(n)$, $h(n)$이라 할 때, $f(3)+g(5)+h(5)$의 값은?

① 27   ② 30   ③ 33

④ 36   ⑤ 39

0159 교육청
⟲ 23쪽 유형 02

다음 조건을 만족시키는 2 이상의 자연수 a, b, c, d의 모든 순서쌍 (a, b, c, d)의 개수를 구하시오.

> (가) $a+b+c+d=20$
> (나) a, b, c는 모두 d의 배수이다.

0160
⟲ 23쪽 유형 02

같은 종류의 흰 공 7개와 같은 종류의 검은 공 4개를 세 사람 A, B, C에게 남김없이 나누어 줄 때, 다음 조건을 만족시키도록 나누어 주는 경우의 수는?

> (가) A에게는 흰 공과 검은 공을 각각 2개 이상 준다.
> (나) B에게는 같은 색의 공만을 2개 이상 준다.
> (다) C에게는 1개의 공도 주지 않을 수 있다.

① 30   ② 36   ③ 42
④ 48   ⑤ 54

0161
⟲ 25쪽 유형 04

자연수 n에 대하여 $\left(x^n - \dfrac{2}{x}\right)^{n+1}$의 전개식에서 x^5의 계수는?

① -80 ② -72 ③ -64
④ -56 ⑤ -48

0162
⟲ 23쪽 유형 02

같은 종류의 사탕 9개를 4명의 학생 A, B, C, D에게 남김없이 나누어 줄 때, 다음 조건을 만족시키도록 나누어 주는 경우의 수를 구하시오.

> (가) 각 학생은 적어도 1개의 사탕을 받는다.
> (나) A 학생은 B 학생보다 더 많은 사탕을 받는다.

0163
⟲ 23쪽 유형 02

방정식 $a+b+c+4(x+y+z)=10$을 만족시키는 음이 아닌 정수 a, b, c, x, y, z의 순서쌍 (a, b, c, x, y, z)의 개수를 구하시오.

0164
⟲ 24쪽 유형 03

집합 $X=\{1, 2, 3, 4, 5\}$에 대하여 함수 $f : X \longrightarrow X$가 다음 조건을 만족시킬 때, 물음에 답하시오.

> 집합 X의 임의의 두 원소 x_1, x_2에 대하여
> $x_1 < x_2$이면 $f(x_1) \leq f(x_2)$이다.

(1) $f(3)=3$을 만족시키는 함수 f의 개수를 구하시오.

(2) $f(3) \neq 3$을 만족시키는 함수 f의 개수를 구하시오.

연습을 사랑해야 한다

나는 스물네 명의 수영 챔피언이 성장하는 것을 가장 가깝게 지켜봤다.

그들의 공통점이 무엇인지 아는가?

그들은 1등을 하지 못해 낙담하거나 슬퍼한 적이 없다.

그들이 자신에게 실망하는 유일한 경우는 연습에 빠졌거나,

연습을 게을리했을 때이다. 연습을 사랑해야 한다.

연습은 조금씩 발전해 가는 모습을 선물로 주기 때문이다.

- 테리 래플린

테리 래플린은 <TI 수영 교과서>라는 책으로, 세계 수영인들에게 과학적인 수영법을 전수한 수영 코치입니다. 테리 래플린은 자신의 교과서적인 수영법으로, 크게 성장한 선수들은 그 어떤 수영법보다도 규칙적인 연습이 토대가 되었음을 강조했습니다. 연습을 사랑하고, 즐길 줄 아는 사람이 결국 챔피언이 됩니다.

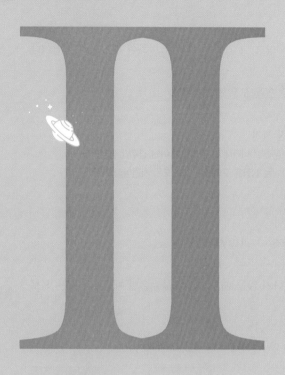

II

확률

03 $\textcircled{\scriptsize 1}$ 확률
확률의 뜻과 활용

중단원 핵심 개념을 정리하였습니다.
Lecture별 유형 학습 전에 관련 개념을 완벽하게 알아두세요.

Lecture 05 확률의 뜻

⟨07 일차⟩

개념 05-1 시행과 사건

∞ 37쪽 | 유형 01 |

(1) 시행과 사건

① **시행**: 동일한 조건에서 반복할 수 있고 그 결과가 우연에 의하여 결정되는 실험이나 관찰

② **표본공간**: 어떤 시행에서 일어날 수 있는 모든 결과의 집합

③ **사건**: 표본공간의 부분집합

④ **근원사건**: 한 개의 원소로 이루어진 사건

> 참고 (1) 표본공간(sample space)은 보통 S로 나타내고, 공집합이 아닌 경우만 생각한다.
> (2) 일반적으로 사건과 그 사건을 나타내는 집합은 구별하지 않고 모두 사건이라고 한다.

(2) 합사건, 곱사건, 배반사건, 여사건

표본공간 S의 두 사건 A, B에 대하여

① **합사건**: A 또는 B가 일어나는 사건 ⇨ $A \cup B$

② **곱사건**: A와 B가 동시에 일어나는 사건 ⇨ $A \cap B$

③ **배반사건**: A와 B가 동시에 일어나지 않을 때, 즉 $A \cap B = \varnothing$일 때, A와 B는 서로 배반사건이라고 한다.
→ 절대로 일어나지 않는 사건은 $\varnothing$으로 나타낸다.

④ **여사건**: A가 일어나지 않는 사건 ⇨ A^C

> 참고 $A \cap A^C = \varnothing$이므로 사건 A와 그 여사건 A^C는 서로 배반사건이다.

합사건

곱사건

배반사건

여사건

개념 05-2 확률

∞ 37~41쪽 | 유형 02~09 |

(1) 확률: 어떤 시행에서 사건 A가 일어날 가능성을 수로 나타낸 것을 사건 A의 **확률**이라 하고, 기호로

$$\mathrm{P}(A)$$

와 같이 나타낸다.

(2) 수학적 확률: 표본공간이 S인 어떤 시행에서 사건 A가 일어날 **수학적 확률**은

$$\mathrm{P}(A) = \frac{n(A)}{n(S)} = \frac{(\text{사건 } A\text{가 일어나는 경우의 수})}{(\text{일어날 수 있는 모든 경우의 수})}$$

(3) 통계적 확률: 어떤 시행을 n번 반복할 때, 사건 A가 일어난 횟수를 r_n이라 하면 시행 횟수 n이 한없이 커짐에 따라 상대도수 $\dfrac{r_n}{n}$이 일정한 값 p에 가까워진다. 이때 이 값 p를 사건 A의 **통계적 확률**이라고 한다.

> 참고 기하적 확률: 연속적인 변량을 크기로 가지는 표본공간의 영역 S에서 각각의 점을 잡을 가능성이 같은 정도로 기대될 때, 영역 S에 포함되어 있는 영역 A에 대하여 영역 S에서 임의로 잡은 점이 영역 A에 포함될 확률 $\mathrm{P}(A)$는
> $$\mathrm{P}(A) = \frac{(\text{영역 } A\text{의 크기})}{(\text{영역 } S\text{의 크기})}$$

개념 CHECK

1 각 면에 1부터 12까지 자연수가 각각 적힌 정십이면체 모양의 주사위 한 개를 던지는 시행에서 4의 배수의 눈이 나오는 사건을 A, 소수의 눈이 나오는 사건을 B라 할 때, 다음 □ 안에 알맞은 것을 써넣으시오.

(1) $A \cap B = $□이므로 두 사건 A와 B는 서로 배반사건이다.

(2) 사건 B의 여사건은
$$B^C = \boxed{}$$

2 다음 □ 안에 알맞은 수를 써넣으시오.

> 한 개의 주사위를 던지는 시행에서 표본공간을 S, 짝수의 눈이 나오는 사건을 A라 하면
> $S = \{1, 2, 3, 4, 5, 6\}$,
> $A = \{2, 4, 6\}$
> 이므로 사건 A가 일어날 수학적 확률은
> $$\mathrm{P}(A) = \frac{\boxed{}}{6} = \boxed{}$$

3 다음 □ 안에 알맞은 수를 써넣으시오.

> 한 개의 압정을 1000번 던졌을 때, 압정의 평평한 면이 바닥에 625번 닿았다고 하면 압정의 평평한 면이 바닥에 닿을 확률은
> $$\frac{\boxed{}}{1000} = \boxed{}$$

---

1 (1) $\varnothing$ (2) $\{1, 4, 6, 8, 9, 10, 12\}$

2 $3, \dfrac{1}{2}$

3 $625, \dfrac{5}{8}$

개념 05-3 확률의 기본 성질

∞41쪽 | 유형 10 |

표본공간이 S인 어떤 시행에서

(1) 임의의 사건 A에 대하여 $\quad 0 \leq P(A) \leq 1$

(2) 반드시 일어나는 사건 S에 대하여 $\quad P(S)=1$

(3) 절대로 일어나지 않는 사건 $\varnothing$에 대하여 $\quad P(\varnothing)=0$

예 한 개의 주사위를 한 번 던지는 시행에서 나온 눈의 수가 6 이하인 사건을 A, 0인 사건을 B라 하면
$$P(A)=1, \ P(B)=0$$

---

4 다음 사건 중 일어날 확률이 0인 것은 ○ 표, 0이 아닌 것은 × 표를 하시오.

(1) 해가 서쪽에서 뜨는 사건 ( )

(2) 해가 동쪽에서 뜨는 사건 ( )

(3) 한 개의 주사위를 한 번 던질 때, 7의 눈이 나오는 사건 ( )

(4) 서로 다른 두 개의 주사위를 한 번 던질 때, 나오는 눈의 수의 차가 1인 사건 ( )

Lecture 06 확률의 덧셈정리

(08 일차)

개념 06-1 확률의 덧셈정리

∞42~44쪽 | 유형 11~13 |

표본공간 S의 두 사건 A, B에 대하여 사건 A 또는 사건 B가 일어날 확률은
$$P(A \cup B)=P(A)+P(B)-P(A \cap B)$$

특히, 두 사건 A, B가 서로 배반사건이면
$$P(A \cup B)=P(A)+P(B) \quad \overset{\longrightarrow}{} A \cap B=\varnothing \text{이므로 } P(A \cap B)=0$$

예 두 사건 A, B에 대하여 $P(A)=\dfrac{1}{5}$, $P(B)=\dfrac{1}{2}$, $P(A \cap B)=\dfrac{1}{10}$일 때,

$$\begin{aligned} P(A \cup B) &=P(A)+P(B)-P(A \cap B) \\ &=\frac{1}{5}+\frac{1}{2}-\frac{1}{10} \\ &=\frac{3}{5} \end{aligned}$$

참고 확률의 덧셈정리는 세 사건에 대해서도 성립한다. 즉, 표본공간 S의 세 사건 A, B, C에 대하여
$$\begin{aligned} P(A \cup B \cup C)=P(A)+P(B)+P(C)-P(A \cap B) \\ -P(B \cap C)-P(C \cap A)+P(A \cap B \cap C) \end{aligned}$$

특히, 세 사건 A, B, C가 서로 배반사건이면
$$P(A \cup B \cup C)=P(A)+P(B)+P(C)$$

5 표본공간 S의 두 사건 A, B에 대하여 다음 □ 안에 알맞은 것을 써넣으시오.

(1) $P(A \cup B)$
$\qquad =P(A)+P(B)-\boxed{}$

(2) A, B가 서로 배반사건이면
$\qquad P(A \cup B)=\boxed{}$

6 다음 □ 안에 알맞은 것을 써넣으시오.

사건 A의 여사건 A^C에 대하여
$$P(A^C)=1-\boxed{}$$

개념 06-2 여사건의 확률

∞42, 44~45쪽 | 유형 11, 14, 15 |

표본공간 S의 사건 A와 그 여사건 A^C에 대하여 여사건 A^C의 확률은
$$P(A^C)=1-P(A)$$

예 사건 A에 대하여 $P(A)=\dfrac{1}{4}$이면

$$P(A^C)=1-\frac{1}{4}=\frac{3}{4}$$

참고 (1) '적어도 ~인 사건', '~가 아닌 사건', '~ 이상인 사건', '~ 이하인 사건' 등의 확률을 구할 때, 여사건의 확률을 이용하면 편리하다.
$\qquad \Rightarrow$ ('적어도 ~인 사건'의 확률)=1-(반대인 사건의 확률)

(2) 표본공간 S의 사건 A와 그 여사건 A^C는 서로 배반사건이므로 확률의 덧셈정리에 의하여
$$P(A \cup A^C)=P(A)+P(A^C)$$
이때 $P(A \cup A^C)=P(S)=1$이므로
$$P(A)+P(A^C)=1, \ \text{즉 } P(A^C)=1-P(A)$$

(3) $P(A^C \cap B^C)=P((A \cup B)^C)=1-P(A \cup B)$
$\quad\ P(A^C \cup B^C)=P((A \cap B)^C)=1-P(A \cap B)$

7 한 개의 동전을 두 번 던질 때, 두 번 모두 뒷면이 나오는 사건을 A라 하자. 다음 □ 안에 알맞은 수를 써넣으시오.

$P(A)=\boxed{}$이므로 한 개의 동전을 두 번 던질 때, 앞면이 적어도 한 번 나올 확률은
$$\begin{aligned} P(A^C) &=1-P(A) \\ &=1-\boxed{}=\boxed{} \end{aligned}$$

---

4 (1) ○ (2) × (3) ○ (4) ×

5 (1) $P(A \cap B)$ (2) $P(A)+P(B)$

6 $P(A)$

7 $\dfrac{1}{4}, \ \dfrac{1}{4}, \ \dfrac{3}{4}$

Lecture 05 확률의 뜻

기본 익히기

⦾ 34~35쪽 | 개념 05-1~3 |

0165~0167 한 개의 주사위를 한 번 던지는 시행에서 다음을 구하시오.

0165 표본공간

0166 근원사건

0167 4의 약수의 눈이 나오는 사건

0168 1부터 10까지의 자연수가 각각 하나씩 적힌 10장의 카드가 들어 있는 상자에서 임의로 한 장의 카드를 꺼낼 때, 홀수가 적힌 카드를 꺼내는 사건을 A, 3의 배수가 적힌 카드를 꺼내는 사건을 B라 하자. 다음을 구하시오.

(1) $A \cup B$ (2) $A \cap B$
(3) A^C (4) B^C

0169 서로 다른 2개의 동전을 동시에 던지는 시행에서 서로 다른 면이 나오는 사건을 A, 모두 앞면이 나오는 사건을 B, 적어도 한 개는 뒷면이 나오는 사건을 C라 하자. 이때 세 사건 A, B, C 중에서 서로 배반인 두 사건을 모두 구하시오.

0170 한 개의 주사위를 한 번 던질 때, 5의 약수의 눈이 나오는 사건을 A, 3 이상의 눈이 나오는 사건을 B, 짝수의 눈이 나오는 사건을 C라 하자. 다음을 구하시오.

(1) $P(A)$
(2) $P(B)$
(3) $P(C)$

0171~0173 서로 다른 2개의 주사위를 동시에 던질 때, 다음을 구하시오.

0171 두 눈의 수가 서로 같을 확률

0172 두 눈의 수의 합이 8일 확률

0173 두 눈의 수의 차가 4일 확률

0174~0176 5명의 학생 A, B, C, D, E를 일렬로 세울 때, 다음을 구하시오.

0174 B가 맨 앞에 있을 확률

0175 D, E가 이웃할 확률

0176 A, B가 이웃하지 않을 확률

0177 어떤 씨앗 27000개를 심었더니 10800개의 씨앗에서 새싹이 돋아났다. 이 씨앗 한 개를 심을 때, 새싹이 돋아날 확률을 구하시오.

0178 오른쪽 그림과 같이 작은 원부터 반지름의 길이가 각각 1, 2, 3이고 중심이 같은 세 원으로 이루어진 과녁에 화살을 쏠 때, 화살이 색칠한 부분에 맞을 확률을 구하시오.
(단, 화살은 반드시 과녁에 맞고, 경계선에 맞지 않는다.)

0179~0181 딸기 맛 사탕 3개, 사과 맛 사탕 2개가 들어 있는 주머니에서 임의로 한 개의 사탕을 꺼낼 때, 다음을 구하시오.

0179 딸기 맛 사탕이 나올 확률

0180 딸기 맛 사탕 또는 사과 맛 사탕이 나올 확률

0181 바나나 맛 사탕이 나올 확률

유형 익히기

∞ 개념 05-1

유형 01 │ 시행과 사건

표본공간 S의 두 사건 A, B에 대하여 각 사건을 집합으로 나타낸 후 다음을 이용한다.

(1) 합사건 ⇨ 합집합 ⇨ $A \cup B$
(2) 곱사건 ⇨ 교집합 ⇨ $A \cap B$
(3) 여사건 ⇨ 여집합 ⇨ A^C, B^C
(4) 배반사건
    ① 사건 A와 서로 배반인 사건 ⇨ 여사건 A^C의 부분집합
    ② 두 사건 A, B가 서로 배반사건인 경우 ⇨ $A \cap B = \varnothing$

0182 〔대표〕

한 개의 주사위를 한 번 던지는 시행에서 다음 세 사건 A, B, C 중 서로 배반인 두 사건을 모두 구하시오.

> A: 홀수의 눈이 나오는 사건
> B: 4의 배수의 눈이 나오는 사건
> C: 10의 약수의 눈이 나오는 사건

0183

각 면에 1, 3, 5, 7의 숫자가 각각 하나씩 적힌 정사면체 모양의 주사위를 던지는 시행에서 밑면에 적힌 수가 2의 배수인 사건을 A, 소수인 사건을 B, 6의 약수인 사건을 C라 할 때, 옳은 것만을 **보기**에서 있는 대로 고르시오.

┌─ 보기 ─────────────────────┐
ㄱ. $A \cup B = B$ ㄴ. $A^C = \varnothing$
ㄷ. $B^C \cap C = C$
└────────────────────────┘

0184

한 개의 주사위를 2번 던지는 시행에서 표본공간을 S, 첫 번째 시행에서 1의 눈이 나오는 사건을 A, 두 번째 시행에서 1의 눈이 나오는 사건을 B라 하자. 다음 중 옳은 것은?

① $n(S) = 12$ ② $n(A) = 5$
③ $n(A \cap B) = 2$ ④ $n(A \cup B) = 11$
⑤ $n(A \cap B^C) = 6$

0185 〔서술형〕

표본공간 $S = \{2, 3, 4, 5, 6, 7, 8\}$에 대하여 두 사건 A, B가 $A = \{4, 6, 7\}$, $B = \{2, 5, 7\}$일 때, 두 사건 A, B와 모두 배반인 사건 C의 개수를 구하시오.

유형 02 │ 수학적 확률

∞ 개념 05-2

표본공간이 S인 어떤 시행에서 각 근원사건이 일어날 가능성이 모두 같은 정도로 기대될 때, 사건 A가 일어날 수학적 확률 $\mathrm{P}(A)$는

⇨ $\mathrm{P}(A) = \dfrac{n(A)}{n(S)} = \dfrac{(\text{사건 } A\text{가 일어나는 경우의 수})}{(\text{일어날 수 있는 모든 경우의 수})}$

0186 〔대표〕

한 개의 주사위를 2번 던질 때, 두 눈의 수의 합이 10 이상일 확률은?

① $\dfrac{1}{12}$ ② $\dfrac{1}{6}$ ③ $\dfrac{1}{4}$

④ $\dfrac{1}{3}$ ⑤ $\dfrac{5}{12}$

0187

지원이는 이동할 때, 도보, 버스, 택시 중 한 가지 방법을 이용한다. 집에서 학교를 왕복하는 버스, 택시의 편도 요금이 각각 900원, 3800원일 때, 지원이가 집에서 학교를 왕복하는 데 사용한 교통비가 2000원 이하일 확률은? (단, 지원이가 세 가지 방법 중 하나를 선택할 확률은 동일하다.)

① $\dfrac{4}{9}$ ② $\dfrac{5}{9}$ ③ $\dfrac{2}{3}$

④ $\dfrac{7}{9}$ ⑤ $\dfrac{8}{9}$

0188

집합 $A=\{1,\ 2,\ 3,\ \cdots,\ 8\}$의 부분집합 중에서 임의로 한 개를 택할 때, 택한 부분집합이 원소 2, 3, 5를 모두 포함할 확률은?

① $\dfrac{1}{32}$ ② $\dfrac{1}{16}$ ③ $\dfrac{1}{8}$

④ $\dfrac{3}{16}$ ⑤ $\dfrac{1}{4}$

0189 [서술형]

서로 다른 2개의 주사위를 동시에 던질 때, 나오는 두 눈의 수를 각각 a, b라 하자. 이때 이차방정식

$$x^2-ax+b=0$$

이 서로 다른 두 허근을 가질 확률을 구하시오.

유형03 **순열을 이용하는 확률** ∞ 개념 05-2

일렬로 나열하는 경우의 확률을 구할 때는 먼저 순열을 이용하여 경우의 수를 구한다.
(1) 서로 다른 n개를 일렬로 나열하는 경우의 수
  ⇨ $_nP_n=n(n-1)(n-2)\times\cdots\times2\times1$
     $=n!$
(2) 서로 다른 n개에서 $r\,(0<r\leq n)$개를 택하여 일렬로 나열하는 경우의 수
  ⇨ $_nP_r=n(n-1)(n-2)\times\cdots\times(n-r+1)$
     $=\dfrac{n!}{(n-r)!}$

0190 대표

남학생 3명과 여학생 2명이 일렬로 앉을 때, 남학생끼리 이웃하게 앉을 확률은?

① $\dfrac{1}{10}$ ② $\dfrac{1}{5}$ ③ $\dfrac{3}{10}$

④ $\dfrac{2}{5}$ ⑤ $\dfrac{1}{2}$

0191

서로 다른 소설책 2권과 서로 다른 동화책 4권을 책꽂이에 일렬로 꽂을 때, 양 끝에 동화책을 꽂을 확률을 구하시오.

0192

5개의 숫자 1, 2, 3, 4, 5에서 서로 다른 4개를 택하여 네 자리 자연수를 만들 때, 그 수가 4200보다 큰 수일 확률은?

① $\dfrac{1}{20}$ ② $\dfrac{3}{20}$ ③ $\dfrac{1}{4}$

④ $\dfrac{7}{20}$ ⑤ $\dfrac{9}{20}$

0193

어느 극장에서 열리는 공연의 좌석이 A 구역에 2개, B 구역에 1개, C 구역에 1개 남아 있다. 남아 있는 좌석을 남자 관객 2명과 여자 관객 2명에게 임의로 배정할 때, 남자 관객 2명이 모두 A 구역에 배정될 확률을 구하시오.

유형04 **원순열을 이용하는 확률** ∞ 개념 05-2

원형으로 배열하는 경우의 확률을 구할 때는 먼저 원순열을 이용하여 경우의 수를 구한다.
  ⇨ 서로 다른 n개를 원형으로 배열하는 원순열의 수는
     $\dfrac{n!}{n}=(n-1)!$

0194 대표

부모를 포함한 6명의 가족이 원탁에 일정한 간격으로 둘러앉을 때, 부모가 이웃하게 앉을 확률은?

① $\dfrac{7}{20}$ ② $\dfrac{2}{5}$ ③ $\dfrac{9}{20}$

④ $\dfrac{1}{2}$ ⑤ $\dfrac{11}{20}$

0195

오른쪽 그림은 원을 8등분 하여 만든 도형이다. 이 도형의 8개의 영역을 노란색과 초록색을 포함한 8가지 서로 다른 색을 모두 사용하여 칠할 때, 노란색의 맞은편에 초록색을 칠할 확률은? (단, 각 영역에는 한 가지 색만 칠하고, 회전하여 일치하는 것은 같은 것으로 본다.)

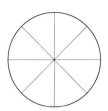

① $\dfrac{1}{8}$ ② $\dfrac{1}{7}$ ③ $\dfrac{1}{6}$

④ $\dfrac{1}{5}$ ⑤ $\dfrac{1}{4}$

0196 [서술형]

4쌍의 부부가 원탁에 일정한 간격으로 둘러앉아 식사를 하려고 한다. 남녀가 교대로 앉을 확률을 p, 부부끼리 이웃하게 앉을 확률을 q라 할 때, $\dfrac{q}{p}$의 값을 구하시오.

유형 **05** 중복순열을 이용하는 확률   ∞ 개념 05-2

중복을 허용하여 일렬로 나열하는 경우의 확률을 구할 때는 먼저 중복순열을 이용하여 경우의 수를 구한다.
⇨ 서로 다른 n개에서 r개를 택하는 중복순열의 수는
$$_n\Pi_r = n^r$$

0197 대표

5개의 숫자 1, 2, 3, 4, 5에서 중복을 허용하여 네 자리 자연수를 만들 때, 그 수가 홀수일 확률은?

① $\dfrac{2}{5}$ ② $\dfrac{12}{25}$ ③ $\dfrac{3}{5}$

④ $\dfrac{18}{25}$ ⑤ $\dfrac{4}{5}$

0198

두 집합 $X = \{1, 2, 3\}$, $Y = \{a, b, c, d, e, f\}$에 대하여 X에서 Y로의 함수 $f : X \longrightarrow Y$를 만들 때, f가 일대일함수일 확률은?

① $\dfrac{1}{9}$ ② $\dfrac{2}{9}$ ③ $\dfrac{1}{3}$

④ $\dfrac{4}{9}$ ⑤ $\dfrac{5}{9}$

0199

4명의 학생이 10개의 게임 중에서 임의로 각각 한 개씩 고를 때, 4명이 서로 다른 게임을 고를 확률은?

① $\dfrac{42}{125}$ ② $\dfrac{56}{125}$ ③ $\dfrac{63}{125}$

④ $\dfrac{72}{125}$ ⑤ $\dfrac{81}{125}$

유형 **06** 같은 것이 있는 순열을 이용하는 확률   ∞ 개념 05-2

같은 것을 포함하여 일렬로 나열하는 경우의 확률을 구할 때는 먼저 같은 것이 있는 순열을 이용하여 경우의 수를 구한다.
⇨ n개 중에서 같은 것이 각각 p개, q개, $\cdots$, r개씩 있을 때, n개를 일렬로 나열하는 순열의 수는
$$\frac{n!}{p! \times q! \times \cdots \times r!} \text{ (단, } p+q+\cdots+r=n)$$

0200 대표

6개의 숫자 3, 4, 4, 5, 5, 5를 일렬로 나열할 때, 홀수끼리 이웃할 확률은?

① $\dfrac{1}{20}$ ② $\dfrac{1}{10}$ ③ $\dfrac{3}{20}$

④ $\dfrac{1}{5}$ ⑤ $\dfrac{1}{4}$

0201 〔서술형〕

probability의 11개의 문자를 일렬로 나열할 때, 양 끝에 i가 올 확률을 p, 같은 문자끼리 이웃할 확률을 q라 하자. 이때 $3p+4q$의 값을 구하시오.

유형07 조합을 이용하는 확률 ∞ 개념 05-2

순서를 생각하지 않고 택하는 경우의 확률을 구할 때는 먼저 조합을 이용하여 경우의 수를 구한다.
(1) 서로 다른 n개에서 r개를 택하는 조합의 수는
$$\Rightarrow {}_n C_r = \frac{n!}{r!(n-r)!} \text{ (단, } 0 \le r \le n)$$
(2) 서로 다른 n개에서 r개를 택하는 중복조합의 수는
$$\Rightarrow {}_n H_r = {}_{n+r-1} C_r$$

0202 〔대표〕

딸기 맛 우유 4개와 초콜릿 맛 우유 3개가 들어 있는 상자에서 임의로 3개의 우유를 동시에 꺼낼 때, 딸기 맛 우유 2개와 초콜릿 맛 우유 1개가 나올 확률은?

① $\frac{2}{7}$ ② $\frac{12}{35}$ ③ $\frac{2}{5}$

④ $\frac{16}{35}$ ⑤ $\frac{18}{35}$

0203

5명의 학생 A, B, C, D, E 중에서 임의로 2명의 대표를 선출할 때, B는 선출되고 D는 선출되지 않을 확률을 구하시오.

0204

흰 공과 검은 공을 합하여 모두 6개의 공이 들어 있는 주머니에서 임의로 2개의 공을 동시에 꺼낼 때, 흰 공이 2개 나올 확률이 $\frac{2}{5}$이다. 이때 흰 공의 개수를 구하시오.

0205

8개의 구슬을 서로 다른 3개의 주머니에 나누어 담으려고 할 때, 각 주머니에 적어도 1개의 구슬이 들어갈 확률은?
(단, 모든 구슬의 크기와 모양은 같다.)

① $\frac{1}{15}$ ② $\frac{1}{5}$ ③ $\frac{1}{3}$

④ $\frac{7}{15}$ ⑤ $\frac{3}{5}$

0206

오른쪽 그림과 같이 원 위에 같은 간격으로 놓인 8개의 점이 있다. 8개의 점 중에서 임의의 세 점을 꼭짓점으로 하는 삼각형을 만들 때, 만들어진 삼각형이 직각삼각형일 확률을 구하시오.

유형08 통계적 확률 ∞ 개념 05-2

일정한 조건에서 같은 시행을 n번 반복하였을 때, 시행 횟수 n이 충분히 크고 사건 A가 일어난 횟수가 r이면
(1) 사건 A가 일어날 통계적 확률 $P(A)$는
$$\Rightarrow P(A) = \frac{r}{n} = \frac{(\text{사건 } A\text{가 일어난 횟수})}{(\text{전체 시행 횟수})}$$
(2) 시행 횟수 n을 충분히 크게 하면 사건 A가 일어날 통계적 확률은 수학적 확률에 가까워진다.

0207 〔대표〕

노란 공과 파란 공을 합하여 모두 15개의 공이 들어 있는 상자에서 임의로 2개의 공을 동시에 꺼내어 색을 확인하고 다시 넣는 시행을 여러 번 반복하였더니 5번에 1번 꼴로 2개의 공이 모두 노란 공이었다. 이 상자에는 몇 개의 노란 공이 들어 있다고 볼 수 있는지 구하시오.

0208

다음 표는 어느 회사에서 자사의 스마트폰에 대한 소비자 만족도를 조사한 결과이다.

평가 지표	매우 만족	만족	보통	불만족	매우 불만족
응답자 수(명)	78	156	312	195	39

응답자 중에서 임의로 한 사람을 택했을 때, 이 회사의 스마트폰에 대하여 매우 만족한 사람일 확률을 구하시오.

(단, 한 사람이 한 개의 답변만 한다.)

유형09 | 기하적 확률 ∞ 개념 05-2

연속적으로 변하는 길이, 넓이, 부피, 시간 등 근원사건의 개수를 셀 수 없는 경우의 확률은 길이, 넓이, 부피, 시간 등의 비율을 이용하여 구한다.

⇨ $P(A) = \dfrac{(\text{사건 } A\text{가 일어나는 영역의 크기})}{(\text{일어날 수 있는 전체 영역의 크기})}$

0209 대표

오른쪽 그림과 같이 한 변의 길이가 2인 정사각형 ABCD의 내부에 임의로 한 점 P를 잡을 때, 삼각형 PBC가 예각삼각형이 될 확률은?

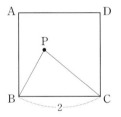

① $1 - \dfrac{\pi}{32}$　　② $1 - \dfrac{\pi}{16}$

③ $1 - \dfrac{\pi}{8}$　　④ $1 - \dfrac{3}{16}\pi$

⑤ $1 - \dfrac{\pi}{4}$

0210

오른쪽 그림과 같이 한 변의 길이가 4인 정삼각형 ABC의 내부에 임의로 한 점 P를 잡을 때, 점 P에서 각 꼭짓점에 이르는 거리가 모두 2보다 클 확률을 구하시오.

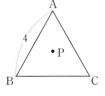

0211 [서술형]

$-4 \le a \le 5$일 때, 이차방정식

$$x^2 + ax + \frac{a}{4} + \frac{1}{2} = 0$$

이 실근을 가질 확률을 구하시오.

유형10 | 확률의 기본 성질 ∞ 개념 05-3

표본공간이 S인 어떤 시행에서
(1) 임의의 사건 A에 대하여 ⇨ $0 \le P(A) \le 1$
(2) 반드시 일어나는 사건 S에 대하여 ⇨ $P(S) = 1$
(3) 절대로 일어나지 않는 사건 $\varnothing$에 대하여 ⇨ $P(\varnothing) = 0$

0212 대표

표본공간을 S, 절대로 일어나지 않는 사건을 $\varnothing$이라 할 때, 임의의 두 사건 A, B에 대하여 옳은 것만을 **보기**에서 있는 대로 고른 것은?

보기
ㄱ. $0 \le P(A) \le 1$
ㄴ. $P(S) + P(\varnothing) = 1$
ㄷ. $1 \le P(A) + P(B) \le 2$

① ㄱ　　　② ㄴ　　　③ ㄱ, ㄴ
④ ㄱ, ㄷ　　⑤ ㄱ, ㄴ, ㄷ

0213

표본공간 S의 임의의 두 사건 A, B에 대하여 옳은 것만을 **보기**에서 있는 대로 고르시오.

보기
ㄱ. $0 \le P(A)P(B) \le 1$
ㄴ. $A \cup B = S$이면 $P(A) + P(B) = 1$이다.
ㄷ. $P(A) + P(B) = 1$이면 두 사건 A와 B는 서로 배반사건이다.

Lecture 06 확률의 덧셈정리

기본 익히기

○○35쪽 | 개념 06-1, 2 |

0214 두 사건 A, B에 대하여

$$P(A) = \frac{2}{3}, \; P(B) = \frac{7}{12}, \; P(A \cup B) = \frac{5}{6}$$

일 때, $P(A \cap B)$를 구하시오.

0215 서로 배반사건인 두 사건 A, B에 대하여

$$P(A) = \frac{3}{4}, \; P(A \cup B) = \frac{11}{12}$$

일 때, $P(B)$를 구하시오.

0216~0217 1부터 50까지의 자연수가 각각 하나씩 적힌 50개의 공이 들어 있는 주머니에서 임의로 한 개의 공을 꺼낼 때, 다음을 구하시오.

0216 3의 배수 또는 8의 배수가 적힌 공이 나올 확률

0217 7의 배수 또는 9의 배수가 적힌 공이 나올 확률

0218 1부터 20까지의 자연수가 각각 하나씩 적힌 20장의 카드가 들어 있는 상자에서 임의로 한 장의 카드를 꺼낼 때, 꺼낸 카드에 적힌 수가 18의 약수가 아닐 확률을 구하시오.

0219 다음은 서로 다른 3개의 동전을 동시에 던질 때, 적어도 한 개는 뒷면이 나올 확률을 구하는 과정이다.

적어도 한 개는 뒷면이 나오는 사건을 A라 하면
〔 (개) 〕는 모두 앞면이 나오는 사건이므로

$$P(\boxed{\;(개)\;}) = \boxed{\;(나)\;}$$

따라서 적어도 한 개는 뒷면이 나올 확률은

$$P(A) = 1 - P(\boxed{\;(개)\;}) = 1 - \boxed{\;(나)\;} = \boxed{\;(다)\;}$$

위의 과정에서 (개), (나), (다)에 알맞은 것을 각각 구하시오.

유형 익히기

유형 11 | 확률의 덧셈정리와 여사건의 확률의 계산 ○○개념 06-1, 2

표본공간 S의 두 사건 A, B에 대하여 확률의 덧셈정리와 여사건의 확률을 이용할 수 있도록 주어진 조건에서 $P(A \cup B)$, $P(A \cap B)$, $P(A)$, $P(B)$, $P(A^c)$ 등을 구한다.
(1) 확률의 덧셈정리 ⇨ $P(A \cup B) = P(A) + P(B) - P(A \cap B)$
(2) 여사건의 확률 ⇨ $P(A^c) = 1 - P(A)$

0220 〔대표〕

두 사건 A, B에 대하여

$$P(A) = 0.3, \; P(B) = 0.5, \; P(A^c \cap B^c) = 0.4$$

일 때, $P(A \cap B)$는?

① 0.1   ② 0.2   ③ 0.3
④ 0.4   ⑤ 0.5

0221

두 사건 A, B가 서로 배반사건이고

$$P(A) = P(B), \; P(A)P(B) = \frac{1}{9}$$

일 때, $P(A \cup B)$는?

① $\frac{1}{9}$ ② $\frac{2}{9}$ ③ $\frac{1}{3}$
④ $\frac{5}{9}$ ⑤ $\frac{2}{3}$

0222

두 사건 A, B에 대하여

$$P(A \cup B) = \frac{1}{2}, \; P(A^c \cup B^c) = \frac{5}{6}$$

일 때, $P(A) + P(B)$의 값을 구하시오.

0223

두 사건 A, B에 대하여
$$P(A^c \cap B^c) = 0.1, \ P(A^c \cup B^c) = 0.8, \ P(A) = 0.5$$
일 때, $P(B)$는?

① 0.2 　 ② 0.3 　 ③ 0.4
④ 0.5 　 ⑤ 0.6

0224 [서술형]

두 사건 A, B에 대하여
$$P(A) = \frac{4}{5}, \ P(B) = \frac{1}{3}$$
일 때, $P(A \cap B)$의 최댓값을 M, 최솟값을 m이라 하자. 이때 $M+m$의 값을 구하시오.

유형 12 확률의 덧셈정리; 　　∞ 개념 06-1
배반사건이 아닌 경우

'~이거나', '~ 또는' 등의 표현이 있는 경우에는 확률의 덧셈정리를 이용하여 합사건의 확률을 구한다.
⇨ 표본공간 S의 두 사건 A, B에 대하여
$$P(A \cup B) = P(A) + P(B) - P(A \cap B)$$

0225 대표

1부터 5까지의 자연수가 각각 하나씩 적힌 5장의 카드가 들어 있는 상자에서 임의로 2장의 카드를 동시에 꺼낼 때, 3 또는 4가 적힌 카드를 꺼낼 확률은?

① $\dfrac{1}{2}$ 　 ② $\dfrac{3}{5}$ 　 ③ $\dfrac{7}{10}$
④ $\dfrac{4}{5}$ 　 ⑤ $\dfrac{9}{10}$

0226

서로 다른 2개의 주사위를 동시에 던질 때, 나오는 두 눈의 수의 합이 소수이거나 두 눈의 수의 곱이 6의 배수일 확률은?

① $\dfrac{7}{12}$ 　 ② $\dfrac{11}{18}$ 　 ③ $\dfrac{23}{36}$
④ $\dfrac{2}{3}$ 　 ⑤ $\dfrac{25}{36}$

0227

수미는 4명의 친구 A, B, C, D에게 각각 크리스마스 카드를 쓰고, 친구들의 이름이 하나씩 쓰여 있는 4장의 봉투에 임의로 카드 한 장씩을 넣었다. 이때 A의 봉투에 A의 카드가 들어 있거나 B의 봉투에 B의 카드가 들어 있을 확률은?

① $\dfrac{1}{3}$ 　 ② $\dfrac{5}{12}$ 　 ③ $\dfrac{1}{2}$
④ $\dfrac{7}{12}$ 　 ⑤ $\dfrac{2}{3}$

0228

두 집합 $X = \{1, 2, 3, 4\}$, $Y = \{-2, -1, 0, 1, 2, 3\}$에 대하여 X에서 Y로의 함수 $f : X \longrightarrow Y$를 만들 때, f가 $f(1) = -2$이거나 $f(2) = 1$을 만족시킬 확률은?

① $\dfrac{1}{12}$ 　 ② $\dfrac{5}{36}$ 　 ③ $\dfrac{7}{36}$
④ $\dfrac{1}{4}$ 　 ⑤ $\dfrac{11}{36}$

0229

100 이하의 자연수 a에 대하여 x에 대한 이차방정식 $12x^2 - 7ax + a^2 = 0$이 정수인 해를 가질 확률은?

① $\dfrac{1}{5}$ 　 ② $\dfrac{3}{10}$ 　 ③ $\dfrac{2}{5}$
④ $\dfrac{1}{2}$ 　 ⑤ $\dfrac{3}{5}$

동시에 일어날 수 없는 사건은 서로 배반사건이므로 배반사건에 대한 확률의 덧셈정리를 이용하여 합사건의 확률을 구한다.
⇨ 표본공간 S의 두 사건 A, B가 서로 배반사건이면 $A \cap B = \varnothing$, 즉
$P(A \cap B) = 0$이므로
$$P(A \cup B) = P(A) + P(B)$$

0230 대표

흰 바둑돌 4개와 검은 바둑돌 3개가 들어 있는 주머니에서 임의로 2개의 바둑돌을 동시에 꺼낼 때, 2개 모두 같은 색의 바둑돌이 나올 확률은?

① $\dfrac{1}{7}$　　② $\dfrac{2}{7}$　　③ $\dfrac{3}{7}$

④ $\dfrac{4}{7}$　　⑤ $\dfrac{5}{7}$

0231

candle의 6개의 문자를 일렬로 나열할 때, a 또는 e가 맨 뒤에 올 확률은?

① $\dfrac{1}{6}$　　② $\dfrac{1}{3}$　　③ $\dfrac{1}{2}$

④ $\dfrac{2}{3}$　　⑤ $\dfrac{5}{6}$

0232 [서술형]

각 면에 1부터 8까지의 자연수가 각각 하나씩 적힌 서로 다른 2개의 정팔면체 모양의 주사위를 동시에 던질 때, 바닥면에 적힌 두 수의 합이 7이거나 두 수의 차가 7일 확률을 구하시오.

0233

6개의 숫자 1, 2, 3, 4, 5, 6에서 4개의 숫자를 택하여 네 자리 자연수를 만들 때, 일의 자리의 숫자와 십의 자리의 숫자의 합이 홀수일 확률은?

① $\dfrac{2}{5}$　　② $\dfrac{1}{2}$　　③ $\dfrac{3}{5}$

④ $\dfrac{7}{10}$　　⑤ $\dfrac{4}{5}$

'적어도 ∼인 사건'의 표현이 있는 경우에는 여사건의 확률을 이용하여 확률을 구한다.
⇨ (적어도 한 개가 ∼인 사건) = (모두 ∼가 아닌 사건의 여사건)
⇨ (적어도 한 개가 ∼일 확률) = 1 − (모두 ∼가 아닐 확률)

0234 대표

2개의 불량품이 포함된 10개의 제품 중에서 임의로 3개의 제품을 동시에 고를 때, 적어도 한 개의 불량품을 고를 확률은?

① $\dfrac{2}{15}$　　② $\dfrac{4}{15}$　　③ $\dfrac{2}{5}$

④ $\dfrac{8}{15}$　　⑤ $\dfrac{2}{3}$

0235

computer의 8개의 문자를 일렬로 나열할 때, 적어도 한쪽 끝에 모음이 올 확률은?

① $\dfrac{3}{7}$　　② $\dfrac{1}{2}$　　③ $\dfrac{4}{7}$

④ $\dfrac{9}{14}$　　⑤ $\dfrac{5}{7}$

0236

같은 회사에 근무하는 두 사람이 다음 주 월요일부터 금요일까지의 5일 중에서 임의로 2일씩을 택하여 휴가를 내려고 할 때, 휴가 날짜 중 적어도 하루는 겹치게 될 확률을 구하시오.

(단, 휴가 날짜는 연속일 수도 있고 아닐 수도 있다.)

0237 [서술형]

흰 구슬 3개와 검은 구슬 n개가 들어 있는 주머니에서 임의로 2개의 구슬을 동시에 꺼낼 때, 적어도 한 개의 검은 구슬을 꺼낼 확률은 $\dfrac{7}{10}$이다. 이때 n의 값을 구하시오.

유형15 여사건의 확률; ∞개념 06-2
'아닌', '이상', '이하'의 조건이 있는 경우

'~가 아닌 사건', '~ 이상인 사건', '~ 이하인 사건'의 표현이 있는 경우에는 여사건의 확률을 이용하여 확률을 구한다.

(1) (~가 아닌 사건) = (~인 사건의 여사건)
⇨ (~가 아닐 확률) = 1 − (~일 확률)

(2) (~ 이상인 사건) = (~ 미만인 사건의 여사건)
⇨ (~ 이상일 확률) = 1 − (~ 미만일 확률)

(3) (~ 이하인 사건) = (~ 초과인 사건의 여사건)
⇨ (~ 이하일 확률) = 1 − (~ 초과일 확률)

0238 대표

어떤 상자에 세모, 네모, 별 무늬가 있는 세 종류의 메달이 각각 3개, 5개, 4개가 들어 있다. 이 상자에서 임의로 3개의 메달을 동시에 꺼낼 때, 메달의 무늬가 두 종류 이상일 확률이 $\dfrac{q}{p}$이다. 이때 $p+q$의 값을 구하시오.

(단, p와 q는 서로소인 자연수이다.)

0239

1부터 20까지의 자연수 중에서 임의로 2개의 수를 택할 때, 택한 수 중 작은 수가 10 이하일 확률을 구하시오.

0240

1부터 9까지의 자연수가 각각 하나씩 적힌 9장의 카드가 들어 있는 주머니에서 임의로 2장의 카드를 동시에 꺼낼 때, 꺼낸 카드에 적힌 두 수를 각각 a, b라 하자. 이때 두 수 $\dfrac{b}{a}$, $\dfrac{a}{b}$가 모두 정수가 아닐 확률은?

① $\dfrac{7}{18}$ ② $\dfrac{1}{2}$ ③ $\dfrac{11}{18}$

④ $\dfrac{13}{18}$ ⑤ $\dfrac{5}{6}$

0241

한 모서리의 길이가 1인 정육면체의 8개의 꼭짓점 중에서 임의로 2개의 꼭짓점을 택하여 선분을 그을 때, 선분의 길이가 $\sqrt{2}$ 이상일 확률을 구하시오.

0242

다음 그림과 같이 1, 2, 3, 4의 숫자가 각각 하나씩 적힌 카드가 각각 2장씩 8장이 있다. 이 8장의 카드 중에서 임의로 3장의 카드를 선택할 때, 선택한 카드 중에 같은 숫자가 적힌 카드가 2장 이상일 확률은?

① $\dfrac{2}{7}$ ② $\dfrac{5}{14}$ ③ $\dfrac{3}{7}$

④ $\dfrac{1}{2}$ ⑤ $\dfrac{4}{7}$

중단원 마무리

09 일차

 STEP1 실전 문제

0243

〇〇 37쪽 유형 **01**

한 개의 동전을 세 번 던지는 시행에서 한 번은 앞면, 두 번은 뒷면이 나오는 사건을 A라 할 때, 사건 A와 서로 배반인 사건의 개수는?

① 2   ② 4   ③ 8

④ 16   ⑤ 32

0244 평가원

〇〇 37쪽 유형 **02**

한 개의 주사위를 세 번 던져서 나오는 눈의 수를 차례로 a, b, c라 할 때, $a>b$이고 $a>c$일 확률은?

① $\dfrac{13}{54}$ ② $\dfrac{55}{216}$ ③ $\dfrac{29}{108}$

④ $\dfrac{61}{216}$ ⑤ $\dfrac{8}{27}$

0245 중요!

〇〇 38쪽 유형 **03**

A, B를 포함한 8명의 수영 선수가 임의로 배정받은 8개의 레인에서 출발하려고 할 때, A와 B가 이웃한 레인에서 출발할 확률은?

① $\dfrac{1}{10}$ ② $\dfrac{1}{8}$ ③ $\dfrac{1}{6}$

④ $\dfrac{1}{4}$ ⑤ $\dfrac{1}{3}$

0246 수능

〇〇 38쪽 유형 **03**

한국, 중국, 일본 학생이 2명씩 있다. 이 6명이 그림과 같이 좌석 번호가 지정된 6개의 좌석 중 임의로 1개씩 선택하여 앉을 때, 같은 나라의 두 학생끼리는 좌석 번호의 차가 1 또는 10이 되도록 앉게 될 확률은?

11	12	13
21	22	23

① $\dfrac{1}{20}$ ② $\dfrac{1}{10}$ ③ $\dfrac{3}{20}$

④ $\dfrac{1}{5}$ ⑤ $\dfrac{1}{4}$

0247

〇〇 38쪽 유형 **04**

남학생 2명과 여학생 4명이 원탁에 일정한 간격으로 둘러앉아 회의를 하려고 할 때, 남학생 2명이 이웃하지 않게 앉을 확률은?

① $\dfrac{2}{5}$ ② $\dfrac{1}{2}$ ③ $\dfrac{3}{5}$

④ $\dfrac{7}{10}$ ⑤ $\dfrac{4}{5}$

0248

〇〇 39쪽 유형 **06**+40쪽 유형 **07**

어느 근로자는 일주일 단위로 주간 근무만 하거나 야간 근무만 하는데, 앞으로 10주 동안에는 7주의 주간 근무와 3주의 야간 근무를 할 예정이다. 회사에서 주간 근무하는 주와 야간 근무하는 주를 임의로 배정할 때, 이 근로자가 2주 이상 연속하여 야간 근무를 하지 않을 확률은?

① $\dfrac{1}{3}$ ② $\dfrac{2}{5}$ ③ $\dfrac{7}{15}$

④ $\dfrac{3}{5}$ ⑤ $\dfrac{2}{3}$

0249

40쪽 유형 07

집합 $A=\{1, 2, 3, 4\}$에 대하여 A의 부분집합 중에서 임의로 서로 다른 두 집합을 택할 때, 한 집합이 다른 집합의 부분집합이 될 확률은?

① $\dfrac{5}{12}$ ② $\dfrac{11}{24}$ ③ $\dfrac{1}{2}$

④ $\dfrac{13}{24}$ ⑤ $\dfrac{7}{12}$

0250

41쪽 유형 09

한 변의 길이가 10 cm인 정사각형 모양의 타일이 있다. 반지름의 길이가 3 cm인 동전 한 개를 중심이 타일 안에 놓이도록 할 때, 동전이 한 장의 타일 안에 완전히 들어갈 확률을 구하시오.

0251

42쪽 유형 11

두 사건 A, B에 대하여

$$P(A \cap B) = \dfrac{1}{2}P(A) = \dfrac{1}{3}P(B)$$

일 때, $\dfrac{P(A \cup B)}{P(A \cap B)}$의 값을 구하시오. (단, $P(A \cap B) \neq 0$)

0252 교육청

43쪽 유형 12

A, B를 포함한 8명의 요리 동아리 회원 중에서 요리 박람회에 참가할 5명의 회원을 임의로 뽑을 때, A 또는 B가 뽑힐 확률은?

① $\dfrac{17}{28}$ ② $\dfrac{19}{28}$ ③ $\dfrac{3}{4}$

④ $\dfrac{23}{28}$ ⑤ $\dfrac{25}{28}$

0253

44쪽 유형 13

남자 2명과 여자 3명이 2대의 택시 A, B에 나누어 타려고 한다. A 택시에는 2명, B 택시에는 3명이 탈 때, 남자 2명이 같은 택시에 타게 될 확률은?

① $\dfrac{1}{10}$ ② $\dfrac{1}{5}$ ③ $\dfrac{3}{10}$

④ $\dfrac{2}{5}$ ⑤ $\dfrac{1}{2}$

0254 중요!

44쪽 유형 14

k개의 당첨 제비를 포함한 10개의 제비가 들어 있는 상자에서 임의로 2개의 제비를 동시에 뽑을 때, 뽑은 2개의 제비 중 적어도 한 개가 당첨 제비일 확률은 $\dfrac{8}{15}$이다. 이때 k의 값은?

① 3   ② 4   ③ 5

④ 6   ⑤ 7

0255

45쪽 유형 15

5개의 숫자 1, 3, 5, 7, 9가 각각 하나씩 적힌 5장의 카드가 들어 있는 상자에서 임의로 한 장씩 카드를 세 번 꺼낼 때, 꺼낸 카드에 적힌 숫자를 차례로 x, y, z라 하자. 이때 $(x-y)(y-z)=0$일 확률은? (단, 꺼낸 카드는 다시 넣는다.)

① $\dfrac{3}{25}$ ② $\dfrac{6}{25}$ ③ $\dfrac{9}{25}$

④ $\dfrac{12}{25}$ ⑤ $\dfrac{3}{5}$

0256

∞38쪽 유형 **03**

3명씩 탑승한 두 대의 자동차 A, B가 어느 휴게소에서 만났다. 이들 6명은 연료를 절약하기 위해 좌석이 6개인 B 자동차에 모두 타려고 한다. B 자동차의 운전자는 자리를 바꾸지 않고 나머지 5명은 임의로 앉을 때, 처음부터 B 자동차에 탔던 2명이 모두 처음 좌석이 아닌 다른 좌석에 앉을 확률을 구하시오.

0257

∞39쪽 유형 **05**

5개의 숫자 0, 1, 2, 3, 4에서 중복을 허용하여 만들 수 있는 네 자리 자연수를 $a_1a_2a_3a_4$라 하자. 예를 들어 네 자리 자연수가 1230인 경우, $a_1=1$, $a_2=2$, $a_3=3$, $a_4=0$이다. 이때 네 자리 자연수 $a_1a_2a_3a_4$가 $a_1<a_2<a_3$, $a_3>a_4$를 만족시킬 확률을 구하시오.

0258

∞38쪽 유형 **03**+40쪽 유형 **07**

1부터 9까지의 자연수가 각각 하나씩 적힌 9장의 카드가 들어 있는 상자에서 임의로 3장의 카드를 동시에 꺼내어 일렬로 나열한 후 카드에 적힌 숫자를 차례로 a, b, c라 할 때, $a \times b + c$가 짝수일 확률은?

① $\dfrac{5}{42}$
② $\dfrac{3}{14}$
③ $\dfrac{13}{42}$
④ $\dfrac{17}{42}$
⑤ $\dfrac{1}{2}$

0259

∞40쪽 유형 **07**

집합 $X=\{1, 2, 3, 4, 5, 6, 7, 8, 9, 10, 11\}$에서 임의로 k $(2 \leq k \leq 10)$개의 원소를 택할 때, 이 원소가 연속하는 자연수일 확률을 P_k라 하자. 옳은 것만을 **보기**에서 있는 대로 고르시오.

┌ **보기** ┐
ㄱ. $P_2=\dfrac{2}{11}$
ㄴ. $P_k=P_{12-k}$
ㄷ. P_k 중에서 최솟값은 P_{10}이다.
└────────┘

0260

∞44쪽 유형 **13**

1부터 9까지 자연수가 각각 하나씩 적힌 9개의 공이 주머니에 들어 있다. 이 주머니에서 임의로 3개의 공을 동시에 꺼낼 때, 꺼낸 공에 적힌 수 a, b, c $(a<b<c)$가 다음 조건을 만족시킬 확률을 구하시오.

┌─────────────────────┐
㉮ $a+b+c$는 홀수이다.
㉯ $a \times b \times c$는 3의 배수이다.
└─────────────────────┘

0261 수능

∞44쪽 유형 **14**

다음 좌석표에서 2행 2열 좌석을 제외한 8개의 좌석에 여학생 4명과 남학생 4명을 1명씩 임의로 배정할 때, 적어도 2명의 남학생이 서로 이웃하게 배정될 확률은 p이다. $70p$의 값을 구하시오. (단, 2명이 같은 행의 바로 옆이나 같은 열의 바로 앞뒤에 있을 때 이웃한 것으로 본다.)

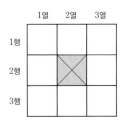

0262

37쪽 유형 **02**

한 개의 주사위를 2번 던질 때, 나오는 두 눈의 수를 차례로 a, b라 하자. 이때 두 직선 $ax+by=3$, $x-2y=2$가 서로 수직일 확률을 구하시오.

0263

39쪽 유형 **05+06**

집합 $X=\{1, 2, 3, 4\}$에 대하여 X에서 X로의 함수 f를 만들 때, 이 함수가
$$f(1)+f(2)+f(3)+f(4)=8$$
을 만족시킬 확률을 구하시오.

0264

40쪽 유형 **07**

남학생과 여학생을 합하여 36명인 학급에서 대표 2명을 뽑을 때, 2명 모두 남학생이거나 2명 모두 여학생일 확률은 $\dfrac{1}{2}$이다. 이때 남학생 수를 구하시오.

(단, 남학생이 여학생보다 많다.)

0265

42쪽 유형 **11**

두 사건 A와 B는 서로 배반사건이고
$$P(A\cup B)=3P(B)=1$$
일 때, $P(A)$를 구하시오.

0266

44쪽 유형 **13**

1부터 12까지의 자연수가 각각 하나씩 적힌 12개의 공이 있다. 서로 다른 두 개의 상자에 이 12개의 공을 임의로 6개씩 나누어 담을 때, 각 상자에 담긴 공에 적힌 수의 합이 모두 홀수일 확률을 구하시오.

0267

45쪽 유형 **15**

세 집합 $X=\{1, 2, 3\}$, $Y=\{1, 2, 3, 4\}$, $Z=\{0, 1\}$에 대하여 조건 ㈎를 만족시키는 모든 함수 $f: X \longrightarrow Y$ 중에서 임의로 하나를 택하고, 조건 ㈏를 만족시키는 모든 함수 $g: Y \longrightarrow Z$ 중에서 임의로 하나를 택하여 합성함수 $g\circ f: X \longrightarrow Z$를 만들 때, 다음 물음에 답하시오.

> ㈎ 정의역 X의 두 원소 x_1, x_2에 대하여 $x_1\neq x_2$이면 $f(x_1)\neq f(x_2)$이다.
> ㈏ 함수 g의 치역은 Z이다.

(1) 합성함수 $g\circ f$의 개수를 구하시오.

(2) 합성함수 $g\circ f$의 치역이 Z일 확률을 구하시오.

II 확률

04 조건부확률

중단원 핵심 개념을 정리하였습니다.
Lecture별 유형 학습 전에 관련 개념을 완벽하게 알아두세요.

Lecture 07 조건부확률

10 일차

개념 07-1 조건부확률

◯◯ 51~52쪽 | 유형 **01, 02** |

(1) **조건부확률:** 표본공간 S의 두 사건 A, B에 대하여 확률이 0이 아닌 사건 A가 일어났다고 가정할 때 사건 B가 일어날 확률을 사건 A가 일어났을 때 사건 B의 **조건부확률**이라 하고, 기호로 $\mathrm{P}(B|A)$와 같이 나타낸다.

(2) 사건 A가 일어났을 때 사건 B의 조건부확률은

$$\mathrm{P}(B|A)=\frac{\mathrm{P}(A\cap B)}{\mathrm{P}(A)} \ (\text{단}, \mathrm{P}(A)\neq 0)$$

주의 일반적으로 $\mathrm{P}(B|A)\neq\mathrm{P}(A|B)$이다.

개념 07-2 확률의 곱셈정리

◯◯ 53~54쪽 | 유형 **03~05** |

두 사건 A, B에 대하여

$$\mathrm{P}(A\cap B)=\mathrm{P}(A)\mathrm{P}(B|A)=\mathrm{P}(B)(A|B) \ (\text{단}, \mathrm{P}(A)\neq 0, \mathrm{P}(B)\neq 0)$$

Lecture 08 사건의 독립과 종속

11 일차

개념 08-1 사건의 독립과 종속

◯◯ 55~57쪽 | 유형 **06~09** |

(1) **사건의 독립:** 두 사건 A, B에 대하여 사건 A가 일어나거나 일어나지 않는 것이 사건 B가 일어날 확률에 아무런 영향을 주지 않을 때, 즉

$$\mathrm{P}(B|A)=\mathrm{P}(B|A^C)=\mathrm{P}(B)$$

일 때, 두 사건 A와 B는 서로 **독립**이라고 한다.

참고 두 사건 A와 B가 서로 독립이면 A와 B^C, A^C와 B, A^C와 B^C도 각각 서로 독립이다.

(2) **사건의 종속:** 두 사건 A, B가 서로 독립이 아닐 때, 즉

$$\mathrm{P}(B|A)\neq\mathrm{P}(B|A^C) \ \text{또는} \ \mathrm{P}(B|A)\neq\mathrm{P}(B)$$

일 때, 두 사건 A와 B는 서로 **종속**이라고 한다.

(3) 두 사건 A, B가 서로 독립일 필요충분조건은

$$\mathrm{P}(A\cap B)=\mathrm{P}(A)\mathrm{P}(B) \ (\text{단}, \mathrm{P}(A)\neq 0, \mathrm{P}(B)\neq 0)$$

참고 두 사건 A, B가 서로 종속일 필요충분조건은

$$\mathrm{P}(A\cap B)\neq\mathrm{P}(A)\mathrm{P}(B) \ (\text{단}, \mathrm{P}(A)\neq 0, \mathrm{P}(B)\neq 0)$$

개념 08-2 독립시행의 확률

◯◯ 57~58쪽 | 유형 **10, 11** |

(1) **독립시행:** 동일한 시행을 반복할 때, 각 시행에서 일어나는 사건이 서로 독립인 경우에 그러한 시행을 **독립시행**이라고 한다.

(2) **독립시행의 확률:** 어떤 시행에서 사건 A가 일어날 확률이 $p \ (0<p<1)$일 때, 이 시행을 n번 반복하는 독립시행에서 사건 A가 r번 일어날 확률은

$$_n\mathrm{C}_r\,p^r(1-p)^{n-r} \ (\text{단}, r=0, 1, 2, \cdots, n)$$

개념 CHECK

1 다음 □ 안에 알맞은 것을 써넣으시오.

> 두 사건 A, B에 대하여
> $\mathrm{P}(A)=\dfrac{1}{4}$, $\mathrm{P}(A\cap B)=\dfrac{1}{8}$일 때,
> $\mathrm{P}(B|A)=\dfrac{\boxed{}}{\mathrm{P}(A)}=\boxed{}$

2 다음은 두 사건 A, B에 대하여

$$\mathrm{P}(A)=\frac{1}{5}, \mathrm{P}(B)=\frac{2}{5},$$
$$\mathrm{P}(B|A)=\frac{1}{2}$$

일 때, $\mathrm{P}(A|B)$를 구하는 과정이다.
□ 안에 알맞은 것을 써넣으시오.

> $\mathrm{P}(A\cap B)=\mathrm{P}(\boxed{})\mathrm{P}(B|A)$
> $=\boxed{}$
> 이므로
> $\mathrm{P}(A|B)=\dfrac{\mathrm{P}(A\cap B)}{\mathrm{P}(\boxed{})}=\boxed{}$

3 두 사건 A, B가 서로 독립이고

$$\mathrm{P}(A)=\frac{2}{5}, \ \mathrm{P}(B)=\frac{1}{2}$$일 때, 다음을

구하시오.

(1) $\mathrm{P}(B|A)$ (2) $\mathrm{P}(A|B)$

4 다음은 한 개의 동전을 5번 던지는 시행에서 뒷면이 3번 나올 확률을 구하는 과정이다. □ 안에 알맞은 수를 써넣으시오.

> 한 개의 동전을 한 번 던지는 시행에서 뒷면이 나오는 사건을 A라 하면
> $\mathrm{P}(A)=\boxed{}$
> 각 시행은 서로 독립이므로 구하는 확률은
> $_5\mathrm{C}_3(\boxed{})^3(\boxed{})^{\boxed{}}=\boxed{}$

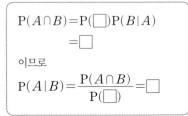

1 $\mathrm{P}(A\cap B)$, $\dfrac{1}{2}$ 2 A, $\dfrac{1}{10}$, B, $\dfrac{1}{4}$

3 (1) $\dfrac{1}{2}$ (2) $\dfrac{2}{5}$ 4 $\dfrac{1}{2}$, $\dfrac{1}{2}$, $\dfrac{1}{2}$, 2, $\dfrac{5}{16}$

Lecture 07 조건부확률

기본 익히기

⟳ 50쪽 | 개념 07-1, 2 |

0268 두 사건 A, B에 대하여 $P(A)=\dfrac{1}{3}$, $P(B)=\dfrac{2}{5}$, $P(A \cap B)=\dfrac{1}{15}$일 때, 다음을 구하시오.

(1) $P(B|A)$ (2) $P(A|B)$

0269 한 개의 주사위를 던지는 시행에서 짝수의 눈이 나오는 사건을 A, 4의 약수의 눈이 나오는 사건을 B라 할 때, 다음을 구하시오.

(1) $P(A)$ (2) $P(A \cap B)$

(3) $P(B|A)$

0270 1부터 10까지의 자연수가 각각 하나씩 적힌 10장의 카드가 들어 있는 상자에서 임의로 꺼낸 한 장의 카드에 적힌 수가 홀수일 때, 그 수가 3의 배수일 확률을 구하시오.

0271 두 사건 A, B에 대하여 $P(A)=\dfrac{2}{3}$, $P(B)=\dfrac{1}{4}$, $P(A|B)=\dfrac{1}{3}$일 때, 다음을 구하시오.

(1) $P(A \cap B)$ (2) $P(B|A)$

(3) $P(A^C \cap B^C)$ (4) $P(A^C|B^C)$

0272 당첨 제비 4개를 포함한 10개의 제비가 들어 있는 주머니에서 제비를 임의로 한 개씩 2번 뽑을 때, 첫 번째에 당첨 제비를 뽑는 사건을 A, 두 번째에 당첨 제비를 뽑는 사건을 B라 하자. 다음을 구하시오.

(단, 뽑은 제비는 다시 넣지 않는다.)

(1) $P(A)$ (2) $P(B|A)$

(3) $P(A \cap B)$

유형 익히기

유형 01 | 조건부확률의 계산

⟳ 개념 07-1

사건 A가 일어났을 때 사건 B의 조건부확률은 다음과 같은 순서로 구한다.

❶ 확률의 덧셈정리, 여사건의 확률을 이용하여 $P(A)$, $P(A \cap B)$를 구한다.

❷ ❶의 결과를 이용하여 $P(B|A)=\dfrac{P(A \cap B)}{P(A)}$를 구한다.

(단, $P(A) \neq 0$)

0273 〔대표〕

두 사건 A, B에 대하여
$$P(A)=\frac{2}{5}, \ P(B)=\frac{3}{5}, \ P(A^C \cap B^C)=\frac{3}{10}$$
일 때, $P(A|B)$를 구하시오.

0274 두 사건 A, B에 대하여
$$P(B)=\frac{1}{4}, \ P(A|B)=\frac{1}{3}$$
일 때, $P(A^C \cap B)$를 구하시오.

0275 두 사건 A, B에 대하여
$$P(A)=\frac{3}{8}, \ P(B)=\frac{1}{2}, \ P(A \cap B)=\frac{1}{4}$$
일 때, $P(B^C|A^C)$는?

① $\dfrac{1}{5}$ ② $\dfrac{3}{10}$ ③ $\dfrac{2}{5}$

④ $\dfrac{1}{2}$ ⑤ $\dfrac{3}{5}$

0276

두 사건 A, B가 서로 배반사건이고

$$\mathrm{P}(A)=\frac{1}{12}, \ \mathrm{P}(B)=\frac{2}{3}$$

일 때, $\mathrm{P}(A\,|\,B^{C})$를 구하시오.

0277 [서술형]

두 사건 A, B에 대하여

$$\mathrm{P}(A)=\frac{3}{10}, \ \mathrm{P}(A\,|\,B)=\frac{1}{4}, \ \mathrm{P}(A\cup B)=\frac{3}{5}$$

일 때, $\mathrm{P}(B\,|\,A)$를 구하시오.

유형02 조건부확률 ∞ 개념 07-1

표본공간 S의 두 사건 A, B에 대하여 사건 A가 일어났을 때 사건 B의 조건부확률은

$$\Rightarrow \mathrm{P}(B\,|\,A)=\frac{\dfrac{n(A\cap B)}{n(S)}}{\dfrac{n(A)}{n(S)}}=\frac{\mathrm{P}(A\cap B)}{\mathrm{P}(A)}$$

0278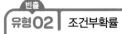

다음 표는 어느 고등학교 학생 100명을 대상으로 안경 착용 여부를 조사하여 나타낸 것이다.

(단위: 명)

	남학생	여학생	합계
착용	15	5	20
미착용	55	25	80
합계	70	30	100

100명의 학생 중 임의로 택한 한 명이 안경을 착용한 학생일 때, 그 학생이 여학생일 확률은?

① $\dfrac{1}{5}$ ② $\dfrac{1}{4}$ ③ $\dfrac{1}{3}$

④ $\dfrac{1}{2}$ ⑤ $\dfrac{2}{3}$

0279

1등 당첨 제비 2개와 2등 당첨 제비 3개를 포함한 20개의 제비가 있다. 이 중에서 임의로 3개의 제비를 동시에 뽑았더니 당첨 제비가 한 개 나왔을 때, 이 당첨 제비가 1등 당첨 제비일 확률을 구하시오.

0280

한 개의 주사위를 두 번 던져서 첫 번째 나오는 눈의 수가 두 번째 나오는 눈의 수보다 클 때, 두 눈의 수의 합이 7일 확률을 구하시오.

0281

오른쪽 표는 어느 학급에서 태블릿 PC의 소지 여부를 조사하여 나타낸 것이다. 이 학급에서 임의로 택한 한 명이 남학생일 때,

(단위: 명)

	있다	없다
남학생	x	15
여학생	8	7

그 학생에게 태블릿 PC가 있을 확률은 $\dfrac{1}{4}$이다. 이때 x의 값을 구하시오.

0282

네 학생 A, B, C, D가 각각 자신의 국어 교과서를 한 권씩 꺼내어 4권을 섞어 놓고, 한 권씩 임의로 택하기로 하였다. D가 A의 교과서를 택했을 때, 나머지 세 학생 모두 자신의 교과서를 택하지 못할 확률은?

① $\dfrac{3}{8}$ ② $\dfrac{1}{2}$ ③ $\dfrac{5}{8}$

④ $\dfrac{3}{4}$ ⑤ $\dfrac{7}{8}$

유형03 확률의 곱셈정리 (1); $P(A \cap B) = P(A)P(B|A)$

∞ 개념 07-2

두 사건 A, B가 동시에 일어날 확률은
⇨ 확률의 곱셈정리를 이용한다.
⇨ $P(A \cap B) = P(A)P(B|A)$ (단, $P(A) \neq 0$)

0283 대표

전체 회원 15명 중 신입 회원이 3명인 어느 음악 동아리에서 발표회를 진행할 2명의 회원을 뽑으려고 한다. 임의로 한 사람씩 차례로 뽑을 때, 뽑힌 2명이 모두 신입 회원일 확률은?

① $\dfrac{1}{32}$ ② $\dfrac{1}{35}$ ③ $\dfrac{8}{35}$

④ $\dfrac{7}{40}$ ⑤ $\dfrac{9}{40}$

0284

흰 공 4개와 노란 공 8개가 들어 있는 상자에서 공을 임의로 한 개씩 2번 꺼낼 때, 첫 번째에는 흰 공을 꺼내고 두 번째에는 노란 공을 꺼낼 확률을 구하시오.

(단, 꺼낸 공은 다시 넣지 않는다.)

0285

흰 필통에는 빨간 펜 5자루와 파란 펜 3자루가 들어 있고, 노란 필통에는 빨간 펜 4자루와 파란 펜 6자루가 들어 있다. 두 필통 중 임의로 한 필통을 택하여 펜 한 자루를 꺼낼 때, 그 펜이 노란 필통에 들어 있는 파란 펜일 확률을 구하시오.

0286 [서술형]

n개의 흰 바둑돌을 포함한 8개의 바둑돌이 들어 있는 주머니에서 두 사람 A, B의 순서로 바둑돌을 임의로 한 개씩 꺼낸다. B만 흰 바둑돌을 꺼낼 확률이 $\dfrac{15}{56}$일 때, 모든 n의 값의 합을 구하시오. (단, 꺼낸 바둑돌은 다시 넣지 않는다.)

유형04 빈출 확률의 곱셈정리 (2); $P(E) = P(A \cap E) + P(A^c \cap E)$

∞ 개념 07-2

사건 E가 일어날 확률은 사건 A가 일어난 경우와 사건 A가 일어나지 않은 경우, 즉 사건 A^c가 일어난 경우로 나누어 각각의 경우에 사건 E가 일어날 확률을 구한다.
⇨ 두 사건 $A \cap E$와 $A^c \cap E$는 서로 배반사건이므로
$$E = (A \cap E) \cup (A^c \cap E)$$
⇨ 확률의 덧셈정리에 의하여
$$P(E) = P(A \cap E) + P(A^c \cap E)$$
$$= P(A)P(E|A) + P(A^c)P(E|A^c)$$

0287 대표

3개의 불량품을 포함한 10개의 제품이 들어 있는 상자에서 제품을 임의로 한 개씩 2번 꺼낼 때, 두 번째에 꺼낸 제품이 불량품일 확률을 구하시오.

(단, 꺼낸 제품은 다시 넣지 않는다.)

0288

A 상자에는 흰 공 3개와 빨간 공 3개가 들어 있고, B 상자에는 흰 공 2개와 빨간 공 4개가 들어 있다. 두 상자 A, B 중 임의로 택한 한 상자에서 2개의 공을 동시에 꺼낼 때, 그 공이 서로 다른 색일 확률을 구하시오.

바른답 · 알찬풀이 038쪽

0289

갑, 을, 병 세 사람이 시장 선거에 출마하였다. 갑, 을, 병 세 사람이 당선될 확률이 각각 0.3, 0.5, 0.2이고, 당선되었을 때 버스 노선을 개편할 확률은 각각 0.8, 0.1, 0.4이다. 선거가 끝난 후 버스 노선이 개편될 확률은?

(단, 갑, 을, 병 세 사람 중 한 사람은 반드시 당선된다.)

① 0.23   ② 0.24   ③ 0.37
④ 0.42   ⑤ 0.45

0290

어느 병원의 암 검사의 정확도는 98 %라 한다. 즉, 암에 걸린 사람을 암에 걸렸다고 판정할 확률과 암에 걸리지 않은 사람을 암에 걸리지 않았다고 판정할 확률이 모두 0.98이다. 실제로 암에 걸린 사람의 비율이 0.5 %인 집단에서 임의로 한 사람을 택하여 암 검사를 실시할 때, 그 사람을 암에 걸렸다고 판정할 확률을 구하시오.

유형 05 확률의 곱셈정리와 조건부확률;   ∞ 개념 07-2

$$P(A|E)=\frac{P(A\cap E)}{P(A\cap E)+P(A^c\cap E)}$$

표본공간 S의 두 사건 A, E에 대하여 사건 E가 일어났을 때 사건 A의 조건부확률은

⇨ $P(A|E)=\dfrac{P(A\cap E)}{P(E)}=\dfrac{P(A\cap E)}{P(A\cap E)+P(A^c\cap E)}$

0291 대표

주머니 속에 a, a, b, c가 각각 하나씩 적힌 흰 공 4개와 a, b, b, c, c가 각각 하나씩 적힌 검은 공 5개가 들어 있다. 이 주머니에서 임의로 한 개의 공을 꺼냈더니 b가 적힌 공일 때, 그 공이 흰 공일 확률은?

① $\dfrac{1}{9}$ ② $\dfrac{2}{9}$ ③ $\dfrac{1}{3}$
④ $\dfrac{4}{9}$ ⑤ $\dfrac{5}{9}$

0292

어느 부품 공장에서는 두 기계 A, B로 각각 전체 부품의 60 %, 40 %를 생산하고, 두 기계 A, B의 불량률은 각각 4 %, 1 %이다. 이 공장에서 생산된 부품 중에서 임의로 한 개를 뽑았더니 불량품이었을 때, 그 부품이 A 기계에서 생산되었을 확률은?

① $\dfrac{2}{7}$ ② $\dfrac{3}{7}$ ③ $\dfrac{4}{7}$
④ $\dfrac{5}{7}$ ⑤ $\dfrac{6}{7}$

0293 [서술형]

K 농구팀이 이번 시즌에 치르는 경기의 $\dfrac{7}{10}$이 홈 경기이고, 홈 경기에서 이길 확률은 $\dfrac{4}{5}$, 원정 경기에서 이길 확률은 $\dfrac{1}{5}$이다. 이번 시즌의 어느 한 경기에서 K 농구팀이 이겼을 때, 그 경기가 홈 경기였을 확률을 구하시오.

0294

0, 1이라는 두 신호를 각각 확률 0.4와 0.6으로 보내는 통신 장치가 있다. 송신 신호가 0일 때 수신측에서 올바르게 신호 0으로 받을 확률이 0.8, 잘못하여 신호 1로 받을 확률이 0.2이다. 또, 송신 신호가 1일 때 수신측에서 올바르게 신호 1로 받을 확률이 0.9, 잘못하여 신호 0으로 받을 확률이 0.1이다. 수신측에서 신호 0을 수신했을 때, 송신측에서 실제로 신호 0을 보냈을 확률은?

① $\dfrac{13}{19}$ ② $\dfrac{14}{19}$ ③ $\dfrac{15}{19}$
④ $\dfrac{16}{19}$ ⑤ $\dfrac{17}{19}$

Lecture 08 사건의 독립과 종속

기본 익히기

↔50쪽 | 개념 08-1, 2 |

0295 크기가 같은 빨간 공 5개와 파란 공 4개가 들어 있는 주머니에서 공을 임의로 한 개씩 2번 꺼낼 때, 첫 번째 꺼낸 공이 빨간 공인 사건을 A, 두 번째 꺼낸 공이 파란 공인 사건을 B라 하자. 다음 물음에 답하시오.

(1) 첫 번째 꺼낸 공을 다시 넣을 때 $P(B|A)$와 $P(B)$를 각각 구하고, 두 사건 A와 B가 서로 독립인지 종속인지 말하시오.

(2) 첫 번째 꺼낸 공을 다시 넣지 않을 때 $P(B|A)$와 $P(B)$를 각각 구하고, 두 사건 A와 B가 서로 독립인지 종속인지 말하시오.

0296~0297 다음을 만족시키는 두 사건 A, B가 서로 독립인지 종속인지 말하시오.

0296 $P(A)=\dfrac{2}{3}$, $P(B)=\dfrac{3}{8}$, $P(A\cap B)=\dfrac{1}{3}$

0297 $P(A)=\dfrac{1}{2}$, $P(B)=\dfrac{4}{7}$, $P(A\cap B)=\dfrac{2}{7}$

0298~0301 두 사건 A, B가 서로 독립이고 $P(A)=\dfrac{1}{4}$, $P(B)=\dfrac{2}{5}$일 때, 다음을 구하시오.

0298 $P(A\cap B)$ 　　　　**0299** $P(A^c\cap B)$

0300 $P(B^c|A)$ 　　　　**0301** $P(A^c|B^c)$

0302 한 개의 주사위를 던지는 시행에서 5의 약수의 눈이 나오는 사건을 A라 할 때, 다음을 구하시오.

(1) $P(A)$

(2) 주사위를 4번 던지는 시행에서 사건 A가 3번 일어날 확률

유형 익히기

유형 06 　사건의 독립과 종속의 판정 　↔개념 08-1

두 사건 A, B에 대하여

(1) $P(A\cap B)=P(A)P(B)$ ⇨ 독립

(2) $P(A\cap B)\neq P(A)P(B)$ ⇨ 종속

0303 《대표》

한 개의 주사위를 던져서 짝수의 눈이 나오는 사건을 A, 홀수의 눈이 나오는 사건을 B, 3의 배수의 눈이 나오는 사건을 C라 하자. 서로 독립인 두 사건만을 **보기**에서 있는 대로 고른 것은?

보기
　ㄱ. A와 B 　　　ㄴ. A와 C 　　　ㄷ. B와 C

① ㄱ 　　　　② ㄴ 　　　　③ ㄱ, ㄷ
④ ㄴ, ㄷ 　　　⑤ ㄱ, ㄴ, ㄷ

0304

표본공간 $S=\{1, 2, 3, 4, 5, 6\}$에 대하여 사건 $\{1, 2, 3, 4\}$와 서로 독립인 사건만을 **보기**에서 있는 대로 고르시오.

보기
　ㄱ. $\{2, 3, 4, 5\}$ 　ㄴ. $\{3, 4, 5\}$ 　ㄷ. $\{4, 5, 6\}$
　ㄹ. $\{4, 6\}$ 　　　ㅁ. $\{5, 6\}$

0305

어느 회사의 전체 직원은 기혼 남성 15명, 미혼 남성 9명, 기혼 여성 10명, 미혼 여성 x명이다. 이 회사의 직원 중 임의로 한 명을 택할 때, 남성인 직원을 택하는 사건을 A, 미혼인 직원을 택하는 사건을 B라 하자. 두 사건 A, B가 서로 독립이기 위한 x의 값을 구하시오.

두 사건 A, B가 서로
(1) 독립 $\Rightarrow$ $P(B|A)=P(B|A^C)=P(B)$
             $P(A|B)=P(A|B^C)=P(A)$
(2) 종속 $\Rightarrow$ $P(B|A)\neq P(B|A^C)$
             $P(A|B)\neq P(A|B^C)$

0306 〈대표〉

두 사건 A, B에 대하여 옳은 것만을 **보기**에서 있는 대로 고른 것은? (단, $A\neq\varnothing$, $B\neq\varnothing$)

> **보기**
>
> ㄱ. $P(B|A)=P(B)$이면
> $P(A\cap B)=P(A)P(B)$이다.
> ㄴ. $P(A|B)+P(A^C|B)=1$
> ㄷ. A, B가 서로 배반사건이면 $P(A|B)=1$이다.

① ㄴ   ② ㄷ   ③ ㄱ, ㄴ
④ ㄴ, ㄷ   ⑤ ㄱ, ㄴ, ㄷ

0307

두 사건 A, B가 서로 독립일 때, 옳은 것만을 **보기**에서 있는 대로 고른 것은? (단, $A\neq\varnothing$, $B\neq\varnothing$)

> **보기**
>
> ㄱ. $P(A\cup B)=P(A)+P(B)$
> ㄴ. $P(A^C|B)=1-P(A)$
> ㄷ. $P(B)=P(A)P(B)+P(A^C)P(B)$

① ㄱ   ② ㄴ   ③ ㄱ, ㄷ
④ ㄴ, ㄷ   ⑤ ㄱ, ㄴ, ㄷ

0308

두 사건 A, B에 대하여 옳은 것만을 **보기**에서 있는 대로 고른 것은? (단, $P(A)\neq0$, $P(B)\neq0$)

> **보기**
>
> ㄱ. $B\subset A$이면 $P(A|B)=1$이다.
> ㄴ. A, B가 서로 독립이면
> $P(A^C|B^C)=1-P(A|B^C)$이다.
> ㄷ. A, B가 서로 독립이면 A, B는 서로 배반사건이다.

① ㄱ   ② ㄱ, ㄴ   ③ ㄱ, ㄷ
④ ㄴ, ㄷ   ⑤ ㄱ, ㄴ, ㄷ

두 사건 A, B가 서로 독립이면
$\Rightarrow$ $P(A\cap B)=P(A)P(B)$

0309 〈대표〉

두 사건 A, B가 서로 독립이고

$$P(A)=\frac{1}{4},\ P(A\cup B)=\frac{5}{8}$$

일 때, $P(A\cap B^C)$를 구하시오.

0310

두 사건 A, B가 서로 독립이고

$$P(A)=\frac{1}{2},\ P(B)=\frac{2}{3}$$

일 때, 사건 A 또는 사건 B가 일어날 확률을 구하시오.

0311

두 사건 A, B가 서로 독립이고 $P(A)=0.4$, $P(B)=0.5$ 일 때, 옳은 것만을 **보기**에서 있는 대로 고른 것은?

> **보기**
>
> ㄱ. $P(A\cup B)=0.7$ ㄴ. $P(A|B)=0.4$
> ㄷ. $P(A^C\cup B^C)=0.8$

① ㄱ   ② ㄱ, ㄴ   ③ ㄱ, ㄷ
④ ㄴ, ㄷ   ⑤ ㄱ, ㄴ, ㄷ

0312 [서술형]

두 사건 A, B는 서로 독립이고, 두 사건 A, C는 서로 배반사건이다. $P(A\cap B)=\dfrac{1}{4}$, $P(B)=\dfrac{1}{2}$, $P(A\cup C)=\dfrac{2}{3}$ 일 때, $P(C)$를 구하시오.

0313

두 사건 A, B가 서로 독립이고

$$P(A \cap B^C) = \frac{1}{2}, \quad P(A^C \cap B^C) = \frac{1}{6}$$

일 때, $P(A)P(B)$의 값을 구하시오.

유형 09 독립사건의 확률 ∞ 개념 08-1

(1) 두 사건 A, B가 서로 독립이면 두 사건이 모두 일어날 확률은
$\Rightarrow P(A \cap B) = P(A)P(B)$

(2) 두 사건 A, B가 서로 독립이면
$\Rightarrow A$와 B^C, A^C와 B, A^C와 B^C도 각각 서로 독립

0314 대표

두 축구 선수 A, B가 페널티 킥에 성공할 확률이 각각 $\frac{3}{4}$, $\frac{2}{3}$이다. A, B가 각각 한 번씩 페널티 킥을 시도할 때, 적어도 한 명이 성공할 확률을 구하시오.

0315

다음은 어느 학교에서 전체 학생 360명을 대상으로 단독 후보로 출마한 학생회장 후보에 대한 찬반 투표를 조사한 표이다.

(단위: 명)

	찬성	반대	합계
남학생	x		180
여학생			180
합계	210	150	360

개표를 위해 임의로 뽑은 표가 남학생의 표인 사건과 찬성하는 표인 사건이 서로 독립일 때, x의 값은?

① 95 ② 100 ③ 105
④ 110 ⑤ 115

0316 [서술형]

A 상자에는 흰 공 5개와 검은 공 2개가 들어 있고, B 상자에는 흰 공 3개와 검은 공 4개가 들어 있다. 수민이는 A 상자에서 임의로 한 개의 공을 꺼내고, 진호는 B 상자에서 임의로 한 개의 공을 꺼낼 때, 두 사람 중 한 사람만 검은 공을 꺼낼 확률을 구하시오.

0317

세 도시 A, B, C에 내일 비가 올 확률이 각각 $\frac{1}{3}$, $\frac{3}{4}$, p이다. 내일 세 도시 중 B 도시에서만 비가 올 확률이 $\frac{2}{9}$일 때, p의 값은? (단, 각 도시에 비가 오는 사건은 서로 독립이다.)

① $\frac{1}{9}$ ② $\frac{2}{9}$ ③ $\frac{1}{3}$

④ $\frac{4}{9}$ ⑤ $\frac{5}{9}$

유형 10 독립시행의 확률 (1) ∞ 개념 08-2

어떤 시행에서 사건 A가 일어날 확률이 p $(0 < p < 1)$일 때, n회의 독립시행에서 사건 A가 r번 일어날 확률은
$\Rightarrow {}_nC_r p^r (1-p)^{n-r}$ (단, $r = 0, 1, 2, \cdots, n$)

0318 대표

서브 성공률이 $\frac{3}{5}$인 배구 선수가 서브를 3번 시도할 때, 한 번 이상 성공할 확률을 구하시오.

바른답·알찬풀이 042쪽

0319

두 테니스 선수 A, B가 시합을 하는데, 세트마다 A가 B를 이길 확률이 $\dfrac{1}{3}$이다. 3세트를 먼저 이기면 시합이 끝난다고 할 때, 5세트에서 시합이 끝날 확률은?

(단, 비기는 경우는 없다.)

① $\dfrac{2}{27}$　　② $\dfrac{4}{27}$　　③ $\dfrac{8}{27}$

④ $\dfrac{1}{3}$　　⑤ $\dfrac{4}{9}$

0320 〔서술형〕

한 개의 주사위를 던져서 1의 눈이 나오면 오른쪽으로 한 칸, 1 이외의 눈이 나오면 위쪽으로 한 칸 움직이는 놀이가 있다. 오른쪽 그림의 점 A에서 출발하여 점 P에 도착할 확률을 $\dfrac{n}{m}$이라 할 때, $m+n$의 값을 구하시오.

(단, m, n은 서로소인 자연수이다.)

0321

A, B, C, D, E, F가 각각 적힌 6개의 상자가 있다. 이들 상자에 서로 다른 10개의 공을 임의로 넣을 때, A, B, C가 적힌 세 상자에 들어가는 공의 개수의 합이 4일 확률은?

(단, 각 상자에 들어가는 공의 개수에는 제한이 없다.)

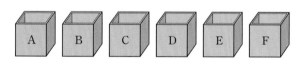

① $\dfrac{45}{256}$　　② $\dfrac{105}{512}$　　③ $\dfrac{155}{512}$

④ $\dfrac{45}{128}$　　⑤ $\dfrac{63}{128}$

유형 **11**　독립시행의 확률 (2)　　∞ 개념 08-2

사건에 따라 시행 횟수가 달라지는 독립시행의 확률을 구할 때는
⇨ 경우를 나누어 생각한다.

0322 〔대표〕

주사위 1개와 동전 1개가 있다. 주사위를 던져서 6의 약수의 눈이 나오면 동전을 3번, 6의 약수 이외의 눈이 나오면 동전을 2번 던질 때, 동전의 앞면이 1번 나올 확률은?

① $\dfrac{1}{3}$　　② $\dfrac{3}{8}$　　③ $\dfrac{5}{12}$

④ $\dfrac{11}{24}$　　⑤ $\dfrac{1}{2}$

0323

어떤 양궁 선수가 과녁의 10점 영역을 맞힐 확률이 $\dfrac{1}{4}$이다.

이 양궁 선수가 흰 공 3개와 검은 공 1개가 들어 있는 주머니에서 임의로 한 개의 공을 꺼낼 때, 흰 공을 꺼내면 화살을 3번 쏘고, 검은 공을 꺼내면 화살을 4번 쏜다고 한다. 이 양궁 선수가 과녁의 10점 영역을 2번 맞힐 확률을 구하시오.

0324

A, B를 포함한 6명이 정육각형 모양의 탁자에 오른쪽 그림과 같이 둘러 앉아 주사위 한 개를 사용하여 다음 규칙을 따르는 시행을 한다.

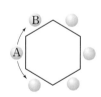

⑺ 3의 배수의 눈이 나오면 시곗바늘이 도는 방향으로 이웃한 사람에게 주사위를 준다.
⑻ 3의 배수 이외의 눈이 나오면 시곗바늘이 도는 반대 방향으로 이웃한 사람에게 주사위를 준다.

A부터 시작하여 이 시행을 5번 한 후 B가 주사위를 가지고 있을 확률을 구하시오.

(단, 주사위를 가진 사람이 주사위를 던진다.)

STEP1 실전 문제

0325 수능 ∞51쪽 유형 01

두 사건 A, B에 대하여

$$P(A)=\frac{1}{3},\ P(A \cap B)=\frac{1}{8}$$

일 때, $P(B^c|A)$의 값은? (단, B^c은 B의 여사건이다.)

① $\frac{11}{24}$　　　② $\frac{1}{2}$　　　③ $\frac{13}{24}$

④ $\frac{7}{12}$　　　⑤ $\frac{5}{8}$

0326 ∞52쪽 유형 02

정팔각형의 꼭짓점 중 임의로 세 점을 택하여 만든 삼각형이 직각삼각형일 때, 이 삼각형이 이등변삼각형일 확률은?

① $\frac{1}{6}$　　　② $\frac{1}{3}$　　　③ $\frac{1}{2}$

④ $\frac{2}{3}$　　　⑤ $\frac{5}{6}$

0327 ∞53쪽 유형 03

2개의 불량품을 포함한 10개의 제품이 들어 있는 상자에서 제품을 임의로 한 개씩 꺼내어 검사한다. 불량품이 모두 발견되면 검사가 끝날 때, 두 번째 검사에서 검사가 끝날 확률을 a, 다섯 번째 검사에서 검사가 끝날 확률을 b라 하자. 이때 $a+b$의 값은? (단, 꺼낸 제품은 다시 상자에 넣지 않는다.)

① $\frac{1}{15}$　　　② $\frac{4}{45}$　　　③ $\frac{1}{9}$

④ $\frac{2}{15}$　　　⑤ $\frac{7}{45}$

0328 중요! ∞53쪽 유형 03+유형 04

A 주머니에는 흰 공 3개와 검은 공 2개, B 주머니에는 흰 공 2개와 검은 공 3개가 들어 있다. A 주머니에서 임의로 3개의 공을 꺼내어 B 주머니에 넣은 다음 B 주머니에서 임의로 한 개의 공을 꺼낼 때, 그 공이 흰 공일 확률은?

① $\frac{17}{40}$　　　② $\frac{19}{40}$　　　③ $\frac{21}{40}$

④ $\frac{23}{40}$　　　⑤ $\frac{5}{8}$

0329 ∞53쪽 유형 03+유형 04

흰 공 8개와 검은 공 4개가 들어 있는 상자에서 갑과 을 두 사람이 갑, 을의 순서로 공을 임의로 한 개씩 꺼낸다. 갑이 검은 공을 꺼내는 사건을 A라 하고 을이 검은 공을 꺼내는 사건을 B라 할 때, 옳은 것만을 **보기**에서 있는 대로 고르시오. (단, 꺼낸 공은 상자에 다시 넣지 않는다.)

┌ **보기** ───────────────

ㄱ. $P(A \cap B)=P(A^c \cap B)$

ㄴ. $P(A)=P(B)$

ㄷ. $P(A \cup B)=\dfrac{17}{33}$

└──────────────────

0330 평가원 ∞54쪽 유형 05

표와 같이 두 상자 A, B에는 흰 구슬과 검은 구슬이 섞여서 각각 100개씩 들어 있다.

(단위: 개)

	상자 A	상자 B
흰 구슬	a	$100-2a$
검은 구슬	$100-a$	$2a$
합계	100	100

두 상자 A, B에서 각각 1개씩 임의로 꺼낸 구슬이 서로 같은 색일 때, 그 색이 흰색일 확률은 $\frac{2}{9}$이다. 자연수 a의 값을 구하시오.

0331

◯◯ 55쪽 유형 **06**

표본공간 $S=\{1, 2, 3, 4, 5, 6, 7, 8\}$에 대하여 두 사건 A, B_n은 $A=\{2, 4, 5, 7\}$, $B_n=\{1, 2, n, n+2\}$일 때, 두 사건 A와 B_n이 서로 독립이 되도록 하는 모든 자연수 n의 값의 합은? (단, $3\le n\le 6$)

① 7　　　　　② 8　　　　　③ 9

④ 10　　　　　⑤ 11

0332

◯◯ 56쪽 유형 **07**

두 사건 A, B에 대하여 옳은 것만을 **보기**에서 있는 대로 고른 것은? (단, $A\ne\varnothing$, $B\ne\varnothing$)

> **보기**
>
> ㄱ. A, B가 서로 배반사건이면 $P(B|A)=0$이다.
> ㄴ. A, B가 서로 독립이면
> 　　$P(A|B^C)=1-P(A|B)$이다.
> ㄷ. A, B가 서로 독립이면
> 　　$\{1-P(A)\}\{1-P(B)\}=1-P(A\cup B)$이다.

① ㄱ　　　　　② ㄴ　　　　　③ ㄱ, ㄷ

④ ㄴ, ㄷ　　　　　⑤ ㄱ, ㄴ, ㄷ

0333

◯◯ 56쪽 유형 **08**

두 사건 A, B가 서로 독립이고

$$P(A)=\frac{3}{5},\ P(A\cap B)=P(A)-P(B)$$

일 때, $P(B)$는?

① $\dfrac{1}{8}$　　　　　② $\dfrac{1}{4}$　　　　　③ $\dfrac{3}{8}$

④ $\dfrac{1}{2}$　　　　　⑤ $\dfrac{5}{8}$

0334

◯◯ 57쪽 유형 **09**

세 사람 A, B, C가 새총으로 표적을 맞히려고 한다. A가 표적을 맞힐 확률은 0.25이고, A, B 중 적어도 한 사람이 표적을 맞힐 확률은 0.5, A, C 중 적어도 한 사람이 표적을 맞힐 확률은 0.625라 한다. B, C가 동시에 새총을 쏠 때, 적어도 한 사람이 표적을 맞힐 확률은?

① $\dfrac{7}{12}$　　　　　② $\dfrac{2}{3}$　　　　　③ $\dfrac{3}{4}$

④ $\dfrac{5}{6}$　　　　　⑤ $\dfrac{11}{12}$

0335 중요!

◯◯ 57쪽 유형 **10**

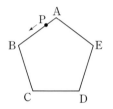

오른쪽 그림과 같이 한 변의 길이가 1인 정오각형 ABCDE 위에 시곗바늘이 도는 반대 방향으로 움직이는 점 P가 있다. 한 개의 동전을 던져서 앞면이 나오면 1만큼, 뒷면이 나오면 2만큼 움직일 때, 동전을 4번 던져 점 A를 출발한 점 P가 다시 점 A로 돌아올 확률을 구하시오.

0336

◯◯ 52쪽 유형 **02** + 57쪽 유형 **10**

어떤 학생은 평균적으로 3문제 중 2문제를 맞힌다고 한다. 이 학생이 1번부터 4번까지 총 4문제가 출제된 어떤 시험에서 3문제 이상 맞혔을 때, 1번 문제를 틀렸을 확률을 구하시오.

0337 수능

◯◯ 58쪽 유형 **11**

한 개의 동전을 7번 던질 때, 다음 조건을 만족시킬 확률은?

> (가) 앞면이 3번 이상 나온다.
> (나) 앞면이 연속해서 나오는 경우가 있다.

① $\dfrac{11}{16}$　　　　　② $\dfrac{23}{31}$　　　　　③ $\dfrac{3}{4}$

④ $\dfrac{25}{32}$　　　　　⑤ $\dfrac{13}{16}$

0338 교육청 ○○54쪽 유형 05

세 학생 A, B, C가 다음 단계에 따라 최종 승자를 정한다.

[단계 1] 세 학생이 동시에 가위바위보를 한다.
[단계 2] [단계 1]에서 이긴 학생이 1명뿐이면 그 학생이 최종 승자가 되고, 이긴 학생이 2명이면 [단계 3]으로 가고, 이긴 학생이 없으면 [단계 1]로 간다.
[단계 3] [단계 2]에서 이긴 2명 중 이긴 학생이 나올 때까지 가위바위보를 하여 이긴 학생이 최종 승자가 된다.

가위바위보를 2번 한 결과 A 학생이 최종 승자로 정해졌을 때, 두 번째 가위바위보를 한 학생이 2명이었을 확률은?

$\left(\text{단, 각 학생이 가위, 바위, 보를 낼 확률은 각각 } \dfrac{1}{3} \text{이다.}\right)$

① $\dfrac{1}{6}$ ② $\dfrac{1}{3}$ ③ $\dfrac{1}{2}$

④ $\dfrac{2}{3}$ ⑤ $\dfrac{5}{6}$

0339 ○○53쪽 유형 04 + 57쪽 유형 09

오른쪽 그림과 같이 세 구역 A, B, C로 나누어진 상자 속에서 실험용 쥐가 아래 표에 주어진 확률로 1초마다 옮겨 다닌다고 한다. 처음 A 구역에서 쥐가 발견되었을 때, 다음 중 쥐가 발견될 확률이 가장 큰 경우는?

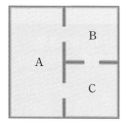

에서＼로	A	B	C
A	0	$\dfrac{2}{3}$	$\dfrac{1}{3}$
B	$\dfrac{5}{6}$	0	$\dfrac{1}{6}$
C	$\dfrac{5}{6}$	$\dfrac{1}{6}$	0

① 2초 후 A 구역 ② 2초 후 B 구역
③ 2초 후 C 구역 ④ 3초 후 A 구역
⑤ 3초 후 B 구역

0340 ○○53쪽 유형 04

당첨 제비 4개를 포함한 10개의 제비가 들어 있는 주머니에서 미래와 민영이의 순서로 제비를 임의로 한 개씩 뽑을 때, 민영이가 당첨 제비를 뽑을 확률을 구하시오.

(단, 뽑은 제비는 다시 넣지 않는다.)

0341 ○○54쪽 유형 05

3개의 주머니 A, B, C에 모양과 크기가 같은 전구가 6개씩 들어 있다. A 주머니에는 노란 전구 2개와 파란 전구 4개, B 주머니에는 노란 전구 3개와 파란 전구 3개, C 주머니에는 노란 전구 1개와 파란 전구 5개가 들어 있다. 다음 물음에 답하시오.

(1) 각 주머니에서 전구를 임의로 한 개씩 꺼낼 때, 노란 전구 2개가 나올 확률을 구하시오.

(2) 각 주머니에서 전구를 임의로 한 개씩 꺼내어 노란 전구 2개가 나왔을 때, A 주머니에서 꺼낸 전구가 노란 전구일 확률을 구하시오.

0342 ○○58쪽 유형 11

결승전에 진출한 갑, 을 두 사람이 서로를 이길 확률은 같다. 결승전에서 먼저 4번을 이긴 사람이 상금을 갖기로 하였는데 갑이 2번, 을이 1번 이긴 후 사정에 의하여 경기를 중단하게 되어 상금을 나누어 갖기로 하였다. 이때 갑은 을의 몇 배를 받는 것이 가장 합리적인 방법인지 구하시오.

(단, 비기는 경우는 없다.)

알 속의 병아리

밖이 보이지 않는 캄캄한 알 속에서
병아리는 열심히 알을 쪼아 댄다.

콕콕.. 콕 콕콕...

병아리는 알 속에서 가만히 있을 수도 있었다.
혹은 그만 지쳐 포기해 버리고 싶을 수도 있었다.

하지만,

병아리는 계속해서 알을 쪼아 대다 보면
언젠가 나갈 수 있다는 걸 본능적으로 알고 있다.

콕콕콕콕콕콕콕콕...

이 작은 병아리는,
노력이 곧 결과로 이어질 것을 믿고 힘을 낸다.

그렇게 병아리는
알을 깨고 나온다.

글 / 그림 우쿠쥐

III

통계

05 Ⅲ 통계
확률변수와 확률분포

중단원 핵심 개념을 정리하였습니다.
Lecture별 유형 학습 전에 관련 개념을 완벽하게 알아두세요.

Lecture 09 이산확률변수와 연속확률변수 ⑬일차

개념 09-1 확률변수 ∞67쪽 | 유형 01 |

(1) **확률변수**: 어떤 시행에서 표본공간의 각 원소에 하나의 실수가 대응되는 함수

[참고] 확률변수 X가 a 이상 b 이하의 값을 가질 확률은
$$P(a \le X \le b)$$
와 같이 나타낸다.

(2) **이산확률변수**: 확률변수가 가질 수 있는 값이 유한개이거나 무한히 많더라도 자연수와 같이 셀 수 있는 확률변수

(3) **연속확률변수**: 어떤 범위 안에 속하는 모든 실수의 값을 가지는 확률변수

개념 09-2 이산확률변수의 확률분포 ∞67~68쪽 | 유형 02~04 |

(1) 이산확률변수 X가 어떤 값 x를 가질 확률을 기호로 $P(X=x)$와 같이 나타낸다.

[참고] 확률변수는 보통 알파벳 대문자 X, Y, Z 등으로 나타내고, 확률변수가 가질 수 있는 값은 알파벳 소문자 x, y, z 등으로 나타낸다.

(2) 이산확률변수 X가 가질 수 있는 모든 값 x_1, x_2, x_3, $\cdots$, x_n에 이 값을 가질 확률 p_1, p_2, p_3, $\cdots$, p_n이 대응되는 함수
$$P(X=x_i)=p_i \ (i=1, 2, 3, \cdots, n)$$
를 이산확률변수 X의 확률질량함수라 하고, 확률질량함수의 대응 관계를 이산확률변수 X의 **확률분포**라고 한다.

⑩ 한 개의 동전을 2번 던지는 시행에서 동전의 앞면을 H, 뒷면을 T라 하자.
① 표본공간 S는 $S=\{HH, HT, TH, TT\}$이다.
② 동전의 앞면이 나오는 횟수를 확률변수 X라 하면 X가 가질 수 있는 값은 0, 1, 2이다.
③ 확률변수 X의 확률질량함수는
$$P(X=x)=\begin{cases} \dfrac{1}{4} & (x=0, 2) \\ \dfrac{1}{2} & (x=1) \end{cases}$$
④ 확률변수 X의 확률분포를 표와 그래프로 나타내면 다음과 같다.

X	0	1	2	합계
$P(X=x)$	$\dfrac{1}{4}$	$\dfrac{1}{2}$	$\dfrac{1}{4}$	1

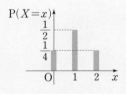

(3) **확률질량함수의 성질**
이산확률변수 X의 확률질량함수 $P(X=x_i)=p_i \ (i=1, 2, 3, \cdots, n)$에 대하여
① $0 \le p_i \le 1$
② $p_1+p_2+p_3+\cdots+p_n=1$
③ $P(x_i \le X \le x_j)=p_i+p_{i+1}+p_{i+2}+\cdots+p_j$ (단, $j=1, 2, 3, \cdots, n, i \le j$)
[참고] $P(X=a$ 또는 $X=b)=P(X=a)+P(X=b)$ (단, $a \ne b$)

개념 CHECK

1 다음에서 참인 것은 ○표, 거짓인 것은 ×표를 하시오.

(1) 두 개의 주사위를 동시에 던질 때, 나오는 눈의 수의 합은 이산확률변수이다. ( )

(2) 어느 학교 학생들의 하루 컴퓨터 사용 시간은 이산확률변수이다. ( )

(3) 두 개의 동전을 동시에 던질 때, 앞면이 나오는 횟수는 연속확률변수이다. ( )

(4) 어느 과수원에서 수확한 배의 무게는 연속확률변수이다. ( )

2 다음 □ 안에 알맞은 것을 써넣으시오.

이산확률변수 X가 어떤 값 x를 가질 확률을 기호로

[   ]

와 같이 나타낸다.

3 다음은 10명의 학생이 한 달 동안 읽은 책의 수를 나타낸 도수분포표이다.

책수(권)	2	3	4	합계
학생 수(명)	3	5	2	10

이 중에서 한 명을 뽑을 때, 그 학생이 읽은 책수를 확률변수 X라 하자. 다음 표를 완성하시오.

X	2	3	4	합계
$P(X=x)$				

1 (1) ○ (2) × (3) × (4) ○
2 $P(X=x)$
3 $\dfrac{3}{10}$, $\dfrac{1}{2}$, $\dfrac{1}{5}$, 1

개념 09-3 연속확률분포의 확률분포   ∞ 69쪽 | 유형 05, 06 |

$a \leq X \leq \beta$에서 모든 실수의 값을 가질 수 있는 연속확률변수 X에 대하여 $a \leq x \leq \beta$에서 정의된 함수 $f(x)$가 다음 세 가지 성질을 만족시킬 때, 함수 $f(x)$를 확률변수 X의 **확률밀도함수**라고 한다.

(1) $f(x) \geq 0$

(2) 함수 $y = f(x)$의 그래프와 x축 및 두 직선 $x = a$, $x = \beta$로 둘러싸인 부분의 넓이가 1이다.

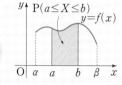

(3) $P(a \leq X \leq b)$는 함수 $y = f(x)$의 그래프와 x축 및 두 직선 $x = a$, $x = b$로 둘러싸인 부분의 넓이와 같다. (단, $a \leq a \leq b \leq \beta$)

[참고] 연속확률변수 X에서 $P(X = x) = 0$이므로
$$P(a \leq X \leq b) = P(a \leq X < b) = P(a < X \leq b) = P(a < X < b)$$

Lecture 10 이산확률변수의 기댓값(평균), 분산, 표준편차 (14 일차)

개념 10-1 이산확률변수의 기댓값(평균), 분산, 표준편차   ∞ 70~71쪽 | 유형 07~09 |

이산확률변수 X의 확률질량함수가 $P(X = x_i) = p_i$ $(i = 1, 2, \cdots, n)$일 때,

(1) 기댓값(평균): $E(X) = x_1 p_1 + x_2 p_2 + \cdots + x_n p_n$

(2) 분산: $V(X) = E((X - m)^2)$ ← 편차 $X - m$의 제곱의 기댓값
$$= (x_1 - m)^2 p_1 + (x_2 - m)^2 p_2 + \cdots + (x_n - m)^2 p_n$$
$$= E(X^2) - \{E(X)\}^2 \text{ (단, } m = E(X))$$
└── (제곱의 평균) − (평균의 제곱)

(3) 표준편차: $\sigma(X) = \sqrt{V(X)}$ ← $V(X)$의 양의 제곱근

[참고] 분산과 표준편차는 자료가 평균으로부터 흩어져 있는 정도를 수치로 나타낸 것으로, 분산과 표준편차가 클수록 자료가 평균을 중심으로 흩어져 있는 정도가 크다는 것을 의미한다.

예 확률변수 X의 확률분포를 표로 나타내면 오른쪽과 같을 때, 확률변수 X의 평균, 분산, 표준편차는 다음과 같다.

X	0	1	2	합계
$P(X = x)$	$\frac{1}{4}$	$\frac{1}{2}$	$\frac{1}{4}$	1

① $E(X) = 0 \times \frac{1}{4} + 1 \times \frac{1}{2} + 2 \times \frac{1}{4} = 1$

② $V(X) = 0^2 \times \frac{1}{4} + 1^2 \times \frac{1}{2} + 2^2 \times \frac{1}{4} - 1^2 = \frac{1}{2}$

③ $\sigma(X) = \sqrt{\frac{1}{2}} = \frac{\sqrt{2}}{2}$

개념 10-2 확률변수 $aX + b$의 평균, 분산, 표준편차   ∞ 72~73쪽 | 유형 10~12 |

확률변수 X와 두 상수 a $(a \neq 0)$, b에 대하여

(1) $E(aX + b) = aE(X) + b$

(2) $V(aX + b) = a^2 V(X)$

(3) $\sigma(aX + b) = |a| \sigma(X)$

예 확률변수 X에 대하여 $E(X) = 5$, $V(X) = 4$일 때, 확률변수 $2X - 1$의 평균, 분산, 표준편차는 다음과 같다.

① $E(2X + 1) = 2E(X) + 1 = 2 \times 5 + 1 = 11$

② $V(2X + 1) = 2^2 V(X) = 4 \times 4 = 16$

③ $\sigma(2X + 1) = |2| \sigma(X) = 2 \times \sqrt{V(X)} = 2 \times 2 = 4$

개념 CHECK

4 연속확률변수 X의 확률밀도함수
$$f(x) \ (a \leq x \leq \beta)$$
에 대하여 다음 □ 안에 알맞은 것을 써넣으시오.

(1) $f(x) \square 0$

(2) 함수 $y = f(x)$의 그래프와 x축 및 두 직선 $x = a$, $x = \beta$로 둘러싸인 부분의 넓이는 □이다.

(3) 두 상수 a, b $(a \leq a \leq b \leq \beta)$에 대하여 $P(\square \leq X \leq \square)$는 함수 $y = f(x)$의 그래프와 x축 및 두 직선 $x = a$, $x = b$로 둘러싸인 부분의 넓이와 같다.

5 확률변수 X의 확률분포를 표로 나타내면 아래와 같을 때, 다음 □ 안에 알맞은 수를 써넣으시오.

X	0	1	2	합계
$P(X = x)$	$\frac{3}{10}$	$\frac{3}{5}$	$\frac{1}{10}$	1

(1) $E(X) = 0 \times \square + 1 \times \square + 2 \times \square$
$= \square$

(2) $V(X) = 0^2 \times \square + 1^2 \times \square + 2^2 \times \square - (\square)^2$
$= \square$

(3) $\sigma(X) = \square$

6 확률변수 X에 대하여 $E(X) = 5$, $V(X) = 4$일 때, 다음 □ 안에 알맞은 수를 써넣으시오.

(1) $E(3X - 2) = \square E(X) - \square = \square$

(2) $V(3X - 2) = \square V(X) = \square$

(3) $\sigma(3X - 2) = |\square| \sigma(X) = \square$

---

4 (1) $\geq$ (2) 1 (3) a, b

5 (1) $\frac{3}{10}, \frac{3}{5}, \frac{1}{10}, \frac{4}{5}$

(2) $\frac{3}{10}, \frac{3}{5}, \frac{1}{10}, \frac{4}{5}, \frac{9}{25}$

(3) $\frac{3}{5}$

6 (1) 3, 2, 13 (2) 9, 36 (3) 3, 6

Lecture 09 이산확률변수와 연속확률변수

기본 익히기

○○ 64~65쪽 | 개념 **09-1~3**

0343~0344 다음 확률변수 X가 가질 수 있는 값을 모두 구하시오.

0343 자유투를 3번 시도하여 성공한 횟수 X

0344 가위바위보를 5번 할 때, 비기는 횟수 X

0345~0346 다음에서 이산확률변수인 것에는 '이산'을, 연속확률변수인 것에는 '연속'을 ( ) 안에 써넣으시오.

0345 어느 학급 학생들의 가족 구성원 수 ( )

0346 배차 간격이 5분인 버스를 기다리는 시간
( )

0347 확률변수 X의 확률 분포를 그래프로 나타내면 오른쪽 그림과 같을 때, $P(X=3)$을 구하시오.

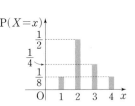

0348 한 개의 동전을 3번 던질 때, 앞면이 나오는 횟수를 확률변수 X라 하자. 다음 표를 완성하시오.

X	0	1	2	3	합계
$P(X=x)$					

0349 확률변수 X의 확률분포를 표로 나타내면 아래와 같을 때, 다음을 구하시오.

X	1	2	3	4	합계
$P(X=x)$	$\dfrac{1}{3}$	a	$\dfrac{3}{10}$	$\dfrac{1}{6}$	b

(1) 상수 a, b의 값

(2) $P(X=2$ 또는 $X=4)$

(3) $P(1 \le X \le 3)$

0350 $0 \le x \le 1$에서 정의된 함수 $f(x)$가 다음과 같을 때, $f(x)$가 확률밀도함수가 될 수 있는 것만을 **보기**에서 있는 대로 고르시오.

┌ **보기** ┐
ㄱ. $f(x)=1$ ㄴ. $f(x)=x$

ㄷ. $f(x)=x-1$ ㄹ. $f(x)=x+\dfrac{1}{2}$
└──────────────────────┘

0351 연속확률변수 X의 확률밀도함수가 $f(x)=\dfrac{1}{3}$ $(0 \le x \le 3)$일 때, $P(X \ge 2)$를 구하시오.

0352 연속확률변수 X의 확률밀도함수가 $f(x)=\dfrac{1}{2}x$ $(0 \le x \le 2)$일 때, $P(1 \le X \le 2)$를 구하시오.

0353 연속확률변수 X의 확률밀도함수가 $f(x)=k$ $(0 \le x \le 5)$일 때, 다음을 구하시오.

(1) 상수 k의 값   (2) $P(X \ge 3)$

0354 $0 \le x \le 3$에서 정의된 연속 확률변수 X의 확률밀도함수 $f(x)$의 그래프가 오른쪽 그림과 같을 때, 다음을 구하시오.

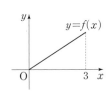

(1) 함수 $f(x)$의 식   (2) $P(2 \le X \le 3)$

(3) $P(X<1)$

유형 01 | 확률변수와 확률분포 ∞ 개념 09-1

확률변수 X의 확률분포는 다음과 같은 순서로 구한다.
❶ 확률변수 X가 가질 수 있는 값을 모두 찾는다.
❷ 확률변수 X가 ❶의 각 값을 가질 확률을 구한다.
❸ 확률분포를 표 또는 그래프로 나타낸다.

0355 대표

흰 공 4개와 검은 공 2개가 들어 있는 주머니에서 임의로 3개의 공을 동시에 꺼낼 때, 나오는 흰 공의 개수를 확률변수 X라 하자. 다음 표를 완성하시오.

X	1	2	3	합계
$P(X=x)$				

0356

한 개의 주사위를 2번 던질 때, 3의 배수의 눈이 나오는 횟수를 확률변수 X라 하자. 이때 X의 확률질량함수를 구하시오.

0357

흰 공 2개와 검은 공 3개가 들어 있는 주머니에서 임의로 2개의 공을 동시에 꺼낼 때, 나오는 흰 공의 개수를 확률변수 X라 하자. 다음 중 X의 확률분포를 그래프로 바르게 나타낸 것은?

① 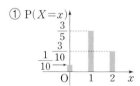 ②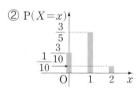

③ 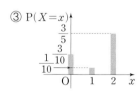 ④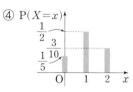

⑤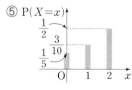

유형 02 | 확률질량함수의 성질; ∞ 개념 09-2
$p_1+p_2+ \cdots +p_n=1$

이산확률변수 X의 확률질량함수 $P(X=x_i)=p_i (i=1, 2, \cdots, n)$에 대하여
⇨ $p_1+p_2+ \cdots +p_n=1$

0358 대표

확률변수 X의 확률질량함수가

$$P(X=x)=kx-\frac{1}{8} \ (x=1, 2, 3, 4)$$

일 때, $P(X=4)$는? (단, k는 상수이다.)

① $\frac{2}{5}$ ② $\frac{17}{40}$ ③ $\frac{9}{20}$

④ $\frac{19}{40}$ ⑤ $\frac{1}{2}$

0359

확률변수 X의 확률분포를 표로 나타내면 다음과 같을 때, 상수 a의 값을 구하시오.

X	0	2	4	6	합계
$P(X=x)$	a	a^2	$2a$	$3a^2$	1

0360 [서술형]

확률변수 X의 확률질량함수가

$$P(X=x)=\frac{k}{(2x-1)(2x+1)} \ (x=1, 2, \cdots, 10)$$

일 때, $P(X=1)$을 구하시오. (단, k는 상수이다.)

확률변수 X의 확률질량함수 $\text{P}(X=x_i)=p_i\,(i=1,2,\cdots,n)$에 대하여
(1) $\text{P}(x_i \leq X \leq x_j)=p_i+p_{i+1}+\cdots+p_j$ (단, $j=1,2,\cdots,n,\ i\leq j$)
(2) $\text{P}(X=x_i$ 또는 $X=x_j)=\text{P}(X=x_i)+\text{P}(X=x_j)$
$\qquad\qquad\qquad\qquad\quad\ =p_i+p_j$

0361 대표

확률변수 X의 확률분포를 표로 나타내면 다음과 같을 때, $\text{P}(X^2-3X+2=0)$은? (단, a는 상수이다.)

X	1	2	3	4	합계
$\text{P}(X=x)$	$\dfrac{a}{6}$	$\dfrac{a}{2}$	$2a$	$\dfrac{a}{3}$	1

① $\dfrac{2}{9}$ ② $\dfrac{1}{3}$ ③ $\dfrac{4}{9}$

④ $\dfrac{5}{9}$ ⑤ $\dfrac{2}{3}$

0362

확률변수 X의 확률분포를 표로 나타내면 다음과 같을 때, $\text{P}(X\geq3)$은? (단, a는 상수이다.)

X	1	2	3	4	합계
$\text{P}(X=x)$	$2a$	$\dfrac{1}{4}$	a	$\dfrac{1}{4}$	1

① $\dfrac{1}{4}$ ② $\dfrac{1}{3}$ ③ $\dfrac{5}{12}$

④ $\dfrac{1}{2}$ ⑤ $\dfrac{7}{12}$

0363 [서술형]

확률변수 X의 확률분포를 표로 나타내면 다음과 같다.

X	1	2	3	4	5	합계
$\text{P}(X=x)$	$\dfrac{1}{12}$	a	$\dfrac{1}{8}$	b	$\dfrac{1}{6}$	1

$\text{P}(X=4)=\dfrac{2}{3}\text{P}(X=2)$일 때, $\text{P}(3\leq X\leq5)$를 구하시오. (단, a, b는 상수이다.)

이산확률변수 X의 확률은 다음과 같은 순서로 구한다.
❶ 조건을 만족시키는 X의 값을 찾는다.
❷ X가 각 값을 가질 확률을 구한다.

0364 대표

1부터 7까지의 숫자가 각각 하나씩 적힌 7장의 카드 중에서 임의로 3장의 카드를 동시에 뽑을 때, 뽑힌 카드에 적힌 수 중 홀수의 개수를 확률변수 X라 하자. 이때 $\text{P}(X\geq2)$는?

① $\dfrac{18}{35}$ ② $\dfrac{22}{35}$ ③ $\dfrac{26}{35}$

④ $\dfrac{6}{7}$ ⑤ $\dfrac{34}{35}$

0365

한 개의 주사위를 던져서 나오는 눈의 수를 4로 나누었을 때의 나머지를 확률변수 X라 할 때, $\text{P}(X=1$ 또는 $X=2)$를 구하시오.

0366

남학생 3명과 여학생 3명으로 구성된 모임에서 임의로 3명의 대표를 뽑을 때, 뽑힌 여학생의 수를 확률변수 X라 하자. 이때 $\text{P}(X^2-4X+3\leq0)$을 구하시오.

0367

불량품 4개를 포함한 10개의 제품 중에서 임의로 3개의 제품을 동시에 뽑을 때, 나오는 불량품의 개수를 확률변수 X라 하자. $\text{P}(X\geq a)=\dfrac{1}{3}$일 때, 자연수 a의 값을 구하시오.

연속확률변수 X의 확률밀도함수가 $f(x)$ $(\alpha \leq x \leq \beta)$일 때,
⇨ $y=f(x)$의 그래프와 x축 및 두 직선 $x=\alpha$, $x=\beta$로 둘러싸인 부분의 넓이가 1임을 이용한다.

0368 대표

연속확률변수 X의 확률밀도함수가

$$f(x)=\begin{cases} 2kx & (0 \leq x \leq 2) \\ k(6-x) & (2 \leq x \leq 4) \end{cases}$$

일 때, 상수 k의 값은?

① $\dfrac{1}{10}$ ② $\dfrac{1}{5}$ ③ $\dfrac{3}{10}$

④ $\dfrac{2}{5}$ ⑤ $\dfrac{1}{2}$

0369

다음 중 $-1 \leq x \leq 1$에서 정의된 연속확률변수 X의 확률밀도함수 $f(x)$의 그래프가 될 수 <u>없는</u> 것은?

① 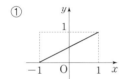   ②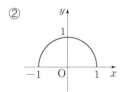

③ 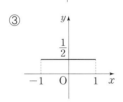   ④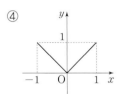

⑤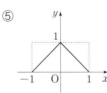

0370

연속확률변수 X의 확률밀도함수가

$$f(x)=k(x-4) \ (0 \leq x \leq 4)$$

일 때, 상수 k의 값을 구하시오.

연속확률변수 X의 확률밀도함수 $f(x)$ $(\alpha \leq x \leq \beta)$에 대하여
(1) $\mathrm{P}(a \leq X \leq b)$는 $y=f(x)$의 그래프와 x축 및 두 직선 $x=a$, $x=b$로 둘러싸인 부분의 넓이와 같다.
(2) $\mathrm{P}(a \leq X \leq b)=\mathrm{P}(\alpha \leq X \leq b)-\mathrm{P}(\alpha \leq X \leq a)$
(단, $\alpha \leq a \leq b \leq \beta$)

0371 대표

연속확률변수 X의 확률밀도함수가

$$f(x)=ax \ (0 \leq x \leq 2)$$

일 때, $\mathrm{P}\left(a \leq X \leq \dfrac{3}{2}\right)$을 구하시오. (단, a는 상수이다.)

0372

연속확률변수 X의 확률밀도함수가

$$f(x)=\begin{cases} ax+a & (-1 \leq x \leq 0) \\ a & (0 \leq x \leq 2) \end{cases}$$

일 때, $\mathrm{P}\left(-\dfrac{1}{2} \leq X \leq a\right)$를 구하시오. (단, a는 상수이다.)

0373

$0 \leq x \leq 3$에서 정의된 연속확률변수 X의 확률밀도함수 $f(x)$의 그래프가 오른쪽 그림과 같을 때, $\mathrm{P}(1 \leq X \leq 2)$를 구하시오.
(단, k는 상수이다.)

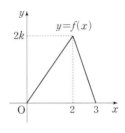

0374 [서술형]

연속확률변수 X의 확률밀도함수가

$$f(x)=ax+\dfrac{1}{6} \ (0 \leq x \leq 2)$$

일 때, $\mathrm{P}(X \leq b)=\dfrac{5}{8}$를 만족시키는 b의 값을 구하시오.
(단, a, b는 상수이다.)

Lecture 10 이산확률변수의 기댓값(평균), 분산, 표준편차

기본 익히기

○○ 65쪽 | 개념 10-1, 2 |

0375 확률변수 X의 확률분포를 표로 나타내면 아래와 같을 때, 다음을 구하시오.

X	2	4	6	8	합계
$P(X=x)$	$\dfrac{2}{5}$	$\dfrac{3}{10}$	$\dfrac{1}{5}$	$\dfrac{1}{10}$	1

(1) $E(X)$ (2) $V(X)$ (3) $\sigma(X)$

0376 한 개의 주사위를 두 번 던질 때, 5의 약수의 눈이 나오는 횟수를 확률변수 X라 하자. 다음 물음에 답하시오.

(1) 다음 표를 완성하시오.

X	0	1	2	합계
$P(X=x)$				

(2) $E(X)$, $V(X)$, $\sigma(X)$를 각각 구하시오.

0377 100원짜리 동전 3개를 동시에 던질 때, 앞면이 나온 동전의 금액의 합을 확률변수 X라 하자. 이때 X의 기댓값을 구하시오.

0378~0380 확률변수 X에 대하여 $E(X)=6$, $V(X)=3$일 때, 다음 확률변수의 평균, 분산, 표준편차를 각각 구하시오.

0378 $3X-2$

0379 $-2X+1$

0380 $-\dfrac{1}{3}X+5$

0381 확률변수 X의 확률분포를 표로 나타내면 다음과 같을 때, 확률변수 $-8X+2$의 평균, 분산, 표준편차를 각각 구하시오.

X	0	1	2	3	합계
$P(X=x)$	$\dfrac{1}{8}$	$\dfrac{1}{4}$	$\dfrac{1}{2}$	$\dfrac{1}{8}$	1

유형 익히기

유형 07 확률변수의 평균, 분산, 표준편차; ○○ 개념 10-1
확률분포가 주어진 경우

확률변수 X의 확률질량함수가 $P(X=x_i)=p_i$ $(i=1, 2, \cdots, n)$일 때,
(1) 평균: $E(X)=x_1 p_1+x_2 p_2+\cdots+x_n p_n$
(2) 분산: $V(X)=E(X^2)-\{E(X)\}^2$
(3) 표준편차: $\sigma(X)=\sqrt{V(X)}$

0382 대표
확률변수 X의 확률분포를 표로 나타내면 아래와 같다.

X	1	2	3	4	5	합계
$P(X=x)$	$\dfrac{1}{10}$	a	$\dfrac{1}{5}$	b	$\dfrac{1}{10}$	1

$P(X\geq4)=\dfrac{2}{5}$일 때, 다음을 구하시오.

(1) 상수 a, b의 값

(2) X의 표준편차

0383
확률변수 X의 확률분포를 표로 나타내면 다음과 같다.

X	0	1	2	3	합계
$P(X=x)$	$\dfrac{1}{4}$	a	b	$\dfrac{1}{3}$	1

$E(X)=\dfrac{5}{3}$일 때, $V(X)$는? (단, a, b는 상수이다.)

① $\dfrac{7}{9}$ ② $\dfrac{23}{18}$ ③ $\dfrac{9}{7}$

④ $\dfrac{25}{18}$ ⑤ 2

0384

확률변수 X의 확률분포를 표로 나타내면 다음과 같다.

X	0	1	2	합계
$\mathrm{P}(X=x)$	a	b	c	1

$\mathrm{E}(X)=1$, $\sigma(X)=\dfrac{1}{2}$일 때, $\mathrm{P}(X\leq1)$을 구하시오.

(단, a, b, c는 상수이다.)

유형08 **확률변수의 평균, 분산, 표준편차;** ∞ 개념 **10-1**
확률분포가 주어지지 않은 경우

확률변수 X의 확률분포가 주어지지 않은 경우, X의 평균, 분산, 표준편차는 다음과 같은 순서로 구한다.

❶ X가 가질 수 있는 값과 그 각각에 대한 확률을 구한다.
❷ X의 확률분포를 표로 나타낸다.
❸ X의 평균, 분산, 표준편차를 구한다.

0385 〔대표〕

흰 공 3개와 검은 공 2개가 들어 있는 주머니에서 임의로 2개의 공을 동시에 꺼낼 때, 나오는 흰 공의 개수를 확률변수 X라 하자. 이때 $\sigma(X)$는?

① $\dfrac{13}{25}$ 　② $\dfrac{3}{5}$ 　③ $\dfrac{17}{25}$

④ $\dfrac{18}{25}$ 　⑤ $\dfrac{4}{5}$

0386

각 면에 2, 4, 6, 8이 각각 하나씩 적힌 정사면체를 한 번 던질 때, 밑면을 제외한 세 면의 숫자의 합을 확률변수 X라 하자. 이때 $\mathrm{E}(X)$를 구하시오.

0387 〔서술형〕

1부터 5까지의 숫자가 각각 하나씩 적힌 5장의 카드 중에서 임의로 3장의 카드를 동시에 뽑을 때, 뽑은 3장의 카드에 적힌 수 중 가장 작은 수를 확률변수 X라 하자. 이때 X의 표준편차를 구하시오.

유형09 **기댓값** ∞ 개념 **10-1**

확률변수 X의 확률질량함수가 $\mathrm{P}(X=x_i)=p_i$ $(i=1, 2, \cdots, n)$일 때, X의 기댓값은

⇨ $\mathrm{E}(X)=x_1p_1+x_2p_2+\cdots+x_np_n$

0388 〔대표〕

100원짜리 동전 2개와 500원짜리 동전 1개를 동시에 던져서 앞면이 나오면 그 동전을 받는 게임이 있다. 이 게임을 한 번 하여 받을 수 있는 금액의 기댓값은?

① 280원 　② 300원 　③ 320원
④ 350원 　⑤ 400원

0389

흰 공 4개와 검은 공 a개가 들어 있는 주머니에서 임의로 1개의 공을 꺼낼 때, 흰 공을 꺼내면 1400원을 받고, 검은 공을 꺼내면 700원을 내는 게임이 있다. 이 게임을 한 번 하여 받을 수 있는 금액의 기댓값이 500원일 때, a의 값을 구하시오.

0390

다음 그림과 같이 A 주머니에는 1, 2, 3이 각각 하나씩 적힌 3개의 공이 들어 있고, B 주머니에는 0, 1, 2가 각각 하나씩 적힌 3개의 공이 들어 있다. A 주머니에서 임의로 2개의 공을 동시에 꺼내고 B 주머니에서 임의로 1개의 공을 꺼낼 때, 꺼낸 3개의 공에 적힌 수의 합의 기댓값을 구하시오.

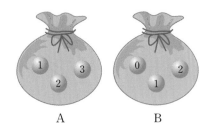

A   B

빈출
유형 10 확률변수 $aX+b$의 평균, 분산, ∞ 개념 10-2
표준편차; $E(X)$, $V(X)$가 주어진 경우

확률변수 X와 두 상수 $a\,(a \neq 0)$, b에 대하여
(1) $E(aX+b)=aE(X)+b$
(2) $V(aX+b)=a^2 V(X)$
(3) $\sigma(aX+b)=|a|\sigma(X)$

0391 대표

평균이 1, 분산이 3인 확률변수 X에 대하여 확률변수 $Y=aX+b$의 평균이 5, 분산이 12일 때, $a+2b$의 값은?

(단, a, b는 상수이고 $a>0$이다.)

① 5   ② 6   ③ 7
④ 8   ⑤ 9

0392

확률변수 X에 대하여 $E(2X)=8$, $E(X^2)=20$일 때, $V(3X)$는?

① 12   ② 18   ③ 24
④ 30   ⑤ 36

0393

확률변수 X와 두 상수 a, b에 대하여
$$E(aX+b)=7, \ E(bX+a)=8$$
이다. $E(5X-2)=8$일 때, $E\left(\dfrac{b}{a}X\right)$를 구하시오.

0394 [서술형]

확률변수 X에 대하여 $E(X)=10$, $V(X)=4$이다. 확률변수 $Y=\dfrac{X+b}{a}$에 대하여 $E(Y)=15$, $V(Y)=1$일 때, $a+b$의 값을 구하시오. (단, a, b는 상수이고 $a>0$이다.)

유형 11 확률변수 $aX+b$의 평균, 분산, ∞ 개념 10-2
표준편차; 확률분포가 주어진 경우

확률변수 X의 확률분포가 주어졌을 때,
⇨ 먼저 $E(X)$, $V(X)$, $\sigma(X)$를 구한 후 다음을 이용한다.
$E(aX+b)=aE(X)+b$, $V(aX+b)=a^2 V(X)$,
$\sigma(aX+b)=|a|\sigma(X)$ (단, a, b는 상수, $a \neq 0$)

0395 대표

확률변수 X의 확률분포를 표로 나타내면 다음과 같을 때, $V(10X+3)$은? (단, a는 상수이다.)

X	0	1	2	3	합계
$P(X=x)$	$\dfrac{1}{5}$	$\dfrac{3}{10}$	a	$\dfrac{1}{5}$	1

① 85   ② 90   ③ 95
④ 100   ⑤ 105

0396

확률변수 X의 확률분포를 표로 나타내면 다음과 같다.

X	0	1	2	합계
$P(X=x)$	$\dfrac{3}{8}$	a	b	1

$P(X<2)=\dfrac{7}{8}$일 때, $\sigma(4X-1)$은? (단, a, b는 상수이다.)

① $\sqrt{6}$
② $\sqrt{7}$
③ $2\sqrt{2}$
④ 3
⑤ $\sqrt{10}$

0397

확률변수 X의 확률분포를 표로 나타내면 다음과 같다.

X	2	4	a	합계
$P(X=x)$	b	$\dfrac{4}{7}$	$\dfrac{1}{7}$	1

$E(X)=4$일 때, $V(7X+3)$은? (단, a, b는 상수이다.)

① 160
② 162
③ 164
④ 166
⑤ 168

유형 12 확률변수 $aX+b$의 평균, 분산, 표준편차; 확률분포가 주어지지 않은 경우 ∞ 개념 10-2

확률변수 X의 확률분포가 주어지지 않았을 때,
⇨ 먼저 X의 확률분포를 표로 나타내어 $E(X)$, $V(X)$, $\sigma(X)$를 구한 후 다음을 이용한다.
$E(aX+b)=aE(X)+b$, $V(aX+b)=a^2V(X)$,
$\sigma(aX+b)=|a|\sigma(X)$ (단, a, b는 상수, $a\neq0$)

0398 대표

남학생 3명과 여학생 3명으로 구성된 봉사 동아리에서 보육원 봉사 활동에 참여할 3명을 임의로 뽑으려고 한다. 뽑힌 남학생의 수를 확률변수 X라 할 때, $V(10X-7)$은?

① 30
② 35
③ 40
④ 45
⑤ 50

0399

주머니에 흰 공 2개와 검은 공 2개가 들어 있다. 이 주머니에서 임의로 2개의 공을 동시에 꺼낼 때, 나온 흰 공의 개수를 확률변수 X라 하자. 이때 $E(15X-2)$는?

① 11
② 12
③ 13
④ 14
⑤ 15

0400

각 면에 1, 1, 2, 3, 3, 4가 각각 하나씩 적힌 정육면체를 한 번 던질 때, 밑면에 적힌 수를 확률변수 X라 하자. 이때 $V(6X+5)$를 구하시오.

0401 [서술형]

1부터 5까지의 숫자가 각각 하나씩 적힌 5장의 카드가 들어 있는 상자에서 임의로 3장을 동시에 꺼낼 때, 홀수가 적힌 카드의 장수를 확률변수 X라 하자. 이때 $\sigma(5X+1)$을 구하시오.

0402

숫자 1, 2, 3이 각각 하나씩 적힌 공이 2개씩 6개가 들어 있는 주머니가 있다. 이 주머니에서 임의로 2개의 공을 동시에 꺼낼 때, 나온 2개의 공에 적힌 수 중 크지 않은 수를 확률변수 X라 하자. 이때 확률변수 $15X-3$의 평균은?

① 17
② 19
③ 21
④ 23
⑤ 25

STEP1 실전 문제

0403
∞ 67쪽 유형 02

확률변수 X의 확률질량함수가

$$P(X=x)=\frac{k}{|x|+1}\ (x=-2,\ -1,\ 0,\ 1,\ 2)$$

일 때, $P(X=1)$은? (단, k는 상수이다.)

① $\frac{1}{8}$　　② $\frac{3}{16}$　　③ $\frac{1}{4}$

④ $\frac{5}{16}$　　⑤ $\frac{3}{8}$

0404 중요!
∞ 68쪽 유형 03

확률변수 X의 확률분포를 표로 나타내면 다음과 같을 때, $P(X^2\leq1)$은? (단, k는 상수이다.)

X	-2	-1	0	1	2	합계
$P(X=x)$	$\frac{k}{8}$	$\frac{3}{8}-k^2$	$\frac{1}{8}$	k	$\frac{3k}{8}$	1

① $\frac{1}{4}$　　② $\frac{3}{8}$　　③ $\frac{1}{2}$

④ $\frac{5}{8}$　　⑤ $\frac{3}{4}$

0405
∞ 68쪽 유형 03

확률변수 X의 확률질량함수가

$$P(X=x)=\frac{k}{\sqrt{x+1}+\sqrt{x}}\ (x=1,\ 2,\ \cdots,\ 48)$$

일 때, $P(9\leq X\leq24)$는? (단, k는 상수이다.)

① $\frac{1}{12}$　　② $\frac{1}{6}$　　③ $\frac{1}{4}$

④ $\frac{1}{3}$　　⑤ $\frac{5}{12}$

0406
∞ 68쪽 유형 04

숫자 1, 1, 2, 3이 각각 하나씩 적힌 4개의 공이 들어 있는 주머니에서 임의로 2개의 공을 동시에 꺼낼 때, 주머니에 남아 있는 공에 적힌 수의 합을 확률변수 X라 하자. 이때 $P(X\leq3)$은?

① $\frac{1}{3}$　　② $\frac{3}{7}$　　③ $\frac{1}{2}$

④ $\frac{4}{7}$　　⑤ $\frac{3}{5}$

0407
∞ 68쪽 유형 04

남학생 3명과 여학생 2명을 일렬로 세우고, 앞에 있는 학생부터 차례로 1, 2, 3, 4, 5의 번호를 각각 하나씩 부여한다. 3명의 남학생에게 부여된 번호 중 두 번째로 큰 번호를 확률변수 X라 할 때, $P(X\leq3)$을 구하시오.

0408
∞ 69쪽 유형 05

두 자연수 m, n에 대하여 연속확률변수 X의 확률밀도함수가

$$f(x)=\frac{n}{4}x\left(0\leq x\leq\frac{m}{3}\right)$$

일 때, m, n의 순서쌍 $(m,\ n)$의 개수를 구하시오.

0409 수능
∞ 69쪽 유형 06

연속확률변수 X가 갖는 값의 범위는 $0\leq X\leq2$이고, X의 확률밀도함수의 그래프가 그림과 같을 때, $P\left(\frac{1}{3}\leq X\leq a\right)$의 값은? (단, a는 상수이다.)

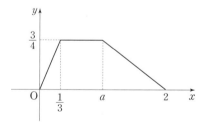

① $\frac{11}{16}$　　② $\frac{5}{8}$　　③ $\frac{9}{16}$

④ $\frac{1}{2}$　　⑤ $\frac{7}{16}$

0410 ∞ 69쪽 유형 06

연속확률변수 X의 확률밀도함수가

$$f(x)=a|x|+\frac{1}{6}\ (-2\leq x\leq 2)$$

일 때, $\mathrm{P}(-12a\leq X\leq 12a)=\dfrac{q}{p}$이다. 이때 $p+q$의 값은?

(단, a는 상수이고 p와 q는 서로소인 자연수이다.)

① 14 ② 15 ③ 16
④ 17 ⑤ 18

0411 교육청 ∞ 70쪽 유형 07

확률변수 X의 확률분포를 표로 나타내면 다음과 같다.

X	0	1	2	3	합계
$\mathrm{P}(X=x)$	$\dfrac{1}{8}$	a	b	a	1

$\mathrm{E}(X^2)=4$일 때, $\mathrm{V}(X)$의 값은?

① $\dfrac{15}{16}$ ② $\dfrac{9}{8}$ ③ $\dfrac{21}{16}$
④ $\dfrac{3}{2}$ ⑤ $\dfrac{27}{16}$

0412 중요! ∞ 71쪽 유형 08

한 개의 동전을 던질 때, 앞면이 나오면 2점, 뒷면이 나오면 4점을 얻는 게임이 있다. 이 게임을 3번 한 후 얻을 수 있는 점수를 확률변수 X라 할 때, $\mathrm{E}(X)$는?

① 6점 ② 9점 ③ 12점
④ 15점 ⑤ 18점

0413 ∞ 71쪽 유형 09

A, B, C 세 도시는 행정 구역 통합에 관한 여론 조사를 실시하였다. 그 결과 A 도시 시민의 $\dfrac{2}{3}$, B 도시 시민의 $\dfrac{3}{5}$, C 도시 시민의 $\dfrac{1}{2}$이 행정 구역 통합에 찬성하였다. 세 도시에서 임의로 각각 한 명씩 뽑은 세 명의 시민 중 통합에 찬성하는 시민의 수를 확률변수 X라 하자. 이때 확률변수 X의 기댓값을 구하시오.

0414 ∞ 72쪽 유형 10

확률변수 X에 대하여 $(X+2)^2$의 평균이 13, $(X-2)^2$의 평균이 5일 때, $\mathrm{V}(X)$는?

① 3 ② 4 ③ 5
④ 6 ⑤ 7

0415 ∞ 72쪽 유형 10

직선 $y=3x+2k$ 위의 n개의 점 $\mathrm{A}_1(x_1,\ y_1)$, $\mathrm{A}_2(x_2,\ y_2)$, $\cdots$, $\mathrm{A}_n(x_n,\ y_n)$이 있다. n개의 점 중 하나를 임의로 택할 때, x좌표, y좌표를 각각 확률변수 X, Y라 하자.
$\mathrm{E}(X)=3$, $\mathrm{E}(Y)=15$, $\mathrm{V}(X)=2$일 때, $\mathrm{V}(kY)$는?

(단, k는 상수이다.)

① 152 ② 162 ③ 172
④ 182 ⑤ 192

0416 교육청 ∞ 72쪽 유형 11

확률변수 X의 확률분포를 표로 나타내면 다음과 같다.

X	2	4	8	16	합계
$\mathrm{P}(X=x)$	$\dfrac{{}_4\mathrm{C}_1}{k}$	$\dfrac{{}_4\mathrm{C}_2}{k}$	$\dfrac{{}_4\mathrm{C}_3}{k}$	$\dfrac{{}_4\mathrm{C}_4}{k}$	1

$\mathrm{E}(3X+1)$의 값은? (단, k는 상수이다.)

① 13 ② 14 ③ 15
④ 16 ⑤ 17

0417 ∞ 69쪽 유형 **06**

$0 \leq X \leq 4$에서 정의된 연속확률변수 X의 확률밀도함수 $f(x)$의 그래프가 오른쪽 그림과 같다. 이때 직선 $3x-4y+X-1=0$과 원 $x^2+y^2=\dfrac{1}{25}$이 만날 확률을 구하시오.

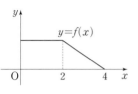

0418 ∞ 68쪽 유형 **03**+70쪽 유형 **07**

확률변수 X의 확률분포를 표로 나타내면 다음과 같다.

X	1	2	3	4	5	합계
$P(X=x)$	$\dfrac{1}{12}$	$\dfrac{1}{6}$	$\dfrac{1}{2}$	$\dfrac{1}{6}$	$\dfrac{1}{12}$	1

$f(k)=P(X \geq k)$ $(k=1, 2, 3, 4, 5)$라 할 때, 옳은 것만을 **보기**에서 있는 대로 고르시오.

┌─ **보기** ─────────────────────
ㄱ. $f(4)=\dfrac{1}{4}$

ㄴ. $P(X=k)=f(k)-f(k+1)$ (단, $k=1, 2, 3, 4$)

ㄷ. $E(X)=f(1)+f(2)+f(3)+f(4)+f(5)$
└──────────────────────────────

0419 ∞ 70쪽 유형 **07**

두 이산확률변수 X와 Y가 가질 수 있는 값이 각각 1부터 5까지의 자연수이고

$$P(Y=k)=\frac{1}{2}P(X=k)+\frac{1}{5} \ (k=1, 2, 3, 4, 5)$$

이다. $E(X)=8$일 때, $E(Y)$는?

① 6 　　　　 ② 7 　　　　 ③ 8

④ 9 　　　　 ⑤ 10

0420 ∞ 71쪽 유형 **09**

한 개의 주사위를 던지는 시행을 세 번 반복한 후 다음과 같은 방법으로 점수를 얻는 게임을 한다.

┌──────────────────────────────
㈎ 3의 배수의 눈이 나오지 않거나 1회 나오면 6점을 얻는다.

㈏ 3의 배수의 눈이 2회 나오면 12점을 얻는다.

㈐ 3의 배수의 눈이 3회 나오면 24점을 얻는다.
└──────────────────────────────

이 게임을 한 번 하여 받을 수 있는 점수의 기댓값은?

① 8점 　　　　 ② 10점 　　　　 ③ 12점

④ 14점 　　　　 ⑤ 16점

0421 평가원 ∞ 72쪽 유형 **10**

두 이산확률변수 X, Y의 확률분포를 표로 나타내면 각각 다음과 같다.

X	1	2	3	4	합계
$P(X=x)$	a	b	c	d	1

Y	11	21	31	41	합계
$P(Y=y)$	a	b	c	d	1

$E(X)=2$, $E(X^2)=5$일 때, $E(Y)+V(Y)$의 값을 구하시오.

0422 ∞ 73쪽 유형 **12**

각 면에 1, 2, 3, 4가 각각 하나씩 적힌 정사면체를 한 번 던질 때, 밑면에 적힌 수를 확률변수 X라 하고, 각 면에 1, 3, 5, 7이 각각 하나씩 적힌 정사면체를 한 번 던질 때, 밑면에 적힌 수를 확률변수 Y라 하자. 옳은 것만을 **보기**에서 있는 대로 고른 것은?

┌─ **보기** ─────────────────────
ㄱ. $E(X)=\dfrac{5}{2}$

ㄴ. $E(Y)=2E(X)$

ㄷ. $V(Y)=4V(X)$
└──────────────────────────────

① ㄱ 　　　　 ② ㄱ, ㄴ 　　　　 ③ ㄱ, ㄷ

④ ㄴ, ㄷ 　　　　 ⑤ ㄱ, ㄴ, ㄷ

0423

○○67쪽 유형 01

서로 다른 2개의 주사위를 동시에 던질 때, 나오는 두 눈의 수 중 작지 않은 수를 확률변수 X라 하자. X의 확률질량함수가

$$P(X=x)=\frac{2x-b}{a} \ (x=1, 2, \cdots, 6)$$

일 때, 상수 a, b에 대하여 $a+b$의 값을 구하시오.

0424

○○68쪽 유형 03

이산확률변수 X가 가질 수 있는 값은 1, 2, 3, $\cdots$, 10이고,

$$P(X=k+1)=P(X=k)+d \ (k=1, 2, \cdots, 9)$$

이다. $P(X=10)=\frac{1}{8}$일 때, $P(X \leq 3)$을 구하시오.

(단, d는 상수이다.)

0425

○○68쪽 유형 04

100원짜리 동전 2개와 500원짜리 동전 2개를 동시에 던질 때, 100원짜리 동전 중 앞면이 나온 것의 개수와 500원짜리 동전 중 앞면이 나온 것의 개수의 곱을 확률변수 X라 하자. 이때 $P(X \leq 2)$를 구하시오.

0426

○○71쪽 유형 08

흰 공 3개와 검은 공 2개가 들어 있는 주머니에서 임의로 공을 한 개씩 꺼내어 공의 색을 조사한다. 이 주머니에서 검은 공을 모두 꺼낼 때까지 공을 꺼낸 횟수를 확률변수 X라 하자. 이때 $E(X)+V(X)$의 값을 구하시오.

(단, 꺼낸 공은 주머니에 다시 넣지 않는다.)

0427

○○72쪽 유형 11

이산확률변수 X의 확률질량함수가

$$P(X=x)=\frac{ax+2}{10} \ (x=-1, 0, 1, 2)$$

일 때, $V(4X-3)$을 구하시오. (단, a는 상수이다.)

0428

○○73쪽 유형 12

주머니 속에 1이 적힌 공이 1개, 2가 적힌 공이 2개, k가 적힌 공이 k개 들어 있다. 이 주머니 속의 $(k+3)$개의 공 중에서 임의로 한 개의 공을 꺼낼 때, 꺼낸 공에 적힌 수를 확률변수 X라 하면 $E(X)=3$이다. 다음 물음에 답하시오.

(단, $k>2$인 자연수이다.)

(1) k의 값을 구하시오.

(2) $V(X)$를 구하시오.

(3) 확률변수 Y에 대하여 $Y=7X-3$일 때, $V(Y)$를 구하시오.

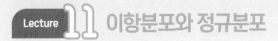

06 Ⅲ 통계
이항분포와 정규분포

Lecture 11 이항분포와 정규분포 ⑯일차

개념 11-1 이항분포

∞80~82쪽 | 유형 01~05 |

(1) 한 번의 시행에서 사건 A가 일어날 확률이 p로 일정할 때, n번의 독립시행에서 사건 A가 일어나는 횟수를 확률변수 X라 하면 X의 확률질량함수는 다음과 같다.
$$\mathrm{P}(X=x)={}_n\mathrm{C}_x p^x q^{n-x} \ (\text{단}, \ x=0, 1, 2, \cdots, n, \ q=1-p)$$
이와 같은 확률분포를 **이항분포**라 하고, 기호로 $\mathbf{B}(\pmb{n}, \pmb{p})$와 같이 나타낸다.

(2) 확률변수 X가 이항분포 $\mathrm{B}(n, p)$를 따를 때,
$$\mathrm{E}(X)=np, \quad \mathrm{V}(X)=npq, \quad \sigma(X)=\sqrt{npq} \ (\text{단}, \ q=1-p)$$

개념 11-2 큰수의 법칙

어떤 시행에서 사건 A가 일어날 수학적 확률이 p이고, n번의 독립시행에서 사건 A가 일어나는 횟수를 X라 할 때, 아무리 작은 양수 h를 택하더라도 n을 충분히 크게 하면

$\mathrm{P}\left(\left|\dfrac{X}{n}-p\right|<h\right)$는 1에 가까워진다. 이것을 **큰수의 법칙**이라고 한다.

개념 11-3 정규분포

∞83쪽 | 유형 06, 07 |

(1) 실수 전체의 집합에서 정의된 연속확률변수 X의 확률밀도함수 $f(x)$가 두 상수 m, σ $(\sigma>0)$에 대하여
$$f(x)=\frac{1}{\sqrt{2\pi}\sigma}e^{-\frac{(x-m)^2}{2\sigma^2}}$$
일 때, X의 확률분포를 **정규분포**라고 한다. 이때 $f(x)$의 그래프는 위의 그림과 같고, 이 곡선을 정규분포곡선이라고 한다.

$f(x)=\dfrac{1}{\sqrt{2\pi}\sigma}e^{-\frac{(x-m)^2}{2\sigma^2}}$

[참고] (1) e는 무리수 2.71828…을 나타내는 상수이다.
　　(2) 확률변수 X의 확률밀도함수가 $f(x)=\dfrac{1}{\sqrt{2\pi}\sigma}e^{-\frac{(x-m)^2}{2\sigma^2}}$일 때, X의 평균은 m, 표준편차는 σ임이 알려져 있다.

(2) 평균과 분산이 각각 m, σ^2인 정규분포를 기호로 $\mathbf{N}(\pmb{m}, \pmb{\sigma^2})$과 같이 나타내고, '확률변수 X는 정규분포 $\mathrm{N}(m, \sigma^2)$을 따른다'고 한다.

(3) 정규분포 $\mathrm{N}(m, \sigma^2)$을 따르는 확률변수 X의 정규분포곡선은 다음과 같은 성질을 갖는다.
① 직선 $x=m$에 대하여 대칭인 종 모양의 곡선이다.
② 곡선과 x축 사이의 넓이는 1이다.
③ σ의 값이 일정할 때, m의 값이 달라지면 대칭축의 위치는 바뀌지만 모양은 변하지 않는다.
④ m의 값이 일정할 때, σ의 값이 클수록 가운데 부분의 높이는 낮아지고 옆으로 퍼진 모양이 된다.

[참고] (i) σ는 일정, $m_1<m_2$　　　　　(ii) m은 일정, $\sigma_1<\sigma_2<\sigma_3$

　　　　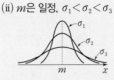

개념 CHECK

1 다음 □ 안에 알맞은 수를 써넣으시오.

> 한 개의 주사위를 10번 던질 때, 홀수의 눈이 나오는 횟수를 확률변수 X라 하면 한 번의 시행에서 홀수의 눈이 나올 확률은 □이므로 X는 이항분포 $\mathrm{B}(□, □)$을 따른다.

2 확률변수 X가 이항분포 $\mathrm{B}\left(5, \dfrac{1}{5}\right)$을 따를 때, X의 확률질량함수를 구하시오.

3 확률변수 X가 이항분포 $\mathrm{B}\left(9, \dfrac{1}{3}\right)$을 따를 때, 다음을 구하시오.
(1) $\mathrm{E}(X)$
(2) $\mathrm{V}(X)$
(3) $\sigma(X)$

4 정규분포 $\mathrm{N}(m, \sigma^2)$을 따르는 확률변수 X의 정규분포곡선에 대하여 ( ) 안에서 알맞은 것을 고르시오.
(1) σ의 값이 일정할 때, m의 값이 달라지면 곡선의 모양은 (변한다, 변하지 않는다).
(2) m의 값이 일정할 때, σ의 값이 작을수록 곡선의 가운데 부분의 높이는 (높아진다, 낮아진다).

---

1 $\dfrac{1}{2}$, 10, $\dfrac{1}{2}$

2 $\mathrm{P}(X=x)={}_5\mathrm{C}_x\left(\dfrac{1}{5}\right)^x\left(\dfrac{4}{5}\right)^{5-x}$
　　　　　　(단, $x=0, 1, 2, 3, 4, 5$)

3 (1) 3　(2) 2　(3) $\sqrt{2}$
4 (1) 변하지 않는다　(2) 높아진다

개념 12-1 표준정규분포

00 85~88쪽 | 유형 08~13 |

(1) 평균이 0이고 분산이 1인 정규분포 $N(0, 1)$을 **표준정규분포**라고 한다.

(2) 확률변수 Z가 표준정규분포 $N(0, 1)$을 따를 때, Z의 확률밀도함수는

$$f(z) = \frac{1}{\sqrt{2\pi}} e^{-\frac{z^2}{2}}$$

이고, 그 그래프는 오른쪽 그림과 같다.

또, 양수 z에 대하여 $P(0 \le Z \le z)$는 위의 그림에서 색칠한 부분의 넓이와 같고, 그 값은 표준정규분포표를 이용하여 구할 수 있다.

참고 확률밀도함수 $f(z)$의 그래프는 직선 $z=0$에 대하여 대칭이므로 다음이 성립한다. (단, $0 < a < b$)
① $P(0 \le Z \le a) = P(-a \le Z \le 0)$
② $P(a \le Z \le b) = P(0 \le Z \le b) - P(0 \le Z \le a)$
③ $P(Z \ge a) = P(Z \ge 0) - P(0 \le Z \le a) = 0.5 - P(0 \le Z \le a)$
④ $P(Z \le a) = P(Z \le 0) + P(0 \le Z \le a) = 0.5 + P(0 \le Z \le a)$
⑤ $P(-a \le Z \le b) = P(-a \le Z \le 0) + P(0 \le Z \le b) = P(0 \le Z \le a) + P(0 \le Z \le b)$

개념 12-2 정규분포의 표준화

00 85~88쪽 | 유형 08~13 |

확률변수 X가 정규분포 $N(m, \sigma^2)$을 따를 때, 확률변수 $Z = \dfrac{X-m}{\sigma}$은 표준정규분포 $N(0, 1)$을 따른다.

이와 같이 정규분포 $N(m, \sigma^2)$을 따르는 확률변수 X를 표준정규분포 $N(0, 1)$을 따르는 확률변수 $Z = \dfrac{X-m}{\sigma}$으로 바꾸는 것을 **표준화**라고 한다.

참고 확률변수 X가 정규분포 $N(m, \sigma^2)$을 따르면

$$P(a \le X \le b) = P\left(\frac{a-m}{\sigma} \le Z \le \frac{b-m}{\sigma}\right)$$

으로 표준화한 후 표준정규분포표를 이용하여 확률을 구할 수 있다.

예 확률변수 X가 정규분포 $N(50, 5^2)$을 따를 때,

① 확률변수 $Z = \dfrac{X-50}{5}$은 표준정규분포 $N(0, 1)$을 따른다.

② $P(50 \le X \le 55) = P\left(\dfrac{50-50}{5} \le Z \le \dfrac{55-50}{5}\right) = P(0 \le Z \le 1)$

개념 12-3 이항분포와 정규분포의 관계

00 88~89쪽 | 유형 14~16 |

확률변수 X가 이항분포 $B(n, p)$를 따를 때, n이 충분히 크면 X는 근사적으로 정규분포 $N(np, npq)$를 따른다. (단, $q = 1-p$)

참고 (1) n이 충분히 크다는 것은 일반적으로 $np \ge 5$, $nq \ge 5$일 때를 뜻한다.

(2) 확률변수 X를 $Z = \dfrac{X-np}{\sqrt{npq}}$로 표준화하여 확률을 구할 수 있다.

예 확률변수 X가 이항분포 $B\left(400, \dfrac{1}{2}\right)$을 따를 때,

$$E(X) = np = 400 \times \frac{1}{2} = 200$$

$$V(X) = npq = 400 \times \frac{1}{2} \times \frac{1}{2} = 100$$

이때 $n=500$은 충분히 큰 수이므로 확률변수 X는 근사적으로 정규분포 $N(200, 10^2)$을 따른다.

개념 CHECK

5 다음 표준정규분포표를 이용하여 □ 안에 알맞은 수를 써넣으시오.

z	$P(0 \le Z \le z)$
0.5	0.1915
1.0	0.3413
1.5	0.4332
2.0	0.4772

(1) $P(Z \le 1)$
$= P(Z \le \square) + P(\square \le Z \le 1)$
$= 0.5 + \square = \square$

(2) $P(Z \ge -2)$
$= P(\square \le Z \le 0) + P(Z \ge \square)$
$= P(\square \le Z \le 2) + P(Z \ge \square)$
$= \square + 0.5 = \square$

6 다음 □ 안에 알맞은 수를 써넣으시오.

> 확률변수 X가 정규분포 $N(4, 9)$를 따를 때, $Z = \dfrac{X-4}{\square}$로 놓으면 확률변수 Z는 표준정규분포 $N(0, 1)$을 따른다.

7 다음 □ 안에 알맞은 수를 써넣으시오.

> 확률변수 X가 이항분포 $B\left(80, \dfrac{1}{4}\right)$을 따르면 X는 근사적으로 정규분포 $N(\square, \square)$를 따른다.

---

5 (1) 0, 0, 0.3413, 0.8413
(2) −2, 0, 0, 0, 0.4772, 0.9772

6 3

7 20, 15

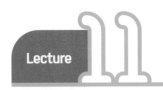

Lecture 11 이항분포와 정규분포

기본 익히기

∞78쪽 | 개념 11-1, 3 |

0429~0430 다음 확률변수 X가 이항분포를 따르는지 확인하고, 이항분포를 따르면 $B(n, p)$ 꼴로 나타내시오.

0429 한 개의 주사위를 10번 던질 때, 3 이상의 눈이 나오는 횟수 X

0430 흰 공 4개와 검은 공 6개가 들어 있는 주머니에서 임의로 3개의 공을 차례로 꺼낼 때, 꺼낸 흰 공의 개수 X (단, 꺼낸 공은 다시 넣지 않는다.)

0431 확률변수 X가 이항분포 $B\left(4, \dfrac{1}{3}\right)$을 따를 때, 다음을 구하시오.

(1) X의 확률질량함수   (2) $P(X=3)$

0432~0433 확률변수 X가 다음과 같은 이항분포를 따를 때, X의 평균, 분산, 표준편차를 각각 구하시오.

0432 $B\left(160, \dfrac{3}{4}\right)$ **0433** $B\left(250, \dfrac{2}{5}\right)$

0434 다음 그림에서 4개의 곡선 A, B, C, D는 각각 정규분포곡선이다. □ 안에 알맞은 것을 써넣으시오.

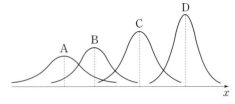

(1) 평균이 가장 큰 것은 □이고, 가장 작은 것은 □이다.
(2) 표준편차가 가장 큰 것은 □이고, 가장 작은 것은 □이다.

유형 익히기

유형 01 | 이항분포의 확률;   ∞개념 11-1
이항분포가 주어진 경우

확률변수 X가 이항분포 $B(n, p)$를 따를 때, X의 확률질량함수는
$\Rightarrow P(X=x)={}_n C_x p^x (1-p)^{n-x}$ (단, $x=0, 1, 2, \cdots, n$)

0435 🔊 대표

이항분포 $B\left(8, \dfrac{1}{2}\right)$을 따르는 확률변수 X에 대하여 $P(X \leq 3)$은?

① $\dfrac{91}{256}$ ② $\dfrac{23}{64}$ ③ $\dfrac{93}{256}$

④ $\dfrac{47}{128}$ ⑤ $\dfrac{95}{256}$

0436

이항분포 $B\left(n, \dfrac{1}{3}\right)$을 따르는 확률변수 X에 대하여
$$P(X=2)=12P(X=1)$$
일 때, 자연수 n의 값은?

① 48   ② 49   ③ 50
④ 51   ⑤ 52

0437

확률변수 X는 이항분포 $B\left(4, \dfrac{1}{4}\right)$을 따르고 확률변수 Y는 이항분포 $B\left(5, \dfrac{1}{2}\right)$을 따를 때,
$$P(X=1)=k \times P(Y=2)$$
를 만족시키는 상수 k에 대하여 $20k$의 값을 구하시오.

유형02 │ 이항분포의 확률; ∞ 개념 11-1
이항분포가 주어지지 않은 경우

(1) 독립시행에서 특정한 사건이 일어나는 횟수를 X라 하면 확률변수 X는 이항분포를 따른다.

(2) 확률변수 X가 이항분포를 따를 때에는 시행 횟수 n과 한 번의 시행에서 어떤 사건이 일어날 확률 p를 구하여 $B(n, p)$로 나타낸 후 확률변수 X의 확률질량함수를 이용하여 확률을 구한다.

0438 대표

시청률이 30 %인 어떤 드라마가 방영되고 있는 동안 임의로 10가구를 조사할 때, 이 드라마를 시청하는 가구 수를 확률변수 X라 하자. 이때 $P(X \leq 9)$는?

① $\left(\dfrac{3}{10} \right)^{10}$ ② $\left(\dfrac{3}{10} \right)^{11}$ ③ $1 - \left(\dfrac{3}{10} \right)^{9}$

④ $1 - \left(\dfrac{3}{10} \right)^{10}$ ⑤ $1 - \left(\dfrac{3}{10} \right)^{11}$

0439

한 개의 동전을 n번 던질 때, 앞면이 나오는 횟수를 확률변수 X라 하자. $P(X=2)=20P(X=1)$이 성립할 때, n의 값은?

① 35 ② 37 ③ 39
④ 41 ⑤ 43

0440 [서술형]

어느 식당의 예약 취소율은 10 %라 한다. 테이블이 28개인 이 식당에서 같은 날 30개 테이블의 예약을 받은 경우 실제로 테이블이 부족할 확률을 구하시오.

(단, $0.9^{29}=0.047$, $0.9^{30}=0.042$로 계산한다.)

유형03 │ 이항분포의 평균, 분산, 표준편차; ∞ 개념 11-1
이항분포가 주어진 경우

확률변수 X가 이항분포 $B(n, p)$를 따를 때,
$\Rightarrow E(X)=np$, $V(X)=np(1-p)$, $\sigma(X)=\sqrt{np(1-p)}$

0441 대표

이항분포 $B(n, p)$를 따르는 확률변수 X의 평균이 12, 분산이 8일 때, $n+3p$의 값은?

① 31 ② 33 ③ 35
④ 37 ⑤ 39

0442

확률변수 X가 이항분포 $B(n, p)$를 따를 때, $E(X)=120$, $V(X)=30$이다. 확률변수 Y가 이항분포 $B(2n, 1-p)$를 따를 때, $V(Y)$를 구하시오.

0443

확률변수 X의 확률질량함수가

$$P(X=x)={}_{40}C_x \left(\dfrac{1}{2} \right)^{40} \ (x=0, 1, 2, \cdots, 40)$$

일 때, $E(X^2)$을 구하시오.

0444

확률변수 X가 이항분포 $B\left(200, \dfrac{1}{4} \right)$을 따를 때, 이차함수

$$f(a)=E(X^2)-4aE(X)+4a^2$$

은 $a=k$일 때, 최솟값 b를 갖는다. 이때 $k+2b$의 값을 구하시오. (단, k, b는 상수이다.)

바른답·알찬풀이 062쪽

유형 04 이항분포의 평균, 분산, 표준편차; 개념 11-1 이항분포가 주어지지 않은 경우

이항분포를 따르는 확률변수 X의 평균, 분산, 표준편차를 구하려면 먼저 시행 횟수 n과 각 시행에서 사건이 일어날 확률 p를 구하여 $B(n, p)$로 나타낸 후 다음을 이용한다.

$\Rightarrow E(X)=np, V(X)=np(1-p), \sigma(X)=\sqrt{np(1-p)}$

0445 대표

4개의 동전을 동시에 던지는 시행을 12번 반복할 때, 3개는 앞면, 1개는 뒷면이 나오는 횟수를 확률변수 X라 하자. 이때 X의 평균을 구하시오.

0446 〔서술형〕

한 개의 주사위를 던져서 나온 눈의 수 a에 대하여 방정식 $x^2+2ax+5=0$이 서로 다른 두 실근을 가지는 사건을 A라 하자. 한 개의 주사위를 120번 던지는 시행에서 사건 A가 일어나는 횟수를 확률변수 X라 할 때, $E(X)$를 구하시오.

0447

한 개의 주사위를 72번 던질 때 6의 약수의 눈이 나오는 횟수를 확률변수 X라 하고, 한 개의 동전을 n번 던질 때 앞면이 나오는 횟수를 확률변수 Y라 하자. Y의 분산이 X의 분산보다 크게 되도록 하는 n의 최솟값을 구하시오.

0448

두 사람 A와 B가 각각 주사위를 한 개씩 동시에 던지는 시행을 한다. 이 시행에서 나온 두 주사위의 눈의 수의 차가 3보다 작으면 A가 1점을 얻고, 그렇지 않으면 B가 1점을 얻는다. 이와 같은 시행을 60번 반복할 때, A가 얻는 점수의 합의 기댓값과 B가 얻는 점수의 합의 기댓값의 차를 구하시오.

유형 05 확률변수 $aX+b$의 평균, 분산, 표준편차; 개념 11-1 X가 이항분포를 따르는 경우

이항분포를 따르는 확률변수 X에 대하여 확률변수 $aX+b$ (a, b는 상수, $a \neq 0$)의 평균, 분산, 표준편차는 다음과 같은 순서로 구한다.
❶ 확률변수 X가 따르는 이항분포를 구한다. $\Rightarrow B(n, p)$
❷ 확률변수 X의 평균, 분산, 표준편차를 구한다.
  $\Rightarrow E(X)=np, V(X)=np(1-p), \sigma(X)=\sqrt{np(1-p)}$
❸ 확률변수 $aX+b$의 평균, 분산, 표준편차를 구한다.
  $\Rightarrow E(aX+b)=aE(X)+b, V(aX+b)=a^2V(X),$
  $\sigma(aX+b)=|a|\sigma(X)$

0449 대표

서로 다른 2개의 주사위를 동시에 던지는 시행을 144번 반복할 때, 나오는 두 눈의 수의 합이 6 이하인 횟수를 확률변수 X라 하자. 이때 $V(2X+5)$는?

① 116 ② 124 ③ 132
④ 140 ⑤ 148

0450

이산확률변수 X의 확률질량함수가

$$P(X=x)={}_{36}C_x\left(\frac{1}{3}\right)^x\left(\frac{2}{3}\right)^{36-x} (x=0, 1, 2, \cdots, 36)$$

일 때, $E(3X-2)+V(2X)$의 값은?

① 42 ② 48 ③ 54
④ 60 ⑤ 66

0451

확률변수 X가 이항분포 $B(10, p)$를 따를 때,

$$P(X=4)=\frac{1}{3}P(X=5)$$

이다. 이때 $E(7X+4)$를 구하시오. (단, $0<p<1$)

정규분포 $N(m, \sigma^2)$을 따르는 확률변수 X의 정규분포곡선은 다음과 같은 성질을 갖는다.
(1) 직선 $x=m$에 대하여 대칭인 종 모양의 곡선이다.
(2) 곡선과 x축 사이의 넓이는 1이다.
(3) σ의 값이 일정할 때, m의 값이 달라지면 대칭축의 위치는 바뀌지만 모양은 변하지 않는다.
(4) m의 값이 일정할 때, σ의 값이 클수록 가운데 부분의 높이는 낮아지고 옆으로 퍼진 모양이 된다.

0452

확률변수 X가 정규분포 $N(m, \sigma^2)$을 따를 때, 옳은 것만을 **보기**에서 있는 대로 고른 것은?

┌─ 보기 ─────────────────────
ㄱ. $a<b$일 때,
　　$P(a \leq X \leq b) = P(X \leq a) - P(X \leq b)$
ㄴ. $P(X \geq m) = 0.5$
ㄷ. $P(X \leq a) = 1 - P(X \geq a)$
└───────────────────────────

① ㄴ　　　　② ㄷ　　　　③ ㄱ, ㄴ
④ ㄴ, ㄷ　　　⑤ ㄱ, ㄴ, ㄷ

0453

확률변수 X_i $(i=1, 2, 3)$는 정규분포 $N(m_i, \sigma_i^2)$을 따르고, X_i의 확률밀도함수는 $f_i(x)$이다. 함수 $y=f_i(x)$의 그래프가 오른쪽 그림과 같을 때, 옳은 것만을 **보기**에서 있는 대로 고르시오.

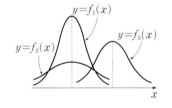

┌─ 보기 ─────────────────────
ㄱ. $\sigma_1 < \sigma_2$　　　　　ㄴ. $m_1 < m_3$
ㄷ. $f_2(m_2) < f_3(m_3)$
└───────────────────────────

0454 [서술형]

확률변수 X가 정규분포 $N(m, \sigma^2)$을 따를 때,
　　$P(X \leq 26) = P(X \geq 48)$
이 성립한다. $P(a \leq X \leq a+12)$가 최대가 되도록 하는 실수 a의 값을 구하시오.

정규분포 $N(m, \sigma^2)$을 따르는 확률변수 X의 정규분포곡선은 직선 $x=m$에 대하여 대칭이므로
(1) $P(X \geq m) = P(X \leq m) = 0.5$
(2) $P(m-\sigma \leq X \leq m) = P(m \leq X \leq m+\sigma)$

0455

정규분포 $N(m, \sigma^2)$을 따르는 확률변수 X에 대하여 $P(m \leq X \leq x)$는 오른쪽 표와 같다. 확률변수 X가 정규분포 $N(78, 4^2)$을 따를 때, $P(70 \leq X \leq 80)$을 위의 표를 이용하여 구하시오.

x	$P(m \leq X \leq x)$
$m+0.5\sigma$	0.1915
$m+\sigma$	0.3413
$m+1.5\sigma$	0.4332
$m+2\sigma$	0.4772

0456

정규분포 $N(m, \sigma^2)$을 따르는 확률변수 X에 대하여
　　$P(m-\sigma \leq X \leq m+2\sigma) = a,$
　　$P(m-2\sigma \leq X \leq m) = b$
일 때, $P(X \leq m+\sigma)$를 a, b를 사용하여 나타내면?

① $\dfrac{1}{2}+a-b$　　② $\dfrac{1}{2}+b-a$　　③ $a+b-\dfrac{1}{2}$

④ $\dfrac{1+a-b}{2}$　　⑤ $\dfrac{1-a+b}{2}$

0457

정규분포 $N(m, \sigma^2)$을 따르는 확률변수 X에 대하여 $P(m \leq X \leq x)$는 오른쪽 표와 같다. 확률변수 X가 정규분포 $N(64, 6^2)$을 따를 때, $P(X \leq a) = 0.0228$을 만족시키는 상수 a의 값을 위의 표를 이용하여 구하면?

x	$P(m \leq X \leq x)$
$m+\sigma$	0.3413
$m+2\sigma$	0.4772
$m+3\sigma$	0.4987

① 50　　　　② 52　　　　③ 54
④ 56　　　　⑤ 58

Lecture 12 표준정규분포

∞79쪽 | 개념 12-1~3 |

기본 익히기

0458 확률변수 Z가 표준정규분포 $N(0, 1)$을 따를 때, 오른쪽 표준정규분포표를 이용하여 다음을 구하시오.

z	0.00	0.01	0.02	$\cdots$
0.0	.0000	.0040	.0080	$\cdots$
$\vdots$	$\vdots$	$\vdots$	$\vdots$	$\vdots$
1.7	.4554	.4564	.4573	$\cdots$
1.8	.4641	.4649	.4656	$\cdots$

(1) $P(0 \leq Z \leq 1.7)$　　(2) $P(0 \leq Z \leq 1.82)$

0459~0463 확률변수 Z가 표준정규분포 $N(0, 1)$을 따를 때, 오른쪽 표준정규분포표를 이용하여 다음을 구하시오.

z	$P(0 \leq Z \leq z)$
0.5	0.1915
1.0	0.3413
1.5	0.4332
2.0	0.4772

0459 $P(-1.5 \leq Z \leq 1.5)$

0460 $P(0.5 \leq Z \leq 1.5)$

0461 $P(Z \leq 2)$

0462 $P(Z \geq 1)$

0463 $P(Z \geq -1.5)$

0464~0468 확률변수 Z가 표준정규분포 $N(0, 1)$을 따를 때, 오른쪽 표준정규분포표를 이용하여 상수 a의 값을 구하시오.

z	$P(0 \leq Z \leq z)$
1.0	0.3413
1.5	0.4332
2.0	0.4772
2.5	0.4938

0464 $P(Z \geq a) = 0.9332$

0465 $P(-a \leq Z \leq a) = 0.9544$

0466 $P(Z \leq a-1) = 0.9938$

0467 $P(Z \geq 2a) = 0.1587$

0468 $P(-a \leq Z \leq a+1) = 0.927$

0469~0470 확률변수 X가 다음과 같은 정규분포를 따를 때, X를 확률변수 Z로 표준화하시오.

0469 $N(70, 2^2)$　　**0470** $N(-20, 4)$

0471 확률변수 X가 정규분포 $N(50, 3^2)$을 따를 때, 다음 물음에 답하시오.

(1) X를 확률변수 Z로 표준화하시오.

(2) 오른쪽 표준정규분포표를 이용하여 $P(47 \leq X \leq 53)$을 구하시오.

z	$P(0 \leq Z \leq z)$
1.0	0.3413
2.0	0.4772
3.0	0.4987

0472~0473 확률변수 X가 다음과 같은 이항분포를 따를 때, X는 근사적으로 정규분포를 따른다. X가 따르는 정규분포를 $N(m, \sigma^2)$ 꼴로 나타내시오.

0472 $B\left(150, \dfrac{2}{5}\right)$　　**0473** $B\left(400, \dfrac{1}{2}\right)$

0474 확률변수 X가 이항분포 $B\left(192, \dfrac{1}{4}\right)$을 따를 때, 다음 물음에 답하시오.

(1) X의 평균과 표준편차를 각각 구하시오.

(2) 확률변수 X가 근사적으로 따르는 정규분포를 $N(m, \sigma^2)$ 꼴로 나타내시오.

(3) X를 확률변수 Z로 표준화하시오.

(4) 오른쪽 표준정규분포표를 이용하여 $P(X \leq 60)$을 구하시오.

z	$P(0 \leq Z \leq z)$
1.0	0.3413
1.5	0.4332
2.0	0.4772
2.5	0.4938

유형08 정규분포의 표준화 ∞개념 12-1, 2

확률변수 X가 정규분포 $N(m, \sigma^2)$을 따를 때,

(1) 확률변수 $Z=\dfrac{X-m}{\sigma}$ 은 표준정규분포 $N(0, 1)$을 따른다.

(2) $P(a \leq X \leq b)=P\left(\dfrac{a-m}{\sigma} \leq Z \leq \dfrac{b-m}{\sigma}\right)$

0475 〔대표〕

두 확률변수 X, Y가 각각 정규분포 $N(10, 3^2)$, $N(20, 5^2)$을 따르고 $P(16 \leq X \leq 25)=P(30 \leq Y \leq k)$일 때, 상수 k의 값은?

① 39　　　　② 41　　　　③ 43
④ 45　　　　⑤ 47

0476 〔서술형〕

두 확률변수 X, Y가 각각 정규분포 $N(m, 9)$, $N(2m, 4)$를 따르고 $P(X \leq 2m+2)=P(Y \geq 4m-12)$일 때, 상수 m의 값을 구하시오.

0477

두 확률변수 X, Y가 각각 정규분포 $N(6, 1)$, $N(m, 3^2)$을 따르고 $2P(6 \leq X \leq 8)=P(4 \leq Y \leq 2m-4)$일 때, 상수 m의 값은?

① 6　　　　② 8　　　　③ 10
④ 12　　　　⑤ 14

유형09 표준화하여 확률 구하기 ∞개념 12-1, 2

정규분포 $N(m, \sigma^2)$을 따르는 확률변수 X를 확률변수 $Z=\dfrac{X-m}{\sigma}$ 으로 표준화하여 주어진 확률을 Z에 대한 확률로 나타낸다.

⇨ $P(a \leq X \leq b)=P\left(\dfrac{a-m}{\sigma} \leq Z \leq \dfrac{b-m}{\sigma}\right)$

0478 〔대표〕

확률변수 X가 정규분포 $N(68, 4^2)$을 따를 때, 오른쪽 표준정규분포표를 이용하여 $P(70 \leq X \leq 76)$을 구하시오.

z	$P(0 \leq Z \leq z)$
0.5	0.1915
1.0	0.3413
1.5	0.4332
2.0	0.4772

0479

확률변수 X가 정규분포 $N(m, \sigma^2)$을 따를 때, 오른쪽 표준정규분포표를 이용하여 $P(m-\sigma \leq X \leq m+2\sigma)$를 구하면?

z	$P(0 \leq Z \leq z)$
1.0	0.3413
1.5	0.4332
2.0	0.4772
2.5	0.4938

① 0.7745　　　　② 0.8185
③ 0.8351　　　　④ 0.9104
⑤ 0.9270

0480

정규분포 $N(45, 10^2)$을 따르는 확률변수 X에 대하여 $P(39 \leq X \leq 51)=0.4514$일 때, $P(X \leq 51)$을 구하시오.

0481

정규분포 $N(36, 4^2)$을 따르는 확률변수 X에 대하여 확률변수 Y가 $Y=2X+4$일 때, 오른쪽 표준정규분포표를 이용하여 $P(|Y-80|\leq 8)$을 구하시오.

z	$P(0\leq Z\leq z)$
0.5	0.1915
1.0	0.3413
1.5	0.4332
2.0	0.4772

0484 [서술형]

확률변수 X는 평균이 m, 표준편차가 2인 정규분포를 따르고, 임의의 실수 a에 대하여 $P(X\leq a)+P(X\leq 60-a)=1$을 만족시킨다. 오른쪽 표준정규분포표를 이용하여 $P(28\leq X\leq k)=0.7745$를 만족시키는 상수 k의 값을 구하시오.

z	$P(0\leq Z\leq z)$
0.5	0.1915
1.0	0.3413
1.5	0.4332
2.0	0.4772

유형 10 표준화하여 미지수의 값 구하기 ∞ 개념 12-1, 2

정규분포 $N(m, \sigma^2)$을 따르는 확률변수 X에 대하여
$P(m\leq X\leq a)=k$를 표준화하면

$$P\left(0\leq Z\leq \frac{a-m}{\sigma}\right)=k$$

⇨ 표준정규분포표에서 이를 만족시키는 $\dfrac{a-m}{\sigma}$의 값을 찾아 a의 값을 구한다.

0482 대표

확률변수 X가 정규분포 $N(42, 5^2)$을 따를 때, $P(48\leq X\leq k)=0.0343$을 만족시키는 상수 k의 값을 오른쪽 표준정규분포표를 이용하여 구하시오.

z	$P(0\leq Z\leq z)$
1.2	0.3849
1.3	0.4032
1.4	0.4192
1.5	0.4332

유형 11 빈출 정규분포의 활용; 확률 구하기 ∞ 개념 12-1, 2

정규분포의 활용 문제는 다음과 같은 순서로 해결한다.
❶ 확률변수 X를 정한 후 X가 따르는 정규분포 $N(m, \sigma^2)$을 구한다.
❷ 확률변수 X를 $Z=\dfrac{X-m}{\sigma}$으로 표준화한다.
❸ 표준정규분포표를 이용하여 X가 특정한 범위에 포함될 확률을 구한다.

0485 대표

어느 공장에서 생산하는 등산화 한 켤레의 무게는 평균이 476 g, 표준편차가 12 g인 정규분포를 따른다고 한다. 이 공장에서 생산하는 등산화 중에서 임의로 한 켤레를 택할 때, 이 등산화의 무게가 470 g 이상이고 494 g 이하일 확률을 위의 표준정규분포표를 이용하여 구하면?

z	$P(0\leq Z\leq z)$
0.5	0.1915
1.0	0.3413
1.5	0.4332
2.0	0.4772

① 0.3830　　② 0.5328　　③ 0.6247

④ 0.6687　　⑤ 0.8185

0483

두 확률변수 X, Y가 각각 정규분포 $N(50, \sigma^2)$, $N(80, 4\sigma^2)$을 따를 때, $P(X\geq k)=P(Y\leq k)=0.0228$을 만족시키는 상수 k에 대하여 $k+\sigma$의 값을 오른쪽 표준정규분포표를 이용하여 구하면?

z	$P(0\leq Z\leq z)$
1.0	0.3413
1.5	0.4332
2.0	0.4772
2.5	0.4938

① 60　　② 65　　③ 70

④ 75　　⑤ 80

0486

어느 고등학교 3학년 학생들의 수학 성적은 평균이 73점, 표준편차가 7점인 정규분포를 따른다고 한다. 수학 성적이 66점 이하인 학생은 전체의 몇 %인지 위의 표준정규분포표를 이용하여 구하시오.

z	$P(0\leq Z\leq z)$
0.5	0.19
1.0	0.34
1.5	0.43

0487

어느 회사 전체 직원들의 직무능력평가 시험 점수는 평균이 820점, 표준편차가 25점인 정규분포를 따른다고 한다. 이 회사 직원 중에서 임의로 한 명을 택할 때, 이 직원의 점수가 870점 이상일 확률을 위의 표준정규분포표를 이용하여 구하면?

z	$P(0 \leq Z \leq z)$
1.0	0.3413
1.5	0.4332
2.0	0.4772
2.5	0.4938

① 0.1587   ② 0.0668   ③ 0.0228

④ 0.0124   ⑤ 0.0062

0488

어느 과수원에서 수확한 배 한 개의 무게는 평균이 630 g, 표준편차가 20 g인 정규분포를 따르고, 무게가 660 g 이상인 배만 특상품으로 분류된다고 한다. 이 과수원에서 수확한 배 중에서 임의로 한 개를 택할 때, 이 배가 특상품일 확률을 위의 표준정규분포표를 이용하여 구하시오.

z	$P(0 \leq Z \leq z)$
1.0	0.3413
1.5	0.4332
2.0	0.4772
2.5	0.4938

유형 12   정규분포의 활용; 도수 구하기   개념 12-1, 2

정규분포를 따르는 확률변수 X에 대하여 n개의 자료 중 특정 범위에 속하는 자료의 개수는 다음과 같은 순서로 구한다.

❶ 확률변수 X를 $Z = \dfrac{X-m}{\sigma}$으로 표준화한다.

❷ 표준정규분포표를 이용하여 X가 특정 범위에 속할 확률 p를 구한다.

❸ $p \times n$의 값을 구한다.

0489 대표

어느 고등학교 학생 500명의 하루 인터넷 사용 시간은 평균이 52분, 표준편차가 8분인 정규분포를 따른다고 한다. 하루 인터넷 사용 시간이 60분 이상인 학생 수를 위의 표준정규분포표를 이용하여 구하면?

z	$P(0 \leq Z \leq z)$
1.0	0.34
1.5	0.43
2.0	0.48

① 44   ② 56   ③ 68

④ 80   ⑤ 92

0490

어느 회사의 신입 사원 650명을 대상으로 신체검사를 한 결과, 키는 평균이 173 cm, 표준편차가 5 cm인 정규분포를 따른다고 한다. 이 회사의 신입 사원 중에서 키가 175.5 cm 이상이고 180.5 cm 이하인 신입 사원 수를 위의 표준정규분포표를 이용하여 구하면?

z	$P(0 \leq Z \leq z)$
0.5	0.19
1.0	0.34
1.5	0.43
2.0	0.48

① 104   ② 117   ③ 130

④ 143   ⑤ 156

0491 [서술형]

어느 운동화 회사에서 1000명을 대상으로 한 켤레의 운동화를 신는 기간을 조사하였더니 평균이 18개월, 표준편차가 2개월인 정규분포를 따르는 것으로 나타났다. 한 켤레의 운동화를 신는 기간이 15개월 이하인 사람 수를 위의 표준정규분포표를 이용하여 구하시오.

z	$P(0 \leq Z \leq z)$
1.0	0.34
1.5	0.43
2.0	0.48
2.5	0.49

0492

제주도의 한 농장에서 생산한 1000개의 한라봉의 무게는 평균이 200 g, 표준편차가 10 g인 정규분포를 따르고 무게가 180 g 이하인 한라봉은 판매할 수 없다고 한다. 이 농장에서 생산한 1000개의 한라봉 중에서 판매할 수 없는 한라봉의 개수를 위의 표준정규분포표를 이용하여 구하면?

z	$P(0 \leq Z \leq z)$
1	0.34
2	0.48
3	0.50

① 10   ② 20   ③ 40

④ 80   ⑤ 160

확률변수 X가 정규분포 $N(m, \sigma^2)$을 따를 때, 상위 $k \%$ 안에 드는 X의 최솟값을 구하려면

⇨ 최솟값을 a로 놓고, 표준정규분포표를 이용하여 다음을 만족시키는 a의 값을 구한다.

$$P(X \geq a) = P\left(Z \geq \frac{a-m}{\sigma}\right) = \frac{k}{100}$$

0493

어느 학교 학생들의 수학 성적은 평균이 64점, 표준편차가 16점인 정규분포를 따른다고 한다. 상위 4 %의 학생들에게 1등급이 부여된다고 할 때, 1등급을 받기 위한 최저 점수를 위의 표준정규분포표를 이용하여 구하시오.

z	$P(0 \leq Z \leq z)$
1.25	0.39
1.50	0.43
1.75	0.46
2.00	0.48

0494

어느 공장에서 생산한 제품 한 개의 무게는 평균이 160 g, 표준편차가 5 g인 정규분포를 따른다고 한다. 이 공장에서 생산한 제품 중에서 무게가 a g 이하일 확률이 0.0668일 때, 상수 a의 값을 위의 표준정규분포표를 이용하여 구하면?

z	$P(0 \leq Z \leq z)$
1.0	0.3413
1.5	0.4332
2.0	0.4772
2.5	0.4938

① 145 ② 147.5 ③ 150
④ 152.5 ⑤ 155

0495

어느 학교의 1학년과 3학년의 키를 조사하였더니 1학년은 평균이 166.8 cm, 표준편차가 8 cm인 정규분포를 따르고, 3학년은 평균이 176.4 cm, 표준편차가 4 cm인 정규분포를 따른다고 한다. 1학년과 3학년의 학생 수는 같고, 3학년 중 키가 a cm 이상인 학생 수가 1학년 중 키가 178 cm 이상인 학생 수의 3배일 때, 상수 a의 값을 구하시오.
(단, $P(0 \leq Z \leq 0.7) = 0.26$, $P(0 \leq Z \leq 1.4) = 0.42$로 계산한다.)

확률변수 X가 이항분포 $B(n, p)$를 따를 때, n이 충분히 크면

⇨ X는 근사적으로 정규분포 $N(np, npq)$를 따른다. (단, $q = 1-p$)

0496

확률변수 X가 이항분포 $B\left(100, \frac{1}{2}\right)$을 따를 때, $P(55 \leq X \leq 60)$을 오른쪽 표준정규분포표를 이용하여 구하면?

z	$P(0 \leq Z \leq z)$
1.0	0.3413
1.5	0.4332
2.0	0.4772
2.5	0.4938

① 0.0116 ② 0.0440 ③ 0.0919
④ 0.1359 ⑤ 0.1525

0497

확률변수 X가 이항분포 $B\left(150, \frac{3}{5}\right)$을 따르고 $P(X \geq a) = 0.16$일 때, 상수 a의 값을 구하시오.
(단, $P(0 \leq Z \leq 1) = 0.34$로 계산한다.)

0498

확률변수 X가 이항분포 $B(400, p)$를 따르고 $E\left(\frac{1}{2}X\right) = 40$일 때, $P(68 \leq X \leq 88)$을 오른쪽 표준정규분포표를 이용하여 구하시오.

z	$P(0 \leq Z \leq z)$
1.0	0.3413
1.5	0.4332
2.0	0.4772
2.5	0.4938

0499 [서술형]

확률변수 X의 확률질량함수가

$$P(X=k) = {}_{100}C_k \left(\frac{1}{2}\right)^{100} (k=0, 1, 2, \cdots, 100)$$

일 때, $P(45 \leq X \leq 55)$를 구하시오.
(단, $P(0 \leq Z \leq 1) = 0.34$로 계산한다.)

n번의 독립시행에서 사건 A가 a번 이상이고 b번 이하로 일어날 확률은 다음과 같은 순서로 구한다.

❶ 사건 A가 일어나는 횟수를 확률변수 X라 하고, X가 따르는 이항분포를 $B(n, p)$로 나타낸다.

❷ X의 평균 m과 분산 σ^2을 구한다.

❸ X가 근사적으로 정규분포 $N(m, \sigma^2)$을 따름을 이용하여 X를 표준화한다.

❹ 표준정규분포표를 이용하여 $P(a \leq X \leq b)$를 구한다.

0500 〔대표〕

한 개의 주사위를 450번 던질 때, 3의 배수의 눈이 135번 이상이고 155번 이하로 나올 확률을 오른쪽 표준정규분포표를 이용하여 구하시오.

z	$P(0 \leq Z \leq z)$
0.5	0.19
1.0	0.34
1.5	0.43
2.0	0.48

0501

어느 회사에서 A 제품에 대한 고객의 선호도를 조사하였더니 조사 대상의 60 %가 선호한다고 답하였다. 이 조사에 참여한 고객 150명 중에서 A 제품을 선호하는 고객이 102명 이상일 확률을 위의 표준정규분포표를 이용하여 구하면?

z	$P(0 \leq Z \leq z)$
1.0	0.3413
1.5	0.4332
2.0	0.4772
2.5	0.4938

① 0.0013 ② 0.0062 ③ 0.0228
④ 0.0668 ⑤ 0.1587

0502

흰 공 3개와 검은 공 2개가 들어 있는 주머니에서 임의로 3개의 공을 동시에 꺼내어 색을 확인하고 다시 주머니에 넣는 시행을 600번 반복할 때, 흰 공이 2개 나오는 횟수가 378회 이하일 확률을 위의 표준정규분포표를 이용하여 구하면?

z	$P(0 \leq Z \leq z)$
0.5	0.1915
1.0	0.3413
1.5	0.4332
2.0	0.4772

① 0.5328 ② 0.6915 ③ 0.8413
④ 0.9332 ⑤ 0.9772

확률변수 X가 이항분포 $B(n, p)$를 따를 때, $P(X \geq a) = \alpha$ (α는 상수)를 만족시키는 a의 값은 다음과 같은 순서로 구한다.

❶ X가 근사적으로 정규분포 $N(np, np(1-p))$를 따름을 이용하여 X를 표준화한다.

❷ 표준정규분포표에서 $P(Z \geq k) = \alpha$를 만족시키는 k를 찾아 a의 값을 구한다.

0503 〔대표〕

어느 백화점에서 네 회사 A, B, C, D의 청소기를 판매하고 있으며, 그 중 A 회사 제품의 판매 수량이 전체의 20 %를 차지하고 있다. 판매한 100대의 청소기 중 A 회사의 제품이 k대 이상일 확률이 0.1587일 때, 상수 k의 값을 위의 표준정규분포표를 이용하여 구하시오.

z	$P(0 \leq Z \leq z)$
1.0	0.3413
1.5	0.4332
2.0	0.4772

0504

어느 멜론 농장에서는 멜론의 무게에 따라 등급을 매긴다고 한다. 멜론 한 개의 무게가 2.5 kg 이상인 것을 1등급으로 정하면 1등급 멜론이 나올 확률이 0.02이다. 2500개의 멜론 중 1등급인 멜론의 개수를 확률변수 X라 할 때, $P(X \geq k) = 0.9772$를 만족시키는 상수 k의 값을 구하시오. (단, $P(0 \leq Z \leq 2) = 0.4772$로 계산한다.)

0505 〔서술형〕

어떤 컴퓨터가 바이러스에 감염되었을 때, 부팅이 안될 확률은 0.4이다. A 회사의 컴퓨터 150대가 이 바이러스에 감염되었고 부팅이 안되는 컴퓨터의 수를 확률변수 X라 할 때, $P(|X-60| \geq k) = 0.32$를 만족시키는 상수 k의 값을 위의 표준정규분포표를 이용하여 구하시오.

z	$P(0 \leq Z \leq z)$
0.5	0.19
1.0	0.34
1.5	0.43
2.0	0.48

○○ 82쪽 유형 **05**

0509 중요!

확률변수 X의 확률질량함수가

$$P(X=x)={}_nC_x\left(\frac{1}{5}\right)^x\left(\frac{4}{5}\right)^{n-x} \ (x=0, 1, 2, \cdots, n)$$

이고 $E(4X-10)=70$일 때, $V(2X-5)$를 구하시오.

STEP1 실전 문제

0506 ○○ 80쪽 유형 **01**

확률변수 X는 이항분포 $B(3, p)$를 따르고 확률변수 Y는 이항분포 $B(4, 2p)$를 따른다고 한다.

$$8P(X=3)=P(Y\geq 3)$$

을 만족시키는 양수 p의 값은?

① $\frac{1}{6}$　　　② $\frac{1}{5}$　　　③ $\frac{1}{4}$

④ $\frac{1}{3}$　　　⑤ $\frac{1}{2}$

0510 ○○ 83쪽 유형 **06**

확률변수 X가 평균이 60인 정규분포를 따를 때, 부등식

$$P(54<X<57)<P(54+a<X<57+a)$$

를 만족시키는 자연수 a의 최댓값을 구하시오.

0507 수능 ○○ 81쪽 유형 **03**

확률변수 X가 이항분포 $B\left(n, \frac{1}{2}\right)$을 따르고

$E(X^2)=V(X)+25$를 만족시킬 때, n의 값은?

① 10　　　② 12　　　③ 14

④ 16　　　⑤ 18

0511 ○○ 83쪽 유형 **07**

확률변수 X가 정규분포 $N(m, \sigma^2)$을 따른다. $P(a-2\leq X\leq a+4)$가 최대가 되도록 하는 상수 a에 대하

x	$P(m\leq X\leq x)$
$m+1.5\sigma$	0.4332
$m+2\sigma$	0.4772
$m+2.5\sigma$	0.4938

여 $P(X\leq a+4)=0.9332$일 때, σ의 값을 위의 표를 이용하여 구하시오.

0508 ○○ 82쪽 유형 **05**

한 개의 주사위를 20번 던질 때, 소수의 눈이 나오는 횟수를 확률변수 X라 하자. 확률변수 Y를 $Y=20-X$라 할 때, 옳은 것만을 **보기**에서 있는 대로 고른 것은?

┌─ **보기** ─────────────────
ㄱ. $P(10\leq Y\leq 12)=P(8\leq X\leq 10)$
ㄴ. Y의 평균은 X의 평균과 같다.
ㄷ. Y의 분산은 X의 분산과 같다.
└──────────────────────

① ㄱ　　　② ㄱ, ㄴ　　　③ ㄱ, ㄷ

④ ㄴ, ㄷ　　　⑤ ㄱ, ㄴ, ㄷ

0512 ○○ 85쪽 유형 **09**

정규분포 $N(m, \sigma^2)$을 따르는 확률변수 X에 대하여 확률밀도함수 $f(x)$가 모든 실수 x에 대하여 $f(90-x)=f(90+x)$를 만족시킨다. $P(m\leq X\leq m+8)=0.4772$일

z	$P(0\leq Z\leq z)$
1.0	0.3413
1.5	0.4332
2.0	0.4772
2.5	0.4938

때, $P(84\leq X\leq 100)$을 위의 표준정규분포표를 이용하여 구하면?

① 0.8185　　　② 0.8351　　　③ 0.9104

④ 0.927　　　⑤ 0.971

0513 _{수능}

∞86쪽 유형 10

확률변수 X가 평균이 m, 표준편차가 σ인 정규분포를 따르고

$$P(X \leq 3) = P(3 \leq X \leq 80) = 0.3$$

일 때, $m + \sigma$의 값을 구하시오.

(단, $P(0 \leq Z \leq 0.25) = 0.1$, $P(0 \leq Z \leq 0.52) = 0.2$로 계산한다.)

0514 _{수능}

∞86쪽 유형 11

어느 회사 직원들의 어느 날의 출근 시간은 평균이 66.4분, 표준편차가 15분인 정규분포를 따른다고 한다. 이 날 출근 시간이 73분 이상인 직원들 중에서 40 %, 73분 미만인 직원들 중에서 20 %가 지하철을 이용하였고, 나머지 직원들은 다른 교통수단을 이용하였다. 이 날 출근한 이 회사 직원들 중 임의로 선택한 1명이 지하철을 이용하였을 확률은?

(단, $P(0 \leq Z \leq 0.44) = 0.17$로 계산한다.)

① 0.306   ② 0.296   ③ 0.286

④ 0.276   ⑤ 0.266

0515

∞87쪽 유형 12

어느 양계장에서 지난 달 생산된 계란 1500개의 무게는 평균이 59.6 g, 표준편차가 10 g인 정규분포를 따른다고 한다. 무게가 68 g 이상인 계란을 왕란으로 분류한다고 할 때, 이 양계장에서 지난 달 생산된 계란 중 왕란의 개수를 구하시오. (단, $P(0 \leq Z \leq 0.84) = 0.3$으로 계산한다.)

0516

∞88쪽 유형 13

어느 회사에서는 모든 직원의 연간 실적을 점수로 평가하였다. 이 회사 직원의 평가 점수는 평균이 900점, 표준편차가 50점인 정규분포를 따른다고 한다. 평가 점수가 상위 30 %인 직원에게 성과급을 지급한다고 할 때, 성과급을 받기 위한 최저 점수를 위의 표준정규분포표를 이용하여 구하면?

z	$P(0 \leq Z \leq z)$
0.52	0.20
0.67	0.25
0.82	0.29
0.97	0.33

① 920점   ② 926점   ③ 932점

④ 938점   ⑤ 944점

0517

∞88쪽 유형 14

확률변수 X의 확률질량함수가

$$P(X = x) = {}_{48}C_x \, p^x (1-p)^{48-x}$$
$$(x = 0, 1, 2, \cdots, 48)$$

이고 $V(-3X+2) = 81$일 때, $P(X \geq 15)$를 오른쪽 표준정규분포 표를 이용하여 구하면? $\left(\text{단, } 0 < p < \dfrac{1}{2}\right)$

z	$P(0 \leq Z \leq z)$
1.0	0.3413
1.5	0.4332
2.0	0.4772
2.5	0.4938

① 0.0013   ② 0.0062   ③ 0.0228

④ 0.0668   ⑤ 0.1587

0518 ^{중요!}

∞89쪽 유형 15

어느 고등학교 학생들을 대상으로 선호하는 수학여행 장소를 조사하였더니 조사 대상의 40 %는 제주도를 선호한다고 답하였다. 이 학교 학생 600명 중에서 수학여행 장소로 제주도를 선호하는 학생 수가 258명 이상일 확률을 위의 표준정규분포표를 이용하여 구하시오.

z	$P(0 \leq Z \leq z)$
0.5	0.1915
1.0	0.3413
1.5	0.4332
2.0	0.4772

0519

∞82쪽 유형 **04**

한 개의 주사위를 던져서 나온 눈의 수 a에 대하여 직선 $y=ax-2$와 곡선 $y=x^2-2x+2$가 서로 다른 두 점에서 만나는 사건을 A라 하자. 한 개의 주사위를 300번 던지는 독립시행에서 사건 A가 일어나는 횟수를 확률변수 X라 할 때, $\mathrm{E}(X)$를 구하시오.

0520

∞83쪽 유형 **06**

확률변수 X는 평균이 $m\ (m>0)$, 표준편차가 σ인 정규분포를 따르고, 확률변수 Y는 평균이 $-m$, 표준편차가 σ인 정규분포를 따른다. 두 확률변수 X, Y의 확률밀도함수를 각각 $f(x)$, $g(x)$라 할 때, 다음 조건을 만족시킨다.

> 두 곡선 $y=f(x)$, $y=g(x)$와 직선 $x=m$으로 둘러싸인 부분의 넓이가 0.04이다.

$\mathrm{P}(Y\geq m)=0.16$일 때, $\mathrm{P}(0\leq X\leq m)$을 구하시오.

0521

∞83쪽 유형 **06**+85쪽 유형 **08**

정규분포를 따르는 두 연속확률변수 X, Y의 확률밀도함수를 각각 $f(x)$, $g(x)$라 할 때, 두 함수 $y=f(x)$, $y=g(x)$의 그래프는 위의 그림과 같다. 옳은 것만을 **보기**에서 있는 대로 고른 것은?

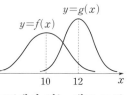

> **보기**
>
> ㄱ. $\mathrm{E}\left(\dfrac{1}{2}X+1\right)=\mathrm{E}\left(\dfrac{1}{3}Y+2\right)$
>
> ㄴ. $\sigma(X)<\sigma(Y)$
>
> ㄷ. $\mathrm{P}(10\leq X\leq 12)<\mathrm{P}(10\leq Y\leq 12)$

① ㄱ   ② ㄱ, ㄴ   ③ ㄱ, ㄷ
④ ㄴ, ㄷ   ⑤ ㄱ, ㄴ, ㄷ

0522

∞85쪽 유형 **08**

두 확률변수 X, Y가 각각 정규분포 $\mathrm{N}(15, 3^2)$, $\mathrm{N}(20, 4^2)$을 따르고 $\mathrm{P}(X\leq a)=\mathrm{P}(Y\geq b)$일 때, 실수 a, b에 대하여 a^2+b^2의 최솟값을 구하시오.

0523 교육청

∞86쪽 유형 **10**

확률변수 X는 평균이 m, 표준편차가 8인 정규분포를 따르고, 다음 조건을 만족시킨다.

> (가) $\mathrm{P}(X\leq k)+\mathrm{P}(X\leq 100+k)=1$
> (나) $\mathrm{P}(X\geq 2k)=0.0668$

오른쪽 표준정규분포표를 이용하여 m의 값을 구하시오.
(단, k는 상수이다.)

z	$\mathrm{P}(0\leq Z\leq z)$
0.5	0.1915
1.0	0.3413
1.5	0.4332
2.0	0.4772

0524

∞89쪽 유형 **16**

1이 적힌 공 5개, 2가 적힌 공 2개, 3이 적힌 공 3개가 들어 있는 주머니에서 임의로 한 개의 공을 꺼내어 공에 적힌 숫자를 확인한 후 다시 주머니에 넣는 시행을 400번 반복하였을 때, 1이 적힌 공이 나오는 횟수를 확률변수 X, 2가 적힌 공이 나오는 횟수를 확률변수 Y라 하자.
$\mathrm{P}(X\leq 225)=\mathrm{P}(Y\geq a)$가 성립할 때, 상수 a의 값을 구하시오.

0525

∞ 81쪽 유형 **03**

이항분포 $B(8, p)$를 따르는 확률변수 X에 대하여

$$2P(X=1)+P(X=2)=20p(1-p)^6$$

일 때, $\sigma(X)$를 구하시오. (단, $0<p<1$)

0526

∞ 82쪽 유형 **04**+유형 **05**

흰 공 4개와 검은 공 k개가 들어 있는 주머니에서 한 개의 공을 꺼내어 색을 확인하고 다시 넣는 시행을 36번 반복할 때, 흰 공이 나오는 횟수를 확률변수 X라 하자. $E(X)=16$일 때, $V(3X)$를 구하시오.

0527

∞ 83쪽 유형 **06**+85쪽 유형 **09**

확률변수 X는 평균이 m, 표준편차가 5인 정규분포를 따르고, 확률변수 X의 확률밀도함수 $f(x)$가 다음 조건을 만족시킨다.

z	$P(0 \le Z \le z)$
0.6	0.226
0.8	0.288
1.0	0.341
1.2	0.385

⟮가⟯ $f(10)>f(20)$
⟮나⟯ $f(4)<f(22)$

$P(17 \le X \le 18)=a$일 때, $1000a$의 값을 위의 표준정규분포표를 이용하여 구하시오. (단, m은 자연수이다.)

0528

∞ 86쪽 유형 **10**

확률변수 X가 정규분포 $N(m, 64)$를 따를 때, $P(X \le a)=0.8413$이다. $P(X \ge a+4)$를 오른쪽 표준정규분포표를 이용하여 구하시오. (단, a는 상수이다.)

z	$P(0 \le Z \le z)$
1.0	0.3413
1.5	0.4332
2.0	0.4772
2.5	0.4938

0529

∞ 86쪽 유형 **11**+89쪽 유형 **16**

어느 회사에서 생산하는 음료수 한 개의 용량은 평균이 300 mL, 표준편차가 10 mL인 정규분포를 따른다고 한다. 이 회사에서는 용량이 325 mL 이상이거나 275 mL 이하인 음료수를 불량품으로 판정할 때, 다음 물음에 답하시오.

z	$P(0 \le Z \le z)$
1.0	0.34
1.5	0.43
2.0	0.48
2.5	0.49

(1) 이 회사에서 생산하는 음료수 한 개를 택할 때, 이 음료수가 불량품일 확률을 주어진 표준정규분포표를 이용하여 구하시오.

(2) 이 회사에서 생산하는 음료수 10000개 중 불량품이 n개 이상일 확률이 0.02 이하가 되도록 하는 자연수 n의 최솟값을 주어진 표준정규분포표를 이용하여 구하시오.

07 통계적 추정

Lecture 13 모집단과 표본

⑲일차

개념 13-1 모집단과 표본

∞96~99쪽 | 유형 01~06 |

(1) **전수조사**: 조사의 대상이 되는 집단 전체를 조사하는 것

(2) **표본조사**: 조사의 대상이 되는 집단 전체에서 일부분만을 뽑아서 조사하는 것

(3) **모집단**: 조사의 대상이 되는 집단 전체

(4) **표본**: 조사하기 위하여 뽑은 모집단의 일부분

(5) **임의추출**: 모집단에 속하는 각 대상이 같은 확률로 추출되도록 하는 방법

참고 (1) 어느 모집단에서 표본을 추출할 때, 한 번 추출된 자료를 되돌려 놓은 후 다시 추출하는 것을 복원추출, 추출된 자료를 되돌려 놓지 않고 다시 추출하는 것을 비복원추출이라고 한다.

(2) 특별한 언급이 없으면 임의추출은 복원추출로 생각한다.

개념 13-2 모평균과 표본평균

∞96~99쪽 | 유형 01~06 |

(1) 모집단에 대한 확률변수 X의 평균, 분산, 표준편차를 각각 **모평균**, **모분산**, **모표준편차**라 하고, 기호로 각각 m, σ^2, σ와 같이 나타낸다.

(2) 모집단에서 임의추출한 크기가 n인 표본을 X_1, X_2, $\cdots$, X_n이라 할 때, 이들의 평균, 분산, 표준편차를 각각 **표본평균**, **표본분산**, **표본표준편차**라 하고, 기호로 각각 $\overline{X}$, S^2, S와 같이 나타낸다. 이는 각각 다음과 같이 구한다.

$$\overline{X}=\frac{1}{n}(X_1+X_2+\cdots+X_n)$$

$$S^2=\frac{1}{n-1}\{(X_1-\overline{X})^2+(X_2-\overline{X})^2+\cdots+(X_n-\overline{X})^2\}$$

$$S=\sqrt{S^2}$$

참고 표본분산을 정의할 때는 모분산을 정의할 때와는 달리 편차의 제곱의 합을 $n-1$로 나누는데, 이는 표본분산과 모분산의 차이를 줄이기 위한 것이다.

개념 13-3 표본평균의 분포

∞96~99쪽 | 유형 01~06 |

(1) **표본평균의 평균, 분산, 표준편차**

모평균이 m이고 모표준편차가 σ인 모집단에서 크기가 n인 표본을 임의추출할 때, 표본평균 $\overline{X}$에 대하여

$$\mathrm{E}(\overline{X})=m, \quad \mathrm{V}(\overline{X})=\frac{\sigma^2}{n}, \quad \sigma(\overline{X})=\frac{\sigma}{\sqrt{n}}$$

참고 모평균 m은 고정된 상수이지만 표본평균 $\overline{X}$는 추출된 표본에 따라 여러 가지 값을 가질 수 있는 확률변수이다.

예 모평균이 20, 모표준편차가 2인 모집단에서 크기가 4인 표본을 임의추출할 때, 표본평균을 $\overline{X}$라 하면

$$\mathrm{E}(\overline{X})=20, \quad \mathrm{V}(\overline{X})=\frac{2^2}{4}=1, \quad \sigma(\overline{X})=\frac{2}{\sqrt{4}}=1$$

개념 CHECK

1 어느 영화사에서는 영화사 웹 사이트에 가입한 3만 명의 회원 중에서 200명을 뽑아 영화 시사회에 초대하여 영화에 대한 회원들의 선호도를 조사하기로 하였다. 이때 표본의 크기를 구하시오.

2 다음에서 전수조사가 적합한 것에는 '전수'를, 표본조사가 적합한 것에는 '표본'을 ( ) 안에 써넣으시오.

(1) TV 프로그램의 시청률 조사

( )

(2) 어느 고등학교 2학년 학생의 키 조사

( )

(3) 대통령 선거에서 특정 후보에 대한 지지율 조사 ( )

(4) 현재 국내에 체류 중인 외국인 수 조사

( )

3 모집단 $\{0, 1, 2\}$에서 크기가 2인 표본을 임의로 복원추출할 때, 표본평균 $\overline{X}$에 대하여 $\mathrm{P}(\overline{X}=1)$을 구하시오.

4 모평균이 3, 모표준편차가 1인 모집단에서 크기가 25인 표본을 임의추출할 때, 표본평균을 $\overline{X}$라 하자. 다음을 구하시오.

(1) $\mathrm{E}(\overline{X})$

(2) $\mathrm{V}(\overline{X})$

(3) $\sigma(\overline{X})$

---

1 200

2 (1) 표본 (2) 전수 (3) 표본 (4) 전수

3 $\frac{1}{3}$

4 (1) 3 (2) $\frac{1}{25}$ (3) $\frac{1}{5}$

(2) 표본평균의 분포

모평균이 m이고 모표준편차가 σ인 모집단에서 크기가 n인 표본을 임의추출할 때, 표본평균 $\overline{X}$에 대하여

① 모집단이 정규분포 $\mathrm{N}(m, \sigma^2)$을 따르면 $\overline{X}$는 정규분포 $\mathrm{N}\left(m, \dfrac{\sigma^2}{n}\right)$을 따른다.

② 모집단의 분포가 정규분포가 아닐 때도 n이 충분히 크면 $\overline{X}$는 근사적으로 정규분포 $\mathrm{N}\left(m, \dfrac{\sigma^2}{n}\right)$을 따른다.

> 참고 n이 충분히 크다는 것은 보통 $n \geq 30$일 때를 뜻한다.

⑩ 정규분포 $\mathrm{N}(50, 4^2)$을 따르는 모집단에서 크기가 4인 표본을 임의추출할 때, 표본평균을 $\overline{X}$라 하면 $\overline{X}$는 정규분포 $\mathrm{N}\left(50, \dfrac{4^2}{4}\right)$, 즉 $\mathrm{N}(50, 2^2)$을 따른다.

Lecture 14 모평균의 추정 (20 일차)

개념 14-1 모평균의 추정 ∞100~103쪽 | 유형 07~13 |

(1) 추정

표본평균이나 표본표준편차 등과 같이 표본으로부터 얻은 자료를 이용하여 모집단의 평균이나 표준편차와 같이 알지 못하는 값을 추측하는 것을 **추정**이라고 한다.

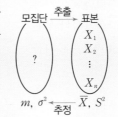

(2) 모평균의 신뢰구간

정규분포 $\mathrm{N}(m, \sigma^2)$을 따르는 모집단에서 크기가 n인 표본을 임의추출할 때, 표본평균 $\overline{X}$의 값이 $\overline{x}$이면 모평균 m에 대한 신뢰구간은 다음과 같다.

① **신뢰도 95 %의 신뢰구간**: $\overline{x} - 1.96\dfrac{\sigma}{\sqrt{n}} \leq m \leq \overline{x} + 1.96\dfrac{\sigma}{\sqrt{n}}$

② **신뢰도 99 %의 신뢰구간**: $\overline{x} - 2.58\dfrac{\sigma}{\sqrt{n}} \leq m \leq \overline{x} + 2.58\dfrac{\sigma}{\sqrt{n}}$

> 참고 (1) 신뢰도 95 %의 신뢰구간은 크기가 n인 표본을 여러 번 임의추출하여 신뢰구간을 만들 때, 이들 중에서 95 % 정도는 모평균 m을 포함할 것으로 기대된다는 뜻이다.
> (2) 표본의 크기 n이 충분히 크면$(n \geq 30)$ 모표준편차 σ 대신 표본표준편차 S의 값 s를 이용하여 신뢰구간을 구할 수 있다.
> (3) 정규분포 $\mathrm{N}(m, \sigma^2)$을 따르는 모집단에서 크기가 n인 표본을 임의추출할 때, 모평균 m을 신뢰도 α %로 추정한 신뢰구간의 길이는
> $$2k\frac{\sigma}{\sqrt{n}} \left(\text{단, } \mathrm{P}(|Z| \leq k) = \frac{\alpha}{100}\right)$$

⑩ 표준편차가 10인 정규분포를 따르는 모집단에서 임의추출한 크기가 25인 표본의 표본평균이 50일 때, 모평균 m에 대한 신뢰구간은

① 신뢰도 95 %일 때,
$$50 - 1.96 \times \frac{10}{\sqrt{25}} \leq m \leq 50 + 1.96 \times \frac{10}{\sqrt{25}}$$
$$\therefore 46.08 \leq m \leq 53.92$$

② 신뢰도 99 %일 때,
$$50 - 2.58 \times \frac{10}{\sqrt{25}} \leq m \leq 50 + 2.58 \times \frac{10}{\sqrt{25}}$$
$$\therefore 44.84 \leq m \leq 55.16$$

---

07 통계적 추정

개념 CHECK

5 다음 □ 안에 알맞은 것을 써넣으시오.

> 모집단이 정규분포 $\mathrm{N}(m, \sigma^2)$을 따르면 표본의 크기가 n인 표본의 표본평균 $\overline{X}$는 정규분포 $\mathrm{N}(\square, \square)$을 따른다.

6 정규분포 $\mathrm{N}(m, \sigma^2)$을 따르는 모집단에서 크기가 n인 표본을 임의추출할 때, 표본평균 $\overline{X}$의 값이 $\overline{x}$이면 모평균 m에 대한 신뢰구간은 다음과 같다. □ 안에 알맞은 수를 써넣으시오.

(1) 신뢰도 95 %의 신뢰구간
$$\overline{x} - \square \times \frac{\sigma}{\sqrt{n}} \leq m \leq \overline{x} + \square \times \frac{\sigma}{\sqrt{n}}$$

(2) 신뢰도 99 %의 신뢰구간
$$\overline{x} - \square \times \frac{\sigma}{\sqrt{n}} \leq m \leq \overline{x} + \square \times \frac{\sigma}{\sqrt{n}}$$

7 다음에서 참인 것은 ○표, 거짓인 것은 ×표를 하시오.

(1) 신뢰도가 일정할 때, 표본의 크기가 커질수록 모평균의 신뢰구간의 길이는 길어진다. ( )

(2) 신뢰도를 낮추면서 표본의 크기를 크게 하면 모평균의 신뢰구간의 길이는 길어진다. ( )

(3) 표본의 크기가 일정할 때, 신뢰도가 높아질수록 모평균의 신뢰구간의 길이는 길어진다. ( )

(4) 신뢰도를 낮추면서 표본의 크기를 작게 하면 모평균의 신뢰구간의 길이는 커지는지 작아지는지 알 수 없다. ( )

---

5 $m, \dfrac{\sigma^2}{n}$

6 (1) 1.96, 1.96 (2) 2.58, 2.58

7 (1) × (2) × (3) ○ (4) ○

Lecture 13 모집단과 표본

기본 익히기

○○94쪽 | 개념 13-1~3 |

0530~0531 다음은 전수조사와 표본조사 중에서 어느 것이 적합한지 말하시오.

0530 자동차 충돌 안정성 검사

0531 국가 대표 선수 신체검사

0532 1, 2, 3, 4의 숫자가 각각 하나씩 적힌 4개의 공이 들어 있는 주머니에서 2개의 공을 다음과 같이 임의추출할 때, 그 경우의 수를 구하시오.

(1) 한 개씩 복원추출 (2) 한 개씩 비복원추출

0533 1, 3, 5의 숫자가 각각 하나씩 적힌 3장의 카드가 들어 있는 상자에서 임의로 2장의 카드를 1장씩 복원추출할 때, 카드에 적힌 숫자의 평균을 $\overline{X}$라 하자. 다음 물음에 답하시오.

(1) 표본평균 $\overline{X}$의 확률분포를 나타내는 다음 표를 완성하시오.

$\overline{X}$	1	2	3	4	5	합계
$P(\overline{X}=\overline{x})$						1

(2) $\overline{X}$의 평균, 분산, 표준편차를 구하시오.

0534 모평균이 20, 모분산이 9인 모집단에서 크기가 16인 표본을 임의추출할 때, 표본평균 $\overline{X}$에 대하여 다음을 구하시오.

(1) $E(\overline{X})$ (2) $V(\overline{X})$ (3) $\sigma(\overline{X})$

0535 정규분포 $N(110, 6^2)$을 따르는 모집단에서 크기가 9인 표본을 임의추출할 때, 다음 물음에 답하시오.

(1) 표본평균 $\overline{X}$의 평균과 분산을 구하시오.

(2) 표본평균 $\overline{X}$가 따르는 정규분포를 기호로 나타내시오.

(3) $\overline{X}$를 확률변수 Z로 표준화하시오.

(4) $P(\overline{X}\leq114)$를 구하시오.
　　　　(단, $P(0\leq Z\leq2)=0.4772$로 계산한다.)

유형 익히기

유형 01 표본평균의 평균, 분산, 표준편차; ○○개념 13-1~3 모평균, 모표준편차가 주어진 경우

모평균이 m, 모표준편차가 σ인 모집단에서 크기가 n인 표본을 임의추출할 때, 표본평균 $\overline{X}$에 대하여
$$\Rightarrow E(\overline{X})=m, \quad V(\overline{X})=\frac{\sigma^2}{n}, \quad \sigma(\overline{X})=\frac{\sigma}{\sqrt{n}}$$

0536 대표

모평균이 8, 모표준편차가 6인 모집단에서 크기가 4인 표본을 임의추출할 때, 표본평균 $\overline{X}$에 대하여 $E(\overline{X})+E(\overline{X}^2)$의 값은?

① 72　　　　② 76　　　　③ 78
④ 81　　　　⑤ 85

0537

모표준편차가 14인 모집단에서 크기가 n인 표본을 임의추출할 때, 표본평균 $\overline{X}$의 표준편차가 2 이하가 되도록 하는 n의 최솟값을 구하시오.

0538

모평균이 72, 모표준편차가 8인 모집단에서 크기가 n인 표본을 임의추출할 때, 표본평균을 $\overline{X}$라 하자. $E(\overline{X})=m$, $V(\overline{X})=\frac{2}{3}$일 때, $m+n$의 값은?

① 162　　　　② 164　　　　③ 166
④ 168　　　　⑤ 170

모집단의 확률분포를 이용하여 모평균 m, 모분산 σ^2을 구한다.
⇨ 모집단의 확률변수 X의 확률질량함수가
$$P(X=x_i)=p_i \ (i=1, 2, \cdots, n)일 때,$$
$$m=E(X)=x_1p_1+x_2p_2+\cdots+x_np_n$$
$$\sigma^2=V(X)=E(X^2)-\{E(X)\}^2$$

0539 〔대표〕

모집단의 확률변수 X의 확률분포를 표로 나타내면 다음과 같다.

X	0	3	6	합계
$P(X=x)$	$\dfrac{1}{6}$	$\dfrac{1}{3}$	a	1

이 모집단에서 크기가 4인 표본을 임의추출할 때, 표본평균 $\overline{X}$의 평균과 분산의 곱을 구하시오. (단, a는 상수이다.)

0540 〔서술형〕

모집단의 확률변수 X의 확률질량함수가
$$P(X=x)=\frac{x}{20} \ (x=2, 4, 6, 8)$$
이다. 이 모집단에서 크기가 6인 표본을 임의추출할 때, 표본평균 $\overline{X}$에 대하여 $V(3\overline{X})$를 구하시오.

0541

모집단의 확률변수 X의 확률분포를 표로 나타내면 다음과 같다.

X	0	2	4	합계
$P(X=x)$	$\dfrac{1}{6}$	a	b	1

이 모집단에서 크기가 3인 표본을 임의추출할 때, 표본평균을 $\overline{X}$라 하자. $E(X^2)=\dfrac{16}{3}$일 때, $\sigma(3\overline{X})$를 구하시오.

(단, a, b는 상수이다.)

모집단이 주어질 때, 표본평균 $\overline{X}$의 평균, 분산, 표준편차는 다음과 같은 순서로 구한다.
❶ 확률변수 X의 확률분포를 표로 나타낸다.
❷ 모평균 m, 모분산 σ^2을 구한다.
❸ 표본평균 $\overline{X}$의 평균, 분산, 표준편차를 구한다.

0542 〔대표〕

1, 2, 3, 4의 숫자가 각각 하나씩 적힌 카드가 1장, 2장, 3장, 4장씩 들어 있는 상자에서 4장의 카드를 임의추출할 때, 카드에 적힌 수의 평균을 $\overline{X}$라 하자. 이때 $E(\overline{X})$와 $V(\overline{X})$를 구하시오.

0543

2, 4, 6, 8의 숫자가 각각 하나씩 적힌 공이 3개씩 들어 있는 주머니에서 3개의 공을 임의추출할 때, 공에 적힌 수의 평균을 $\overline{X}$라 하자. 이때 $E(2\overline{X}+3)+V(3\overline{X}-2)$의 값은?

① 26 ② 28 ③ 30
④ 32 ⑤ 34

0544

1, 2, 3의 숫자가 각각 하나씩 적힌 카드가 2장, 3장, 2장씩 들어 있는 상자에서 크기가 n인 표본을 임의추출할 때, 카드에 적힌 수의 평균 $\overline{X}$의 분산이 $\dfrac{1}{7}$이다. 이때 n의 값은?

① 2 ② 4 ③ 6
④ 8 ⑤ 10

정규분포 $N(m, \sigma^2)$을 따르는 모집단에서 크기가 n인 표본을 임의추출할 때, 표본평균 $\overline{X}$의 확률은 다음과 같은 순서로 구한다.

❶ 표본평균 $\overline{X}$가 따르는 정규분포 $N\left(m, \dfrac{\sigma^2}{n}\right)$을 구한다.

❷ 표본평균 $\overline{X}$를 $Z = \dfrac{\overline{X}-m}{\dfrac{\sigma}{\sqrt{n}}}$으로 표준화하여 확률을 구한다.

0545 [대표]

어느 회사에서 생산하는 무선 이어폰의 배터리 사용 시간은 평균이 600분, 표준편차가 12분인 정규분포를 따른다고 한다. 이 회사에서 생산한 무선 이어폰 중에서 36개를 임의추출하여 조사한 배터리 사용 시간의 평균이 598분 이상 605분 이하일 확률을 위의 표준정규분포표를 이용하여 구하면?

z	$P(0 \le Z \le z)$
1.0	0.3413
1.5	0.4332
2.0	0.4772
2.5	0.4938

① 0.4938   ② 0.6826   ③ 0.7745

④ 0.8351   ⑤ 0.9270

0546

어느 공항에서 처리하는 수하물 한 개의 무게는 평균이 15 kg, 표준편차가 4 kg인 정규분포를 따른다고 한다. 이 공항에서 처리한 수하물 중에서 16개를 임의추출하여 조사한 무게의 평균이 17 kg 이상일 확률을 위의 표준정규분포표를 이용하여 구하시오.

z	$P(0 \le Z \le z)$
0.5	0.1915
1.0	0.3413
1.5	0.4332
2.0	0.4772

0547 [서술형]

정규분포 $N(m, \sigma^2)$을 따르는 모집단에서 크기가 16인 표본을 임의추출하여 구한 표본평균을 $\overline{X}$라 하자. $P(m-5 \le \overline{X} \le m+5) = 0.9544$일 때, σ의 값을 오른쪽 표준정규분포표를 이용하여 구하시오.

z	$P(0 \le Z \le z)$
1.0	0.3413
1.5	0.4332
2.0	0.4772
2.5	0.4938

0548

어느 과수원에서 재배하는 사과 한 개의 무게는 평균이 394 g, 표준편차가 12 g인 정규분포를 따른다고 한다. 이 사과를 9개씩 한 상자에 담아 판매한다고 할 때, 9개의 사과를 담은 상자의 무게가 3.6 kg 이상이면 특별 상품으로 판매한다고 한다. 이 과수원에서 판매하는 사과 한 상자를 임의로 택할 때, 특별 상품으로 판매할 확률을 위의 표준정규분포표를 이용하여 구하시오. (단, 상자의 무게는 무시한다.)

z	$P(0 \le Z \le z)$
0.5	0.1915
1.0	0.3413
1.5	0.4332
2.0	0.4772

0549

어느 공장에서 생산하는 축구공 한 개의 무게는 평균이 430 g, 표준편차가 16 g인 정규분포를 따른다고 한다. 이 공장에서 생산하는 축구공을 한 상자에 4개씩 포장하여 고아원에 선물로 보내려고 한다. 이 중 임의추출한 한 상자의 축구공 무게의 합이 1768 g 이하일 확률을 위의 표준정규분포표를 이용하여 구하면? (단, 상자의 무게는 생각하지 않는다.)

z	$P(0 \le Z \le z)$
1.0	0.3413
1.5	0.4332
2.0	0.4772
2.5	0.4938

① 0.8413   ② 0.8772   ③ 0.9332

④ 0.9772   ⑤ 0.9938

표본평균 $\overline{X}$가 정규분포 $N\left(m, \dfrac{\sigma^2}{n}\right)$을 따를 때,

⇨ $Z = \dfrac{\overline{X}-m}{\dfrac{\sigma}{\sqrt{n}}}$으로 표준화하여 주어진 확률을 만족시키는 n의 값을 구한다.

0550 [대표]

어느 공장에서 생산하는 전구의 수명은 평균이 3000시간, 표준편차가 300시간인 정규분포를 따른다고 한다. 이 공장에서 생산한 전구 중에서 n개를 임의추출하여 구한 표본평균 $\overline{X}$에 대해 $P(2900 \le \overline{X} \le 3100) = 0.9544$이다. 이때 n의 값을 위의 표준정규분포표를 이용하여 구하시오.

z	$P(0 \le Z \le z)$
1.0	0.3413
1.5	0.4332
2.0	0.4772
2.5	0.4938

0551

정규분포 $\mathrm{N}(3,\ 3^2)$을 따르는 모집단에서 크기가 n인 표본을 임의추출하여 구한 표본평균을 $\overline{X}$라 하자.

z	$\mathrm{P}(0\leq Z\leq z)$
1.42	0.42
1.65	0.45
2.05	0.48

$\mathrm{P}\left(\overline{X}\leq 2.58\times\dfrac{3}{\sqrt{n}}\right)=0.08$을 만족

시키는 n의 값을 위의 표준정규분포표를 이용하여 구하시오.

0552 〔서술형〕

어느 공장에서 생산하는 제품의 길이는 평균이 m cm, 표준편차가 4 cm인 정규분포를 따른다고 한다. 이 공장에서 생산한 제품 중에서 n개를 임의추출하여 구한 표본평균 $\overline{X}$에 대해

z	$\mathrm{P}(0\leq Z\leq z)$
0.5	0.1915
1.0	0.3413
1.5	0.4332
2.0	0.4772

$\mathrm{P}(m-0.5\leq \overline{X}\leq m+0.5)=0.8664$이다. 이때 n의 값을 위의 표준정규분포표를 이용하여 구하시오.

0553

어느 회사에서 생산하는 과자 한 봉지의 무게는 평균이 100 g, 표준편차가 6 g인 정규분포를 따른다고 한다. 이 회사에서 생산한 과자 중에서 n개를 임의추출하여 구한 표본평균 $\overline{X}$에

z	$\mathrm{P}(0\leq Z\leq z)$
0.8	0.30
1.0	0.35
1.3	0.40
1.7	0.45

대해 $\mathrm{P}(99\leq \overline{X}\leq 101)\geq 0.7$이다. 이때 n의 최솟값을 위의 표준정규분포표를 이용하여 구하면?

① 16   ② 25   ③ 36
④ 49   ⑤ 64

유형 06 | 표본평균의 확률; 미지수의 값 구하기   ∞ 개념 13-1-3

표본평균 $\overline{X}$가 정규분포 $\mathrm{N}\left(m,\ \dfrac{\sigma^2}{n}\right)$을 따를 때,

$\Rightarrow Z=\dfrac{\overline{X}-m}{\dfrac{\sigma}{\sqrt{n}}}$으로 표준화하고 주어진 확률과 표준정규분포표를 이용

하여 미지수의 값을 구한다.

0554 〔대표〕

어느 양계장에서 생산하는 달걀 한 개의 무게는 평균이 60 g, 표준편차가 4 g인 정규분포를 따른다고 한다. 이 양계장에서 생산한 달걀 중에서 256개를 임의추출하여 구한 표본평균을 $\overline{X}$라 할 때, $\mathrm{P}(\overline{X}\leq k)\leq 0.014$를 만족시키는 실수 k의 최댓

z	$\mathrm{P}(0\leq Z\leq z)$
1.6	0.445
1.8	0.464
2.0	0.477
2.2	0.486

값을 위의 표준정규분포표를 이용하여 구하면?

① 56.3   ② 57.35   ③ 58.4
④ 59.45   ⑤ 60.5

0555

어느 제과점에서 판매하는 쌀빵 한 개의 무게는 평균이 80 g, 표준편차가 2.5 g인 정규분포를 따른다고 한다. 이 제과점에서 판매한 쌀빵 중에서 16개를 임의추출하여 구한 표본평

z	$\mathrm{P}(0\leq Z\leq z)$
1.0	0.3413
1.5	0.4332
2.0	0.4772
2.5	0.4938

균을 $\overline{X}$라 할 때, $\mathrm{P}(|\overline{X}-80|\leq a)=0.9544$를 만족시키는 실수 a의 값을 위의 표준정규분포표를 이용하여 구하면?

① 1   ② 1.25   ③ 1.5
④ 2   ⑤ 2.25

바른답·알찬풀이 078쪽

Lecture 14 모평균의 추정

기본 익히기

∞95쪽 | 개념 14-1 |

0556~0557 정규분포 $N(m, 6^2)$을 따르는 모집단에서 임의추출한 표본의 크기 n, 표본평균 $\overline{X}$의 값 $\overline{x}$가 다음과 같을 때, 모평균 m에 대한 신뢰도 95 %의 신뢰구간을 구하시오. (단, $P(|Z| \leq 1.96) = 0.95$로 계산한다.)

0556 $n = 36, \overline{x} = 45$

0557 $n = 900, \overline{x} = 50$

0558~0559 정규분포 $N(m, 15^2)$을 따르는 모집단에서 임의추출한 표본의 크기 n, 표본평균 $\overline{X}$의 값 $\overline{x}$가 다음과 같을 때, 모평균 m에 대한 신뢰도 99 %의 신뢰구간을 구하시오. (단, $P(|Z| \leq 2.58) = 0.99$로 계산한다.)

0558 $n = 100, \overline{x} = 120$

0559 $n = 400, \overline{x} = 100$

0560~0561 정규분포를 따르는 모집단에서 크기가 256인 표본을 임의추출하였더니 표본평균이 40, 표본표준편차가 4이었다. 신뢰도가 다음과 같을 때, 모평균 m에 대한 신뢰구간을 구하시오.
(단, $P(|Z| \leq 1.96) = 0.95$, $P(|Z| \leq 2.58) = 0.99$로 계산한다.)

0560 신뢰도 95 %

0561 신뢰도 99 %

0562~0563 정규분포 $N(m, 5^2)$을 따르는 모집단에서 크기가 100인 표본을 임의추출할 때, 다음과 같은 신뢰도로 추정한 모평균 m에 대한 신뢰구간의 길이를 구하시오.
(단, $P(|Z| \leq 1.96) = 0.95$, $P(|Z| \leq 2.58) = 0.99$로 계산한다.)

0562 신뢰도 95 %

0563 신뢰도 99 %

유형 익히기

유형 07 모평균의 추정; 모표준편차가 주어진 경우
∞ 개념 14-1

정규분포 $N(m, \sigma^2)$을 따르는 모집단에서 임의추출한 크기가 n인 표본의 표본평균 $\overline{X}$의 값이 $\overline{x}$일 때, 모평균 m에 대한 신뢰도 α %의 신뢰구간은

$\Rightarrow \overline{x} - k\dfrac{\sigma}{\sqrt{n}} \leq m \leq \overline{x} + k\dfrac{\sigma}{\sqrt{n}}$ $\left(\text{단, } P(|Z| \leq k) = \dfrac{\alpha}{100}\right)$

0564 대표

어느 도시의 학력평가 시험에서 전체 학생의 점수는 표준편차가 10점인 정규분포를 따른다고 한다. 이 도시 학생들 중에서 임의추출한 100명의 점수의 평균이 384점이었을 때, 이 도시 전체 학생의 점수의 모평균 m에 대한 신뢰도 95 %의 신뢰구간을 구하시오.

(단, $P(|Z| \leq 1.96) = 0.95$로 계산한다.)

0565

어느 농장에서 키우는 오리의 무게는 평균이 m kg, 표준편차가 0.35 kg인 정규분포를 따른다고 한다. 이 농장의 오리 중에서 임의추출한 49마리의 무게의 평균이 1.5 kg이었을 때, 이 농장에서 키우는 오리 무게의 모평균 m에 대한 신뢰도 99 %의 신뢰구간을 구하시오.

(단, $P(|Z| \leq 2.58) = 0.99$로 계산한다.)

0566

어느 광역 버스를 이용하는 고객들의 하루 버스 이용 시간은 표준편차가 16분인 정규분포를 따른다고 한다. 이 고객들 중에서 64명을 임의추출하여 하루 버스 이용 시간을 조사하였더니 평균이 80분이었다. 이 광역 버스를 이용하는 고객들의 하루 버스 이용 시간의 모평균 m에 대한 신뢰도 95 %의 신뢰구간에 속하는 자연수의 개수를 구하시오.

(단, $P(|Z| \leq 1.96) = 0.95$로 계산한다.)

0567 〔서술형〕

표준편차가 10인 정규분포를 따르는 모집단에서 크기가 25인 표본을 임의추출하여 구한 표본평균이 24일 때, 모평균 m을 신뢰도 α %로 추정한 신뢰구간이 $21.12 \leq m \leq 26.88$이다. 이때 위의 표준정규분포표를 이용하여 α의 값을 구하시오.

z	$P(0 \leq Z \leq z)$
1.40	0.419
1.44	0.425
1.48	0.431

유형08 모평균의 추정; 표본표준편차가 주어진 경우   ◯◯ 개념 14-1

정규분포를 따르는 모집단에서 임의추출한 크기가 n $(n \geq 30)$인 표본의 표본평균 $\overline{X}$의 값이 $\overline{x}$, 표본표준편차 S의 값이 s일 때, 모평균 m에 대한 신뢰도 α %의 신뢰구간은

$$\Rightarrow \overline{x} - k\frac{s}{\sqrt{n}} \leq m \leq \overline{x} + k\frac{s}{\sqrt{n}} \left(\text{단, } P(|Z| \leq k) = \frac{\alpha}{100} \right)$$

0568 대표

어느 고등학교 3학년 학생들의 100 m 달리기 기록은 정규분포를 따른다고 한다. 이 학교 3학년 학생들 중에서 임의추출한 100명의 100 m 달리기 기록을 조사하였더니 평균이 13.8초, 표준편차가 2초이었다. 이 학교 3학년 학생들의 100 m 달리기 기록의 모평균 m에 대한 신뢰도 99 %의 신뢰구간을 구하시오. (단, $P(|Z| \leq 2.58) = 0.99$로 계산한다.)

0569

어느 회사에서 생산하는 휴대전화의 배터리 지속 시간은 정규분포를 따른다고 한다. 이 회사에서 생산한 휴대전화의 배터리 중에서 196개를 임의추출하여 배터리 지속 시간을 조사하였더니 평균이 62시간, 표준편차가 5시간이었다. 이 회사에서 생산하는 휴대전화의 배터리 지속 시간의 모평균 m에 대한 신뢰도 95 %의 신뢰구간은?

(단, $P(|Z| \leq 1.96) = 0.95$로 계산한다.)

① $61.45 \leq m \leq 62.55$ ② $61.4 \leq m \leq 62.6$
③ $61.35 \leq m \leq 62.65$ ④ $61.3 \leq m \leq 62.7$
⑤ $61.25 \leq m \leq 62.75$

0570

어느 과수원에서 재배하는 사과의 무게는 정규분포를 따른다고 한다. 이 과수원의 사과 중에서 100개를 임의추출하여 그 무게를 조사하였더니 평균이 360 g, 표준편차가 24 g이었다. 이 과수원에서 재배하는 사과 무게의 모평균 m에 대한 신뢰도 95 %의 신뢰구간에 속하는 자연수의 개수는?

(단, $P(|Z| \leq 2) = 0.95$로 계산한다.)

① 7   ② 8   ③ 9
④ 10   ⑤ 11

유형09 모평균의 추정; 표본의 크기 구하기   ◯◯ 개념 14-1

정규분포 $N(m, \sigma^2)$을 따르는 모집단에서 임의추출한 크기가 n인 표본의 표본평균 $\overline{X}$의 값이 $\overline{x}$일 때, 모평균 m에 대한 신뢰도 α %의 신뢰구간이 $p \leq m \leq q$이면

$\Rightarrow p = \overline{x} - k\dfrac{\sigma}{\sqrt{n}}$, $q = \overline{x} + k\dfrac{\sigma}{\sqrt{n}}$임을 이용하여 표본의 크기 n의 값을 구한다. $\left(\text{단, } P(|Z| \leq k) = \dfrac{\alpha}{100} \right)$

0571 대표

어느 공장에서 생산하는 텀블러의 무게는 평균이 m g, 표준편차가 36 g인 정규분포를 따른다고 한다. 이 공장의 텀블러 중에서 n개를 임의추출하여 그 무게를 조사하였더니 평균이 250 g이었다. 이 공장에서 생산한 텀블러 무게의 모평균 m을 신뢰도 95 %로 추정한 신뢰구간이 $244 \leq m \leq a$일 때, $n + a$의 값은? (단, $P(|Z| \leq 2) = 0.95$로 계산한다.)

① 340   ② 360   ③ 380
④ 400   ⑤ 420

0572

어느 회사의 직원 1인당 연간 독서량은 평균이 m권, 표준편차가 4권인 정규분포를 따른다고 한다. 이 회사의 직원 중에서 n명을 임의추출하여 1인당 연간 독서량을 조사하였더니 평균이 12.4권이었다. 이 회사의 직원 1인당 연간 독서량의 모평균 m을 신뢰도 95 %로 추정한 신뢰구간이 $11.84 \leq m \leq 12.96$일 때, n의 값을 구하시오.

(단, $P(|Z| \leq 1.96) = 0.95$로 계산한다.)

정규분포 $N(m, \sigma^2)$을 따르는 모집단에서 크기가 n인 표본을 임의추출할 때, 모평균 m을 신뢰도 α %로 추정한 신뢰구간의 길이는

⇨ $2k\dfrac{\sigma}{\sqrt{n}}$ $\left(\text{단, } P(|Z| \le k) = \dfrac{\alpha}{100}\right)$

0573 〔대표〕

어느 고등학교 학생들의 1일 수면 시간은 표준편차가 80분인 정규분포를 따른다고 한다. 이 고등학교 학생들 중에서 400명을 임의추출하여 1일 수면 시간의 모평균을 신뢰도 99 %로 추정할 때, 신뢰구간의 길이는?

(단, $P(0 \le Z \le 2.58) = 0.495$로 계산한다.)

① 10.42   ② 15.48   ③ 20.64

④ 22.48   ⑤ 25.8

0574

표준편차가 σ인 정규분포를 따르는 모집단에서 크기가 n인 표본을 임의추출하여 일정한 신뢰도로 모평균을 추정하려고 한다. 다음 중 신뢰구간의 길이가 가장 긴 것은?

① $n = 100$, $\sigma = 12$ ② $n = 100$, $\sigma = 14$

③ $n = 400$, $\sigma = 12$ ④ $n = 400$, $\sigma = 16$

⑤ $n = 400$, $\sigma = 24$

0575 〔서술형〕

정규분포 $N(m, \sigma^2)$을 따르는 모집단에서 크기가 n_1인 표본을 임의추출하여 모평균 m을 신뢰도 95 %로 추정하였더니 신뢰구간이 $33.755 \le m \le 34.245$이었다. 또, 이 모집단에서 크기가 n_2인 표본을 임의추출하여 모평균 m을 신뢰도 99 %로 추정하였더니 신뢰구간이 $42.42 \le m \le 47.58$이었다. 이때 $\dfrac{n_1}{n_2}$의 값을 구하시오.

(단, $P(|Z| \le 1.96) = 0.95$, $P(|Z| \le 2.58) = 0.99$로 계산한다.)

0576

어느 회사에서 생산하는 과자 한 개의 무게는 평균이 m g, 표준편차가 σ g인 정규분포를 따른다고 한다. 이 회사에서 생산하는 과자 중에서 49개를 임의추출하여 무게를 측정하였더니 평균이 $\bar{x}$ g이었다. 이 회사에서 생산하는 과자 한 개의 무게의 모평균 m에 대한 신뢰도 95 %의 신뢰구간을 구하면 $3.53 \le m \le 3.67$일 때, $\bar{x}\sigma$의 값은?

(단, $P(0 \le Z \le 1.96) = 0.475$로 계산한다.)

① 0.7   ② 0.8   ③ 0.9

④ 1   ⑤ 1.1

정규분포 $N(m, \sigma^2)$을 따르는 모집단에서 크기가 n인 표본을 임의추출할 때, 모평균 m을 신뢰도 α %로 추정한 신뢰구간의 길이가 l이면

⇨ $l = 2k\dfrac{\sigma}{\sqrt{n}}$임을 이용하여 표본의 크기 n의 값을 구한다.

$\left(\text{단, } P(|Z| \le k) = \dfrac{\alpha}{100}\right)$

0577 〔대표〕

어느 회사 직원들의 하루 여가 활동 시간은 평균이 m분, 표준편차가 10분인 정규분포를 따른다고 한다. 이 회사 직원 중에서 n명을 임의추출하여 신뢰도 95 %로 추정한 모평균 m에 대한 신뢰구간의 길이가 7.84 이하가 되도록 하는 n의 최솟값을 구하시오.

(단, $P(0 \le Z \le 1.96) = 0.475$로 계산한다.)

0578

정규분포 $N(m, 1)$을 따르는 모집단에서 크기가 4인 표본을 임의추출하여 추정한 모평균 m에 대한 신뢰구간의 길이가 2이었다. 같은 신뢰도로 모평균 m을 추정할 때, 신뢰구간의 길이가 0.5가 되도록 하는 표본의 크기를 구하시오.

정규분포 $N(m, \sigma^2)$을 따르는 모집단에서 크기가 n인 표본을 임의추출하여 신뢰도 α %로 모평균 m을 추정할 때, 모평균 m과 표본평균 $\overline{x}$의 차는

$\Rightarrow |m-\overline{x}| \le k\dfrac{\sigma}{\sqrt{n}}$ $\left(\text{단, } P(|Z| \le k) = \dfrac{\alpha}{100}\right)$

0579 대표

표준편차가 6인 정규분포를 따르는 모집단에서 크기가 n인 표본을 임의추출하여 신뢰도 95 %로 모평균 m을 추정할 때, 모평균 m과 표본평균 $\overline{x}$의 차가 1 이하가 되도록 하는 n의 최솟값을 구하시오.

(단, $P(|Z| \le 2) = 0.95$로 계산한다.)

0580

어느 도시의 신생아의 몸무게는 평균이 m kg, 표준편차가 0.4 kg인 정규분포를 따른다고 한다. 이 도시의 신생아 중에서 64명을 임의로 뽑아 몸무게를 조사한 표본평균에 대하여 모평균 m을 신뢰도 95 %로 추정할 때, 모평균과 표본평균의 차의 최댓값은? (단, $P(|Z| \le 2) = 0.95$로 계산한다.)

① $\dfrac{1}{10}$ kg ② $\dfrac{1}{5}$ kg ③ $\dfrac{3}{10}$ kg

④ $\dfrac{2}{5}$ kg ⑤ $\dfrac{1}{2}$ kg

0581 〔서술형〕

정규분포를 따르는 모집단에서 크기가 n인 표본을 임의추출하여 신뢰도 99 %로 모평균을 추정할 때, 모평균과 표본평균의 차가 모표준편차의 $\dfrac{1}{5}$ 이하가 되도록 하는 n의 최솟값을 구하시오. (단, $P(|Z| \le 2.58) = 0.99$로 계산한다.)

(1) 표본의 크기가 일정할 때, 신뢰도가 높아질수록 신뢰구간의 길이는 길어진다.

(2) 신뢰도가 일정할 때, 표본의 크기가 커질수록 신뢰구간의 길이는 짧아진다.

0582 대표

정규분포를 따르는 모집단에서 표본을 임의추출하여 신뢰도 α %로 모평균 m을 추정하면 신뢰구간이 $a \le m \le b$일 때, 다음 중 옳은 것을 모두 고르면? (정답 2개)

① 신뢰도를 높이면서 표본의 크기를 작게 하면 $b-a$의 값은 커진다.

② 신뢰도가 일정할 때, 표본의 크기가 작아질수록 $b-a$의 값도 작아진다.

③ $b-a$의 값은 표본평균의 값과 관계가 없다.

④ 표본의 크기가 일정할 때, $b-a$의 값이 작아지면 신뢰도는 높아진다.

⑤ 동일한 표본을 이용할 때, 모평균 m의 신뢰도 95 %의 신뢰구간은 신뢰도 99 %의 신뢰구간을 포함한다.

0583

정규분포 $N(m, \sigma^2)$을 따르는 모집단에서 표본을 임의추출하여 모평균을 추정하려고 한다. 신뢰도가 일정할 때, 표본의 크기가 4배가 되면 신뢰구간의 길이는 a배가 된다. 이때 a의 값은?

① $\dfrac{1}{4}$ ② $\dfrac{1}{2}$ ③ 2

④ 4 ⑤ 16

중단원 마무리

21일차

STEP1 실전 문제

0584
○○ 96쪽 유형 01

모평균이 20, 모표준편차가 σ인 모집단에서 크기가 n인 표본을 임의추출할 때, 표본평균을 $\overline{X}$라 하자. $E(\overline{X})=\dfrac{n}{3}$, $V(\overline{X})=\dfrac{1}{4}$일 때, σ의 값을 구하시오.

0585
○○ 97쪽 유형 02

모집단의 확률변수 X의 확률분포를 표로 나타내면 다음과 같다.

X	0	1	2	3	합계
$P(X=x)$	$\dfrac{1}{5}$	$\dfrac{2}{5}$	$\dfrac{1}{5}$	$\dfrac{1}{5}$	1

이 모집단에서 크기가 n인 표본을 임의추출할 때, 표본평균 $\overline{X}$의 분산이 $\dfrac{2}{25}$이다. 이때 n의 값을 구하시오.

0586 중요!
○○ 98쪽 유형 04

어느 공장에서 생산하는 화장품 한 개의 내용량은 평균이 201.5 g이고 표준편차가 1.8 g인 정규분포를 따른다고 한다. 이 공장에서 생산한 화장품 중 임의추출한 9개의 화장품 내용량의 표본평균이 200 g 이상일 확률을 위의 표준정규분포표를 이용하여 구하면?

z	$P(0\le Z\le z)$
1.0	0.3413
1.5	0.4332
2.0	0.4772
2.5	0.4938

① 0.7745 ② 0.8413 ③ 0.9332
④ 0.9772 ⑤ 0.9938

0587
○○ 98쪽 유형 04+유형 05

평균이 m, 표준편차가 1인 정규분포를 따르는 모집단에서 임의추출된 크기가 n인 표본의 표본평균을 $\overline{X}$라 할 때,
$$f(n)=P(m\le \overline{X}\le m+1)$$
이라 하자. 함수 $y=f(n)$에 대하여 옳은 것만을 **보기**에서 있는 대로 고른 것은? (단, $P(0\le Z\le 1)=0.34$로 계산한다.)

보기
ㄱ. $f(1)=0.34$
ㄴ. 함수 $y=f(n)$의 최솟값은 0이다.
ㄷ. 두 자연수 a, b에 대하여 $a<b$이면 $f(a)<f(b)$이다.

① ㄱ ② ㄱ, ㄴ ③ ㄱ, ㄷ
④ ㄴ, ㄷ ⑤ ㄱ, ㄴ, ㄷ

0588
○○ 98쪽 유형 05

모평균이 m, 모표준편차가 σ인 정규분포를 따르는 모집단에서 크기가 n인 표본을 임의추출하여 구한 표본평균을 $\overline{X}$라 하자. 표본평균과 모평균의 차가 $\dfrac{\sigma}{4}$보다 작을 확률을 $f(n)$이라 할 때, $f(n)=0.9974$를 만족시키는 자연수 n의 값을 위의 표준정규분포표를 이용하여 구하시오.

z	$P(0\le Z\le z)$
2.4	0.4918
2.6	0.4953
2.8	0.4974
3.0	0.4987

0589 수능
○○ 99쪽 유형 06

정규분포 $N(0, 4^2)$을 따르는 모집단에서 크기가 9인 표본을 임의추출하여 구한 표본평균을 $\overline{X}$, 정규분포 $N(3, 2^2)$을 따르는 모집단에서 크기가 16인 표본을 임의추출하여 구한 표본평균을 $\overline{Y}$라 하자. $P(\overline{X}\ge 1)=P(\overline{Y}\le a)$를 만족시키는 상수 a의 값은?

① $\dfrac{19}{8}$ ② $\dfrac{5}{2}$ ③ $\dfrac{21}{8}$
④ $\dfrac{11}{4}$ ⑤ $\dfrac{23}{8}$

0590 ∞ 98쪽 유형 **04** + 99쪽 유형 **06**

정규분포 $N(64, 5^2)$을 따르는 모집단에서 크기가 25인 표본을 임의추출하였을 때의 표본평균을 $\overline{X}$, 크기가 100인 표본을 임의추출하였을 때의 표본평균을 $\overline{Y}$라 하자. 옳은 것만을 **보기**에서 있는 대로 고르시오.

┌─ **보기** ─────────────────────────┐
ㄱ. $E(\overline{X}) = E(\overline{Y})$
ㄴ. $V(\overline{X}) = V(2\overline{Y})$
ㄷ. $P(\overline{X} \le a) = P(\overline{Y} \le b)$이면 $2b - a = 32$이다.
└─────────────────────────────────┘

0591 (수능) ∞ 100쪽 유형 **07**

어느 마을에서 수확하는 수박의 무게는 평균이 m kg, 표준편차가 1.4 kg인 정규분포를 따른다고 한다. 이 마을에서 수확한 수박 중에서 49개를 임의추출하여 얻은 표본평균을 이용하여, 이 마을에서 수확하는 수박의 무게의 평균 m에 대한 신뢰도 95 %의 신뢰구간을 구하면 $a \le m \le 7.992$이다. 이때 a의 값은? (단, $P(|Z| \le 1.96) = 0.95$로 계산한다.)

① 7.198 ② 7.208 ③ 7.218
④ 7.228 ⑤ 7.238

0592 (수능) ∞ 100쪽 유형 **07**

어느 지역 주민들의 하루 여가 활동 시간은 평균이 m분, 표준편차가 σ분인 정규분포를 따른다고 한다. 이 지역 주민 중 16명을 임의추출하여 구한 하루 여가 활동 시간의 표본평균이 75분일 때, 모평균 m에 대한 신뢰도 95 %의 신뢰구간이 $a \le m \le b$이다. 이 지역 주민 중 16명을 다시 임의추출하여 구한 하루 여가 활동 시간의 표본평균이 77분일 때, 모평균 m에 대한 신뢰도 99 %의 신뢰구간이 $c \le m \le d$이다. 이때 $d - b = 3.86$을 만족시키는 σ의 값을 구하시오.
(단, $P(|Z| \le 1.96) = 0.95$, $P(|Z| \le 2.58) = 0.99$로 계산한다.)

0593 ∞ 101쪽 유형 **08**

어느 회사에서 생산하는 액정 화면의 수명은 정규분포를 따른다고 한다. 이 회사에서 생산한 액정 화면 중에서 임의추출한 49개의 수명을 조사하였더니 평균이 $\overline{x}$시간, 표준편차가 50시간이었다. 이 회사에서 생산한 액정 화면의 수명의 모평균 m에 대한 신뢰도 95 %의 신뢰구간이 $\overline{x} - c \le m \le \overline{x} + c$일 때, c의 값을 구하시오.
(단, $P(0 \le Z \le 1.96) = 0.475$로 계산한다.)

0594 중요! ∞ 101쪽 유형 **09**

어느 고등학교에서 학생 n $(n > 50)$명을 임의추출하여 통학 거리를 조사하였더니 평균이 a km, 표준편차가 0.6 km이었다. 이 학교 전체 학생들의 통학 거리는 정규분포를 따르고, 전체 학생들의 통학 거리의 모평균 m에 대한 신뢰도 95 %의 신뢰구간이 $2.6 \le m \le 2.8$이라고 한다. 이때 n의 값을 구하시오. (단, $P(0 \le Z \le 2) = 0.475$로 계산한다.)

0595 ∞ 102쪽 유형 **11**

정규분포를 따르는 모집단에서 크기가 n인 표본을 임의추출하여 모평균을 추정할 때, 신뢰구간의 길이를 l이라 하자. 같은 신뢰도로 모평균을 추정하는데 양수 a에 대하여 신뢰구간의 길이가 $\dfrac{l}{a}$이 되기 위한 표본의 크기를 $f(a)$라 할 때, $f(2) + f(3)$의 값을 n에 대한 식으로 나타내면?

① $10n$ ② $13n$ ③ $15n$
④ $18n$ ⑤ $20n$

0596

◯◯ 96쪽 유형 01

정규분포 $N(m, 8^2)$을 따르는 모집단에서 크기가 16인 표본을 임의추출하여 구한 표본평균을 $\overline{X}$라 하자. 모집단의 확률변수 X와 표본평균 $\overline{X}$의 확률밀도함수를 각각 $f(x)$, $g(x)$라 할 때, 옳은 것만을 **보기**에서 있는 대로 고르시오.

┌─ 보기 ─────────────────────────
ㄱ. $V(X)=V(4\overline{X})$
ㄴ. 함수 $f(x)$의 최댓값이 함수 $g(x)$의 최댓값보다 크다.
ㄷ. 방정식 $f(x)=g(x)$의 두 실근의 합은 $2m$이다.
└───────────────────────────────

0597

◯◯ 98쪽 유형 04

어느 제과점에서 만든 도넛 하나의 무게는 평균이 110 g, 표준편차가 10 g인 정규분포를 따른다고 한다. 이 제과점에서 만든 도넛 중에서 임의추출한 4개의 무게의 합이 460 g 이상일 확률을 p_4, 임의추출한 16개의 무게의 합이 1840 g 이상일 확률을 p_{16}이라 할 때, p_4+p_{16}의 값을 구하시오. (단, $P(0\leq Z\leq 1)=0.3413$, $P(0\leq Z\leq 2)=0.4772$로 계산한다.)

0598 수능

◯◯ 98쪽 유형 04

정규분포 $N(50, 8^2)$을 따르는 모집단에서 크기가 16인 표본을 임의추출하여 구한 표본평균을 $\overline{X}$, 정규분포 $N(75, \sigma^2)$을 따르는 모집단에서 크기가 25인 표본을 임의추출하여 구한

z	$P(0\leq Z\leq z)$
1.0	0.3413
1.5	0.4332
2.0	0.4772
2.5	0.4938

표본평균을 $\overline{Y}$라 하자. $P(\overline{X}\leq 53)+P(\overline{Y}\leq 69)=1$일 때, $P(\overline{Y}\geq 71)$의 값을 위의 표준정규분포표를 이용하여 구하면?

① 0.8413　　② 0.8644　　③ 0.8849
④ 0.9192　　⑤ 0.9452

0599

◯◯ 102쪽 유형 10

분산이 σ^2인 정규분포를 따르는 모집단에서 크기가 n인 표본을 임의추출하여 모평균 m을 추정한 후 신뢰구간의 길이를 구하려고 한다. 모평균 m에 대한 신뢰도 87.6 %의 신뢰구간의 길이는 l이고, 모평균 m에 대한 신뢰도 α %의 신뢰구간의 길이는 $2l$일 때, α의 값을 위의 표준정규분포표를 이용하여 구하면?

z	$P(0\leq Z\leq z)$
1.27	0.398
1.54	0.438
2.88	0.498
3.08	0.499

① 97.6　　② 98.6　　③ 98.9
④ 99.6　　⑤ 99.8

0600

◯◯ 96쪽 유형 01+102쪽 유형 10

모집단 A는 정규분포 $N(m_1, \sigma^2)$을 따르고, 모집단 B는 정규분포 $N(m_2, 4\sigma^2)$을 따른다. 모집단 A에서 크기가 n_1, 모집단 B에서 크기가 n_2인 표본을 각각 임의추출하였을 때의 표본평균을 각각 $\overline{X_A}$, $\overline{X_B}$라 하자. 옳은 것만을 **보기**에서 있는 대로 고른 것은? (단, n_1, n_2는 1보다 큰 자연수이고, $P(|Z|\leq 1.96)=0.95$로 계산한다.)

┌─ 보기 ─────────────────────────
ㄱ. $m_1=m_2$이면 $E(\overline{X_A})=E(\overline{X_B})$이다.
ㄴ. $n_2=16$일 때, 표본평균 $\overline{X_B}$는 정규분포 $N(m_2, \sigma^2)$을 따른다.
ㄷ. $n_2=4n_1$일 때, m_1에 대한 신뢰도 95 %의 신뢰구간이 $a\leq m_1\leq b$이고, m_2에 대한 신뢰도 95 %의 신뢰구간이 $c\leq m_2\leq d$이면 $b-a=d-c$이다.
└───────────────────────────────

① ㄱ　　　　② ㄷ　　　　③ ㄱ, ㄷ
④ ㄴ, ㄷ　　⑤ ㄱ, ㄴ, ㄷ

0601

∞ 97쪽 유형 **02**

어느 모집단의 확률분포를 표로 나타내면 다음과 같다.

X	0	2	3	합계
$P(X=x)$	$\dfrac{1}{3}$	a	b	1

이 모집단에서 크기가 16인 표본을 임의추출하여 구한 표본평균을 $\overline{X}$라 하면 $E(\overline{X})=2$일 때, $2a+3b$의 값을 구하시오. (단, a, b는 상수이다.)

0602

∞ 97쪽 유형 **03**

주머니 안에 n부터 $n+4$까지의 자연수가 각각 하나씩 적힌 공이 5개씩 들어 있다. 이 주머니에서 크기가 2인 표본을 복원추출하여 공에 적힌 수의 평균을 $\overline{X}$라 하자. $E(\overline{X})=6$일 때, $\sigma(\overline{X})$의 값을 구하시오.

0603

∞ 98쪽 유형 **05**

정규분포 $N(m, 2^2)$을 따르는 모집단에서 크기가 n인 표본을 임의추출하여 구한 표본평균 $\overline{X}$에 대해

$$f(m)=P\left(\overline{X}\leq 1.96\times \frac{2}{\sqrt{n}}\right)$$

라 하자. $f(0)+f(0.8)\leq 1.08$을 만족시키는 n의 최솟값을 위의 표준정규분포표를 이용하여 구하시오.

z	$P(0\leq Z\leq z)$
1.04	0.35
1.28	0.40
1.64	0.45
1.96	0.48

0604

∞ 101쪽 유형 **07**

다음 표는 두 조사자 A, B가 어느 요가원 회원 중에서 임의로 36명을 택하여 한 달 동안 요가원을 이용한 시간을 조사하여 나타낸 것이다.

조사자	조사 인원	요가원을 이용한 평균 시간
A	12명	36시간
B	24명	30시간

이 요가원의 모든 회원이 한 달 동안 요가원을 이용한 시간은 표준편차가 12시간인 정규분포를 따를 때, 다음 물음에 답하시오.
(단, $P(|Z|\leq 1.96)=0.95$, $P(|Z|\leq 2.58)=0.99$로 계산한다.)

(1) 임의로 택하여 조사한 36명의 한 달 동안 요가원을 이용한 시간의 평균을 $\overline{x}$시간이라 할 때, $\overline{x}$의 값을 구하시오.

(2) 요가원의 모든 회원이 한 달 동안 요가원을 이용한 시간의 모평균 m을 신뢰도 95 %로 추정할 때, 신뢰구간에 속하는 정수 m의 최댓값을 구하시오.

(3) 요가원의 모든 회원이 한 달 동안 요가원을 이용한 시간의 모평균 m을 신뢰도 99 %로 추정할 때, 신뢰구간에 속하는 자연수 m의 개수를 구하시오.

0605

∞ 102쪽 유형 **10**

어느 회사에서 생산하는 우유 1병에 들어 있는 칼슘 함유량은 평균이 m mg, 표준편차가 σ mg인 정규분포를 따른다고 한다. 이 회사에서 생산한 우유 중에서 16병을 임의추출하여 칼슘 함유량을 측정한 결과 평균이 20.34 mg이었다. 이 회사에서 생산한 우유 1병에 들어 있는 칼슘 함유량의 모평균 m에 대한 신뢰도 95 %의 신뢰구간이 $18.38\leq m\leq a$일 때, $10a+\sigma$의 값을 구하시오.
(단, $P(0\leq Z\leq 1.96)=0.475$로 계산한다.)

〔표준정규분포표〕

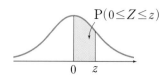

$P(0 \le Z \le z)$

z	0.00	0.01	0.02	0.03	0.04	0.05	0.06	0.07	0.08	0.09
0.0	.0000	.0040	.0080	.0120	.0160	.0199	.0239	.0279	.0319	.0359
0.1	.0398	.0438	.0478	.0517	.0557	.0596	.0636	.0675	.0714	.0753
0.2	.0793	.0832	.0871	.0910	.0948	.0987	.1026	.1064	.1103	.1141
0.3	.1179	.1217	.1255	.1293	.1331	.1368	.1406	.1443	.1480	.1517
0.4	.1554	.1591	.1628	.1664	.1700	.1736	.1772	.1808	.1844	.1879
0.5	.1915	.1950	.1985	.2019	.2054	.2088	.2123	.2157	.2190	.2224
0.6	.2257	.2291	.2324	.2357	.2389	.2422	.2454	.2486	.2517	.2549
0.7	.2580	.2611	.2642	.2673	.2704	.2734	.2764	.2794	.2823	.2852
0.8	.2881	.2910	.2939	.2967	.2995	.3023	.3051	.3078	.3106	.3133
0.9	.3159	.3186	.3212	.3238	.3264	.3289	.3315	.3340	.3365	.3389
1.0	.3413	.3438	.3461	.3485	.3508	.3531	.3554	.3577	.3599	.3621
1.1	.3643	.3665	.3686	.3708	.3729	.3749	.3770	.3790	.3810	.3830
1.2	.3849	.3869	.3888	.3907	.3925	.3944	.3962	.3980	.3997	.4015
1.3	.4032	.4049	.4066	.4082	.4099	.4115	.4131	.4147	.4162	.4177
1.4	.4192	.4207	.4222	.4236	.4251	.4265	.4279	.4292	.4306	.4319
1.5	.4332	.4345	.4357	.4370	.4382	.4394	.4406	.4418	.4429	.4441
1.6	.4452	.4463	.4474	.4484	.4495	.4505	.4515	.4525	.4535	.4545
1.7	.4554	.4564	.4573	.4582	.4591	.4599	.4608	.4616	.4625	.4633
1.8	.4641	.4649	.4656	.4664	.4671	.4678	.4686	.4693	.4699	.4706
1.9	.4713	.4719	.4726	.4732	.4738	.4744	.4750	.4756	.4761	.4767
2.0	.4772	.4778	.4783	.4788	.4793	.4798	.4803	.4808	.4812	.4817
2.1	.4821	.4826	.4830	.4834	.4838	.4842	.4846	.4850	.4854	.4857
2.2	.4861	.4864	.4868	.4871	.4875	.4878	.4881	.4884	.4887	.4890
2.3	.4893	.4896	.4898	.4901	.4904	.4906	.4909	.4911	.4913	.4916
2.4	.4918	.4920	.4922	.4925	.4927	.4929	.4931	.4932	.4934	.4936
2.5	.4938	.4940	.4941	.4943	.4945	.4946	.4948	.4949	.4951	.4952
2.6	.4953	.4955	.4956	.4957	.4959	.4960	.4961	.4962	.4963	.4964
2.7	.4965	.4966	.4967	.4968	.4969	.4970	.4971	.4972	.4973	.4974
2.8	.4974	.4975	.4976	.4977	.4977	.4978	.4979	.4979	.4980	.4981
2.9	.4981	.4982	.4982	.4983	.4984	.4984	.4985	.4985	.4986	.4986
3.0	.4987	.4987	.4987	.4988	.4988	.4989	.4989	.4989	.4990	.4990
3.1	.4990	.4991	.4991	.4991	.4992	.4992	.4992	.4992	.4993	.4993
3.2	.4993	.4993	.4994	.4994	.4994	.4994	.4994	.4995	.4995	.4995
3.3	.4995	.4995	.4995	.4996	.4996	.4996	.4996	.4996	.4996	.4997

이 한 골을 위해

이 한 골을 위해
지금까지 뛰어온 경기야!

아직 결과는 몰라...

이겼어?

헉 헉

하지만 최선을 다했지.

0001 24 　0002 70 　0003 120 　0004 48 　0005 125 　0006 16 　0007 27 　0008 6 　0009 8 　0010 4

0011 32 　0012 81 　0013 ⑤ 　0014 144 　0015 2880 　0016 24 　0017 ④ 　0018 630 　0019 240 　0020 ③

0021 1008 　0022 ④ 　0023 ③ 　0024 120 　0025 ③ 　0026 ④ 　0027 125 　0028 60 　0029 7 　0030 ④

0031 288번째 　0032 194 　0033 185 　0034 ③ 　0035 ⑤ 　0036 20 　0037 60 　0038 420 　0039 60 　0040 12

0041 60 　0042 210 　0043 ③ 　0044 ④ 　0045 900 　0046 ① 　0047 ④ 　0048 ② 　0049 ④ 　0050 24

0051 ② 　0052 ④ 　0053 1890 　0054 ① 　0055 ⑤ 　0056 ① 　0057 30 　0058 435 　0059 36 　0060 ⑤

0061 ③ 　0062 ② 　0063 ④ 　0064 ⑤ 　0065 240 　0066 ① 　0067 $\frac{1}{5}$ 　0068 120 　0069 ⑤ 　0070 ⑤

0071 ③ 　0072 ③ 　0073 ③ 　0074 287 　0075 150 　0076 ② 　0077 ③ 　0078 ① 　0079 ③ 　0080 ③

0081 $\frac{6}{7}$ 　0082 (1) 32 (2) 80 (3) 131 　0083 42 　0084 252 　0085 4 　0086 35 　0087 1 　0088 7 　0089 8

0090 4 　0091 7 　0092 6 　0093 56 　0094 (1) 7 (2) 5 　0095 (1) 15 (2) 3 　0096 ① 　0097 ③

0098 57 　0099 ③ 　0100 630

0101 ⑤ 　0102 ① 　0103 30 　0104 20 　0105 55 　0106 ③ 　0107 ⑤ 　0108 36 　0109 ⑤ 　0110 ①

0111 ① 　0112 30 　0113 $a^6+6a^5b+15a^4b^2+20a^3b^3+15a^2b^4+6ab^5+b^6$ 　0114 $a^5-15a^4+90a^3-270a^2+405a-243$

0115 $16x^4-32x^3y+24x^2y^2-8xy^3+y^4$ 　0116 $x^3+3x+\frac{3}{x}+\frac{1}{x^3}$ 　0117 35 　0118 -960 　0119 576 　0120 6 　0121 256

0122 0 　0123 512 　0124 풀이 참조 　0125 3 　0126 ③ 　0127 ① 　0128 ② 　0129 ③ 　0130 ⑤ 　0131 4

0132 ④ 　0133 ② 　0134 ④ 　0135 ① 　0136 ③ 　0137 ④ 　0138 2 　0139 ② 　0140 ③ 　0141 ②

0142 512 　0143 ② 　0144 ② 　0145 ③ 　0146 ⑤ 　0147 ② 　0148 ⑤ 　0149 ② 　0150 ⑤ 　0151 ③

0152 ② 　0153 ④ 　0154 ③ 　0155 ② 　0156 ② 　0157 99 　0158 ③ 　0159 32 　0160 ② 　0161 ①

0162 22 　0163 186 　0164 (1) 36 (2) 90 　0165 {1, 2, 3, 4, 5, 6} 　0166 {1}, {2}, {3}, {4}, {5}, {6}

0167 {1, 2, 4} 　0168 (1) {1, 3, 5, 6, 7, 9} (2) {3, 9} (3) {2, 4, 6, 8, 10} (4) {1, 2, 4, 5, 7, 8, 10} 　0169 A와 B, B와 C

0170 (1) $\frac{1}{3}$ (2) $\frac{2}{3}$ (3) $\frac{1}{2}$ 　0171 $\frac{1}{6}$ 　0172 $\frac{5}{36}$ 　0173 $\frac{1}{9}$ 　0174 $\frac{1}{5}$ 　0175 $\frac{2}{5}$ 　0176 $\frac{3}{5}$ 　0177 $\frac{2}{5}$ 　0178 $\frac{1}{3}$

0179 $\frac{3}{5}$ 　0180 1 　0181 0 　0182 A와 B, B와 C 　0183 ㄱ 　0184 ④ 　0185 4 　0186 ② 　0187 ①

0188 ③ 　0189 $\frac{17}{36}$ 　0190 ③ 　0191 $\frac{2}{5}$ 　0192 ④ 　0193 $\frac{1}{6}$ 　0194 ② 　0195 ② 　0196 $\frac{2}{3}$ 　0197 ③

0198 ⑤ 　0199 ③ 　0200 ④

0201 $\frac{1}{5}$ 　0202 ⑤ 　0203 $\frac{3}{10}$ 　0204 4 　0205 ④ 　0206 $\frac{3}{7}$ 　0207 7개 　0208 $\frac{1}{10}$ 　0209 ③

0210 $1-\frac{\sqrt{3}}{6}\pi$ 　0211 $\frac{2}{3}$ 　0212 ③ 　0213 ㄱ 　0214 $\frac{5}{12}$ 　0215 $\frac{1}{6}$ 　0216 $\frac{2}{5}$ 　0217 $\frac{6}{25}$ 　0218 $\frac{7}{10}$

0219 ㉮: A^C, ㉯: $\frac{1}{8}$, ㉰: $\frac{7}{8}$ 　0220 ② 　0221 ⑤ 　0222 $\frac{2}{3}$ 　0223 ⑤ 　0224 $\frac{7}{15}$ 　0225 ③ 　0226 ② 　0227 ②

0228 ⑤ 　0229 ④ 　0230 ③ 　0231 ② 　0232 $\frac{1}{8}$ 　0233 ③ 　0234 ④ 　0235 ④ 　0236 $\frac{7}{10}$ 　0237 2

0238 85 　0239 $\frac{29}{38}$ 　0240 ③ 　0241 $\frac{4}{7}$ 　0242 ③ 　0243 ⑤ 　0244 ② 　0245 ④ 　0246 ④ 　0247 ③

0248 ③ 　0249 ④ 　0250 $\frac{4}{25}$ 　0251 4 　0252 ⑤ 　0253 ④ 　0254 ① 　0255 ③ 　0256 $\frac{13}{20}$ 　0257 $\frac{3}{100}$

0258 ④ 　0259 ㄱ, ㄴ 　0260 $\frac{5}{14}$ 　0261 68 　0262 $\frac{1}{12}$ 　0263 $\frac{31}{256}$ 　0264 21 　0265 $\frac{2}{3}$ 　0266 $\frac{118}{231}$

0267 (1) 336 (2) $\frac{6}{7}$ 　0268 (1) $\frac{1}{5}$ (2) $\frac{1}{6}$ 　0269 (1) $\frac{1}{2}$ (2) $\frac{1}{3}$ (3) $\frac{2}{3}$ 　0270 $\frac{2}{5}$ 　0271 (1) $\frac{1}{12}$ (2) $\frac{1}{8}$ (3) $\frac{1}{6}$ (4) $\frac{2}{9}$

0272 (1) $\frac{2}{5}$ (2) $\frac{1}{3}$ (3) $\frac{2}{15}$ 　0273 $\frac{1}{2}$ 　0274 $\frac{1}{6}$ 　0275 ⑤ 　0276 $\frac{1}{4}$ 　0277 $\frac{1}{3}$ 　0278 ② 　0279 $\frac{2}{5}$ 　0280 $\frac{1}{5}$

0281 5 　0282 ② 　0283 ② 　0284 $\dfrac{8}{33}$ 　0285 $\dfrac{3}{10}$ 　0286 8 　0287 $\dfrac{3}{10}$ 　0288 $\dfrac{17}{30}$ 　0289 ③ 　0290 0.0248

0291 ③ 　0292 ⑤ 　0293 $\dfrac{28}{31}$ 　0294 ④ 　0295 (1) $P(B|A)=\dfrac{4}{9}$, $P(B)=\dfrac{4}{9}$, 독립　(2) $P(B|A)=\dfrac{1}{2}$, $P(B)=\dfrac{4}{9}$, 종속 　0296 종속

0297 독립 　0298 $\dfrac{1}{10}$ 　0299 $\dfrac{3}{10}$ 　0300 $\dfrac{3}{5}$

0301 $\dfrac{3}{4}$ 　0302 (1) $\dfrac{1}{3}$ (2) $\dfrac{8}{81}$ 　0303 ④ 　0304 ㄴ 　0305 6 　0306 ③ 　0307 ④ 　0308 ② 　0309 $\dfrac{1}{8}$

0310 $\dfrac{5}{6}$ 　0311 ⑤ 　0312 $\dfrac{1}{6}$ 　0313 $\dfrac{1}{4}$ 　0314 $\dfrac{11}{12}$ 　0315 ③ 　0316 $\dfrac{26}{49}$ 　0317 ⑤ 　0318 $\dfrac{117}{125}$ 　0319 ③

0320 97 　0321 ② 　0322 ③ 　0323 $\dfrac{81}{512}$ 　0324 $\dfrac{8}{27}$ 　0325 ⑤ 　0326 ② 　0327 ③ 　0328 ② 　0329 ㄴ

0330 30 　0331 ① 　0332 ③ 　0333 ③ 　0334 ② 　0335 $\dfrac{1}{4}$ 　0336 $\dfrac{1}{6}$ 　0337 ① 　0338 ④ 　0339 ①

0340 $\dfrac{2}{5}$ 　0341 (1) $\dfrac{2}{9}$ (2) $\dfrac{3}{4}$ 　0342 $\dfrac{11}{5}$ 배 　0343 0, 1, 2, 3 　0344 0, 1, 2, 3, 4, 5 　0345 이산 　0346 연속 　0347 $\dfrac{1}{4}$

0348 풀이 참조 　0349 (1) $a=\dfrac{1}{5}$, $b=1$ (2) $\dfrac{11}{30}$ (3) $\dfrac{5}{6}$ 　0350 ㄱ, ㄹ 　0351 $\dfrac{1}{3}$ 　0352 $\dfrac{3}{4}$ 　0353 (1) $\dfrac{1}{5}$ (2) $\dfrac{2}{5}$

0354 (1) $f(x)=\dfrac{2}{9}x$ ($0 \leq x \leq 3$) (2) $\dfrac{5}{9}$ (3) $\dfrac{1}{9}$ 　0355 풀이 참조 　0356 $P(X=x)=\begin{cases}\dfrac{4}{9} & (x=0, 1) \\[1mm] \dfrac{1}{9} & (x=2)\end{cases}$ 　0357 ② 　0358 ④ 　0359 $\dfrac{1}{4}$

0360 $\dfrac{7}{10}$ 　0361 ① 　0362 ③ 　0363 $\dfrac{13}{24}$ 　0364 ② 　0365 $\dfrac{2}{3}$ 　0366 $\dfrac{19}{20}$ 　0367 2 　0368 ① 　0369 ②

0370 $-\dfrac{1}{8}$ 　0371 $\dfrac{1}{2}$ 　0372 $\dfrac{31}{100}$ 　0373 $\dfrac{1}{2}$ 　0374 $\dfrac{3}{2}$ 　0375 (1) 4 (2) 4 (3) 2

0376 (1) 풀이 참조 (2) $E(X)=\dfrac{2}{3}$, $V(X)=\dfrac{4}{9}$, $\sigma(X)=\dfrac{2}{3}$ 　0377 150원 　0378 평균: 16, 분산: 27, 표준편차: $3\sqrt{3}$

0379 평균: -11, 분산: 12, 표준편차: $2\sqrt{3}$ 　0380 평균: 3, 분산: $\dfrac{1}{3}$, 표준편차: $\dfrac{\sqrt{3}}{3}$ 　0381 평균: -11, 분산: 47, 표준편차: $\sqrt{47}$

0382 (1) $a=\dfrac{3}{10}$, $b=\dfrac{3}{10}$ (2) $\dfrac{\sqrt{35}}{5}$ 　0383 ④ 　0384 $\dfrac{7}{8}$ 　0385 ② 　0386 15 　0387 $\dfrac{3\sqrt{5}}{10}$ 　0388 ④ 　0389 3

0390 5 　0391 ④ 　0392 ⑤ 　0393 3 　0394 22 　0395 ⑤ 　0396 ② 　0397 ⑤ 　0398 ④ 　0399 ③

0400 44

0401 3 　0402 ② 　0403 ② 　0404 ⑤ 　0405 ④ 　0406 ③ 　0407 $\dfrac{7}{10}$ 　0408 4 　0409 ④ 　0410 ④

0411 ① 　0412 ② 　0413 $\dfrac{53}{30}$ 　0414 ② 　0415 ② 　0416 ⑤ 　0417 $\dfrac{2}{3}$ 　0418 ㄱ, ㄴ, ㄷ 　0419 ② 　0420 ①

0421 121 　0422 ③ 　0423 37 　0424 $\dfrac{29}{120}$ 　0425 $\dfrac{15}{16}$ 　0426 5 　0427 16 　0428 (1) 4 (2) $\dfrac{10}{7}$ (3) 70

0429 $B\left(10, \dfrac{2}{3}\right)$ 　0430 이항분포를 따르지 않는다. 　0431 (1) $P(X=x)={}_4C_x\left(\dfrac{1}{3}\right)^x\left(\dfrac{2}{3}\right)^{4-x}$ (단, $x=0, 1, 2, 3, 4$) (2) $\dfrac{8}{81}$

0432 평균: 120, 분산: 30, 표준편차: $\sqrt{30}$ 　0433 평균: 100, 분산: 60, 표준편차: $2\sqrt{15}$ 　0434 (1) D, A (2) A, D 　0435 ③ 　0436 ②

0437 27 　0438 ④ 　0439 ④ 　0440 0.183 　0441 ④ 　0442 60 　0443 410 　0444 100 　0445 3 　0446 80

0447 65 　0448 20 　0449 ④ 　0450 ⑤ 　0451 54 　0452 ④ 　0453 ㄱ, ㄴ, ㄷ 　0454 31 　0455 0.6687 　0456 ①

0457 ② 　0458 (1) 0.4554 (2) 0.4656 　0459 0.8664 　0460 0.2417 　0461 0.9772 　0462 0.1587 　0463 0.9332 　0464 -1.5 　0465 2

0466 3.5 　0467 0.5 　0468 1.5 　0469 $Z=\dfrac{X-70}{2}$ 　0470 $Z=\dfrac{X+20}{2}$ 　0471 (1) $Z=\dfrac{X-50}{3}$ (2) 0.6826

0472 $N(60, 6^2)$ 　0473 $N(200, 10^2)$ 　0474 (1) 평균: 48, 표준편차: 6 (2) $N(48, 6^2)$ (3) $Z=\dfrac{X-48}{6}$ (4) 0.9772 　0475 ④

0476 4 　0477 ③ 　0478 0.2857 　0479 ② 　0480 0.7257 　0481 0.6247 　0482 49 　0483 ② 　0484 33 　0485 ④

0486 16 % 　0487 ③ 　0488 0.0668 　0489 ④ 　0490 ⑤ 　0491 70 　0492 ② 　0493 92점 　0494 ④ 　0495 179.2

0496 ④ 　0497 96 　0498 0.7745 　0499 0.68 　0500 0.62

0501 ③　　**0502** ④　　**0503** 24　　**0504** 36　　**0505** 6　　**0506** ⑤　　**0507** ①　　**0508** ⑤　　**0509** 64　　**0510** 8

0511 2　　**0512** ④　　**0513** 155　　**0514** ⑤　　**0515** 300　　**0516** ②　　**0517** ⑤　　**0518** 0.0668　　**0519** 200　　**0520** 0.19

0521 ③　　**0522** 576　　**0523** 112　　**0524** 60　　**0525** $\dfrac{4}{3}$　　**0526** 80　　**0527** 62　　**0528** 0.0668　　**0529** (1) 0.02　(2) 228

0530 표본조사　　**0531** 전수조사　　**0532** (1) 16　(2) 12　　　**0533** (1) 풀이 참조　(2) 평균: 3, 분산: $\dfrac{4}{3}$, 표준편차: $\dfrac{2\sqrt{3}}{3}$　　**0534** (1) 20　(2) $\dfrac{9}{16}$　(3) $\dfrac{3}{4}$

0535 (1) 평균: 110, 분산: 4　(2) $N(110, 2^2)$　(3) $Z = \dfrac{\overline{X}-110}{2}$　(4) 0.9772　　**0536** ④　　**0537** 49　　**0538** ④　　**0539** 5　　**0540** 6

0541 2　　**0542** $E(\overline{X})=3,\ V(\overline{X})=\dfrac{1}{4}$　　**0543** ②　　**0544** ②　　**0545** ④　　**0546** 0.0228　　**0547** 10　　**0548** 0.0668　　**0549** ③

0550 36　　**0551** 16　　**0552** 144　　**0553** ③　　**0554** ④　　**0555** ②　　**0556** $43.04 \leq m \leq 46.96$　　**0557** $49.608 \leq m \leq 50.392$

0558 $116.13 \leq m \leq 123.87$　　**0559** $98.065 \leq m \leq 101.935$　　**0560** $39.51 \leq m \leq 40.49$　　**0561** $39.355 \leq m \leq 40.645$　　**0562** 1.96　　**0563** 2.58

0564 $382.04 \leq m \leq 385.96$　　**0565** $1.371 \leq m \leq 1.629$　　**0566** 7　　**0567** 85　　**0568** $13.284 \leq m \leq 14.316$　　**0569** ④　　**0570** ③

0571 ④　　**0572** 196　　**0573** ③　　**0574** ②　　**0575** 64　　**0576** ③　　**0577** 25　　**0578** 64　　**0579** 144　　**0580** ①

0581 167　　**0582** ①, ③　　**0583** ②　　**0584** $\sqrt{15}$　　**0585** 13　　**0586** ⑤　　**0587** ③　　**0588** 144　　**0589** ③　　**0590** ㄱ, ㄴ

0591 ②　　**0592** 12　　**0593** 14　　**0594** 144　　**0595** ②　　**0596** ㄱ, ㄷ　　**0597** 0.1815　　**0598** ①　　**0599** ⑤　　**0600** ③

0601 2　　**0602** 1　　**0603** 66　　**0604** (1) 32　(2) 35　(3) 11　　**0605** 227

완벽한 기출 분석으로
1등급 완성!

수학 I

한국지리

물리학 I

[수학] 고등 수학(상), 고등 수학(하),
수학 I , 수학 II , 확률과 통계, 미적분, 기하
[사회] 통합사회, 한국사,
한국지리, 세계지리, 생활과 윤리, 윤리와 사상,
사회·문화, 정치와 법, 경제, 세계사, 동아시아사
[과학] 통합과학,
물리학 I , 화학 I , 생명과학 I , 지구과학 I ,
물리학 II , 화학 II , 생명과학 II , 지구과학 II

1 개념 핵심 잡기
시험 출제 원리를 꿰뚫는
개념의 핵심을 잡는다

2 1등급 도전하기
선별한 고빈출 기출 문제로
1등급에 도전한다

3 1등급 완성하기
응용 및 고난도 문제로
1등급 노하우를 터득한다

바른답·알찬풀이

바른답·
알찬풀이

확률과 통계

I

경우의 수

II

확률

III

통계

01 여러 가지 순열

Lecture

원순열, 중복순열

≫ 9~12쪽

0001 답 24

$(5-1)!=4!=24$

0002 답 70

$_7\mathrm{C}_3\times(3-1)!=35\times2=70$

0003 답 120

$(6-1)!=5!=120$

0004 답 48

남학생 2명을 한 사람으로 생각하여 5명이 원탁에 둘러앉는 경우의 수는

$(5-1)!=4!=24$

남학생 2명이 서로 자리를 바꾸는 경우의 수는

$2!=2$

따라서 구하는 경우의 수는

$24\times2=48$

0005 답 125

$_5\Pi_3=5^3=125$

0006 답 16

$_2\Pi_4=2^4=16$

0007 답 27

$_3\Pi_3=3^3=27$

0008 답 6

$_6\Pi_1=6^1=6$

0009 답 8

$_n\Pi_2=64$이므로 $n^2=64=8^2$ $\therefore n=8$

0010 답 4

$_5\Pi_r=625$이므로 $5^r=625=5^4$ $\therefore r=4$

0011 답 32

구하는 경우의 수는 서로 다른 2개에서 중복을 허용하여 5개를 택하는 중복순열의 수와 같으므로

$_2\Pi_5=2^5=32$

0012 답 81

구하는 암호의 개수는 서로 다른 3개에서 중복을 허용하여 4개를 택하는 중복순열의 수와 같으므로

$_3\Pi_4=3^4=81$

0013 답 ⑤

부부를 한 사람으로 생각하여 4명이 원탁에 둘러앉는 경우의 수는

$(4-1)!=3!=6$

4쌍의 부부가 각각 서로 자리를 바꾸는 경우의 수는

$2!\times2!\times2!\times2!=16$

따라서 구하는 경우의 수는

$6\times16=96$

0014 답 144

가수 4명이 원탁에 둘러앉는 경우의 수는

$(4-1)!=3!=6$

배우 3명이 가수 4명의 사이사이의 4개의 자리에 앉는 경우의 수는

$_4\mathrm{P}_3=24$

따라서 구하는 경우의 수는

$6\times24=144$

도움 개념 순열의 수

서로 다른 n개에서 $r\,(0<r\le n)$개를 택하는 순열의 수는

$_n\mathrm{P}_r=n(n-1)(n-2)\times\cdots\times(n-r+1)$

0015 답 2880

어른 5명이 원탁에 둘러앉는 경우의 수는

$(5-1)!=4!=24$

아이 5명이 어른 5명의 사이사이의 5개의 자리에 앉는 경우의 수는

$_5\mathrm{P}_5=5!=120$

따라서 구하는 경우의 수는

$24\times120=2880$

0016 답 24

할아버지의 자리가 결정되면 할머니의 자리는 할아버지와 마주 보는 자리에 고정되므로 구하는 경우의 수는 할머니를 제외한 5명이 원탁에 둘러앉는 경우의 수와 같다.

$\therefore (5-1)!=4!=24$

다른 풀이

오른쪽 그림과 같이 할아버지와 할머니가 마주 보고 앉은 후 나머지 4명이 4개의 빈자리에 앉으면 되므로 구하는 경우의 수는

$_4\mathrm{P}_4=4!=24$

0017 답 ④

서로 다른 7가지 색 중에서 4개의 영역을 칠할 4가지 색을 택하는 경우의 수는

$_7\mathrm{C}_4=35$

위에서 택한 4가지 색으로 4개의 영역을 칠하는 경우의 수는 서로 다른 4가지 색을 원형으로 배열하는 원순열의 수와 같으므로

$(4-1)!=3!=6$

따라서 구하는 경우의 수는

$35\times6=210$

0018 답 630

가운데 원을 칠하는 경우의 수는 7이다.

이때 가운데 원에 칠한 색을 제외한 나머지 6가지 색 중에서 4가지 색을 택하는 경우의 수는

$_6C_4=_6C_2=15$

위에서 택한 4가지 색으로 나머지 4개의 영역을 칠하는 경우의 수는 서로 다른 4가지 색을 원형으로 배열하는 원순열의 수와 같으므로

$(4-1)!=3!=6$

따라서 구하는 경우의 수는

$7 \times 15 \times 6=630$

ⓒ **0019** 탑 240

[해결 과정] 서로 다른 6가지 색 중에서 정삼각형의 내부의 3개의 영역을 칠할 3가지 색을 택하는 경우의 수는

$_6C_3=20$ ◀ 20 %

위에서 택한 3가지 색으로 정삼각형의 내부의 3개의 영역을 칠하는 경우의 수는 서로 다른 3가지 색을 원형으로 배열하는 원순열의 수와 같으므로

$(3-1)!=2!=2$ ◀ 30 %

이때 나머지 3개의 영역을 칠하는 경우의 수는 정삼각형의 내부의 3개의 영역에 칠한 색을 제외한 나머지 3가지 색을 일렬로 나열하는 경우의 수와 같으므로

$3!=6$ ◀ 30 %

[답 구하기] 따라서 구하는 경우의 수는

$20 \times 2 \times 6=240$ ◀ 20 %

[다른 풀이]

서로 다른 6가지 색을 일렬로 나열하는 경우의 수는

$6!=720$

이때 6가지 색을 주어진 도형의 6개의 영역에 배열하는 경우에서 다음 그림과 같이 3가지의 동일한 경우가 존재한다.

따라서 구하는 경우의 수는

$\dfrac{720}{3}=240$

ⓒ **0020** 탑 ③

밑면인 정사각형을 칠하는 경우의 수는 5이다.

이때 4개의 옆면을 칠하는 경우의 수는 밑면인 정사각형에 칠한 색을 제외한 나머지 4가지 색을 원형으로 배열하는 원순열의 수와 같으므로 $(4-1)!=3!=6$

따라서 구하는 경우의 수는

$5 \times 6=30$

ⓒ **0021** 탑 1008

서로 다른 7가지 색 중에서 오각뿔대의 두 밑면을 칠할 2가지 색을 택하는 경우의 수는 $_7P_2=42$

이때 5개의 옆면을 칠하는 경우의 수는 두 밑면에 칠한 색을 제외한 나머지 5가지 색을 원형으로 배열하는 원순열의 수와 같으므로

$(5-1)!=4!=24$

따라서 구하는 경우의 수는

$42 \times 24=1008$

ⓒ **0022** 탑 ④

6명이 원형으로 둘러앉는 경우의 수는

$(6-1)!=5!=120$

이때 주어진 직사각형 모양의 탁자에서는 원형으로 둘러앉는 한 가지 경우에 대하여 다음 그림과 같이 3가지의 서로 다른 경우가 존재한다.

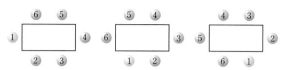

따라서 구하는 경우의 수는

$120 \times 3=360$

[다른 풀이]

6명을 일렬로 나열하는 경우의 수는

$6!=720$

이때 6명을 주어진 모양의 탁자에 배열하는 경우에서 다음 그림과 같이 2가지의 동일한 경우가 존재한다.

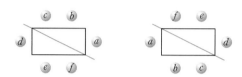

따라서 구하는 경우의 수는

$\dfrac{720}{2}=360$

ⓒ **0023** 탑 ③

10명이 원형으로 둘러앉는 경우의 수는

$(10-1)!=9!$

이때 주어진 정오각형 모양의 탁자에서는 원형으로 둘러앉는 한 가지 경우에 대하여 다음 그림과 같이 2가지의 서로 다른 경우가 존재한다.

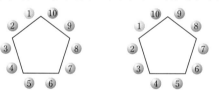

따라서 구하는 경우의 수는

$9! \times 2$

ⓒ **0024** 탑 120

5명이 원형으로 둘러앉는 경우의 수는

$(5-1)!=4!=24$

이때 주어진 사다리꼴 모양의 탁자에서는 원형으로 둘러앉는 한 가지 경우에 대하여 다음 그림과 같이 5가지의 서로 다른 경우가 존재한다.

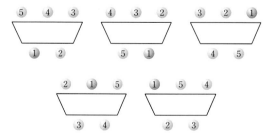

따라서 구하는 경우의 수는

$24 \times 5=120$

다른 풀이

5명 중에서 2명을 택하여 오른쪽 그림의 a, b에 앉히는 경우의 수는

$_5P_2 = 20$

나머지 3명을 일렬로 나열하는 경우의 수는

$3! = 6$

따라서 구하는 경우의 수는

$20 \times 6 = 120$

0025 답 ③

6명의 학생이 영화, 연극, 뮤지컬 3가지 중에서 하나씩을 선택하는 경우의 수는 서로 다른 3개에서 6개를 택하는 중복순열의 수와 같으므로

$_3\Pi_6 = 3^6 = 729$

수진이가 영화를 선택했을 때, 나머지 5명의 학생이 영화, 연극, 뮤지컬 3가지 중에서 하나씩을 선택하는 경우의 수는 서로 다른 3개에서 5개를 택하는 중복순열의 수와 같으므로

$_3\Pi_5 = 3^5 = 243$

따라서 구하는 경우의 수는

$729 - 243 = 486$

0026 답 ④

구하는 경우의 수는 서로 다른 3개에서 4개를 택하는 중복순열의 수와 같으므로

$_3\Pi_4 = 3^4 = 81$

0027 답 125

구하는 경우의 수는 서로 다른 5개에서 3개를 택하는 중복순열의 수와 같으므로

$_5\Pi_3 = 5^3 = 125$

0028 답 60

[해결 과정] a끼리 이웃하지 않도록 나열하는 경우는 다음과 같다.

(i) a를 나열하지 않는 경우

b, c 중에서 중복을 허용하여 4개를 뽑아 일렬로 나열하는 것과 같으므로 경우의 수는

$_2\Pi_4 = 2^4 = 16$　　　　　◀ 30 %

(ii) a를 한 번 사용하여 나열하는 경우

a의 자리를 정한 후 나머지 자리를 b, c 중에서 중복을 허용하여 3개를 뽑아 나열하는 것과 같으므로 경우의 수는

$4 \times _2\Pi_3 = 4 \times 2^3 = 32$　　　◀ 30 %

(iii) a를 두 번 사용하여 나열하는 경우

a의 자리를 정한 후 나머지 자리를 b, c 중에서 중복을 허용하여 2개를 뽑아 나열하는 것과 같으므로 경우의 수는

$3 \times _2\Pi_2 = 3 \times 2^2 = 12$　　◀ 30 %

[답 구하기] 이상에서 구하는 경우의 수는

$16 + 32 + 12 = 60$　　　　　◀ 10 %

다른 풀이

3개의 문자 a, b, c에서 중복을 허용하여 4개를 뽑아 일렬로 나열하는 경우의 수는 $_3\Pi_4 = 3^4 = 81$

(i) a를 네 번 사용하여 a끼리 이웃하도록 나열하는 경우

$aaaa$의 1가지

(ii) a를 세 번 사용하여 a끼리 이웃하도록 나열하는 경우

$aaab$, $aaac$, $baaa$, $caaa$, $abaa$, $acaa$, $aaba$, $aaca$의 8가지

(iii) a를 두 번 사용하여 a끼리 이웃하도록 나열하는 경우

a, a를 한 문자 A로 생각하면 b, c 중에서 중복을 허용하여 2개를 뽑아 일렬로 나열한 후 그 사이와 양 끝의 3개의 자리 중 1개의 자리에 A를 놓으면 된다.

b, c 중에서 중복을 허용하여 2개를 뽑아 일렬로 나열하는 경우의 수는 $_2\Pi_2 = 2^2 = 4$

위에서 나열한 b, c의 사이와 양 끝의 3개의 자리 중 1개의 자리에 A를 놓는 경우의 수는 $_3P_1 = 3$

$\therefore 4 \times 3 = 12$

이상에서 구하는 경우의 수는

$81 - 1 - 8 - 12 = 60$

0029 답 7

주어진 부호를 1개 사용하여 만들 수 있는 신호의 개수는

$_2\Pi_1 = 2$

주어진 부호를 2개 사용하여 만들 수 있는 신호의 개수는

$_2\Pi_2 = 2^2$

같은 방법으로 부호를 3개, 4개, $\cdots$, n개 사용하여 만들 수 있는 신호의 개수는 각각 $_2\Pi_3$, $_2\Pi_4$, $\cdots$, $_2\Pi_n$이므로 1개 이상 n개 이하로 사용하여 만들 수 있는 신호의 개수는

$2 + 2^2 + 2^3 + \cdots + 2^n$

$n = 6$일 때,

$2 + 2^2 + 2^3 + 2^4 + 2^5 + 2^6 = 126 < 200$

$n = 7$일 때,

$2 + 2^2 + 2^3 + 2^4 + 2^5 + 2^6 + 2^7 = 254 > 200$

따라서 n의 최솟값은 7이다.

0030 답 ④

3441보다 작은 자연수는 다음과 같다.

(i) 1□□□, 2□□□ 꼴인 경우

각 경우에 대하여 백의 자리, 십의 자리, 일의 자리의 숫자를 택하는 경우의 수는 서로 다른 4개의 숫자에서 3개를 택하는 중복순열의 수와 같으므로

$2 \times _4\Pi_3 = 2 \times 4^3 = 128$

(ii) 31□□, 32□□, 33□□ 꼴인 경우

각 경우에 대하여 십의 자리, 일의 자리의 숫자를 택하는 경우의 수는 서로 다른 4개의 숫자에서 2개를 택하는 중복순열의 수와 같으므로

$3 \times _4\Pi_2 = 3 \times 4^2 = 48$

(iii) 34□□ 꼴인 경우

십의 자리에 올 수 있는 숫자는 4를 제외한 1, 2, 3의 3개, 일의 자리에 올 수 있는 숫자는 1, 2, 3, 4의 4개이므로

$3 \times 4 = 12$

이상에서 구하는 자연수의 개수는

$128 + 48 + 12 = 188$

0031 답 288번째

(i) 한 자리 자연수의 개수는 5

(ii) 두 자리 자연수의 개수는

$5 \times _6\Pi_1 = 5 \times 6 = 30$

(iii) 세 자리 자연수의 개수는

$$5 \times {}_6\Pi_2 = 5 \times 6^2 = 180$$

(iv) 네 자리 자연수 중 10□□, 11□□꼴인 자연수의 개수는

$$2 \times {}_6\Pi_2 = 2 \times 6^2 = 72$$

이상에서 1200보다 작은 자연수의 개수는

$$5 + 30 + 180 + 72 = 287$$

따라서 1200은 288번째 수이다.

(상) **0032** 답 194

[문제 이해] 숫자 2와 숫자 3을 반드시 포함하는 네 자리 자연수의 개수는 5개의 숫자 2, 3, 5, 7, 9에서 중복을 허용하여 만들 수 있는 네 자리 자연수의 개수에서 숫자 2와 숫자 3을 포함하지 않는 네 자리 자연수의 개수를 뺀 것과 같다.   ◀ 10 %

[해결 과정] 만들 수 있는 네 자리 자연수의 개수는 서로 다른 5개의 숫자에서 4개를 택하는 중복순열의 수와 같으므로

$${}_5\Pi_4 = 5^4 = 625$$ ◀ 20 %

숫자 2를 포함하지 않는 네 자리 자연수의 개수는 2를 제외한 서로 다른 4개의 숫자에서 4를 택하는 중복순열의 수와 같으므로

$${}_4\Pi_4 = 4^4 = 256$$ ◀ 20 %

숫자 3을 포함하지 않는 네 자리 자연수의 개수는 3을 제외한 서로 다른 4개의 숫자에서 4를 택하는 중복순열의 수와 같으므로

$${}_4\Pi_4 = 4^4 = 256$$ ◀ 20 %

숫자 2와 숫자 3을 포함하지 않는 네 자리 자연수의 개수는 서로 다른 3개의 숫자에서 4를 택하는 중복순열의 수와 같으므로

$${}_3\Pi_4 = 3^4 = 81$$ ◀ 20 %

[답 구하기] 따라서 구하는 자연수의 개수는

$$625 - 256 - 256 + 81 = 194$$ ◀ 10 %

(중) **0033** 답 185

X에서 Y로의 함수는 집합 Y의 5개의 원소 a, b, c, d, e에서 중복을 허용하여 3개를 뽑아 집합 X의 원소 1, 2, 3에 대응시키면 된다.

즉, 함수의 개수는 서로 다른 5개에서 3개를 택하는 중복순열의 수와 같으므로

$${}_5\Pi_3 = 5^3 = 125$$

$$\therefore a = 125$$

또, X에서 Y로의 일대일함수의 개수는 집합 Y의 5개의 원소 a, b, c, d, e에서 서로 다른 3개를 뽑아 집합 X의 원소 1, 2, 3에 대응시키면 된다.

즉, 일대일함수의 개수는 서로 다른 5개에서 3개를 택하는 순열의 수와 같으므로

$${}_5P_3 = 60$$

$$\therefore b = 60$$

$$\therefore a + b = 125 + 60 = 185$$

[도움 개념] 여러 가지 함수

(1) 함수: 두 집합 X, Y에 대하여 X의 각 원소에 Y의 원소가 오직 하나씩 대응할 때, 이 대응을 X에서 Y로의 함수라 하고, 기호 $f : X \longrightarrow Y$로 나타낸다.

(2) 일대일함수: 함수 $f : X \longrightarrow Y$에서 정의역 X의 원소 x_1, x_2에 대하여 $x_1 \neq x_2$이면 $f(x_1) \neq f(x_2)$가 성립할 때, 이 함수 f를 일대일함수라 한다.

(중) **0034** 답 ③

$f(a) \neq 4$이므로 $f(a)$의 값이 될 수 있는 수는 4를 제외한 3개이고, $f(c) \neq 8$이므로 $f(c)$의 값이 될 수 있는 수는 8을 제외한 3개이다.

또, 집합 Y의 4개의 원소 2, 4, 6, 8에서 중복을 허용하여 2개를 뽑아 집합 X의 나머지 원소 b, d에 대응시키면 된다.

따라서 구하는 함수의 개수는

$$3 \times 3 \times {}_4\Pi_2 = 3 \times 3 \times 4^2 = 144$$

(중) **0035** 답 ⑤

$f(1) + f(3) = 6$을 만족시키는 $f(1)$, $f(3)$의 값을 순서쌍 $(f(1), f(3))$으로 나타내면

$$(1, 5), (2, 4), (3, 3), (4, 2), (5, 1)$$

의 5개이다.

각각의 경우에 집합 Y의 5개의 원소 1, 2, 3, 4, 5에서 중복을 허용하여 2개를 뽑아 집합 X의 나머지 원소 2, 4에 대응시키면 된다.

따라서 구하는 함수의 개수는

$$5 \times {}_5\Pi_2 = 5 \times 5^2 = 125$$

Lecture   ≫ 13~16쪽

02 같은 것이 있는 순열

0036 답 20

5개의 문자 중 y가 3개 있으므로 구하는 경우의 수는

$$\frac{5!}{3!} = 20$$

0037 답 60

6개의 숫자 중 3이 2개, 4가 3개 있으므로 구하는 경우의 수는

$$\frac{6!}{2! \times 3!} = 60$$

0038 답 420

7개의 문자 중 s가 3개, c가 2개 있으므로 구하는 경우의 수는

$$\frac{7!}{3! \times 2!} = 420$$

0039 답 60

하나의 r를 맨 앞에 놓고, 이 하나의 r를 제외한 5개의 문자를 일렬로 나열하면 된다.

5개의 문자 중 p가 2개 있으므로 구하는 경우의 수는

$$\frac{5!}{2!} = 60$$

0040 답 12

c, d의 순서가 정해져 있으므로 c, d를 모두 X로 생각하여 4개의 문자 a, b, X, X를 일렬로 나열한 후 첫 번째 X는 c로, 두 번째 X는 d로 바꾸면 된다.

따라서 구하는 경우의 수는

$$\frac{4!}{2!} = 12$$

0041 답 60

s, e의 순서가 정해져 있으므로 s, e를 모두 X로 생각하여 5개의 문자 h, o, u, X, X를 일렬로 나열한 후 첫 번째 X는 s로, 두 번째 X는 e로 바꾸면 된다.

따라서 구하는 경우의 수는

$$\frac{5!}{2!} = 60$$

0042 답 210

A 지점에서 B 지점까지 최단 거리로 가려면 오른쪽으로 6칸, 위쪽으로 4칸 이동해야 하므로 구하는 경우의 수는

$$\frac{10!}{6! \times 4!} = 210$$

㊥0043 답 ③

모음 i, o, o를 한 문자 A로 생각하여 A, h, g, h, s, c, h, l을 일렬로 나열하는 경우의 수는

$$\frac{8!}{3!}$$

이때 모음끼리 서로 자리를 바꾸는 경우의 수는 $\dfrac{3!}{2!}$

따라서 모음끼리 이웃하도록 나열하는 경우의 수는

$$\frac{8!}{3!} \times \frac{3!}{2!} = \frac{8!}{2} = 4 \times 7! \qquad \therefore k = 4$$

㊥0044 답 ④

양 끝에 서로 다른 문자가 오도록 나열하는 경우의 수는 8개의 문자를 일렬로 나열하는 경우의 수에서 양 끝에 같은 문자가 오도록 나열하는 경우의 수를 빼면 된다.

8개의 문자 a, a, b, c, c, c, c, d를 일렬로 나열하는 경우의 수는

$$\frac{8!}{2! \times 4!} = 840$$

(i) 양 끝에 오는 문자가 a인 경우

6개의 문자 b, c, c, c, c, d를 일렬로 나열하는 경우의 수는

$$\frac{6!}{4!} = 30$$

(ii) 양 끝에 오는 문자가 c인 경우

6개의 문자 a, a, b, c, c, d를 일렬로 나열하는 경우의 수는

$$\frac{6!}{2! \times 2!} = 180$$

(i), (ii)에서 양 끝에 같은 문자가 오는 경우의 수는

$$30 + 180 = 210$$

따라서 구하는 경우의 수는

$$840 - 210 = 630$$

㊥0045 답 900

(i) n끼리 이웃하는 경우

n, n을 한 문자 N으로 생각하여 i, N, t, e, r, e, t를 일렬로 나열하는 경우의 수는

$$\frac{7!}{2! \times 2!} = 1260$$

(ii) n끼리 이웃하고, e끼리 이웃하는 경우

n, n을 한 문자 N으로, e, e를 한 문자 E로 생각하여 i, N, t, E, r, t를 일렬로 나열하는 경우의 수는

$$\frac{6!}{2!} = 360$$

(i), (ii)에서 구하는 경우의 수는

$$1260 - 360 = 900$$

다른 풀이

2개의 e를 제외한 나머지 6개의 문자 중 2개의 n을 한 문자 N으로 생각하여 i, N, t, r, t를 일렬로 나열하는 경우의 수는

$$\frac{5!}{2!} = 60$$

이때 각 경우에 대하여 i, N, t, r, t를 일렬로 나열한 사이사이와 양 끝의 6개의 자리 중 2개의 자리를 택하여 이웃하지 않아야 하는 2개의 e를 나열하는 경우의 수는

$$_6C_2 = 15$$

따라서 구하는 경우의 수는

$$60 \times 15 = 900$$

㊟0046 답 ①

(i) o끼리 이웃하는 경우

o, o를 한 문자 A로 생각하여 t, A, m, a, t를 일렬로 나열하는 경우의 수는

$$\frac{5!}{2!} = 60$$

(ii) t끼리 이웃하는 경우

t, t를 한 문자 B로 생각하여 B, o, m, a, o를 일렬로 나열하는 경우의 수는

$$\frac{5!}{2!} = 60$$

(iii) o끼리 이웃하고, t끼리 이웃하는 경우

o, o를 한 문자 A로, t, t를 한 문자 B로 생각하여 B, A, m, a를 일렬로 나열하는 경우의 수는

$$4! = 24$$

이상에서 구하는 경우의 수는

$$60 + 60 - 24 = 96$$

㊥0047 답 ④

(i) 만의 자리의 숫자가 1인 경우

4개의 숫자 0, 0, 1, 2를 일렬로 나열하는 경우의 수는

$$\frac{4!}{2!} = 12$$

(ii) 만의 자리의 숫자가 2인 경우

4개의 숫자 0, 0, 1, 1을 일렬로 나열하는 경우의 수는

$$\frac{4!}{2! \times 2!} = 6$$

(i), (ii)에서 구하는 다섯 자리 자연수의 개수는

$$12 + 6 = 18$$

다른 풀이

5개의 숫자 0, 0, 1, 1, 2를 일렬로 나열하는 경우의 수는

$$\frac{5!}{2! \times 2!} = 30$$

이때 만의 자리의 숫자가 0인 경우의 수는 4개의 숫자 0, 1, 1, 2를 일렬로 나열하는 경우의 수와 같으므로

$$\frac{4!}{2!} = 12$$

따라서 구하는 다섯 자리 자연수의 개수는

$$30 - 12 = 18$$

종0048 답②

일의 자리, 십의 자리, 천의 자리에 짝수 2, 2, 4를 일렬로 나열하는 경우의 수는

$$\frac{3!}{2!}=3$$

나머지 자리에 1, 1, 3을 일렬로 나열하는 경우의 수는

$$\frac{3!}{2!}=3$$

따라서 구하는 경우의 수는

$$3\times 3=9$$

종0049 답④

6개의 숫자 1, 2, 2, 2, 3, 3에서 4개를 택하는 경우는

1, 2, 2, 2 또는 1, 2, 2, 3 또는 1, 2, 3, 3 또는 2, 2, 2, 3 또는

2, 2, 3, 3

(i) 4개의 숫자 1, 2, 2, 2를 일렬로 나열하는 경우의 수는

$$\frac{4!}{3!}=4$$

(ii) 4개의 숫자 1, 2, 2, 3을 일렬로 나열하는 경우의 수는

$$\frac{4!}{2!}=12$$

(iii) 4개의 숫자 1, 2, 3, 3을 일렬로 나열하는 경우의 수는

$$\frac{4!}{2!}=12$$

(iv) 4개의 숫자 2, 2, 2, 3을 일렬로 나열하는 경우의 수는

$$\frac{4!}{3!}=4$$

(v) 4개의 숫자 2, 2, 3, 3을 일렬로 나열하는 경우의 수는

$$\frac{4!}{2!\times 2!}=6$$

이상에서 구하는 네 자리 자연수의 개수는

$$4+12+12+4+6=38$$

종0050 답24

[문제 이해] 3의 배수가 되려면 네 자리 자연수에서 각 자리의 숫자의 합이 3의 배수이어야 한다.

5개의 숫자 2, 2, 3, 5, 5에서 4개를 택하여 그 합이

12가 되는 경우는 2, 2, 3, 5

15가 되는 경우는 2, 3, 5, 5 ◀ 30 %

[해결 과정] (i) 4개의 숫자 2, 2, 3, 5를 일렬로 나열하는 경우의 수는

$$\frac{4!}{2!}=12$$ ◀ 30 %

(ii) 4개의 숫자 2, 3, 5, 5를 일렬로 나열하는 경우의 수는

$$\frac{4!}{2!}=12$$ ◀ 30 %

[답 구하기] (i), (ii)에서 구하는 3의 배수의 개수는

$$12+12=24$$ ◀ 10 %

종0051 답②

1, 2, 3의 순서가 정해져 있으므로 1, 2, 3을 모두 X로 생각하여 a, b, c, X, X, X를 일렬로 나열한 후 첫 번째 X는 1로, 두 번째 X는 2로, 세 번째 X는 3으로 바꾸면 된다.

따라서 구하는 경우의 수는

$$\frac{6!}{3!}=120$$

종0052 답④

자음 f, t, r, n, n을 한 문자로 생각하고, 모음 a, e, o, o를 다른 한 문자로 생각하면 자음이 모음보다 앞에 오도록 나열하는 경우의 수는

1

이때 자음끼리 서로 자리를 바꾸는 경우의 수는

$$\frac{5!}{2!}=60$$

또, 모음끼리 서로 자리를 바꾸는 경우의 수는

$$\frac{4!}{2!}=12$$

따라서 구하는 경우의 수는

$$1\times 60\times 12=720$$

종0053 답1890

[해결 과정] (i) 7개의 문자 c, o, l, l, e, g, e를 일렬로 나열하는 경우의 수는

$$\frac{7!}{2!\times 2!}=1260$$

$$\therefore a=1260$$ ◀ 30 %

(ii) g, c의 순서가 정해져 있으므로 g, c를 모두 X로 생각하여 7개의 문자 X, o, l, l, e, X, e를 일렬로 나열한 후 첫 번째 X는 g로, 두 번째 X는 c로 바꾸면 된다.

$$\therefore \frac{7!}{2!\times 2!\times 2!}=630$$

$$\therefore b=630$$ ◀ 60 %

[답 구하기] $a+b=1260+630=1890$ ◀ 10 %

종0054 답①

1, 4와 3, 6의 순서가 정해져 있으므로 1, 4를 모두 A로, 3, 6을 모두 B로, 2와 7은 묶어서 C로 생각하여 A, A, B, B, C, 5를 일렬로 나열하는 경우의 수는

$$\frac{6!}{2!\times 2!}=180$$

이때 2와 7이 서로 자리를 바꾸는 경우의 수는

$$2!=2$$

따라서 구하는 경우의 수는

$$180\times 2=360$$

상0055 답⑤

7개의 과목을 국어, 수학, A, B, C, D, E라 하자.

(i) 월요일부터 목요일까지 공부하는 과목의 순서를 정하는 경우

국어, 수학을 제외한 5개의 과목 A, B, C, D, E 중에서 2개의 과목을 택하는 경우의 수는

$$_5C_2=10$$

A, B를 택한 경우, 국어, 수학, A, B에서 국어, 수학의 순서가 정해져 있으므로 국어, 수학을 모두 X로 생각하여 X, X, A, B를 일렬로 나열한 후 첫 번째 X는 수학으로, 두 번째 X는 국어로 바꾸면 된다.

이때 경우의 수는

$$\frac{4!}{2!}=12$$

즉, 국어와 수학을 포함한 4개의 과목의 순서를 정하는 경우의 수는

$$10\times 12=120$$

(ii) 금요일부터 일요일까지 공부하는 과목의 순서를 정하는 경우
　　나머지 3개의 과목의 순서를 정하는 경우의 수는
　　$3!=6$
(i), (ii)에서 구하는 경우의 수는
$120 \times 6 = 720$

⊛0056 🅐 ①
A 지점에서 P 지점까지 최단 거리로 가는 경우의 수는
$$\frac{7!}{5! \times 2!} = 21$$
P 지점에서 B 지점까지 최단 거리로 가는 경우의 수는
$$\frac{4!}{2! \times 2!} = 6$$
따라서 구하는 경우의 수는
$21 \times 6 = 126$

⊛0057 🅐 30
A 지점에서 P 지점까지 최단 거리로 가는 경우의 수는
$$\frac{5!}{2! \times 3!} = 10$$
P 지점에서 Q 지점까지 최단 거리로 가는 경우의 수는 1
Q 지점에서 B 지점까지 최단 거리로 가는 경우의 수는
$$\frac{3!}{2!} = 3$$
따라서 구하는 경우의 수는
$10 \times 1 \times 3 = 30$

⊛0058 🅐 435
A 지점에서 B 지점까지 최단 거리로 가는 경우의 수는
$$\frac{12!}{8! \times 4!} = 495$$
A 지점에서 $\overline{PQ}$를 거쳐 B 지점까지 최단 거리로 가는 경우의 수는
$$\frac{6!}{5!} \times 1 \times \frac{5!}{3! \times 2!} = 6 \times 1 \times 10 = 60$$
따라서 A 지점에서 $\overline{PQ}$를 거치지 않고 B 지점까지 최단 거리로 가는 경우의 수는
$495 - 60 = 435$

⊛0059 🅐 36
[해결 과정] (i) A 지점에서 P 지점까지 최단 거리로 가는 경우의 수는
$$\frac{4!}{2! \times 2!} = 6$$　　　　◀ 40 %
(ii) P 지점에서 B 지점까지 최단 거리로 가는 경우의 수는
$$\frac{6!}{4! \times 2!} = 15$$
　P 지점에서 Q 지점을 거쳐 B 지점까지 최단 거리로 가는 경우의 수는
$$\frac{3!}{2!} \times \frac{3!}{2!} = 3 \times 3 = 9$$
　따라서 P 지점에서 Q 지점을 거치지 않고 B 지점까지 최단 거리로 가는 경우의 수는
$15 - 9 = 6$　　　　◀ 50 %
[답 구하기] (i), (ii)에서 구하는 경우의 수는
$6 \times 6 = 36$　　　　◀ 10 %

⊛0060 🅐 ⑤
꼭짓점 A에서 꼭짓점 B까지 최단 거리로 가려면 오른쪽으로 4칸, 뒤쪽으로 1칸, 위쪽으로 3칸 이동해야 하므로 구하는 경우의 수는
$$\frac{8!}{4! \times 1! \times 3!} = 280$$
[참고] 크기가 같은 정육면체를 사용하여 오른쪽 그림과 같이 가로, 세로, 높이의 칸의 개수가 각각 p, q, r가 되도록 쌓아 올려 직육면체를 만들 때, 정육면체의 모서리를 따라 꼭짓점 A에서 꼭짓점 B까지 최단 거리로 가는 경우의 수는
$$\Rightarrow \frac{(p+q+r)!}{p! \times q! \times r!}$$

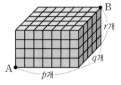

⊛0061 🅐 ③
오른쪽 그림과 같이 도로망을 놓고, 두 지점 P, Q를 잡으면 A 지점에서 B 지점까지 최단 거리로 가는 경우는
$A \to P \to B$, $A \to Q \to B$
이다.
(i) $A \to P \to B$로 가는 경우의 수는
$$\left(\frac{4!}{2! \times 2!} - 1\right) \times \frac{4!}{3!} = 5 \times 4 = 20$$
(ii) $A \to Q \to B$로 가는 경우의 수는
$$\frac{4!}{3!} \times \left(\frac{4!}{2! \times 2!} - 1\right) = 4 \times 5 = 20$$
(i), (ii)에서 구하는 경우의 수는
$20 + 20 = 40$

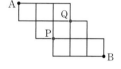

⊛0062 🅐 ②
오른쪽 그림과 같이 두 지점 P, Q를 잡으면 A 지점에서 B 지점까지 최단 거리로 가는 경우는
$A \to P \to B$, $A \to Q \to B$
이다.
(i) $A \to P \to B$로 가는 경우의 수는
$$1 \times \frac{5!}{4!} = 5$$
(ii) $A \to Q \to B$로 가는 경우의 수는
$$2 \times \frac{5!}{3! \times 2!} = 2 \times 10 = 20$$
(i), (ii)에서 구하는 경우의 수는
$5 + 20 = 25$

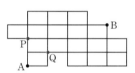

[다른 풀이]
다음 그림과 같이 지나갈 수 없는 길을 점선으로 연결하고 두 지점 C, D를 잡으면 구하는 경우의 수는 A 지점에서 B 지점까지 최단 거리로 가는 경우의 수에서 A 지점에서 C 지점과 D 지점을 거쳐 B 지점까지 최단 거리로 가는 경우의 수를 뺀 것과 같다.

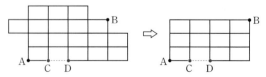

따라서 구하는 경우의 수는
$$\frac{7!}{4! \times 3!} - \left(1 \times \frac{5!}{2! \times 3!}\right) = 35 - 10 = 25$$

0063 답 ④

오른쪽 그림과 같이 세 지점 P, Q, R를 잡으면 A 지점에서 B 지점까지 최단 거리로 가는 경우는
$A \rightarrow P \rightarrow B$, $A \rightarrow Q \rightarrow B$,
$A \rightarrow R \rightarrow B$
이다.

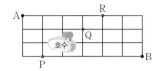

(i) $A \rightarrow P \rightarrow B$로 가는 경우의 수는
$$\frac{4!}{3!} \times 1 = 4$$

(ii) $A \rightarrow Q \rightarrow B$로 가는 경우의 수는
$$\frac{4!}{3!} \times \frac{5!}{3! \times 2!} = 4 \times 10 = 40$$

(iii) $A \rightarrow R \rightarrow B$로 가는 경우의 수는
$$1 \times \frac{5!}{2! \times 3!} = 10$$

이상에서 구하는 경우의 수는
$4 + 40 + 10 = 54$

다른 풀이

오른쪽 그림과 같이 지나갈 수 없는 길을 점선으로 연결하고 C 지점을 잡으면 구하는 경우의 수는 A 지점에서 B 지점까지 최단 거리로 가는 경우의 수에서 A 지점에서 C 지점을 거쳐 B 지점까지 최단 거리로 가는 경우의 수를 뺀 것과 같다.

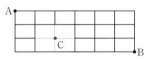

따라서 구하는 경우의 수는
$$\frac{9!}{6! \times 3!} - \left(\frac{4!}{2! \times 2!} \times \frac{5!}{4!} \right) = 84 - 30 = 54$$

0064 답 ⑤

오른쪽 그림과 같이 네 지점 C, D, E, F를 잡으면 A 지점에서 P 지점을 거치지 않고 B 지점까지 최단 거리로 가는 경우는
$A \rightarrow C \rightarrow B$, $A \rightarrow D \rightarrow B$,
$A \rightarrow E \rightarrow F \rightarrow B$ (단, 점 P를 거치지 않는다.)
이다.

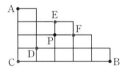

(i) $A \rightarrow C \rightarrow B$로 가는 경우의 수는 1

(ii) $A \rightarrow D \rightarrow B$로 가는 경우의 수는
$$\frac{4!}{3!} \times \frac{5!}{4!} = 4 \times 5 = 20$$

(iii) $A \rightarrow E \rightarrow F \rightarrow B$로 가는 경우의 수는
$$\left(\frac{3!}{2!} - 1 \right) \times 1 \times \left(\frac{4!}{2! \times 2!} - 1 \right) = 2 \times 1 \times 5 = 10$$

이상에서 구하는 경우의 수는
$1 + 20 + 10 = 31$

≫ 17~19쪽

중단원마무리

0065 답 240

하키 선수 사이에 앉을 스케이트 선수 1명을 택하는 경우의 수는
$_5C_1 = 5$

하키 선수 2명과 택한 스케이트 선수 1명을 한 사람으로 생각하여 5명이 원탁에 둘러앉는 경우의 수는
$(5-1)! = 4! = 24$
하키 선수끼리 서로 자리를 바꾸는 경우의 수는 $2! = 2$
따라서 구하는 경우의 수는
$5 \times 24 \times 2 = 240$

0066 답 ①

오른쪽 그림과 같이 1학년 학생 2명을 한 사람으로 생각하고, 2학년 학생 2명을 한 사람으로 생각하여 5명의 학생을 원형으로 배열하는 경우의 수는
$(5-1)! = 4! = 24$

이때 각 경우에 대하여
1학년 학생끼리 자리를 바꾸는 경우의 수는 $2! = 2$
2학년 학생끼리 자리를 바꾸는 경우의 수는 $2! = 2$
따라서 구하는 경우의 수는
$24 \times 2 \times 2 = 96$

0067 답 $\frac{1}{5}$

오른쪽 그림과 같이 정오각형의 내부의 6개의 영역을 각각 a, b, c, d, e, f라 하자.
a를 칠하는 경우의 수는 11
a에 칠한 색을 제외한 나머지 10가지 색 중에서 5가지 색을 택하는 경우의 수는
$$_{10}C_5 = \frac{10!}{5! \times 5!}$$

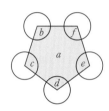

위에서 택한 서로 다른 5가지 색으로 5개의 영역 b, c, d, e, f를 칠하는 경우의 수는 서로 다른 5가지 색을 원형으로 배열하는 원순열의 수와 같으므로
$(5-1)! = 4!$
이때 나머지 5개의 영역을 칠하는 경우의 수는 6개의 영역 a, b, c, d, e, f에 칠한 색을 제외한 나머지 5가지 색을 일렬로 나열하는 경우의 수와 같으므로 5!
따라서 주어진 도형을 칠하는 경우의 수는
$$11 \times \frac{10!}{5! \times 5!} \times 4! \times 5! = \frac{1}{5} \times 11!$$
$$\therefore k = \frac{1}{5}$$

0068 답 120

(i) 6명이 A 탁자에 둘러앉는 경우
6명이 원형으로 둘러앉는 경우의 수는
$(6-1)! = 5! = 120$
이때 A 탁자에서는 원형으로 둘러앉는 한 가지 경우에 대하여 다음 그림과 같이 2가지의 서로 다른 경우가 존재한다.

따라서 A 탁자에 둘러앉는 경우의 수는 $120 \times 2 = 240$
$\therefore a = 240$

(ii) 5명이 B 탁자에 둘러앉는 경우

　　B 탁자에 둘러앉는 경우의 수는 5명을 일렬로 나열하는 순열의

　　수와 같으므로

　　$5! = 120$

　　$\therefore b = 120$

$\therefore a - b = 240 - 120 = 120$

0069 답 ⑤

서로 다른 7개의 떡 중에서 흰 접시에 3개를 담는 경우의 수는

$_7C_3 = 35$

이때 각 경우에 대하여 나머지 4개의 떡을 파란 접시, 노란 접시에 나

누어 담는 경우의 수는 서로 다른 2개의 접시에서 4개를 택하는 중복

순열의 수와 같으므로

$_2\Pi_4 = 2^4 = 16$

따라서 구하는 경우의 수는

$35 \times 16 = 560$

0070 답 ⑤

A가 B보다 공책을 적지 않게 받는 경우는 A가 2권을 모두 받거나

A와 B가 각각 한 권씩 받는 경우이다.

(i) A가 공책 2권을 받는 경우

　　A가 받는 공책 2권을 택하는 경우의 수는

　　$_6C_2 = 15$

　　나머지 4권의 공책을 C, D에게 나누어 주는 경우의 수는

　　$_2\Pi_4 = 2^4 = 16$

　　$\therefore 15 \times 16 = 240$

(ii) A와 B가 각각 공책 한 권씩 받는 경우

　　A와 B가 각각 받는 공책 한 권을 택하는 경우의 수는

　　$_6C_1 \times _5C_1 = 6 \times 5 = 30$

　　나머지 4권의 공책을 C, D에게 나누어 주는 경우의 수는

　　$_2\Pi_4 = 2^4 = 16$

　　$\therefore 30 \times 16 = 480$

(i), (ii)에서 구하는 경우의 수는

$240 + 480 = 720$

0071 답 ③

1, 2, 3, 4, 5를 사용하여 만든 네 자리 자연수가 5의 배수가 되려면

일의 자리의 숫자가 5이어야 한다. 이때 천의 자리, 백의 자리, 십의

자리의 숫자를 택하는 경우의 수는 서로 다른 5개의 숫자에서 3개를

택하는 중복순열의 수와 같으므로 구하는 경우의 수는

$_5\Pi_3 = 5^3 = 125$

0072 답 ③

(i) |C| |C| |C| |C| | | 또는 | |C| |C| |C| |C|인 경우

　　C가 적힌 카드를 나열하고 남은 나머지 자리에 각각 A, B, B

　　가 적힌 카드를 일렬로 나열하면 되므로 그 경우의 수는

　　$2 \times \dfrac{4!}{3!} = 2 \times 4 = 8$

(ii) |C| |C| |C| |C| 또는 |C| |C| |C| |C| 또는

　　|C| |C| |C| |C|인 경우

　　C가 적힌 카드를 나열하고 남은 나머지 자리 중에서 이웃한 자리

　　에는 A가 적힌 카드와 B가 적힌 카드를, 떨어져 있는 자리에는

　　B가 적힌 카드를 일렬로 나열하면 되므로 그 경우의 수는 3

이때 A와 B가 서로 자리를 바꾸는 경우의 수는 $2! = 2$

$\therefore 3 \times 2 = 6$

(i), (ii)에서 구하는 경우의 수는

$8 + 6 = 14$

0073 답 ③

한 변의 길이가 2인 정사각형 모양의 타일을 A, 가로의 길이가 1, 세

로의 길이가 2인 직사각형 모양의 타일을 B라 하면 구하는 경우의 수

는 A, B에서 중복을 허용하여 택하여 가로의 길이의 합이 7이 되는

경우의 수와 같다.

이때 가로의 길이의 합이 7인 경우는 A, B를 각각

3개, 1개 또는 2개, 3개 또는 1개, 5개 또는 0개, 7개

사용하는 것이고, 각 경우에 대하여 타일을 붙이는 경우의 수는 2개

의 문자를 일렬로 나열하는 경우의 수와 같다.

(i) A를 3개, B를 1개 사용하는 경우

　　타일을 붙이는 경우의 수는 4개의 문자 A, A, A, B를 일렬로 나

　　열하는 경우의 수와 같으므로

　　$\dfrac{4!}{3!} = 4$

(ii) A를 2개, B를 3개 사용하는 경우

　　타일을 붙이는 경우의 수는 5개의 문자 A, A, B, B, B를 일렬로

　　나열하는 경우의 수와 같으므로

　　$\dfrac{5!}{2! \times 3!} = 10$

(iii) A를 1개, B를 5개 사용하는 경우

　　타일을 붙이는 경우의 수는 6개의 문자 A, B, B, B, B, B를 일

　　렬로 나열하는 경우의 수와 같으므로

　　$\dfrac{6!}{5!} = 6$

(iv) B를 7개 사용하는 경우

　　타일을 붙이는 경우의 수는 1

이상에서 구하는 경우의 수는

$4 + 10 + 6 + 1 = 21$

0074 답 287

집합 Y의 원소 8, 9, 10에 각각 대응되는 집합 X의 원소의 개수가

1, 1, 5 또는 1, 2, 4 또는 1, 3, 3

이고, 각 경우에 대하여 함수의 개수는 세 수에 해당되는 집합 X의

원소를 일렬로 나열하는 경우의 수와 같다.

(i) 1, 1, 5인 경우

　　집합 X의 원소 7개 중에서 $f(c) = 10$을 만족시키는 원소가 5개

　　이므로 함수의 개수는

　　$\dfrac{7!}{5!} = 42$

(ii) 1, 2, 4인 경우

　　집합 X의 원소 7개 중에서 $f(b) = 9$, $f(c) = 10$을 만족시키는 두

　　원소 b, c가 각각 2개, 4개씩 존재하므로 함수의 개수는

　　$\dfrac{7!}{2! \times 4!} = 105$

(iii) 1, 3, 3인 경우

　　집합 X의 원소 7개 중에서 $f(b) = 9$, $f(c) = 10$을 만족시키는 두

　　원소 b, c가 각각 3개, 3개씩 존재하므로 함수의 개수는

　　$\dfrac{7!}{3! \times 3!} = 140$

이상에서 구하는 함수의 개수는

$42+105+140=287$

0075 달 150

주어진 7개의 숫자를 사용하여 만든 일곱 자리 자연수가 홀수가 되려면 일의 자리의 숫자가 5 또는 7이어야 한다.

(i) 일의 자리의 숫자가 5인 경우

4, 6의 순서가 정해져 있으므로 4, 6을 모두 X로 생각하여 X, 5, 5, X, 7, 7을 일렬로 나열한 후 첫 번째 X는 4로, 두 번째 X는 6으로 바꾸면 된다.

즉, 만들 수 있는 홀수의 개수는

$\dfrac{6!}{2! \times 2! \times 2!}=90$

(ii) 일의 자리의 숫자가 7인 경우

4, 6의 순서가 정해져 있으므로 4, 6을 모두 X로 생각하여 X, 5, 5, 5, X, 7을 일렬로 나열한 후 첫 번째 X는 4로, 두 번째 X는 6으로 바꾸면 된다.

즉, 만들 수 있는 홀수의 개수는

$\dfrac{6!}{2! \times 3!}=60$

(i), (ii)에서 구하는 홀수의 개수는

$90+60=150$

0076 달 ②

오른쪽 그림과 같이 도로망을 놓고, 세 지점 P, Q, R를 잡자. 이때 C 지점을 지나지 않으려면 반드시 P 지점을 지나야 하므로 A 지점에서 P 지점까지 최단 거리로 가는 경우의 수는

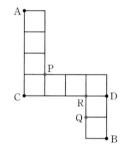

$\dfrac{4!}{3!}=4$

또, P 지점을 지났을 때, D 지점을 지나지 않으려면 반드시 Q 지점을 지나야 한다. Q 지점을 지나려면 R 지점을 반드시 지나야 하므로 P 지점에서 R 지점을 지나 Q 지점까지 최단 거리로 가는 경우의 수는

$\dfrac{3!}{2!} \times 1=3$

Q 지점에서 B 지점까지 최단 거리로 가는 경우의 수는 2

따라서 구하는 경우의 수는

$4 \times 3 \times 2=24$

0077 달 ③

오른쪽 그림과 같이 네 지점 P, Q, R, S를 잡으면 A 지점에서 B 지점까지 최단 거리로 가는 경우는

A → P → B, A → Q → B,

A → R → B, A → S → B

이다.

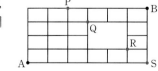

(i) A → P → B로 가는 경우의 수는

$\dfrac{6!}{2! \times 4!} \times 1=15$

(ii) A → Q → B로 가는 경우의 수는

$\dfrac{6!}{3! \times 3!} \times \dfrac{4!}{3!}=20 \times 4=80$

(iii) A → R → B로 가는 경우의 수는

$\dfrac{6!}{5!} \times \dfrac{4!}{3!}=6 \times 4=24$

(iv) A → S → B로 가는 경우의 수는 1

이상에서 구하는 경우의 수는

$15+80+24+1=120$

다른 풀이

오른쪽 그림과 같이 지나갈 수 없는 길을 점선으로 연결하고 C 지점을 잡으면 구하는 경우의 수는 A 지점에서 B 지점까지 최단 거리로 가는

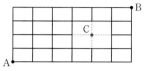

경우의 수에서 A 지점에서 C 지점을 거쳐 B 지점까지 최단 거리로 가는 경우의 수를 뺀 것과 같다.

따라서 구하는 경우의 수는

$\dfrac{10!}{6! \times 4!}-\left(\dfrac{6!}{4! \times 2!} \times \dfrac{4!}{2! \times 2!}\right)=210-90=120$

0078 달 ①

전략 원순열을 이용하여 주어진 도형에 색칠하는 경우의 수를 구한다.

(i) 가운데 정육각형을 칠하는 경우의 수는 7

이때 나머지 6개의 영역을 칠하는 경우의 수는 가운데 정육각형에 칠한 색을 제외한 나머지 6가지 색을 원형으로 배열하는 원순열의 수와 같으므로

$(6-1)!=5!=120$

따라서 서로 다른 7가지 색을 모두 사용하여 칠하는 경우의 수는

$7 \times 120=840$

∴ $a=840$

(ii) 초록은 세 번, 빨강은 두 번, 노랑과 파랑은 각각 한 번씩만 사용하려면 가운데 정육각형은 노랑과 파랑 중 한 가지 색을 칠해야 하므로 칠하는 경우의 수는 2

이때 6개의 영역을 칠하는 경우는 오른쪽 그림과 같이 인접하지 않도록 3개의 영역에 초록을 칠하고, 나머지 3개의 영역에 나머지 색을 칠하면 되므로 그 경우의 수는 1

따라서 4가지 색을 사용하여 칠하는 경우의 수는 $2 \times 1=2$

∴ $b=2$

∴ $a+b=840+2=842$

0079 달 ③

전략 순서가 정해진 같은 것이 있는 순열의 수를 이용하여 주어진 조건을 만족시키는 업무의 처리 순서를 정하는 경우의 수를 구한다.

처리해야 할 6가지 업무를 A, B, C, D, E, F라 하면 4가지 업무 C, D, E, F 중 2가지를 택하는 경우의 수는

$_4C_2=6$

오늘 처리할 2가지 업무 C, D가 택해졌을 때, A, B의 순서가 정해져 있으므로 A, B를 모두 X로 생각하여 4개의 문자 X, X, C, D를 일렬로 나열한 후 첫 번째 X는 A로, 두 번째 X는 B로 바꾸면 되므로 업무의 처리 순서를 정하는 경우의 수는

$\dfrac{4!}{2!}=12$

따라서 구하는 경우의 수는

$6 \times 12=72$

0080 답 ③

전략 주어진 조건을 만족시키는 도로망을 만들어 최단 거리로 가는 경우의 수를 이용한다.

지훈이와 슬기의 게임 결과를 오른쪽 그림과 같이 도로망으로 나타낼 때, 지훈이가 이기면 O 지점에서 위쪽 방향으로 한 칸, 슬기가 이기면 O 지점에서 오른쪽 방향으로 한 칸 이동하는 것으로 하자.

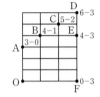

지훈이가 6승 3패로 이기는 경우의 수는 O 지점에서 A 지점과 B 지점을 거치지 않고 E 지점을 거쳐 D 지점까지 최단 거리로 가는 경우의 수와 같다. 이때 지훈이가 3번 연속으로 지면 슬기가 이기게 되어 게임이 끝나므로 O 지점에서 F 지점을 거쳐 E 지점까지 최단 거리로 가는 경우는 제외해야 한다.

(i) O 지점에서 E 지점까지 최단 거리로 가는 경우의 수는

$$\frac{7!}{3! \times 4!} = 35$$

(ii) O 지점에서 A 지점을 거쳐 E 지점까지 최단 거리로 가는 경우의 수는

$$1 \times \frac{4!}{3!} = 4$$

(iii) O 지점에서 B 지점을 거쳐 E 지점까지 최단 거리로 가는 경우의 수는

$$\frac{5!}{4!} \times 1 = 5$$

(iv) O 지점에서 A 지점과 B 지점을 거쳐 E 지점까지 최단 거리로 가는 경우의 수는

$$1 \times 2 \times 1 = 2$$

(v) O 지점에서 F 지점을 거쳐 E 지점까지 최단 거리로 가는 경우의 수는 1

이상에서 구하는 경우의 수는

$$35 - (4 + 5 - 2 + 1) = 27$$

참고 E 지점에서 D 지점까지 최단 거리로 가는 경우의 수는 1이므로 O 지점에서 E 지점을 거쳐 D 지점까지 최단 거리로 가는 경우의 수는 O 지점에서 E 지점까지 최단 거리로 가는 경우의 수와 같다.

0081 답 $\frac{6}{7}$

해결 과정 남학생을 3명씩 2개의 조로 나누는 경우의 수는

$$_6C_3 \times _3C_3 \times \frac{1}{2!}$$ ◀ 20 %

2개의 조로 나눈 남학생 3명과 빈 의자 1개를 한 묶음으로 생각하여 각각 A, B라 하고, 여학생 3명과 빈 의자 1개를 한 묶음으로 생각하여 C라 하면 A, B, C를 원형의 탁자에 나열하는 경우의 수는

$$(3-1)! = 2!$$ ◀ 30 %

A, B, C에 속하는 학생끼리 서로 자리를 바꾸는 경우의 수는

$$3! \times 3! \times 3!$$ ◀ 20 %

답 구하기 따라서 주어진 규칙에 따라 원탁에 둘러앉는 경우의 수는

$$_6C_3 \times _3C_3 \times \frac{1}{2!} \times 2! \times 3! \times 3! \times 3!$$

$$= \frac{6!}{3! \times 3!} \times 3! \times 3! \times 3!$$

$$= 6 \times 6! = \frac{6}{7} \times 7!$$

$$\therefore k = \frac{6}{7}$$ ◀ 30 %

도움 개념 분할하는 경우의 수

서로 다른 n개를 p개, q개 $(p+q=n)$로 분할하는 경우의 수는

(1) p, q가 다른 경우

⇒ $_nC_p \times _{n-p}C_q$

(2) p, q가 같은 경우

⇒ $_nC_p \times _{n-p}C_q \times \frac{1}{2!}$

0082 답 (1) 32 (2) 80 (3) 131

(1) a를 나열하지 않는 경우

b, c에서 중복을 허용하여 5개를 뽑아 일렬로 나열하는 것과 같으므로 경우의 수는

$$_2\Pi_5 = 2^5 = 32$$ ◀ 20 %

(2) a를 한 번 사용하여 나열하는 경우

a의 자리를 정한 후 나머지 자리를 b, c에서 중복을 허용하여 4개를 뽑아 일렬로 나열하는 것과 같으므로 경우의 수는

$$5 \times _2\Pi_4 = 5 \times 2^4$$
$$= 80$$ ◀ 30 %

(3) a가 두 번 이상 나오는 경우의 수는 서로 다른 3개의 문자에서 5개를 택하는 중복순열의 수에서 a를 나열하지 않거나 한 번 사용하여 나열하는 경우의 수를 빼면 된다. ◀ 10 %

3개의 문자 a, b, c에서 중복을 허용하여 5개를 뽑아 일렬로 나열하는 경우의 수는

$$_3\Pi_5 = 3^5$$
$$= 243$$ ◀ 20 %

따라서 (1), (2)에 의하여 구하는 경우의 수는

$$243 - (32 + 80) = 131$$ ◀ 20 %

0083 답 42

문제 이해 주어진 6개의 숫자를 사용하여 만든 여섯 자리 자연수가 4의 배수가 되려면 끝의 두 자리수가 4의 배수인 수이어야 하므로 십의 자리와 일의 자리의 숫자가 각각

1, 2 또는 2, 4 또는 4, 4 또는 5, 2

이어야 한다. ◀ 10 %

해결 과정 (i) 십의 자리와 일의 자리의 숫자가 각각 1, 2인 경우

4개의 숫자 1, 4, 4, 5를 일렬로 나열하는 경우의 수는

$$\frac{4!}{2!} = 12$$ ◀ 20 %

(ii) 십의 자리와 일의 자리의 숫자가 각각 2, 4인 경우

4개의 숫자 1, 1, 4, 5를 일렬로 나열하는 경우의 수는

$$\frac{4!}{2!} = 12$$ ◀ 20 %

(iii) 십의 자리와 일의 자리의 숫자가 각각 4, 4인 경우

4개의 숫자 1, 1, 2, 5를 일렬로 나열하는 경우의 수는

$$\frac{4!}{2!} = 12$$ ◀ 20 %

(iv) 십의 자리와 일의 자리의 숫자가 각각 5, 2인 경우

4개의 숫자 1, 1, 4, 4를 일렬로 나열하는 경우의 수는

$$\frac{4!}{2! \times 2!} = 6$$ ◀ 20 %

답 구하기 이상에서 구하는 4의 배수의 개수는

$$12 + 12 + 12 + 6 = 42$$ ◀ 10 %

02 중복조합과 이항정리

Lecture

03 중복조합

» 22~24쪽

0084 답 252

$_6H_5=_{6+5-1}C_5=_{10}C_5=\dfrac{10\times9\times8\times7\times6}{5\times4\times3\times2\times1}=252$

0085 답 4

$_2H_3=_{2+3-1}C_3=_4C_3=_4C_1=4$

0086 답 35

$_4H_4=_{4+4-1}C_4=_7C_4=_7C_3=\dfrac{7\times6\times5}{3\times2\times1}=35$

0087 답 1

$_3H_0=_{3+0-1}C_0=_2C_0=1$

0088 답 7

$_5H_3=_{5+3-1}C_3=_7C_3$이므로

$n=7$

0089 답 8

$_2H_7=_{2+7-1}C_7=_8C_7=_8C_1$이므로

$n=8$

0090 답 4

$_8H_r=_{8+r-1}C_r=_{7+r}C_r$이므로

$_{7+r}C_r=_{11}C_4$ ∴ $r=4$

0091 답 7

$_4H_r=_{4+r-1}C_r=_{3+r}C_r$이므로

$_{3+r}C_r=_{10}C_3=_{10}C_7$ ∴ $r=7$

0092 답 6

구하는 경우의 수는 서로 다른 2개에서 5개를 택하는 중복조합의 수와 같으므로

$_2H_5=_{2+5-1}C_5=_6C_5=_6C_1=6$

0093 답 56

구하는 경우의 수는 서로 다른 6개에서 3개를 택하는 중복조합의 수와 같으므로

$_6H_3=_{6+3-1}C_3=_8C_3=\dfrac{8\times7\times6}{3\times2\times1}=56$

0094 답 (1) 7 (2) 5

(1) 구하는 경우의 수는 2개의 문자 x, y에서 6개를 택하는 중복조합의 수와 같으므로

$_2H_6=_{2+6-1}C_6=_7C_6=_7C_1=7$

(2) x, y가 모두 자연수이므로

$x-1=a$, $y-1=b$로 놓으면

$x=a+1$, $y=b+1$

$x+y=6$에서

$(a+1)+(b+1)=6$

∴ $a+b=4$ (단, a, b는 음이 아닌 정수이다.) …… ㉠

따라서 구하는 순서쌍 $(x,\ y)$의 개수는 방정식 ㉠을 만족시키는 음이 아닌 정수 a, b의 순서쌍 $(a,\ b)$의 개수와 같으므로

$_2H_4=_{2+4-1}C_4=_5C_4=_5C_1=5$

0095 답 (1) 15 (2) 3

(1) 구하는 경우의 수는 3개의 문자 x, y, z에서 4개를 택하는 중복조합의 수와 같으므로

$_3H_4=_{3+4-1}C_4=_6C_4=_6C_2=15$

(2) x, y, z가 모두 자연수이므로

$x-1=a$, $y-1=b$, $z-1=c$로 놓으면

$x=a+1$, $y=b+1$, $z=c+1$

$x+y+z=4$에서

$(a+1)+(b+1)+(c+1)=4$

∴ $a+b+c=1$ (단, a, b, c는 음이 아닌 정수이다.) …… ㉠

따라서 구하는 순서쌍 $(x,\ y,\ z)$의 개수는 방정식 ㉠을 만족시키는 음이 아닌 정수 a, b, c의 순서쌍 $(a,\ b,\ c)$의 개수와 같으므로

$_3H_1=_{3+1-1}C_1=_3C_1=3$

⑨0096 답 ①

구하는 경우의 수는 서로 다른 4개에서 10개를 택하는 중복조합의 수와 같으므로

$_4H_{10}=_{4+10-1}C_{10}=_{13}C_{10}=_{13}C_3=286$

⑨0097 답 ③

$(a+b+c)^6$의 전개식에서 서로 다른 항의 개수는 3개의 문자 a, b, c에서 6개를 택하는 중복조합의 수와 같으므로

$_3H_6=_{3+6-1}C_6=_8C_6=_8C_2=28$

> 참고 자연수 n에 대하여 $(a+b+c)^n$의 전개식에서 서로 다른 항의 개수는
> ⇨ $_3H_n$

⑤0098 답 57

무기명으로 투표하는 경우의 수는 서로 다른 2개에서 6개를 택하는 중복조합의 수와 같으므로

$_2H_6=_{2+6-1}C_6=_7C_6=_7C_1=7$ ∴ $a=7$

기명으로 투표하는 경우의 수는 서로 다른 2개에서 6개를 택하는 중복순열의 수와 같으므로

$_2\Pi_6=2^6=64$ ∴ $b=64$

∴ $b-a=64-7=57$

⑤0099 답 ③

$2\le a\le b\le c\le7$을 만족시키는 자연수 a, b, c는 순서가 정해져 있고 같은 수일 수도 있으므로 2부터 7까지 6개의 자연수 중에서 중복을 허용하여 3개의 수를 택하여 크기가 작거나 같은 것부터 차례로 a, b, c에 대응시키면 된다.

따라서 구하는 순서쌍 $(a,\ b,\ c)$의 개수는 2, 3, 4, 5, 6, 7의 6개의 숫자 중에서 3개를 택하는 중복조합의 수와 같으므로

$_6H_3=_{6+3-1}C_3=_8C_3=56$

❀0100 🔑 630

[문제 이해] 3명에게 빨간 펜 5자루, 파란 펜 3자루, 노란 펜 1자루를 나누어 주는 경우의 수를 각각 구한다. ◀ 10 %

[해결 과정] (i) 같은 종류의 빨간 펜 5자루를 3명에게 남김없이 나누어 주는 경우의 수는 서로 다른 3개에서 5개를 택하는 중복조합의 수와 같으므로

$$_3H_5 = _{3+5-1}C_5 = _7C_5 = _7C_2 = 21 \qquad ◀ 30\%$$

(ii) 같은 종류의 파란 펜 3자루를 3명에게 남김없이 나누어 주는 경우의 수는 서로 다른 3개에서 3개를 택하는 중복조합의 수와 같으므로

$$_3H_3 = _{3+3-1}C_3 = _5C_3 = _5C_2 = 10 \qquad ◀ 30\%$$

(iii) 노란 펜 1자루를 3명에게 나누어 주는 경우의 수는
3 ◀ 20 %

[답 구하기] 이상에서 구하는 경우의 수는
$21 \times 10 \times 3 = 630$ ◀ 10 %

❀0101 🔑 ⑤

먼저 불고기버거, 치킨버거, 새우버거를 각각 한 개씩 사고, 나머지 4개의 버거를 사면 된다.

따라서 구하는 경우의 수는 서로 다른 3개에서 4개를 택하는 중복조합의 수와 같으므로

$$_3H_4 = _{3+4-1}C_4 = _6C_4 = _6C_2 = 15$$

❀0102 🔑 ①

먼저 3개의 필통에 볼펜을 각각 한 자루씩 넣으면 볼펜 5자루가 남는다.

이때 같은 종류의 볼펜 5자루를 서로 다른 3개의 필통에 나누어 넣는 경우의 수는 서로 다른 3개에서 5개를 택하는 중복조합의 수와 같으므로

$$_3H_5 = _{3+5-1}C_5 = _7C_5 = _7C_2 = 21$$

한편, 3개의 필통 중 1개의 필통에 볼펜을 5자루 이상 넣는 경우는 (5자루, 2자루, 1자루), (6자루, 1자루, 1자루)가 있다.

3개의 필통에 (5자루, 2자루, 1자루)씩 나누어 넣는 경우의 수는
$3! = 6$

3개의 필통에 (6자루, 1자루, 1자루)씩 나누어 넣는 경우의 수는
$\dfrac{3!}{2!} = 3$

즉, 1개의 필통에 볼펜을 5자루 이상 넣는 경우의 수는
$6 + 3 = 9$

따라서 구하는 경우의 수는
$21 - 9 = 12$

❀0103 🔑 30

a의 값은 3개의 문자 x, y, z에서 10개를 택하는 중복조합의 수와 같으므로

$$_3H_{10} = _{3+10-1}C_{10} = _{12}C_{10} = _{12}C_2 = 66$$

$\therefore a = 66$

한편, $x-1=X, y-1=Y, z-1=Z$로 놓으면
$x = X+1, y = Y+1, z = Z+1$
$x+y+z = 10$에서
$(X+1) + (Y+1) + (Z+1) = 10$
$\therefore X+Y+Z = 7$ (단, X, Y, Z는 음이 아닌 정수이다.) ······ ㉠

즉, b의 값은 방정식 ㉠을 만족시키는 음이 아닌 정수 X, Y, Z의 순서쌍 (X, Y, Z)의 개수와 같으므로

$$_3H_7 = _{3+7-1}C_7 = _9C_7 = _9C_2 = 36$$

$\therefore b = 36$
$\therefore a - b = 66 - 36 = 30$

❀0104 🔑 20

x, y, z가 음이 아닌 정수이므로 $x+y+z < 4$인 경우는
$x+y+z = 0$ 또는 $x+y+z = 1$ 또는 $x+y+z = 2$ 또는 $x+y+z = 3$

(i) 방정식 $x+y+z = 0$을 만족시키는 음이 아닌 정수 x, y, z의 순서쌍 (x, y, z)의 개수는
$(0, 0, 0)$의 1

(ii) 방정식 $x+y+z = 1$을 만족시키는 음이 아닌 정수 x, y, z의 순서쌍 (x, y, z)의 개수는
$$_3H_1 = _{3+1-1}C_1 = _3C_1 = 3$$

(iii) 방정식 $x+y+z = 2$를 만족시키는 음이 아닌 정수 x, y, z의 순서쌍 (x, y, z)의 개수는
$$_3H_2 = _{3+2-1}C_2 = _4C_2 = 6$$

(iv) 방정식 $x+y+z = 3$을 만족시키는 음이 아닌 정수 x, y, z의 순서쌍 (x, y, z)의 개수는
$$_3H_3 = _{3+3-1}C_3 = _5C_3 = _5C_2 = 10$$

이상에서 구하는 순서쌍 (x, y, z)의 개수는
$1 + 3 + 6 + 10 = 20$

❀0105 🔑 55

x, y, z가 모두 자연수이고
$x-1 \geq 0, y-2 \geq 0, z-3 \geq 0$이므로
$x-1 = a, y-2 = b, z-3 = c$로 놓으면
$x = a+1, y = b+2, z = c+3$
$x+y+z = 15$에서
$(a+1) + (b+2) + (c+3) = 15$
$\therefore a+b+c = 9$ (단, a, b, c는 음이 아닌 정수이다.) ······ ㉠

따라서 구하는 순서쌍 (x, y, z)의 개수는 방정식 ㉠을 만족시키는 음이 아닌 정수 a, b, c의 순서쌍 (a, b, c)의 개수와 같으므로

$$_3H_9 = _{3+9-1}C_9 = _{11}C_9 = _{11}C_2 = 55$$

❀0106 🔑 ③

x, y, z가 모두 자연수이므로
$x-1 = a, y-1 = b, z-1 = c$로 놓으면
$x = a+1, y = b+1, z = c+1$
$x+y+z = n+3$에서
$(a+1) + (b+1) + (c+1) = n+3$
$\therefore a+b+c = n$ (단, a, b, c는 음이 아닌 정수이다.) ······ ㉠

방정식 ㉠을 만족시키는 음이 아닌 정수 a, b, c의 순서쌍 (a, b, c)의 개수는

$$_3H_n = _{3+n-1}C_n = _{n+2}C_n = _{n+2}C_2 = \dfrac{(n+2)(n+1)}{2 \times 1}$$

이때 순서쌍 (a, b, c)의 개수는 순서쌍 (x, y, z)의 개수와 같으므로
$\dfrac{(n+2)(n+1)}{2} = 45$, $n^2 + 3n + 2 = 90$
$n^2 + 3n - 88 = 0$, $(n+11)(n-8) = 0$
$\therefore n = 8$ (∵ n은 자연수)

⊛0107 답 ⑤

x, y, z, w가 모두 양의 정수이므로

$x-1=a$, $y-1=b$, $z-1=c$, $w-1=d$로 놓으면

$x=a+1$, $y=b+1$, $z=c+1$, $w=d+1$

$x+y+z+3w=12$에서

$(a+1)+(b+1)+(c+1)+3(d+1)=12$

$\therefore a+b+c+3d=6$ (단, a, b, c, d는 음이 아닌 정수이다.)

$\cdots\cdots$ ㉠

순서쌍 (x, y, z, w)의 개수는 방정식 ㉠을 만족시키는 음이 아닌 정수 a, b, c, d의 순서쌍 (a, b, c, d)의 개수와 같다.

방정식 ㉠에서 d가 음이 아닌 정수이므로 d에 0, 1, 2를 각각 대입하면

(i) $d=0$, 즉 $a+b+c=6$일 때,

방정식 $a+b+c=6$을 만족시키는 음이 아닌 정수 a, b, c의 순서쌍 (a, b, c)의 개수는

$_3H_6={}_{3+6-1}C_6={}_8C_6={}_8C_2=28$

(ii) $d=1$, 즉 $a+b+c=3$일 때,

방정식 $a+b+c=3$을 만족시키는 음이 아닌 정수 a, b, c의 순서쌍 (a, b, c)의 개수는

$_3H_3={}_{3+3-1}C_3={}_5C_3={}_5C_2=10$

(iii) $d=2$, 즉 $a+b+c=0$일 때,

방정식 $a+b+c=0$을 만족시키는 음이 아닌 정수 a, b, c의 순서쌍 (a, b, c)의 개수는

$(0, 0, 0)$의 1

이상에서 구하는 순서쌍 (x, y, z, w)의 개수는

$28+10+1=39$

⊛0108 답 36

[해결 과정] x, y, z, w의 4개 중에서 1이 될 2개를 정하는 경우의 수는

$_4C_2=6$ ◀ 20 %

$x=1$, $y=1$이라 하면

$z+w=9$ (단, z, w는 자연수이다.) $\cdots\cdots$ ㉠

$z-1=a$, $w-1=b$로 놓으면

$z=a+1$, $w=b+1$

방정식 ㉠에서

$(a+1)+(b+1)=9$

$\therefore a+b=7$ (단, a, b는 음이 아닌 정수이다.) $\cdots\cdots$ ㉡

방정식 ㉡을 만족시키는 음이 아닌 정수 a, b의 순서쌍 (a, b)의 개수는

$_2H_7={}_{2+7-1}C_7={}_8C_7={}_8C_1=8$ ◀ 30 %

조건 ㈎에 의하여 $z\neq1$, $w\neq1$이므로

$a\neq0$, $b\neq0$

$a=0$ 또는 $b=0$인 순서쌍 (a, b)의 개수는

$(0, 7)$, $(7, 0)$

의 2이다.

즉, 방정식 ㉡을 만족시키는 0이 아니고 음이 아닌 정수 a, b의 순서쌍 (a, b)의 개수는

$8-2=6$

$x=1$, $y=1$일 때, 순서쌍 (z, w)의 개수는 위에서 구한 순서쌍 (a, b)의 개수와 같다. ◀ 30 %

[답 구하기] 따라서 구하는 순서쌍 (x, y, z, w)의 개수는

$6\times6=36$ ◀ 20 %

⊛0109 답 ⑤

주어진 조건을 만족시키려면 집합 Y의 6개의 원소 1, 2, 3, 4, 5, 6에서 중복을 허용하여 4개를 뽑아 크기가 작거나 같은 것부터 차례로 집합 X의 원소 a, b, c, d에 대응시키면 된다.

따라서 구하는 함수의 개수는 서로 다른 6개에서 4개를 택하는 중복조합의 수와 같으므로

$_6H_4={}_{6+4-1}C_4={}_9C_4=126$

⊛0110 답 ①

$f(1)<f(2)<f(3)<f(4)$를 만족시키는 경우의 수는 1, 2, 3, 4, 5, 6에서 4개를 택하는 조합의 수와 같으므로

$_6C_4={}_6C_2=15$

$f(5)\geq f(6)$을 만족시키는 경우의 수는 1, 2, 3, 4, 5, 6에서 2개를 택하는 중복조합의 수와 같으므로

$_6H_2={}_{6+2-1}C_2={}_7C_2=21$

따라서 구하는 함수의 개수는 $15\times21=315$

⊛0111 답 ①

$f(3)$은 짝수이므로 $f(3)=2$ 또는 $f(3)=4$

(i) $f(3)=2$일 때,

$f(1)\leq f(2)\leq2$에서 $f(1)$, $f(2)$의 값이 될 수 있는 수는 1, 2

1, 2에서 중복을 허용하여 2개를 뽑아 크기가 작거나 같은 것부터 차례로 $f(1)$, $f(2)$의 값을 정하면 되므로 구하는 경우의 수는

$_2H_2={}_{2+2-1}C_2={}_3C_2={}_3C_1=3$

$2\leq f(4)\leq f(5)$에서 $f(4)$, $f(5)$의 값이 될 수 있는 수는 2, 3, 4, 5

2, 3, 4, 5에서 중복을 허용하여 2개를 뽑아 크기가 작거나 같은 것부터 차례로 $f(4)$, $f(5)$의 값을 정하면 되므로 구하는 경우의 수는 $_4H_2={}_{4+2-1}C_2={}_5C_2=10$

따라서 함수의 개수는 $3\times10=30$

(ii) $f(3)=4$일 때,

$f(1)\leq f(2)\leq4$에서 $f(1)$, $f(2)$의 값이 될 수 있는 수는 1, 2, 3, 4

1, 2, 3, 4에서 중복을 허용하여 2개를 뽑아 크기가 작거나 같은 것부터 차례로 $f(1)$, $f(2)$의 값을 정하면 되므로 구하는 경우의 수는 $_4H_2={}_{4+2-1}C_2={}_5C_2=10$

$4\leq f(4)\leq f(5)$에서 $f(4)$, $f(5)$의 값이 될 수 있는 수는 4, 5

4, 5에서 중복을 허용하여 2개를 뽑아 크기가 작거나 같은 것부터 차례로 $f(4)$, $f(5)$의 값을 정하면 되므로 구하는 경우의 수는

$_2H_2={}_{2+2-1}C_2={}_3C_2={}_3C_1=3$

따라서 함수의 개수는 $10\times3=30$

(i), (ii)에서 구하는 함수의 개수는 $30+30=60$

⊛0112 답 30

(i) $f(1)\leq f(2)=3$이므로 $f(1)$의 값이 될 수 있는 수는 집합 Y의 원소 중 1, 2, 3의 3개

(ii) $f(2)\leq f(3)<f(4)\leq f(5)$를 만족시키는 경우의 수는

$f(2)\leq f(3)\leq f(4)\leq f(5)$를 만족시키는 경우 중 $f(3)=f(4)$인 경우를 제외하면 된다.

$f(2)=3\leq f(3)\leq f(4)\leq f(5)$를 만족시키는 경우의 수는 집합 Y의 원소 3, 4, 5, 6에서 중복을 허용하여 3개를 뽑아 크기가 작거나 같은 것부터 차례로 $f(3)$, $f(4)$, $f(5)$의 값을 정하면 된다.

즉, 서로 다른 4개에서 3개를 택하는 중복조합의 수와 같으므로
$${}_4H_3={}_{4+3-1}C_3={}_6C_3=20$$
한편, $f(2)=3\leq f(3)=f(4)\leq f(5)$를 만족시키는 경우의 수는
$f(3)=f(4)=3$일 때,
　$f(5)$의 값이 될 수 있는 수는 3, 4, 5, 6의 4개
$f(3)=f(4)=4$일 때,
　$f(5)$의 값이 될 수 있는 수는 4, 5, 6의 3개
$f(3)=f(4)=5$일 때,
　$f(5)$의 값이 될 수 있는 수는 5, 6의 2개
$f(3)=f(4)=6$일 때,
　$f(5)$의 값이 될 수 있는 수는 6의 1개
이므로
$$4+3+2+1=10$$
따라서 $f(2)\leq f(3)<f(4)\leq f(5)$를 만족시키는 경우의 수는
$$20-10=10$$
(i), (ii)에서 구하는 함수의 개수는 $3\times 10=30$

Lecture

04 이항정리

» 25~28쪽

0113 답 $a^6+6a^5b+15a^4b^2+20a^3b^3+15a^2b^4+6ab^5+b^6$
$(a+b)^6$
$={}_6C_0a^6+{}_6C_1a^5b+{}_6C_2a^4b^2+{}_6C_3a^3b^3+{}_6C_4a^2b^4+{}_6C_5ab^5+{}_6C_6b^6$
$=a^6+6a^5b+15a^4b^2+20a^3b^3+15a^2b^4+6ab^5+b^6$

0114 답 $a^5-15a^4+90a^3-270a^2+405a-243$
$(a-3)^5$
$={}_5C_0a^5+{}_5C_1a^4(-3)+{}_5C_2a^3(-3)^2+{}_5C_3a^2(-3)^3$
$\qquad\qquad\qquad\qquad +{}_5C_4a(-3)^4+{}_5C_5(-3)^5$
$=a^5-15a^4+90a^3-270a^2+405a-243$

0115 답 $16x^4-32x^3y+24x^2y^2-8xy^3+y^4$
$(2x-y)^4$
$={}_4C_0(2x)^4+{}_4C_1(2x)^3(-y)+{}_4C_2(2x)^2(-y)^2$
$\qquad\qquad\qquad\qquad +{}_4C_3(2x)(-y)^3+{}_4C_4(-y)^4$
$=16x^4-32x^3y+24x^2y^2-8xy^3+y^4$

0116 답 $x^3+3x+\dfrac{3}{x}+\dfrac{1}{x^3}$
$\left(x+\dfrac{1}{x}\right)^3={}_3C_0x^3+{}_3C_1x^2\left(\dfrac{1}{x}\right)+{}_3C_2x\left(\dfrac{1}{x}\right)^2+{}_3C_3\left(\dfrac{1}{x}\right)^3$
$\qquad\qquad =x^3+3x+\dfrac{3}{x}+\dfrac{1}{x^3}$

0117 답 35
$(x+1)^7$의 전개식의 일반항은 ${}_7C_rx^{7-r}$
x^4항은 $7-r=4$일 때이므로 $r=3$
따라서 구하는 x^4의 계수는 ${}_7C_3=35$

0118 답 -960
$(a-2)^{10}$의 전개식의 일반항은
$${}_{10}C_ra^{10-r}(-2)^r={}_{10}C_r(-2)^ra^{10-r}$$
a^7항은 $10-r=7$일 때이므로 $r=3$
따라서 구하는 a^7의 계수는 ${}_{10}C_3(-2)^3=-960$

0119 답 576
$(3x+2y)^6$의 전개식의 일반항은
$${}_6C_r(3x)^{6-r}(2y)^r={}_6C_r3^{6-r}2^rx^{6-r}y^r$$
xy^5항은 $r=5$일 때이므로 구하는 xy^5의 계수는
$${}_6C_5\times 3\times 2^5=576$$

0120 답 6
$\left(x-\dfrac{1}{x}\right)^4$의 전개식의 일반항은
$${}_4C_rx^{4-r}\left(-\dfrac{1}{x}\right)^r={}_4C_r(-1)^r\dfrac{x^{4-r}}{x^r}$$
상수항은 $4-r=r$일 때이므로 $2r=4$　$\therefore r=2$
따라서 구하는 상수항은 ${}_4C_2(-1)^2=6$

0121 답 256
$${}_8C_0+{}_8C_1+{}_8C_2+\cdots+{}_8C_8=2^8=256$$

0122 답 0
$${}_9C_0-{}_9C_1+{}_9C_2-\cdots-{}_9C_9=0$$

0123 답 512
$${}_{10}C_0+{}_{10}C_2+{}_{10}C_4+{}_{10}C_6+{}_{10}C_8+{}_{10}C_{10}=2^{10-1}=2^9=512$$

0124 답 풀이 참조
오른쪽 파스칼의 삼각형에서
$(x-1)^5$
$=x^5+5x^4(-1)+10x^3(-1)^2$
$\quad +10x^2(-1)^3+5x(-1)^4+(-1)^5$
$=x^5-5x^4+10x^3-10x^2+5x-1$

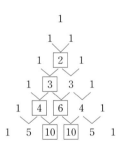

중0125 답 3
$\left(ax-\dfrac{1}{x^2}\right)^5$의 전개식의 일반항은
$${}_5C_r(ax)^{5-r}\left(-\dfrac{1}{x^2}\right)^r={}_5C_ra^{5-r}(-1)^r\dfrac{x^{5-r}}{x^{2r}}$$
$\dfrac{1}{x}$항은 $2r-(5-r)=1$일 때이므로
$$3r-5=1\qquad\therefore r=2$$
이때 $\dfrac{1}{x}$의 계수가 270이므로
$${}_5C_2a^{5-2}(-1)^2=270$$
$10a^3=270,\ a^3=27\qquad\therefore a=3\ (\because a는 실수)$

도움 개념 **지수법칙**

a가 0이 아닌 실수이고 m, n이 자연수일 때,
$$\dfrac{a^m}{a^n}=\begin{cases}a^{m-n} & (m>n)\\ 1 & (m=n)\\ \dfrac{1}{a^{n-m}} & (m<n)\end{cases}$$

0126 달 ③

$\left(x-\dfrac{a}{x}\right)^8$의 전개식의 일반항은

$_8\mathrm{C}_r\, x^{8-r}\left(-\dfrac{a}{x}\right)^r = {}_8\mathrm{C}_r\, x^{8-r}(-a)^r\dfrac{1}{x^r}$

$\qquad\qquad = {}_8\mathrm{C}_r(-a)^r\dfrac{x^{8-r}}{x^r}$

x^4항은 $8-r-r=4$일 때이므로

$8-2r=4 \qquad \therefore r=2$

이때 x^4의 계수가 448이므로

$_8\mathrm{C}_2(-a)^2=448$

$28a^2=448,\ a^2=16 \qquad \therefore a=4\ (\because a>0)$

따라서 x^6항은 $8-r-r=6$, 즉 $r=1$일 때이므로 구하는 x^6의 계수는

$_8\mathrm{C}_1(-4)^1=8\times(-4)=-32$

0127 달 ①

$\left(2a-\dfrac{1}{2}b\right)^6$의 전개식의 일반항은

$_6\mathrm{C}_r(2a)^{6-r}\left(-\dfrac{1}{2}b\right)^r = {}_6\mathrm{C}_r\, 2^{6-r}\left(-\dfrac{1}{2}\right)^r a^{6-r}b^r$

a^3b^3항은 $r=3$일 때이므로 a^3b^3의 계수는

$_6\mathrm{C}_3\, 2^{6-3}\left(-\dfrac{1}{2}\right)^3 = 20\times 8\times\left(-\dfrac{1}{8}\right)=-20$

a^4b^2항은 $r=2$일 때이므로 a^4b^2의 계수는

$_6\mathrm{C}_2\, 2^{6-2}\left(-\dfrac{1}{2}\right)^2 = 15\times 16\times\dfrac{1}{4}=60$

따라서 $p=-20,\ q=60$이므로

$p+q=40$

0128 달 ②

$(1+ax)^6$의 전개식의 일반항은

$_6\mathrm{C}_r(ax)^r = {}_6\mathrm{C}_r\, a^r x^r$

x^3항은 $r=3$일 때이므로 x^3의 계수는

$_6\mathrm{C}_3\, a^3=20a^3$

$(a+x)^7$의 전개식의 일반항은

$_7\mathrm{C}_s\, a^{7-s}x^s$

x^3항은 $s=3$일 때이므로 x^3의 계수는

$_7\mathrm{C}_3\, a^{7-3}=35a^4$

이때 두 전개식에서 x^3의 계수가 같으므로

$20a^3=35a^4,\ 5a^3(7a-4)=0 \qquad \therefore a=\dfrac{4}{7}\ (\because a>0)$

0129 달 ③

$\left(x^2+\dfrac{1}{x}\right)^6$의 전개식의 일반항은

$_6\mathrm{C}_r(x^2)^{6-r}\left(\dfrac{1}{x}\right)^r = {}_6\mathrm{C}_r\dfrac{x^{12-2r}}{x^r} \qquad\qquad \cdots\cdots \ominus$

$\left(x-\dfrac{1}{x^2}\right)\left(x^2+\dfrac{1}{x}\right)^6 = x\left(x^2+\dfrac{1}{x}\right)^6 - \dfrac{1}{x^2}\left(x^2+\dfrac{1}{x}\right)^6$

이므로 이 전개식에서 x^4항은 x와 $\ominus$의 x^3항, $-\dfrac{1}{x^2}$과 $\ominus$의 x^6항이 곱해질 때 나타난다.

(i) $\ominus$에서 x^3항은 $12-2r-r=3$일 때이므로

$3r=9 \qquad \therefore r=3$

따라서 $\ominus$의 x^3항은 $_6\mathrm{C}_3 x^3=20x^3$

(ii) $\ominus$에서 x^6항은 $12-2r-r=6$일 때이므로

$3r=6 \qquad \therefore r=2$

따라서 $\ominus$의 x^6항은 $_6\mathrm{C}_2 x^6=15x^6$

(i), (ii)에서 x^4항은 $x\times 20x^3-\dfrac{1}{x^2}\times 15x^6=5x^4$이므로 구하는 x^4의 계수는 5이다.

0130 달 ⑤

(i) $(1-2x)^5$의 전개식의 일반항은

$_5\mathrm{C}_r(-2x)^r = {}_5\mathrm{C}_r(-2)^r x^r$

x^2항은 $r=2$일 때이므로 x^2의 계수는

$_5\mathrm{C}_2(-2)^2=10\times 4=40$

(ii) $(2+x)^5$의 전개식의 일반항은

$_5\mathrm{C}_s\, 2^{5-s}x^s \qquad\qquad\qquad\qquad\qquad \cdots\cdots \ominus$

이때 $x(2+x)^5$의 전개식에서 x^2항은 x와 $\ominus$의 x항이 곱해질 때 나타난다. $\ominus$에서 x항은 $s=1$일 때이므로 x의 계수는

$_5\mathrm{C}_1\, 2^{5-1}=5\times 16=80$

따라서 $x(2+x)^5$의 x^2의 계수는 80이다.

(i), (ii)에서 구하는 x^2의 계수는 $40+80=120$

0131 달 4

문제 이해 $\left(x+\dfrac{a}{x}\right)^4$의 전개식의 일반항은

$_4\mathrm{C}_r x^{4-r}\left(\dfrac{a}{x}\right)^r = {}_4\mathrm{C}_r\, a^r\dfrac{x^{4-r}}{x^r} \qquad\qquad \cdots\cdots \ominus$

$(x^2-x)\left(x+\dfrac{a}{x}\right)^4 = x^2\left(x+\dfrac{a}{x}\right)^4 - x\left(x+\dfrac{a}{x}\right)^4$

이므로 이 전개식에서 상수항은 x^2과 $\ominus$의 $\dfrac{1}{x^2}$항, $-x$와 $\ominus$의 $\dfrac{1}{x}$항이 곱해질 때 나타난다. ◀ 20 %

해결 과정 (i) $\ominus$에서 $\dfrac{1}{x^2}$항은 $r-(4-r)=2$일 때이므로

$2r=6 \qquad \therefore r=3$

따라서 $\ominus$의 $\dfrac{1}{x^2}$항은 $_4\mathrm{C}_3\, a^3\dfrac{x^{4-3}}{x^3}=\dfrac{4a^3}{x^2}$

(ii) $\ominus$에서 $\dfrac{1}{x}$항은 $r-(4-r)=1$일 때이므로

$2r=5 \qquad \therefore r=\dfrac{5}{2}$

그런데 r는 $0\le r\le 4$인 정수이므로 $\ominus$의 $\dfrac{1}{x}$항은 존재하지 않는다. ◀ 60 %

답 구하기 (i), (ii)에서 상수항은 $x^2\times\dfrac{4a^3}{x^2}=4a^3$이므로

$4a^3=256,\ a^3=64 \qquad \therefore a=4\ (\because a는 실수)$ ◀ 20 %

0132 달 ④

$\left(x^2+\dfrac{1}{x}\right)^4$의 전개식의 일반항은

$_4\mathrm{C}_r(x^2)^{4-r}\left(\dfrac{1}{x}\right)^r = {}_4\mathrm{C}_r\dfrac{x^{8-2r}}{x^r} \qquad\qquad \cdots\cdots \ominus$

$(1+x+x^2)\left(x^2+\dfrac{1}{x}\right)^4 = \left(x^2+\dfrac{1}{x}\right)^4 + x\left(x^2+\dfrac{1}{x}\right)^4 + x^2\left(x^2+\dfrac{1}{x}\right)^4$

이므로 이 전개식에서 x항은 1과 $\ominus$의 x항, x와 $\ominus$의 상수항, x^2과 $\ominus$의 $\dfrac{1}{x}$항이 곱해질 때 나타난다.

(i) $\ominus$에서 x항은 $8-2r-r=1$일 때이므로

$3r=7 \qquad \therefore r=\dfrac{7}{3}$

그런데 r는 $0 \le r \le 4$인 정수이므로 ㉠의 x항은 존재하지 않는다.

(ii) ㉠에서 상수항은 $8-2r=r$일 때이므로

$$3r=8 \qquad \therefore r=\frac{8}{3}$$

그런데 r는 $0 \le r \le 4$인 정수이므로 ㉠의 상수항은 존재하지 않는다.

(iii) ㉠에서 $\dfrac{1}{x}$항은 $r-(8-2r)=1$일 때이므로

$$3r=9 \qquad \therefore r=3$$

따라서 ㉠의 $\dfrac{1}{x}$항은

$$_4C_3 \frac{x^{8-2\times3}}{x^3}=\frac{4}{x}$$

이상에서 x항은 $x^2 \times \dfrac{4}{x}=4x$이므로 구하는 x의 계수는 4이다.

ⓒ 0133 답 ②

$(2x+1)^4$의 전개식의 일반항은

$$_4C_r(2x)^r={}_4C_r 2^r x^r$$

$(x-2)^5$의 전개식의 일반항은

$$_5C_s x^{5-s}(-2)^s={}_5C_s(-2)^s x^{5-s}$$

따라서 $(2x+1)^4(x-2)^5$의 전개식의 일반항은

$$_4C_r 2^r x^r \times {}_5C_s(-2)^s x^{5-s}={}_4C_r \times {}_5C_s 2^r(-2)^s x^{r+5-s}$$

x^2항은 $r+5-s=2$, 즉 $r-s=-3$ $(0 \le r \le 4, \ 0 \le s \le 5$인 정수)

일 때이므로 이를 만족시키는 r, s의 순서쌍 (r, s)는

$$(0, 3), (1, 4), (2, 5)$$

따라서 x^2의 계수는

$$_4C_0 \times {}_5C_3 2^0(-2)^3+{}_4C_1 \times {}_5C_4 2(-2)^4+{}_4C_2 \times {}_5C_5 2^2(-2)^5$$
$$=-80+640-768$$
$$=-208$$

참고 $(2x+1)^4$의 전개식의 일반항을 $_4C_r(2x)^{4-r}$으로 놓고 풀어도 된다.

ⓒ 0134 답 ④

$(1+ax)^3$의 전개식의 일반항은

$$_3C_r(ax)^r={}_3C_r a^r x^r$$

$(1-3x)^4$의 전개식의 일반항은

$$_4C_s(-3x)^s={}_4C_s(-3)^s x^s$$

따라서 $(1+ax)^3(1-3x)^4$의 전개식의 일반항은

$$_3C_r a^r x^r \times {}_4C_s(-3)^s x^s={}_3C_r \times {}_4C_s(-3)^s a^r x^{r+s}$$

x항은 $r+s=1$ $(0 \le r \le 3, \ 0 \le s \le 4$인 정수)일 때이므로 이를 만족시키는 r, s의 순서쌍 (r, s)는

$$(0, 1), (1, 0)$$

이때 x의 계수가 3이므로

$$_3C_0 \times {}_4C_1(-3)a^0+{}_3C_1 \times {}_4C_0(-3)^0 a=3$$
$$-12+3a=3$$
$$\therefore a=5$$

ⓒ 0135 답 ①

$$_{10}C_1 \times 3+{}_{10}C_2 \times 3^2+{}_{10}C_3 \times 3^3+\cdots+{}_{10}C_{10} \times 3^{10}$$
$$=({}_{10}C_0+{}_{10}C_1 \times 3+{}_{10}C_2 \times 3^2+{}_{10}C_3 \times 3^3+\cdots+{}_{10}C_{10} \times 3^{10})-{}_{10}C_0$$
$$=(1+3)^{10}-1$$
$$=4^{10}-1$$
$$=2^{20}-1$$

ⓒ 0136 답 ③

$$_{20}C_1 \times 7^{19}+{}_{20}C_2 \times 7^{18}+{}_{20}C_3 \times 7^{17}+\cdots+{}_{20}C_{20}$$
$$=({}_{20}C_0 \times 7^{20}+{}_{20}C_1 \times 7^{19}+{}_{20}C_2 \times 7^{18}+{}_{20}C_3 \times 7^{17}+\cdots+{}_{20}C_{20})$$
$$\qquad\qquad\qquad\qquad\qquad\qquad -{}_{20}C_0 \times 7^{20}$$
$$=(1+7)^{20}-7^{20}=8^{20}-7^{20}=2^{60}-7^{20}$$

ⓒ 0137 답 ④

$31=1+30$이므로

$31^{31}=(1+30)^{31}$으로 놓고 이항정리를 이용하여 전개하면

$(1+30)^{31}$
$$=_{31}C_0+{}_{31}C_1 \times 30+{}_{31}C_2 \times 30^2+\cdots+{}_{31}C_{31} \times 30^{31}$$
$$=1+31 \times 30+30^2({}_{31}C_2+{}_{31}C_3 \times 30+\cdots+{}_{31}C_{31} \times 30^{29})$$
$$=931+900({}_{31}C_2+{}_{31}C_3 \times 30+\cdots+{}_{31}C_{31} \times 30^{29})$$

이때 $900({}_{31}C_2+{}_{31}C_3 \times 30+\cdots+{}_{31}C_{31} \times 30^{29})$은 900으로 나누어 떨어지므로 31^{31}을 900으로 나누었을 때의 나머지는 931을 900으로 나누었을 때의 나머지와 같다.

따라서 구하는 나머지는 31이다.

ⓢ 0138 답 2

[문제 이해] $4=-1+5, \ 6=1+5$이므로

$4^{10}=(-1+5)^{10}, \ 6^{10}=(1+5)^{10}$으로 놓고 이항정리를 이용하여 전개한다. ◀ 20%

[해결 과정] $4^{10}+6^{10}=(-1+5)^{10}+(1+5)^{10}$이므로

$(-1+5)^{10}+(1+5)^{10}$
$$=\{{}_{10}C_0+{}_{10}C_1 \times (-1) \times 5+{}_{10}C_2 \times 5^2+\cdots+{}_{10}C_{10} \times 5^{10}\}$$
$$\qquad +({}_{10}C_0+{}_{10}C_1 \times 5+{}_{10}C_2 \times 5^2+\cdots+{}_{10}C_{10} \times 5^{10})$$
$$=(1-{}_{10}C_1 \times 5+{}_{10}C_2 \times 5^2-\cdots+{}_{10}C_{10} \times 5^{10})$$
$$\qquad +(1+{}_{10}C_1 \times 5+{}_{10}C_2 \times 5^2+\cdots+{}_{10}C_{10} \times 5^{10})$$
$$=2+2 \times {}_{10}C_2 \times 5^2+2 \times {}_{10}C_4 \times 5^4+\cdots+2 \times {}_{10}C_{10} \times 5^{10}$$
$$=2+2 \times 5^2({}_{10}C_2+{}_{10}C_4 \times 5^2+\cdots+{}_{10}C_{10} \times 5^8)$$ ◀ 50%

[답 구하기] 이때 $2 \times 5^2({}_{10}C_2+{}_{10}C_4 \times 5^2+\cdots+{}_{10}C_{10} \times 5^8)$은 25로 나누어떨어지므로 $4^{10}+6^{10}$을 25로 나누었을 때의 나머지는 2를 25로 나누었을 때의 나머지와 같다.

따라서 구하는 나머지는 2이다. ◀ 30%

ⓒ 0139 답 ②

$_nC_0+{}_nC_1+{}_nC_2+{}_nC_3+\cdots+{}_nC_n=2^n$이므로

$_nC_1+{}_nC_2+{}_nC_3+\cdots+{}_nC_n=2^n-{}_nC_0=2^n-1$

따라서 주어진 부등식은

$500<2^n-1<2000 \qquad \therefore 501<2^n<2001$

이때 $2^8=256, \ 2^9=512, \ 2^{10}=1024, \ 2^{11}=2048$이므로 부등식을 만족시키는 자연수 n은 9, 10의 2개이다.

ⓒ 0140 답 ③

$_{30}C_0-{}_{30}C_1+{}_{30}C_2-{}_{30}C_3+\cdots-{}_{30}C_{29}+{}_{30}C_{30}=0$이므로

$_{30}C_0-({}_{30}C_1-{}_{30}C_2+{}_{30}C_3-\cdots+{}_{30}C_{29})+{}_{30}C_{30}=0$

$\therefore {}_{30}C_1-{}_{30}C_2+{}_{30}C_3-\cdots+{}_{30}C_{29}={}_{30}C_0+{}_{30}C_{30}=1+1=2$

다른 풀이

$_{30}C_1-{}_{30}C_2+{}_{30}C_3-{}_{30}C_4+\cdots+{}_{30}C_{29}$
$$=({}_{30}C_1+{}_{30}C_3+\cdots+{}_{30}C_{29})-({}_{30}C_2+{}_{30}C_4+\cdots+{}_{30}C_{28})$$
$$=({}_{30}C_1+{}_{30}C_3+\cdots+{}_{30}C_{29})-({}_{30}C_0+{}_{30}C_2+\cdots+{}_{30}C_{30})$$
$$\qquad +({}_{30}C_0+{}_{30}C_{30})$$
$$=2^{30-1}-2^{30-1}+(1+1)=2$$

0141 답 ②

$_{19}C_0+_{19}C_1+_{19}C_2+\cdots+_{19}C_9=_{19}C_{19}+_{19}C_{18}+_{19}C_{17}+\cdots+_{19}C_{10}$

이때

$_{19}C_0+_{19}C_1+_{19}C_2+\cdots+_{19}C_{18}+_{19}C_{19}=2^{19}$

이므로

$2(_{19}C_0+_{19}C_1+_{19}C_2+\cdots+_{19}C_9)=2^{19}$

$\therefore {}_{19}C_0+_{19}C_1+_{19}C_2+\cdots+_{19}C_9=2^{19-1}=2^{18}$

마찬가지로

$_{17}C_9+_{17}C_{10}+_{17}C_{11}+\cdots+_{17}C_{17}=2^{17-1}=2^{16}$

이므로

$\dfrac{_{19}C_0+_{19}C_1+_{19}C_2+\cdots+_{19}C_9}{_{17}C_9+_{17}C_{10}+_{17}C_{11}+\cdots+_{17}C_{17}}=\dfrac{2^{18}}{2^{16}}=2^2$

$\therefore n=2$

0142 답 512

[해결 과정] 집합 A의 부분집합 중에서

원소의 개수가 1인 부분집합의 개수는 $_{10}C_1$

원소의 개수가 3인 부분집합의 개수는 $_{10}C_3$

원소의 개수가 5인 부분집합의 개수는 $_{10}C_5$

원소의 개수가 7인 부분집합의 개수는 $_{10}C_7$

원소의 개수가 9인 부분집합의 개수는 $_{10}C_9$ ◀ 50 %

[답 구하기] 따라서 집합 A의 부분집합 중에서 원소의 개수가 홀수인 집합의 개수는

$_{10}C_1+_{10}C_3+_{10}C_5+_{10}C_7+_{10}C_9=2^{10-1}=2^9=512$ ◀ 50 %

0143 답 ②

$_2C_0=_3C_0$이므로

$\quad _2C_0+_3C_1+_4C_2+_5C_3+_6C_4$

$=_3C_0+_3C_1+_4C_2+_5C_3+_6C_4$

$=_4C_1+_4C_2+_5C_3+_6C_4$

$=_5C_2+_5C_3+_6C_4$

$=_6C_3+_6C_4$

$=_7C_4$

0144 답 ②

$\quad _3C_2+_4C_2+\cdots+_{10}C_2$

$=_3C_3+_3C_2+_4C_2+\cdots+_{10}C_2-_3C_3$

$=_4C_3+_4C_2+\cdots+_{10}C_2-_3C_3$

$=_5C_3+_5C_2+\cdots+_{10}C_2-_3C_3$

$\qquad\vdots$

$=_{10}C_3+_{10}C_2-_3C_3$

$=_{11}C_3-1$

0145 답 ③

$_2C_2=_5C_5$이므로

$\quad _2C_2+_5C_4+_6C_4+_7C_4+_8C_4+_9C_4$

$=_5C_5+_5C_4+_6C_4+_7C_4+_8C_4+_9C_4$

$=_6C_5+_6C_4+_7C_4+_8C_4+_9C_4$

$=_7C_5+_7C_4+_8C_4+_9C_4$

$=_8C_5+_8C_4+_9C_4$

$=_9C_5+_9C_4$

$=_{10}C_5$

0146 답 ⑤

$(1+x)^{n+1}$의 전개식의 일반항은

$_{n+1}C_r x^r$

x^2항은 $r=2$일 때이므로 x^2의 계수는 $_{n+1}C_2$

$\therefore a_n=_{n+1}C_2$

$\therefore a_1+a_2+a_3+\cdots+a_{10}$

$=_2C_2+_3C_2+_4C_2+\cdots+_{11}C_2$

$=_3C_3+_3C_2+_4C_2+\cdots+_{11}C_2$

$=_4C_3+_4C_2+\cdots+_{11}C_2$

$\qquad\vdots$

$=_{11}C_3+_{11}C_2$

$=_{12}C_3=220$

≫ 29~31쪽

중단원마무리

0147 답 ②

$(x+y)^5$의 전개식에서 서로 다른 항의 개수는 2개의 문자 x, y에서 5개를 택하는 중복조합의 수와 같으므로

$_2H_5=_{2+5-1}C_5=_6C_5=_6C_1=6$

또, $(a+b+c)^7$의 전개식에서 서로 다른 항의 개수는 3개의 문자 a, b, c에서 7개를 택하는 중복조합의 수와 같으므로

$_3H_7=_{3+7-1}C_7=_9C_7=_9C_2=36$

따라서 구하는 항의 개수는

$6\times36=216$

0148 답 ⑤

먼저 3개의 상자에 공을 각각 1개씩 넣고, 나머지 3개의 공을 나누어 넣으면 된다.

따라서 구하는 경우의 수는 서로 다른 3개에서 3개를 택하는 중복조합의 수와 같으므로

$_3H_3=_{3+3-1}C_3=_5C_3=_5C_2=10$

0149 답 ③

$1\leq|a|\leq|b|\leq|c|\leq5$를 만족시키는 $|a|$, $|b|$, $|c|$는 순서가 정해져 있고 같은 수일 수도 있으므로 1부터 5까지 5개의 자연수 중에서 중복을 허용하여 3개의 수를 택하여 크기가 작거나 같은 것부터 차례로 $|a|$, $|b|$, $|c|$에 대응시키면 된다.

즉, $|a|$, $|b|$, $|c|$의 순서쌍 $(|a|,\ |b|,\ |c|)$의 개수는 5개의 자연수 1, 2, 3, 4, 5 중에서 3개를 택하는 중복조합의 수와 같으므로

$_5H_3=_{5+3-1}C_3=_7C_3=35$

이때 a, b, c는 각각 음의 정수와 양의 정수의 값을 가질 수 있으므로 구하는 순서쌍 $(a,\ b,\ c)$의 개수는

$35\times2\times2\times2=280$

0150 답 ⑤

$x\geq-2$, $y\geq-2$, $z\geq3$이므로

$x+2=a$, $y+2=b$, $z-3=c$로 놓으면

$x=a-2$, $y=b-2$, $z=c+3$

$x+y+z=8$에서

$(a-2)+(b-2)+(c+3)=8$

$\therefore a+b+c=9$ (단, a, b, c는 음이 아닌 정수이다.) ...... ㉠

따라서 구하는 순서쌍 (x, y, z)의 개수는 방정식 ㉠을 만족시키는 음이 아닌 정수 a, b, c의 순서쌍 (a, b, c)의 개수와 같으므로

$_3H_9 = {}_{3+9-1}C_9 = {}_{11}C_9$

$\quad = {}_{11}C_2 = 55$

0151 답 ③

자연수 x, y, z, w가 홀수이므로 음이 아닌 정수 a, b, c, d에 대하여 $x=2a+1$, $y=2b+1$, $z=2c+1$, $w=2d+1$로 놓으면

$x+y+z+w=14$에서

$(2a+1)+(2b+1)+(2c+1)+(2d+1)=14$

$\therefore a+b+c+d=5$ (단, a, b, c, d는 음이 아닌 정수이다.) ...... ㉠

따라서 구하는 순서쌍 (x, y, z, w)의 개수는 방정식 ㉠을 만족시키는 음이 아닌 정수 a, b, c, d의 순서쌍 (a, b, c, d)의 개수와 같으므로

$_4H_5 = {}_{4+5-1}C_5 = {}_8C_5$

$\quad = {}_8C_3 = 56$

0152 답 ②

조건 ㈎에서 $a+b+c=7$을 만족시키는 음이 아닌 정수 a, b, c의 순서쌍 (a, b, c)의 개수는

$_3H_7 = {}_{3+7-1}C_7 = {}_9C_7 = {}_9C_2 = 36$

조건 ㈏에서 $2^a \times 4^b = 2^a \times 2^{2b} = 2^{a+2b}$이므로 $2^a \times 4^b$이 8의 배수, 즉 2^3의 배수가 되려면 $a+2b \geq 3$이어야 한다.

이때 $2^a \times 4^b$이 8의 배수가 아닌 경우는 $a+2b<3$이어야 하므로 이를 만족시키는 순서쌍 (a, b)는

$(0, 0)$, $(0, 1)$, $(1, 0)$, $(2, 0)$

즉, 조건 ㈏를 만족시키지 않는 순서쌍 (a, b, c)는

$(0, 0, 7)$, $(0, 1, 6)$, $(1, 0, 6)$, $(2, 0, 5)$

의 4개이다.

따라서 구하는 순서쌍 (a, b, c)의 개수는

$36-4=32$

0153 답 ④

조건 ㈎에서 $f(1)+f(4)=5$이므로 조건 ㈏에 의하여 다음과 같이 나누어 구할 수 있다.

(i) $f(4)=4$일 때,

$f(1)=1$이고 $1 \leq f(2) \leq f(3) \leq 4$이므로 $f(2)$, $f(3)$의 값이 될 수 있는 수는 1, 2, 3, 4

1, 2, 3, 4에서 중복을 허용하여 2개를 뽑아 크기가 작거나 같은 것부터 차례로 $f(2)$, $f(3)$의 값을 정하면 되므로 구하는 경우의 수는

$_4H_2 = {}_{4+2-1}C_2 = {}_5C_2 = 10$

(ii) $f(4)=3$일 때,

$f(1)=2$이고 $2 \leq f(2) \leq f(3) \leq 3$이므로 $f(2)$, $f(3)$의 값이 될 수 있는 수는 2, 3

2, 3에서 중복을 허용하여 2개를 뽑아 크기가 작거나 같은 것부터 차례로 $f(2)$, $f(3)$의 값을 정하면 되므로 구하는 경우의 수는

$_2H_2 = {}_{2+2-1}C_2 = {}_3C_2 = 3$

(i), (ii)에서 구하는 함수의 개수는 $10+3=13$

0154 답 ③

$(1+ax)^n$의 전개식의 일반항은

$_nC_r(ax)^r = {}_nC_r a^r x^r$

x^2항은 $r=2$일 때이므로 x^2의 계수는

$_nC_2 a^2$

이때 x^2의 계수가 112이므로

$_nC_2 a^2 = 112$, $\dfrac{n(n-1)}{2 \times 1} \times a^2 = 112$ ...... ㉠

x^n항은 $r=n$일 때이므로 x^n의 계수는

$_nC_n a^n = a^n$

이때 x^n의 계수가 256이므로

$a^n = 256$

$256 = 2^8 = 4^4 = 16^2$이므로

$a=2$, $n=8$ 또는 $a=4$, $n=4$ 또는 $a=16$, $n=2$

(i) $a=2$, $n=8$을 ㉠에 대입하면

$\dfrac{8 \times 7}{2 \times 1} \times 2^2 = 28 \times 4 = 112$

(ii) $a=4$, $n=4$를 ㉠에 대입하면

$\dfrac{4 \times 3}{2 \times 1} \times 4^2 = 6 \times 16 = 96 \neq 112$

(iii) $a=16$, $n=2$를 ㉠에 대입하면

$\dfrac{2 \times 1}{2 \times 1} \times 16^2 = 256 \neq 112$

이상에서 $a=2$, $n=8$이므로

$a+n=10$

0155 답 ②

$(ax+1)^4$의 전개식의 일반항은

$_4C_r(ax)^{4-r} = {}_4C_r a^{4-r} x^{4-r}$

$(2x-1)^5$의 전개식의 일반항은

$_5C_s(2x)^{5-s}(-1)^s = {}_5C_s 2^{5-s}(-1)^s x^{5-s}$

따라서 $(ax+1)^4(2x-1)^5$의 전개식의 일반항은

$_4C_r \times {}_5C_s(-1)^s 2^{5-s} a^{4-r} x^{9-(r+s)}$

x^3항은 $9-(r+s)=3$, 즉 $r+s=6$ ($0 \leq r \leq 4$, $0 \leq s \leq 5$인 정수)일 때이므로 이를 만족시키는 r, s의 순서쌍 (r, s)는

$(1, 5)$, $(2, 4)$, $(3, 3)$, $(4, 2)$

이때 x^3의 계수가 -32이므로

$_4C_1 \times {}_5C_5(-1)^5 a^3 + {}_4C_2 \times {}_5C_4(-1)^4 \times 2a^2$
$\qquad + {}_4C_3 \times {}_5C_3(-1)^3 \times 2^2 a + {}_4C_4 \times {}_5C_2(-1)^2 \times 2^3$
$= -32$

$-4a^3 + 60a^2 - 160a + 80 = -32$

$a^3 - 15a^2 + 40a - 28 = 0$

$(a-2)(a^2 - 13a + 14) = 0$

$\therefore a=2$ ($\because a$는 정수)

0156 답 ②

$19 = 20-1$이므로

$19^{21} = (20-1)^{21}$으로 놓고 이항정리를 이용하여 전개하면

$(20-1)^{21}$

$= {}_{21}C_0 \times 20^{21} + {}_{21}C_1 \times 20^{20} \times (-1) + {}_{21}C_2 \times 20^{19} + \cdots$
$\qquad\qquad\qquad + {}_{21}C_{20} \times 20 + {}_{21}C_{21} \times (-1)$

$= 20^2 \{ {}_{21}C_0 \times 20^{19} - {}_{21}C_1 \times 20^{18} + \cdots - {}_{21}C_{19} \} + 21 \times 20 - 1$

$= 400 \{ {}_{21}C_0 \times 20^{19} - {}_{21}C_1 \times 20^{18} + \cdots - {}_{21}C_{19} \} + 419$

이때 $400\{_{21}C_0 \times 20^{19} - _{21}C_1 \times 20^{18} + \cdots - _{21}C_{19}\}$는 400으로 나누어 떨어지므로 19^{21}을 400으로 나누었을 때의 나머지는 419를 400으로 나누었을 때의 나머지와 같다.

따라서 구하는 나머지는 19이다.

0157 답 99

(i) 원소의 개수가 4인 부분집합의 개수
5를 포함하고 있으므로 1, 2, 3, 4, 6, 7, 8에서 3개를 택하는 경우의 수와 같으므로 $_7C_3$

(ii) 원소의 개수가 5인 부분집합의 개수
5를 포함하고 있으므로 1, 2, 3, 4, 6, 7, 8에서 4개를 택하는 경우의 수와 같으므로 $_7C_4$

(iii) 원소의 개수가 6인 부분집합의 개수
5를 포함하고 있으므로 1, 2, 3, 4, 6, 7, 8에서 5개를 택하는 경우의 수와 같으므로 $_7C_5$

(iv) 원소의 개수가 7인 부분집합의 개수
5를 포함하고 있으므로 1, 2, 3, 4, 6, 7, 8에서 6개를 택하는 경우의 수와 같으므로 $_7C_6$

(v) 원소의 개수가 8인 부분집합의 개수
5를 포함하고 있으므로 1, 2, 3, 4, 6, 7, 8에서 7개를 택하는 경우의 수와 같으므로 $_7C_7$

이상에서 집합 A의 부분집합 중에서 5를 포함하고 원소의 개수가 4 이상인 집합의 개수는

$_7C_3 + _7C_4 + _7C_5 + _7C_6 + _7C_7$
$= (_7C_0 + _7C_1 + _7C_2 + _7C_3 + _7C_4 + _7C_5 + _7C_6 + _7C_7) - _7C_0 - _7C_1 - _7C_2$
$= 2^7 - 1 - 7 - 21 = 99$

0158 답 ③

2 이상인 자연수 k에 대하여

$2 \times _kC_2 = 2 \times \dfrac{k(k-1)}{2} = k^2 - k$이고 $k = _kC_1$이므로

$k^2 = \boxed{_kC_1} + 2 \times _kC_2$로 나타낼 수 있다.

$\therefore 1^2 + 2^2 + 3^2 + \cdots + n^2$
$= _1C_1 + (_2C_1 + 2 \times _2C_2) + (_3C_1 + 2 \times _3C_2) + \cdots + (_nC_1 + 2 \times \boxed{_nC_2})$
$= (_1C_1 + _2C_1 + _3C_1 + \cdots + _nC_1) + 2(_2C_2 + _3C_2 + _4C_2 + \cdots + \boxed{_nC_2})$
$= (_2C_2 + _2C_1 + _3C_1 + \cdots + _nC_1) + 2(_3C_3 + _3C_2 + _4C_2 + \cdots + _nC_2)$
$\quad \vdots$
$= _{n+1}C_2 + 2 \times \boxed{_{n+1}C_3}$
$= \dfrac{(n+1)n}{2 \times 1} + 2 \times \dfrac{(n+1)n(n-1)}{3 \times 2 \times 1}$
$= \dfrac{1}{6}n(n+1)\{3 + 2(n-1)\}$
$= \dfrac{n(n+1)(2n+1)}{6}$

따라서 $f(k) = _kC_1$, $g(n) = _nC_2$, $h(n) = _{n+1}C_3$이므로
$f(3) + g(5) + h(5) = _3C_1 + _5C_2 + _6C_3$
$\qquad\qquad = 3 + 10 + 20 = 33$

0159 답 32

전략 주어진 조건을 이용하여 d가 가질 수 있는 값으로 경우를 나누어 순서쌍의 개수를 구한다.

조건 ㈏에서 a, b, c가 모두 d의 배수이므로 조건 ㈎의 등식의 좌변 $a + b + c + d$는 d의 배수이다.

따라서 d는 20의 약수이므로
$d = 2$ 또는 $d = 4$ 또는 $d = 5$ 또는 $d = 10$ 또는 $d = 20$

(i) $d = 2$일 때,
$a = 2p$, $b = 2q$, $c = 2r$로 놓으면
$2p + 2q + 2r = 18$
$\therefore p + q + r = 9$ (단, p, q, r는 자연수이다.)
이때 $p - 1 = p'$, $q - 1 = q'$, $r - 1 = r'$으로 놓으면
$p = p' + 1$, $q = q' + 1$, $r = r' + 1$
$p + q + r = 9$에서
$(p' + 1) + (q' + 1) + (r' + 1) = 9$
$\therefore p' + q' + r' = 6$ (단, p', q', r'은 음이 아닌 정수이다.)
순서쌍 (p, q, r)의 개수는 순서쌍 (p', q', r')의 개수와 같으므로
$_3H_6 = _{3+6-1}C_6 = _8C_6 = _8C_2 = 28$

(ii) $d = 4$일 때,
$a = 4p$, $b = 4q$, $c = 4r$로 놓으면
$4p + 4q + 4r = 16$
$\therefore p + q + r = 4$ (단, p, q, r는 자연수이다.)
이때 $p - 1 = p'$, $q - 1 = q'$, $r - 1 = r'$으로 놓으면
$p = p' + 1$, $q = q' + 1$, $r = r' + 1$
$p + q + r = 4$에서
$(p' + 1) + (q' + 1) + (r' + 1) = 4$
$\therefore p' + q' + r' = 1$ (단, p', q', r'은 음이 아닌 정수이다.)
순서쌍 (p, q, r)의 개수는 순서쌍 (p', q', r')의 개수와 같으므로
$_3H_1 = _{3+1-1}C_1 = _3C_1 = 3$

(iii) $d = 5$일 때,
$a = 5p$, $b = 5q$, $c = 5r$로 놓으면
$5p + 5q + 5r = 15$
$\therefore p + q + r = 3$ (단, p, q, r는 자연수이다.)
$p + q + r = 3$을 만족시키는 자연수 p, q, r의 순서쌍 (p, q, r)의 개수는
$(1, 1, 1)$의 1

(iv) $d = 10$일 때,
$a = 10p$, $b = 10q$, $c = 10r$로 놓으면
$10p + 10q + 10r = 10$
$\therefore p + q + r = 1$ (단, p, q, r는 자연수이다.)
그런데 $p + q + r = 1$을 만족시키는 자연수 p, q, r는 존재하지 않는다.

(v) $d = 20$일 때,
$a + b + c = 0$을 만족시키는 2 이상인 자연수 a, b, c는 존재하지 않는다.

이상에서 구하는 순서쌍 (a, b, c, d)의 개수는 순서쌍 (p, q, r)의 개수와 같으므로
$28 + 3 + 1 = 32$

0160 답 ②

전략 B가 흰 공 또는 검은 공만을 받는 경우로 나눈 후 중복조합의 수를 이용하여 구한다.

(i) B에게 흰 공만 줄 때,
A, B, C가 받는 흰 공의 개수를 각각 a, b, c라 하면
$a \geq 2$, $b \geq 2$, $c \geq 0$이므로

$a-2=a'$, $b-2=b'$으로 놓으면

$a=a'+2$, $b=b'+2$

$a+b+c=7$에서

$(a'+2)+(b'+2)+c=7$

$\therefore a'+b'+c=3$ (단, a', b'은 음이 아닌 정수이다.) $\cdots\cdots$ ㉠

방정식 ㉠을 만족시키는 음이 아닌 정수 a', b', c의 순서쌍

(a', b', c)의 개수는

$_3H_3=_{3+3-1}C_3=_5C_3=_5C_2=10$

이때 B는 검은 공을 받지 않으므로 A, C가 받는 검은 공의 개수

를 각각 x, y라 하면

$x+y=4$ ($x\geq0$, $y\geq0$)

이고, 이를 만족시키는 x, y의 순서쌍 (x, y)의 개수는

$(2, 2)$, $(3, 1)$, $(4, 0)$

의 3이다.

따라서 세 사람에게 11개의 공을 나누어 주는 경우의 수는

$10\times3=30$

(ii) B에게 검은 공만 줄 때,

A, B, C가 받는 검은 공의 개수를 a, b, c라 하면

$a\geq2$, $b\geq2$, $c\geq0$이므로

$a-2=a'$, $b-2=b'$으로 놓으면

$a=a'+2$, $b=b'+2$

$a+b+c=4$에서

$(a'+2)+(b'+2)+c=4$

$\therefore a'+b'+c=0$ (단, a', b'은 음이 아닌 정수이다.) $\cdots\cdots$ ㉡

방정식 ㉡을 만족시키는 음이 아닌 정수 a', b', c의 순서쌍

(a', b', c)의 개수는 $(0, 0, 0)$의 1이다.

이때 B는 흰 공을 받지 않으므로 A, C가 받는 흰 공의 개수를 각

각 x, y라 하자.

$x\geq2$, $y\geq0$이므로 $x-2=x'$으로 놓으면

$x=x'+2$

$x+y=7$에서

$(x'+2)+y=7$

$\therefore x'+y=5$ (단, x'은 음이 아닌 정수이다.) $\cdots\cdots$ ㉢

방정식 ㉢을 만족시키는 음이 아닌 정수 x', y의 순서쌍 (x', y)

의 개수는

$_2H_5=_{2+5-1}C_5=_6C_5=_6C_1=6$

따라서 세 사람에게 11개의 공을 나누어 주는 경우의 수는

$1\times6=6$

(i), (ii)에서 구하는 경우의 수는

$30+6=36$

0161 답 ①

전략 n이 자연수일 때, $(a+b)^n$의 전개식의 일반항이 $_nC_r a^{n-r}b^r$임을 이용하여

x^5항일 때의 n과 r 사이의 관계식을 구한다.

$\left(x^n-\dfrac{2}{x}\right)^{n+1}$의 전개식의 일반항은

$_{n+1}C_r(x^n)^{n+1-r}\left(-\dfrac{2}{x}\right)^r=_{n+1}C_r(-2)^r\dfrac{x^{n^2+n-nr}}{x^r}$

x^5항은 $n^2+n-nr-r=5$일 때이므로

$n(n+1)-r(n+1)=5$

$\therefore (n+1)(n-r)=5$

이때 $0\leq r\leq n+1$이고 n은 자연수이므로 $n+1$, $n-r$는 정수이다.

즉, $(n+1)(n-r)=5$를 만족시키는 경우는

$n+1=5$, $n-r=1$

$\therefore n=4$, $r=3$

따라서 x^5의 계수는

$_5C_3(-2)^3=10\times(-8)=-80$

0162 답 22

[문제 이해] 4명의 학생 A, B, C, D가 받는 사탕의 개수를 각각 x, y,

z, w라 하면

$x+y+z+w=9$

이때 조건 ㈎에서 4명의 학생이 각각 적어도 1개의 사탕을 받으므로

x, y, z, w는 자연수이다.

$x-1=a$, $y-1=b$, $z-1=c$, $w-1=d$로 놓으면

$x=a+1$, $y=b+1$, $z=c+1$, $w=d+1$

$x+y+z+w=9$에서

$(a+1)+(b+1)+(c+1)+(d+1)=9$

$\therefore a+b+c+d=5$ (단, a, b, c, d는 음이 아닌 정수이다.)

$\cdots\cdots$ ㉠ ◀ 30 %

[해결 과정] 조건 ㈏에서 $a>b$이므로

(i) $b=0$일 때,

$a\geq1$이므로 $a-1=a'$으로 놓으면

$a=a'+1$

㉠에서 $(a'+1)+0+c+d=5$

$\therefore a'+c+d=4$ (단, a', c, d는 음이 아닌 정수이다.)

따라서 $a'+c+d=4$를 만족시키는 음이 아닌 정수 a', c, d의

순서쌍 (a', c, d)의 개수는

$_3H_4=_{3+4-1}C_4=_6C_4=_6C_2=15$ ◀ 20 %

(ii) $b=1$일 때,

$a\geq2$이므로 $a-2=a'$으로 놓으면

$a=a'+2$

㉠에서 $(a'+2)+1+c+d=5$

$\therefore a'+c+d=2$ (단, a', c, d는 음이 아닌 정수이다.)

따라서 $a'+c+d=2$를 만족시키는 음이 아닌 정수 a', c, d의

순서쌍 (a', c, d)의 개수는

$_3H_2=_{3+2-1}C_2=_4C_2=6$ ◀ 20 %

(iii) $b=2$일 때,

$a=3$이므로 ㉠에서 $c+d=0$

따라서 음이 아닌 정수 c, d의 순서쌍 (c, d)의 개수는

$(0, 0)$의 1 ◀ 20 %

[답 구하기] 이상에서 구하는 경우의 수는

$15+6+1=22$ ◀ 10 %

0163 답 186

[문제 이해] $x+y+z=3$이면 $a+b+c=-2$를 만족시키는 음이 아

닌 정수 a, b, c의 값이 존재하지 않으므로 $x+y+z=0$ 또는

$x+y+z=1$ 또는 $x+y+z=2$일 때로 나누어 구한다. ◀ 10 %

[해결 과정] (i) $x+y+z=0$이고 $a+b+c=10$일 때,

방정식 $x+y+z=0$을 만족시키는 음이 아닌 정수 x, y, z의 순

서쌍 (x, y, z)의 개수는 $(0, 0, 0)$의 1

방정식 $a+b+c=10$을 만족시키는 음이 아닌 정수 a, b, c의 순

서쌍 (a, b, c)의 개수는

$_3H_{10}=_{3+10-1}C_{10}=_{12}C_{10}=_{12}C_2=66$

따라서 음이 아닌 정수 a, b, c, x, y, z의 순서쌍

(a, b, c, x, y, z)의 개수는

$1\times66=66$ ◀ 20 %

(ii) $x+y+z=1$이고 $a+b+c=6$일 때,

방정식 $x+y+z=1$을 만족시키는 음이 아닌 정수 x, y, z의 순서쌍 (x, y, z)의 개수는

$_3H_1=_{3+1-1}C_1=_3C_1=3$

이 각각에 대하여 방정식 $a+b+c=6$을 만족시키는 음이 아닌 정수 a, b, c의 순서쌍 (a, b, c)의 개수는

$_3H_6=_{3+6-1}C_6=_8C_6=_8C_2=28$

따라서 음이 아닌 정수 a, b, c, x, y, z의 순서쌍

(a, b, c, x, y, z)의 개수는

$3\times28=84$ ◀ 30 %

(iii) $x+y+z=2$이고 $a+b+c=2$일 때,

방정식 $x+y+z=2$를 만족시키는 음이 아닌 정수 x, y, z의 순서쌍 (x, y, z)의 개수는

$_3H_2=_{3+2-1}C_2=_4C_2=6$

이 각각에 대하여 방정식 $a+b+c=2$를 만족시키는 음이 아닌 정수 a, b, c의 순서쌍 (a, b, c)의 개수는

$_3H_2=_{3+2-1}C_2=_4C_2=6$

따라서 음이 아닌 정수 a, b, c, x, y, z의 순서쌍

(a, b, c, x, y, z)의 개수는

$6\times6=36$ ◀ 30 %

답 구하기 이상에서 구하는 순서쌍 (a, b, c, x, y, z)의 개수는

$66+84+36=186$ ◀ 10 %

0164 답 ⑴ 36 ⑵ 90

⑴ $x_1<x_2$이면 $f(x_1)\leq f(x_2)$를 만족시키는 함수 f 중에서 $f(3)=3$을 만족시키는 함수의 개수는

(i) $f(1)\leq f(2)\leq3$이므로 $f(1)$, $f(2)$의 값이 될 수 있는 수는

1, 2, 3

1, 2, 3에서 중복을 허용하여 2개를 뽑아 작거나 같은 것부터 차례로 $f(1)$, $f(2)$의 값을 정하면 되므로 구하는 경우의 수는

$_3H_2=_{3+2-1}C_2=_4C_2=6$ ◀ 20 %

(ii) $3\leq f(4)\leq f(5)$이므로 $f(4)$, $f(5)$의 값이 될 수 있는 수는

3, 4, 5

3, 4, 5에서 중복을 허용하여 2개를 뽑아 작거나 같은 것부터 차례로 $f(4)$, $f(5)$의 값을 정하면 되므로 구하는 경우의 수는

$_3H_2=_{3+2-1}C_2=_4C_2=6$ ◀ 20 %

(i), (ii)에서 구하는 함수의 개수는

$6\times6=36$ ◀ 10 %

⑵ 구하는 함수의 개수는 $x_1<x_2$이면 $f(x_1)\leq f(x_2)$를 만족시키는 함수의 개수에서 $f(3)=3$을 만족시키는 함수의 개수를 빼면 된다. ◀ 10 %

$x_1<x_2$이면 $f(x_1)\leq f(x_2)$를 만족시키는 함수의 개수는 1, 2, 3, 4, 5에서 5개를 택하는 중복조합의 수와 같으므로

$_5H_5=_{5+5-1}C_5=_9C_5=_9C_4=126$ ◀ 30 %

따라서 ⑴에서 $f(3)=3$을 만족시키는 함수 f의 개수는 36이므로 구하는 함수의 개수는

$126-36=90$ ◀ 10 %

Lecture ≫36~41쪽

05 확률의 뜻

0165 답 {1, 2, 3, 4, 5, 6}

0166 답 {1}, {2}, {3}, {4}, {5}, {6}

0167 답 {1, 2, 4}

0168 답 ⑴ {1, 3, 5, 6, 7, 9} ⑵ {3, 9}

⑶ {2, 4, 6, 8, 10} ⑷ {1, 2, 4, 5, 7, 8, 10}

표본공간을 S라 하면

$S=\{1, 2, 3, 4, 5, 6, 7, 8, 9, 10\}$

두 사건 A, B는

$A=\{1, 3, 5, 7, 9\}$, $B=\{3, 6, 9\}$

⑴ $A\cup B=\{1, 3, 5, 6, 7, 9\}$

⑵ $A\cap B=\{3, 9\}$

⑶ $A^C=\{2, 4, 6, 8, 10\}$

⑷ $B^C=\{1, 2, 4, 5, 7, 8, 10\}$

0169 답 A와 B, B와 C

동전의 앞면을 H, 뒷면을 T로 나타내면

$A=\{HT, TH\}$, $B=\{HH\}$, $C=\{HT, TH, TT\}$이므로

$A\cap B=\varnothing$, $A\cap C=\{HT, TH\}$, $B\cap C=\varnothing$

따라서 서로 배반인 두 사건은 A와 B, B와 C이다.

0170 답 ⑴ $\dfrac{1}{3}$ ⑵ $\dfrac{2}{3}$ ⑶ $\dfrac{1}{2}$

한 개의 주사위를 던질 때, 일어날 수 있는 모든 경우의 수는 6

⑴ $A=\{1, 5\}$이므로

$P(A)=\dfrac{2}{6}=\dfrac{1}{3}$

⑵ $B=\{3, 4, 5, 6\}$이므로

$P(B)=\dfrac{4}{6}=\dfrac{2}{3}$

⑶ $C=\{2, 4, 6\}$이므로

$P(C)=\dfrac{3}{6}=\dfrac{1}{2}$

0171 답 $\dfrac{1}{6}$

서로 다른 2개의 주사위를 동시에 던질 때, 일어날 수 있는 모든 경우의 수는 $6\times6=36$

두 눈의 수가 서로 같은 경우는

$(1, 1)$, $(2, 2)$, $(3, 3)$, $(4, 4)$, $(5, 5)$, $(6, 6)$

의 6가지이므로 구하는 확률은

$\dfrac{6}{36}=\dfrac{1}{6}$

0172 답 $\dfrac{5}{36}$

서로 다른 2개의 주사위를 동시에 던질 때, 일어날 수 있는 모든 경우의 수는

$6 \times 6 = 36$

두 눈의 수의 합이 8인 경우는

$(2, 6), (3, 5), (4, 4), (5, 3), (6, 2)$

의 5가지이므로 구하는 확률은

$\dfrac{5}{36}$

0173 답 $\dfrac{1}{9}$

서로 다른 2개의 주사위를 동시에 던질 때, 일어날 수 있는 모든 경우의 수는

$6 \times 6 = 36$

두 눈의 수의 차가 4인 경우는

$(1, 5), (2, 6), (5, 1), (6, 2)$

의 4가지이므로 구하는 확률은

$\dfrac{4}{36} = \dfrac{1}{9}$

0174 답 $\dfrac{1}{5}$

5명의 학생을 일렬로 세우는 경우의 수는 $5! = 120$

B가 맨 앞에 있는 경우의 수는 $4! = 24$

따라서 구하는 확률은

$\dfrac{24}{120} = \dfrac{1}{5}$

0175 답 $\dfrac{2}{5}$

5명의 학생을 일렬로 세우는 경우의 수는 $5! = 120$

D, E를 한 사람으로 생각하여 4명의 학생을 일렬로 세우는 경우의 수는 $4! = 24$

이때 D, E가 서로 자리를 바꾸는 경우의 수는

$2! = 2$

즉, D, E가 이웃하는 경우의 수는

$24 \times 2 = 48$

따라서 구하는 확률은

$\dfrac{48}{120} = \dfrac{2}{5}$

0176 답 $\dfrac{3}{5}$

5명의 학생을 일렬로 세우는 경우의 수는 $5! = 120$

C, D, E를 일렬로 세우는 경우의 수는

$3! = 6$

C, D, E의 사이사이 및 양 끝에 A, B를 세우는 경우의 수는

$_4P_2 = 12$

즉, A, B가 이웃하지 않는 경우의 수는

$6 \times 12 = 72$

따라서 구하는 확률은

$\dfrac{72}{120} = \dfrac{3}{5}$

0177 답 $\dfrac{2}{5}$

$\dfrac{10800}{27000} = \dfrac{2}{5}$

0178 답 $\dfrac{1}{3}$

작은 원부터 원의 넓이가 각각 π, 4π, 9π이므로 색칠한 부분의 넓이는

$4\pi - \pi = 3\pi$

따라서 구하는 확률은

$\dfrac{3\pi}{9\pi} = \dfrac{1}{3}$

0179 답 $\dfrac{3}{5}$

0180 답 1

딸기 맛 사탕 또는 사과 맛 사탕이 나오는 사건은 반드시 일어나는 사건이므로 구하는 확률은

$\dfrac{5}{5} = 1$

0181 답 0

바나나 맛 사탕이 나오는 사건은 절대로 일어나지 않는 사건이므로 구하는 확률은

$\dfrac{0}{5} = 0$

㉵0182 답 A와 B, B와 C

표본공간을 S라 하면

$S = \{1, 2, 3, 4, 5, 6\}$

세 사건 A, B, C는

$A = \{1, 3, 5\}$, $B = \{4\}$, $C = \{1, 2, 5\}$

이므로

$A \cap B = \varnothing$, $A \cap C = \{1, 5\}$, $B \cap C = \varnothing$

따라서 서로 배반인 두 사건은 A와 B, B와 C이다.

㉵0183 답 ㄱ

표본공간을 S라 하면

$S = \{1, 3, 5, 7\}$

세 사건 A, B, C는

$A = \varnothing$, $B = \{3, 5, 7\}$, $C = \{1, 3\}$

ㄱ. $A \cup B = \{3, 5, 7\}$이므로 $A \cup B = B$

ㄴ. $A^c = S$

ㄷ. $B^c = \{1\}$이므로

　　$B^c \cap C = \{1\} \cap \{1, 3\} = \{1\}$

이상에서 옳은 것은 ㄱ뿐이다.

㉵0184 답 ④

표본공간 S는

$S = \{(1, 1), (1, 2), (1, 3), \cdots, (6, 4), (6, 5), (6, 6)\}$

두 사건 A, B는

$A = \{(1, 1), (1, 2), (1, 3), (1, 4), (1, 5), (1, 6)\}$

$B = \{(1, 1), (2, 1), (3, 1), (4, 1), (5, 1), (6, 1)\}$

① $n(S) = 36$

② $n(A) = 6$

③ $A \cap B = \{(1, 1)\}$이므로 $n(A \cap B) = 1$

④ $A \cup B = \{(1, 1), (1, 2), (1, 3), (1, 4), (1, 5), (1, 6),$
$\qquad (2, 1), (3, 1), (4, 1), (5, 1), (6, 1)\}$
　이므로 $n(A \cup B) = 11$

⑤ $A \cap B^C = A - B = \{(1, 2), (1, 3), (1, 4), (1, 5), (1, 6)\}$
　이므로 $n(A \cap B^C) = 5$

따라서 옳은 것은 ④이다.

0185 답 4

문제 이해 사건 A와 서로 배반인 사건은 사건 A^C의 부분집합이고, 사건 B와 서로 배반인 사건은 사건 B^C의 부분집합이므로 사건 C는 사건 $A^C \cap B^C$의 부분집합이다.　◀ 40 %

해결 과정 $A^C = \{2, 3, 5, 8\}$, $B^C = \{3, 4, 6, 8\}$이므로
$A^C \cap B^C = \{3, 8\}$　◀ 30 %

답 구하기 따라서 집합 $A^C \cap B^C$의 원소의 개수가 2이므로 사건 C의 개수는 $2^2 = 4$　◀ 30 %

> **도움 개념** 부분집합의 개수
>
> 집합 $A = \{a_1, a_2, a_3, \cdots, a_n\}$에 대하여 집합 A의 부분집합의 개수는
> $\Rightarrow \underbrace{2 \times 2 \times 2 \times \cdots \times 2}_{n \text{개}} = 2^n$

0186 답 ②

한 개의 주사위를 2번 던질 때, 일어날 수 있는 모든 경우의 수는
$6 \times 6 = 36$

두 눈의 수의 합이 10 이상인 경우는
$(4, 6), (5, 5), (5, 6), (6, 4), (6, 5), (6, 6)$
의 6가지이므로 구하는 확률은
$\dfrac{6}{36} = \dfrac{1}{6}$

0187 답 ①

지원이가 집에서 학교를 왕복하는 전체 방법의 수는
$3 \times 3 = 9$

집에서 학교를 왕복할 때 사용하는 교통비를 표로 나타내면 오른쪽과 같다.

이때 사용한 교통비가 2000원 이하인 경우의 수는
4

따라서 구하는 확률은
$\dfrac{4}{9}$

（단위: 원）

올 때 ＼ 갈 때	도보	버스	택시
도보	0	900	3800
버스	900	1800	4700
택시	3800	4700	7600

0188 답 ③

집합 A의 부분집합의 개수는
$2^8 = 256$

집합 A의 부분집합 중에서 원소 2, 3, 5를 모두 포함하는 집합의 개수는
$2^{8-3} = 32$

따라서 구하는 확률은
$\dfrac{32}{256} = \dfrac{1}{8}$

참고 집합 $A = \{a_1, a_2, a_3, \cdots, a_n\}$에 대하여 특정한 원소 k개를 원소로 갖는 집합 A의 부분집합의 개수는 2^{n-k}이다. (단, $k \leq n$)

0189 답 $\dfrac{17}{36}$

문제 이해 이차방정식 $x^2 - ax + b = 0$의 판별식을 D라 할 때, 이 이차방정식이 서로 다른 두 허근을 가지려면
$D = (-a)^2 - 4b < 0$
즉, $a^2 - 4b < 0$에서 $b > \dfrac{a^2}{4}$이어야 한다.　◀ 30 %

해결 과정 서로 다른 2개의 주사위를 동시에 던질 때, 일어날 수 있는 모든 경우의 수는
$6 \times 6 = 36$

$b > \dfrac{a^2}{4}$을 만족시키는 a, b의 순서쌍 (a, b)는
$(1, 1), (1, 2), (1, 3), (1, 4), (1, 5), (1, 6),$
$(2, 2), (2, 3), (2, 4), (2, 5), (2, 6),$
$(3, 3), (3, 4), (3, 5), (3, 6),$
$(4, 5), (4, 6)$
의 17가지　◀ 60 %

답 구하기 따라서 구하는 확률은
$\dfrac{17}{36}$　◀ 10 %

> **도움 개념** 이차방정식의 근의 판별
>
> 계수가 실수인 이차방정식 $ax^2 + bx + c = 0$의 판별식을 $D = b^2 - 4ac$라 할 때,
> (1) $D > 0$이면 ⇨ 서로 다른 두 실근을 갖는다.
> (2) $D = 0$이면 ⇨ 중근(실근)을 갖는다.
> (3) $D < 0$이면 ⇨ 서로 다른 두 허근을 갖는다.

0190 답 ③

5명의 학생이 일렬로 앉는 경우의 수는
$5! = 120$

남학생 3명을 한 사람으로 생각하여 3명의 학생이 일렬로 앉는 경우의 수는
$3! = 6$

이때 남학생 3명이 서로 자리를 바꾸는 경우의 수는
$3! = 6$

즉, 남학생끼리 이웃하게 앉는 경우의 수는
$6 \times 6 = 36$

따라서 구하는 확률은
$\dfrac{36}{120} = \dfrac{3}{10}$

0191 답 $\dfrac{2}{5}$

6권의 책을 일렬로 꽂는 경우의 수는
$6! = 720$

4권의 동화책 중에서 2권을 양 끝에 꽂는 경우의 수는
$_4\mathrm{P}_2 = 12$

이때 나머지 2권의 동화책과 2권의 소설책을 일렬로 꽂는 경우의 수는
$4! = 24$

즉, 양 끝에 동화책을 꽂는 경우의 수는

$12 \times 24 = 288$

따라서 구하는 확률은

$\dfrac{288}{720} = \dfrac{2}{5}$

⑤ **0192** 답 ④

5개의 숫자 1, 2, 3, 4, 5에서 서로 다른 4개를 택하여 만들 수 있는 네 자리 자연수의 개수는

$_5\mathrm{P}_4 = 120$

4200보다 큰 자연수는 42□□, 43□□, 45□□, 5□□□ 꼴이다.

42□□ 꼴인 자연수의 개수는 $_3\mathrm{P}_2 = 6$,

43□□ 꼴인 자연수의 개수는 $_3\mathrm{P}_2 = 6$,

45□□ 꼴인 자연수의 개수는 $_3\mathrm{P}_2 = 6$,

5□□□ 꼴인 자연수의 개수는 $_4\mathrm{P}_3 = 24$

이므로 4200보다 큰 자연수의 개수는

$6 + 6 + 6 + 24 = 42$

따라서 구하는 확률은

$\dfrac{42}{120} = \dfrac{7}{20}$

⑥ **0193** 답 $\dfrac{1}{6}$

4명의 관객이 4개의 좌석에 임의로 배정되는 경우의 수는

$4! = 24$

2명의 남자 관객이 A 구역의 좌석에 배정되는 경우의 수는

$2! = 2$

이때 2명의 여자 관객이 남아 있는 B 구역과 C 구역의 좌석에 각각 배정되는 경우의 수는

$2! = 2$

즉, 남자 관객 2명이 모두 A 구역에 배정되는 경우의 수는

$2 \times 2 = 4$

따라서 구하는 확률은

$\dfrac{4}{24} = \dfrac{1}{6}$

⑥ **0194** 답 ②

6명이 원탁에 둘러앉는 경우의 수는

$(6-1)! = 5! = 120$

부모를 한 사람으로 생각하여 5명이 원탁에 둘러앉는 경우의 수는

$(5-1)! = 4! = 24$

이때 부모가 서로 자리를 바꾸는 경우의 수는

$2! = 2$

즉, 부모가 이웃하게 앉는 경우의 수는

$24 \times 2 = 48$

따라서 구하는 확률은

$\dfrac{48}{120} = \dfrac{2}{5}$

⑥ **0195** 답 ②

8가지 서로 다른 색으로 8개의 영역을 칠하는 경우의 수는

$(8-1)! = 7! = 5040$

노란색을 칠한 맞은편에 초록색을 칠하고, 나머지 6가지 색을 6개의 영역에 칠하는 경우의 수는

$_6\mathrm{P}_6 = 6! = 720$

따라서 구하는 확률은

$\dfrac{720}{5040} = \dfrac{1}{7}$

⑥ **0196** 답 $\dfrac{2}{3}$

[해결 과정] 8명이 원탁에 둘러앉는 경우의 수는

$(8-1)! = 7! = 5040$ ◀ 20 %

(i) 남녀가 교대로 앉을 확률

남자 4명이 원탁에 둘러앉는 경우의 수는

$(4-1)! = 3! = 6$

이때 여자 4명이 남자 4명의 사이사이 4개의 자리에 앉는 경우의 수는

$_4\mathrm{P}_4 = 4! = 24$

즉, 남녀가 교대로 앉는 경우의 수는

$6 \times 24 = 144$

$\therefore p = \dfrac{144}{5040} = \dfrac{1}{35}$ ◀ 30 %

(ii) 부부끼리 이웃하게 앉을 확률

부부를 한 사람으로 생각하여 4명이 원탁에 둘러앉는 경우의 수는

$(4-1)! = 3! = 6$

이때 4쌍의 부부가 각각 서로 자리를 바꾸는 경우의 수는

$2! \times 2! \times 2! \times 2! = 16$

즉, 부부끼리 이웃하게 앉는 경우의 수는

$6 \times 16 = 96$

$\therefore q = \dfrac{96}{5040} = \dfrac{2}{105}$ ◀ 30 %

[답 구하기] $\therefore \dfrac{q}{p} = \dfrac{\dfrac{2}{105}}{\dfrac{1}{35}} = \dfrac{2}{3}$ ◀ 20 %

⑥ **0197** 답 ③

5개의 숫자 1, 2, 3, 4, 5에서 중복을 허용하여 만들 수 있는 네 자리 자연수의 개수는

$_5\Pi_4 = 5^4 = 625$

일의 자리의 숫자가 홀수인 경우는

1, 3, 5의 3가지

천의 자리, 백의 자리, 십의 자리의 숫자를 택하는 방법의 수는 서로 다른 5개의 숫자에서 3개를 택하는 중복순열의 수와 같으므로

$_5\Pi_3 = 5^3 = 125$

즉, 홀수인 네 자리 자연수의 개수는

$3 \times 125 = 375$

따라서 구하는 확률은

$\dfrac{375}{625} = \dfrac{3}{5}$

⑥ **0198** 답 ⑤

X에서 Y로의 함수 f의 개수는

$_6\Pi_3 = 6^3 = 216$

X에서 Y로의 일대일함수 f의 개수는

$_6\mathrm{P}_3 = 120$

따라서 구하는 확률은

$\dfrac{120}{216} = \dfrac{5}{9}$

두 집합 X, Y에 대하여 $f:X \longrightarrow Y$이고, 두 집합 X, Y의 원소의 개수가 각각 r, n일 때,

(1) 함수의 개수: 정의역의 각 원소에 공역의 원소가 중복하여 대응될 수 있으므로 중복순열의 수 $_n\Pi_r$와 같다.

(2) 일대일함수의 개수: 정의역의 각 원소에 공역의 서로 다른 원소가 하나씩 대응되어야 하므로 순열의 수 $_n\text{P}_r$와 같다. (단, $r \le n$)

0199 답 ③

4명의 학생이 10개의 게임 중에서 임의로 각각 한 개씩 고르는 경우의 수는

$_{10}\Pi_4 = 10^4 = 10000$

4명의 학생이 서로 다른 게임을 고르는 경우의 수는

$_{10}\text{P}_4 = 5040$

따라서 구하는 확률은

$\dfrac{5040}{10000} = \dfrac{63}{125}$

0200 답 ④

6개의 숫자 3, 4, 4, 5, 5, 5를 일렬로 나열하는 경우의 수는

$\dfrac{6!}{2! \times 3!} = 60$

3, 5, 5, 5를 한 숫자 X로 생각하여 X, 4, 4를 일렬로 나열하는 경우의 수는

$\dfrac{3!}{2!} = 3$

이때 4개의 숫자 3, 5, 5, 5를 일렬로 나열하는 경우의 수는

$\dfrac{4!}{3!} = 4$

즉, 홀수끼리 이웃하는 경우의 수는

$3 \times 4 = 12$

따라서 구하는 확률은

$\dfrac{12}{60} = \dfrac{1}{5}$

0201 답 $\dfrac{1}{5}$

해결 과정 11개의 문자 p, r, o, b, a, b, i, l, i, t, y를 일렬로 나열하는 경우의 수는

$\dfrac{11!}{2! \times 2!}$ ◀ 20 %

(i) 양 끝에 i가 올 확률

9개의 문자 p, r, o, b, a, b, l, t, y를 일렬로 나열하면 되므로 그 경우의 수는 $\dfrac{9!}{2!}$

$\therefore p = \dfrac{\dfrac{9!}{2!}}{\dfrac{11!}{2! \times 2!}} = \dfrac{1}{55}$ ◀ 30 %

(ii) 같은 문자끼리 이웃할 확률

i, i를 한 문자 X로, b, b를 한 문자 Y로 생각하여 X, Y, p, r, o, a, l, t, y를 일렬로 나열하는 경우의 수는 9!

$\therefore q = \dfrac{9!}{\dfrac{11!}{2! \times 2!}} = \dfrac{2}{55}$ ◀ 30 %

답 구하기 $\therefore 3p + 4q = \dfrac{3}{55} + \dfrac{8}{55}$

$= \dfrac{11}{55} = \dfrac{1}{5}$ ◀ 20 %

0202 답 ⑤

7개의 우유 중에서 3개의 우유를 꺼내는 경우의 수는

$_7\text{C}_3 = 35$

딸기 맛 우유 4개 중에서 2개, 초콜릿 맛 우유 3개 중에서 1개를 꺼내는 경우의 수는

$_4\text{C}_2 \times _3\text{C}_1 = 6 \times 3 = 18$

따라서 구하는 확률은

$\dfrac{18}{35}$

0203 답 $\dfrac{3}{10}$

5명의 학생 중에서 2명을 선출하는 경우의 수는

$_5\text{C}_2 = 10$

B는 선출되고 D는 선출되지 않는 경우의 수는 B, D를 제외한 나머지 3명의 학생 중에서 1명을 선출하고 B를 포함시키는 경우의 수와 같으므로

$_3\text{C}_1 = 3$

따라서 구하는 확률은

$\dfrac{3}{10}$

0204 답 4

6개의 공 중에서 2개의 공을 꺼내는 경우의 수는

$_6\text{C}_2 = 15$

6개의 공 중에서 흰 공의 개수를 x라 하면 흰 공 x개 중에서 2개를 꺼내는 경우의 수는

$_x\text{C}_2 = \dfrac{x(x-1)}{2}$

즉, 6개의 공 중에서 2개의 공을 꺼낼 때, 흰 공이 2개 나올 확률은

$\dfrac{\dfrac{x(x-1)}{2}}{15} = \dfrac{x(x-1)}{30}$

이므로

$\dfrac{x(x-1)}{30} = \dfrac{2}{5}$에서

$x^2 - x - 12 = 0$, $(x+3)(x-4) = 0$

$\therefore x = 4 \ (\because 2 \le x < 6)$

따라서 구하는 흰 공의 개수는 4이다.

0205 답 ④

8개의 구슬을 서로 다른 3개의 주머니에 넣는 경우의 수는

$_3\text{H}_8 = _{10}\text{C}_8 = _{10}\text{C}_2 = 45$

각 주머니에 적어도 1개의 구슬이 들어가는 경우의 수는 모든 주머니에 구슬을 1개씩 넣은 후 나머지 5개의 구슬을 서로 다른 3개의 주머니에 넣는 경우의 수와 같으므로

$_3\text{H}_5 = _7\text{C}_5 = _7\text{C}_2 = 21$

따라서 구하는 확률은

$\dfrac{21}{45} = \dfrac{7}{15}$

⑨0206 답 $\dfrac{3}{7}$

8개의 점 중에서 세 점을 꼭짓점으로 하는 삼각형의 개수는

$_8C_3=56$

오른쪽 그림과 같이 원의 중심 O를 지나는 1개
의 지름에서 만들 수 있는 직각삼각형은 6개이
고, 8개의 점으로 만들 수 있는 지름은 4개이므
로 직각삼각형의 개수는

$6\times4=24$

따라서 구하는 확률은

$\dfrac{24}{56}=\dfrac{3}{7}$

참고 반원에 대한 원주각의 크기는 90°이므로 원의 지름의 양 끝 점과 호 위
의 한 점을 꼭짓점으로 하는 삼각형은 직각삼각형이 된다.

⑨0207 답 7개

15개의 공 중에서 2개의 공을 꺼내는 경우의 수는

$_{15}C_2=105$

상자에 들어 있는 노란 공의 개수를 x라 하면 노란 공 x개 중에서 2
개를 꺼내는 경우의 수는

$_xC_2=\dfrac{x(x-1)}{2}$

이므로 15개의 공 중에서 2개의 공을 꺼낼 때, 모두 노란 공일 확률은

$\dfrac{\dfrac{x(x-1)}{2}}{105}=\dfrac{x(x-1)}{210}$

이 시행에서 5번에 1번 꼴로 2개의 공이 모두 노란 공이었으므로 통
계적 확률은 $\dfrac{1}{5}$이다.

즉, $\dfrac{x(x-1)}{210}=\dfrac{1}{5}$에서

$x^2-x-42=0$, $(x+6)(x-7)=0$

$\therefore x=7$ $(\because 2\le x<15)$

따라서 상자에는 7개의 노란 공이 들어 있다고 볼 수 있다.

⑨0208 답 $\dfrac{1}{10}$

조사한 전체 응답자 수는

$78+156+312+195+39=780$(명)

이므로 임의로 한 사람을 택했을 때, 이 회사의 스마트폰에 대하여 매
우 만족한 사람일 확률은

$\dfrac{78}{780}=\dfrac{1}{10}$

⑨0209 답 ③

오른쪽 그림과 같이 점 P가 $\overline{BC}$를 지름으로
하는 반원 위에 있을 때, 삼각형 PBC는 직각
삼각형이 되므로 이 반원의 외부에 점 P를 잡
으면 삼각형 PBC는 예각삼각형이 된다. 즉,
점 P가 위치할 수 있는 영역은 오른쪽 그림의
색칠한 부분이다.

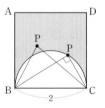

따라서 구하는 확률은

$\dfrac{(\text{색칠한 부분의 넓이})}{(\text{정사각형 ABCD의 넓이})}=\dfrac{2^2-\pi\times1^2\times\dfrac{1}{2}}{2^2}$

$=1-\dfrac{\pi}{8}$

⑨0210 답 $1-\dfrac{\sqrt{3}}{6}\pi$

한 변의 길이가 4인 정삼각형 ABC의 넓이는

$\dfrac{\sqrt{3}}{4}\times4^2=4\sqrt{3}$

점 P에서 각 꼭짓점에 이르는 거리가 모두 2보
다 크려면 오른쪽 그림과 같이 각 꼭짓점을 중
심으로 하고 반지름의 길이가 2, 중심각의 크기
가 60°인 부채꼴의 외부에 점 P가 있어야 한다.
즉, 점 P가 위치할 수 있는 영역은 오른쪽 그림
의 색칠한 부분이다.

이때 색칠한 부분의 넓이는

$4\sqrt{3}-3\times\left(\pi\times2^2\times\dfrac{60}{360}\right)=4\sqrt{3}-2\pi$

따라서 구하는 확률은

$\dfrac{(\text{색칠한 부분의 넓이})}{(\text{정삼각형 ABC의 넓이})}=\dfrac{4\sqrt{3}-2\pi}{4\sqrt{3}}=1-\dfrac{\sqrt{3}}{6}\pi$

도움 개념 **정삼각형과 부채꼴의 넓이**

(1) 정삼각형의 높이와 넓이
한 변의 길이가 a인 정삼각형에서

$(\text{높이})=\dfrac{\sqrt{3}}{2}a$, $(\text{넓이})=\dfrac{\sqrt{3}}{4}a^2$

(2) 부채꼴의 호의 길이와 넓이
반지름의 길이가 r, 중심각의 크기가 $x°$인 부채꼴에서

$(\text{호의 길이})=2\pi r\times\dfrac{x}{360}$

$(\text{넓이})=\pi r^2\times\dfrac{x}{360}$

⑨0211 답 $\dfrac{2}{3}$

[문제 이해] 이차방정식 $x^2+ax+\dfrac{a}{4}+\dfrac{1}{2}=0$의 판별식을 D라 할 때,
이 이차방정식이 실근을 가지려면

$D=a^2-4\times1\times\left(\dfrac{a}{4}+\dfrac{1}{2}\right)\ge0$

즉, $a^2-a-2\ge0$이어야 한다. ◀ 20 %

[해결 과정] $a^2-a-2\ge0$에서 $(a+1)(a-2)\ge0$

$\therefore a\le-1$ 또는 $a\ge2$ ······ ㉠

이때 주어진 조건 $-4\le a\le5$와 ㉠의 공
통 범위를 수직선 위에 나타내면 오른쪽
그림과 같으므로

$-4\le a\le-1$ 또는 $2\le a\le5$ ······ ㉡ ◀ 50 %

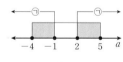

[답 구하기] 따라서 구하는 확률은

$\dfrac{(\text{㉡의 구간의 길이})}{(\text{주어진 구간의 길이})}=\dfrac{\{-1-(-4)\}+(5-2)}{5-(-4)}=\dfrac{2}{3}$ ◀ 30 %

⑨0212 답 ③

ㄱ. 임의의 사건 A에 대하여

$0\le P(A)\le1$

ㄴ. $P(S)=1$, $P(\varnothing)=0$이므로

$P(S)+P(\varnothing)=1$

ㄷ. $0\le P(A)\le1$, $0\le P(B)\le1$이므로

$0\le P(A)+P(B)\le2$

이상에서 옳은 것은 ㄱ, ㄴ이다.

0213 답 ㄱ

ㄱ. $0 \leq P(A) \leq 1$, $0 \leq P(B) \leq 1$이므로

　　$0 \leq P(A)P(B) \leq 1$

ㄴ. [반례] $S=\{1, 2, 3, 4, 5\}$, $A=\{1, 2, 3, 4\}$, $B=\{4, 5\}$이면

　　$A \cup B = S$이지만

　　$P(A)+P(B)=\dfrac{4}{5}+\dfrac{2}{5}=\dfrac{6}{5} \neq 1$

ㄷ. [반례] $S=\{1, 2, 3, 4, 5\}$, $A=\{1, 3, 5\}$, $B=\{3, 5\}$이면

　　$P(A)+P(B)=\dfrac{3}{5}+\dfrac{2}{5}=1$이지만 $A \cap B = \{3, 5\} \neq \varnothing$이므

로 두 사건 A와 B는 서로 배반사건이 아니다.

이상에서 옳은 것은 ㄱ뿐이다.

06 확률의 덧셈정리

≫ 42~45쪽

0214 답 $\dfrac{5}{12}$

$P(A \cup B) = P(A)+P(B)-P(A \cap B)$이므로

$\dfrac{5}{6}=\dfrac{2}{3}+\dfrac{7}{12}-P(A \cap B)$ 　　$\therefore P(A \cap B)=\dfrac{5}{12}$

0215 답 $\dfrac{1}{6}$

$P(A \cup B) = P(A)+P(B)$이므로

$\dfrac{11}{12}=\dfrac{3}{4}+P(B)$ 　　$\therefore P(B)=\dfrac{1}{6}$

0216 답 $\dfrac{2}{5}$

50개의 공 중에서 한 개의 공을 꺼내는 경우의 수는 50

공에 적힌 수가 3의 배수인 사건을 A, 8의 배수인 사건을 B라 하면

$A=\{3, 6, 9, \cdots, 48\}$에서 $n(A)=16$

$B=\{8, 16, 24, \cdots, 48\}$에서 $n(B)=6$

$A \cap B = \{24, 48\}$에서 $n(A \cap B)=2$

$\therefore P(A)=\dfrac{16}{50}$, $P(B)=\dfrac{6}{50}$, $P(A \cap B)=\dfrac{2}{50}$

따라서 구하는 확률은

$P(A \cup B) = P(A)+P(B)-P(A \cap B)$

　　　　　　$=\dfrac{16}{50}+\dfrac{6}{50}-\dfrac{2}{50}=\dfrac{2}{5}$

0217 답 $\dfrac{6}{25}$

50개의 공 중에서 한 개의 공을 꺼내는 경우의 수는 50

공에 적힌 수가 7의 배수인 사건을 A, 9의 배수인 사건을 B라 하면

$A=\{7, 14, 21, \cdots, 49\}$에서 $n(A)=7$

$B=\{9, 18, 27, 36, 45\}$에서 $n(B)=5$

$\therefore P(A)=\dfrac{7}{50}$, $P(B)=\dfrac{5}{50}$

이때 두 사건 A, B가 서로 배반사건이므로 구하는 확률은

$P(A \cup B) = P(A)+P(B)=\dfrac{7}{50}+\dfrac{5}{50}=\dfrac{6}{25}$

0218 답 $\dfrac{7}{10}$

20장의 카드 중에서 한 장의 카드를 꺼내는 경우의 수는 20

18의 약수가 아닌 카드를 꺼내는 사건을 A라 하면 여사건 A^C는 18

의 약수인 카드를 꺼내는 사건이므로

$A^C=\{1, 2, 3, 6, 9, 18\}$에서 $n(A^C)=6$

$\therefore P(A^C)=\dfrac{6}{20}=\dfrac{3}{10}$

따라서 구하는 확률은

$P(A)=1-P(A^C)=1-\dfrac{3}{10}=\dfrac{7}{10}$

0219 답 ⑺: A^C, ⑻: $\dfrac{1}{8}$, ⑼: $\dfrac{7}{8}$

서로 다른 3개의 동전을 동시에 던질 때, 일어날 수 있는 모든 경우의 수는

$2 \times 2 \times 2 = 8$

적어도 한 개는 뒷면이 나오는 사건을 A라 하면 $\boxed{A^C}$는 모두 앞면이 나오는 사건이므로

$P(\boxed{A^C})=\boxed{\dfrac{1}{8}}$

따라서 적어도 한 개는 뒷면이 나올 확률은

$P(A)=1-P(\boxed{A^C})=1-\boxed{\dfrac{1}{8}}=\boxed{\dfrac{7}{8}}$

0220 답 ②

$P(A^C \cap B^C)=P((A \cup B)^C)=1-P(A \cup B)$이므로

$0.4=1-P(A \cup B)$ 　　$\therefore P(A \cup B)=0.6$

$P(A \cup B)=P(A)+P(B)-P(A \cap B)$에서

$P(A \cap B)=P(A)+P(B)-P(A \cup B)$

　　　　　　$=0.3+0.5-0.6=0.2$

도움 개념 드모르간의 법칙

　전체집합 U의 두 부분집합 A, B에 대하여

　⑴ $(A \cup B)^C=A^C \cap B^C$ 　　⑵ $(A \cap B)^C=A^C \cup B^C$

0221 답 ⑤

$P(A)=P(B)$, $P(A)P(B)=\dfrac{1}{9}$이므로

$\{P(A)\}^2=\dfrac{1}{9}$ 　　$\therefore P(A)=P(B)=\dfrac{1}{3}$

이때 두 사건 A, B가 서로 배반사건이므로

$P(A \cup B) = P(A)+P(B)=\dfrac{1}{3}+\dfrac{1}{3}=\dfrac{2}{3}$

0222 답 $\dfrac{2}{3}$

$P(A^C \cup B^C)=P((A \cap B)^C)=1-P(A \cap B)$이므로

$\dfrac{5}{6}=1-P(A \cap B)$ 　　$\therefore P(A \cap B)=\dfrac{1}{6}$

$P(A \cup B)=P(A)+P(B)-P(A \cap B)$에서

$P(A)+P(B)=P(A \cup B)+P(A \cap B)$

　　　　　　$=\dfrac{1}{2}+\dfrac{1}{6}=\dfrac{2}{3}$

중 **0223** 답 ⑤

$P(A^C \cap B^C) = P((A \cup B)^C) = 1 - P(A \cup B)$이므로

$0.1 = 1 - P(A \cup B)$

$\therefore P(A \cup B) = 0.9$

또, $P(A^C \cup B^C) = P((A \cap B)^C) = 1 - P(A \cap B)$이므로

$0.8 = 1 - P(A \cap B)$

$\therefore P(A \cap B) = 0.2$

$P(A \cup B) = P(A) + P(B) - P(A \cap B)$에서

$0.9 = 0.5 + P(B) - 0.2$

$\therefore P(B) = 0.6$

상 **0224** 답 $\dfrac{7}{15}$

[해결 과정] $P(A \cup B) = P(A) + P(B) - P(A \cap B)$에서

$P(A \cap B) = P(A) + P(B) - P(A \cup B)$

$\qquad\qquad = \dfrac{4}{5} + \dfrac{1}{3} - P(A \cup B)$

$\qquad\qquad = \dfrac{17}{15} - P(A \cup B)$ ◀ 50 %

이때 $P(A \cup B) \geq P(A)$, $P(A \cup B) \geq P(B)$, $P(A \cup B) \leq 1$이므로

$\dfrac{4}{5} \leq P(A \cup B) \leq 1$, $-1 \leq -P(A \cup B) \leq -\dfrac{4}{5}$

$\dfrac{2}{15} \leq \dfrac{17}{15} - P(A \cup B) \leq \dfrac{1}{3}$

$\therefore \dfrac{2}{15} \leq P(A \cap B) \leq \dfrac{1}{3}$ ◀ 30 %

[답 구하기] 따라서 $M = \dfrac{1}{3}$, $m = \dfrac{2}{15}$이므로

$M + m = \dfrac{1}{3} + \dfrac{2}{15} = \dfrac{7}{15}$ ◀ 20 %

중 **0225** 답 ③

5장의 카드 중에서 2장을 꺼내는 경우의 수는 $_5C_2$

3이 적힌 카드를 꺼내는 사건을 A, 4가 적힌 카드를 꺼내는 사건을 B라 하면

$P(A) = \dfrac{_4C_1}{_5C_2} = \dfrac{2}{5}$, $P(B) = \dfrac{_4C_1}{_5C_2} = \dfrac{2}{5}$, $P(A \cap B) = \dfrac{_2C_2}{_5C_2} = \dfrac{1}{10}$

따라서 구하는 확률은

$P(A \cup B) = P(A) + P(B) - P(A \cap B)$

$\qquad\qquad = \dfrac{2}{5} + \dfrac{2}{5} - \dfrac{1}{10} = \dfrac{7}{10}$

중 **0226** 답 ②

서로 다른 2개의 주사위를 동시에 던질 때, 일어날 수 있는 모든 경우의 수는

$6 \times 6 = 36$

두 눈의 수의 합이 소수인 사건을 A, 두 눈의 수의 곱이 6의 배수인 사건을 B라 하면

$A = \{(1, 1), (1, 2), (1, 4), (1, 6), (2, 1), (2, 3), (2, 5), (3, 2),$
$\qquad (3, 4), (4, 1), (4, 3), (5, 2), (5, 6), (6, 1), (6, 5)\}$

에서 $n(A) = 15$

$B = \{(1, 6), (2, 3), (2, 6), (3, 2), (3, 4), (3, 6), (4, 3), (4, 6),$
$\qquad (5, 6), (6, 1), (6, 2), (6, 3), (6, 4), (6, 5), (6, 6)\}$

에서 $n(B) = 15$

$A \cap B = \{(1, 6), (2, 3), (3, 2), (3, 4), (4, 3), (5, 6), (6, 1),$
$\qquad\qquad (6, 5)\}$

에서 $n(A \cap B) = 8$

$\therefore P(A) = \dfrac{15}{36}$, $P(B) = \dfrac{15}{36}$, $P(A \cap B) = \dfrac{8}{36}$

따라서 구하는 확률은

$P(A \cup B) = P(A) + P(B) - P(A \cap B)$

$\qquad\qquad = \dfrac{15}{36} + \dfrac{15}{36} - \dfrac{8}{36} = \dfrac{11}{18}$

중 **0227** 답 ②

4장의 카드를 4장의 봉투에 넣는 경우의 수는 4!

A의 봉투에 A의 카드가 들어 있는 사건을 A, B의 봉투에 B의 카드가 들어 있는 사건을 B라 하면

$P(A) = \dfrac{3!}{4!} = \dfrac{1}{4}$, $P(B) = \dfrac{3!}{4!} = \dfrac{1}{4}$, $P(A \cap B) = \dfrac{2!}{4!} = \dfrac{1}{12}$

따라서 구하는 확률은

$P(A \cup B) = P(A) + P(B) - P(A \cap B)$

$\qquad\qquad = \dfrac{1}{4} + \dfrac{1}{4} - \dfrac{1}{12} = \dfrac{5}{12}$

중 **0228** 답 ⑤

X에서 Y로의 함수 f의 개수는

$_6\Pi_4$

$f(1) = -2$인 사건을 A, $f(2) = 1$인 사건을 B라 하면

$P(A) = \dfrac{_6\Pi_3}{_6\Pi_4} = \dfrac{6^3}{6^4} = \dfrac{1}{6}$,

$P(B) = \dfrac{_6\Pi_3}{_6\Pi_4} = \dfrac{6^3}{6^4} = \dfrac{1}{6}$,

$P(A \cap B) = \dfrac{_6\Pi_2}{_6\Pi_4} = \dfrac{6^2}{6^4} = \dfrac{1}{36}$

따라서 구하는 확률은

$P(A \cup B) = P(A) + P(B) - P(A \cap B)$

$\qquad\qquad = \dfrac{1}{6} + \dfrac{1}{6} - \dfrac{1}{36} = \dfrac{11}{36}$

중 **0229** 답 ④

$12x^2 - 7ax + a^2 = 0$에서 $(4x - a)(3x - a) = 0$

$\therefore x = \dfrac{a}{4}$ 또는 $x = \dfrac{a}{3}$

이때 이 이차방정식이 정수인 해를 가지려면 a는 3의 배수이거나 4의 배수이어야 한다.

a가 3의 배수인 사건을 A, 4의 배수인 사건을 B라 하면

$A = \{3, 6, 9, \cdots, 99\}$에서

$n(A) = 33$

$B = \{4, 8, 12, \cdots, 100\}$에서

$n(B) = 25$

$A \cap B = \{12, 24, 36, \cdots, 96\}$에서

$n(A \cap B) = 8$

$\therefore P(A) = \dfrac{33}{100}$, $P(B) = \dfrac{25}{100}$, $P(A \cap B) = \dfrac{8}{100}$

따라서 구하는 확률은

$P(A \cup B) = P(A) + P(B) - P(A \cap B)$

$\qquad\qquad = \dfrac{33}{100} + \dfrac{25}{100} - \dfrac{8}{100} = \dfrac{1}{2}$

0230 답 ③

7개의 바둑돌 중에서 2개의 바둑돌을 꺼내는 경우의 수는 $_7C_2$

2개 모두 흰 바둑돌인 사건을 A, 2개 모두 검은 바둑돌인 사건을 B라 하면

$P(A)=\dfrac{_4C_2}{_7C_2}=\dfrac{2}{7}$, $P(B)=\dfrac{_3C_2}{_7C_2}=\dfrac{1}{7}$

이때 두 사건 A, B가 서로 배반사건이므로 구하는 확률은

$P(A\cup B)=P(A)+P(B)=\dfrac{2}{7}+\dfrac{1}{7}=\dfrac{3}{7}$

0231 답 ②

6개의 문자를 일렬로 나열하는 방법의 수는 $6!$

a가 맨 뒤에 오는 사건을 A, e가 맨 뒤에 오는 사건을 B라 하면

$P(A)=\dfrac{5!}{6!}=\dfrac{1}{6}$, $P(B)=\dfrac{5!}{6!}=\dfrac{1}{6}$

이때 두 사건 A, B가 서로 배반사건이므로 구하는 확률은

$P(A\cup B)=P(A)+P(B)=\dfrac{1}{6}+\dfrac{1}{6}=\dfrac{1}{3}$

0232 답 $\dfrac{1}{8}$

[해결 과정] 서로 다른 2개의 정팔면체 모양의 주사위를 동시에 던질 때, 일어날 수 있는 모든 경우의 수는

$8\times 8=64$　　　　　　◀ 10 %

바닥면에 적힌 두 수의 합이 7인 사건을 A, 두 수의 차가 7인 사건을 B라 하면

$A=\{(1,6),(2,5),(3,4),(4,3),(5,2),(6,1)\}$

에서 $n(A)=6$

$B=\{(1,8),(8,1)\}$

에서 $n(B)=2$　　　　　　◀ 40 %

$\therefore P(A)=\dfrac{6}{64}$, $P(B)=\dfrac{2}{64}$　　◀ 30 %

[답 구하기] 이때 두 사건 A, B가 서로 배반사건이므로 구하는 확률은

$P(A\cup B)=P(A)+P(B)=\dfrac{6}{64}+\dfrac{2}{64}=\dfrac{1}{8}$　◀ 20 %

0233 답 ③

6개의 숫자에서 4개의 숫자를 택하여 만들 수 있는 네 자리 자연수의 개수는 $_6P_4$

일의 자리의 숫자와 십의 자리의 숫자의 합이 홀수인 경우는

(홀수)+(짝수), (짝수)+(홀수)

일의 자리의 숫자가 홀수이고 십의 자리의 숫자가 짝수인 사건을 A, 일의 자리의 숫자가 짝수이고 십의 자리의 숫자가 홀수인 사건을 B라 하면

$P(A)=\dfrac{_3P_1\times _3P_1\times _4P_2}{_6P_4}$

$=\dfrac{3\times 3\times 4\times 3}{6\times 5\times 4\times 3}=\dfrac{3}{10}$

$P(B)=\dfrac{_3P_1\times _3P_1\times _4P_2}{_6P_4}$

$=\dfrac{3\times 3\times 4\times 3}{6\times 5\times 4\times 3}=\dfrac{3}{10}$

이때 두 사건 A, B가 서로 배반사건이므로 구하는 확률은

$P(A\cup B)=P(A)+P(B)=\dfrac{3}{10}+\dfrac{3}{10}=\dfrac{3}{5}$

0234 답 ④

10개의 제품 중에서 3개의 제품을 고르는 경우의 수는 $_{10}C_3$

적어도 한 개가 불량품인 사건을 A라 하면 여사건 A^C는 3개 모두 불량품이 아닌 사건이므로

$P(A^C)=\dfrac{_8C_3}{_{10}C_3}=\dfrac{7}{15}$

따라서 구하는 확률은

$P(A)=1-P(A^C)=1-\dfrac{7}{15}=\dfrac{8}{15}$

0235 답 ④

8개의 문자를 일렬로 나열하는 방법의 수는 $8!$

적어도 한쪽 끝에 모음이 오는 사건을 A라 하면 여사건 A^C는 양 끝에 모두 자음이 오는 사건이므로

$P(A^C)=\dfrac{_5P_2\times 6!}{8!}=\dfrac{5}{14}$

따라서 구하는 확률은

$P(A)=1-P(A^C)=1-\dfrac{5}{14}=\dfrac{9}{14}$

0236 답 $\dfrac{7}{10}$

두 사람이 각각 휴가 날짜를 택하는 경우의 수는 $_5C_2\times _5C_2$

두 사람의 2일의 휴가 날짜 중 적어도 하루는 겹치는 사건을 A라 하면 여사건 A^C는 2일 모두 겹치지 않는 사건이므로

$P(A^C)=\dfrac{_5C_2\times _3C_2}{_5C_2\times _5C_2}=\dfrac{3}{10}$

따라서 구하는 확률은

$P(A)=1-P(A^C)=1-\dfrac{3}{10}=\dfrac{7}{10}$

0237 답 2

[문제 이해] $(n+3)$개의 구슬 중에서 2개의 구슬을 꺼낼 때, 적어도 한 개의 검은 구슬을 꺼내는 사건을 A라 하면 여사건 A^C는 2개 모두 흰 구슬을 꺼내는 사건이다.　　◀ 20 %

[해결 과정] $(n+3)$개의 구슬 중에서 2개의 구슬을 꺼내는 경우의 수는 $_{n+3}C_2$

$P(A^C)=\dfrac{_3C_2}{_{n+3}C_2}=\dfrac{6}{(n+3)(n+2)}$

$P(A)=1-P(A^C)$

$=1-\dfrac{6}{(n+3)(n+2)}=\dfrac{7}{10}$　◀ 40 %

[답 구하기] 즉, $\dfrac{6}{(n+3)(n+2)}=\dfrac{3}{10}$이므로

$n^2+5n-14=0$, $(n+7)(n-2)=0$

$\therefore n=2$ ($\because n$은 자연수)　　◀ 40 %

0238 답 85

12개의 메달 중에서 3개의 메달을 꺼내는 경우의 수는 $_{12}C_3$

메달의 무늬가 두 종류 이상인 사건을 A라 하면 여사건 A^C는 모두 같은 무늬인 사건이다.

(i) 3개 모두 세모 무늬일 확률은

$\dfrac{_3C_3}{_{12}C_3}=\dfrac{1}{220}$

(ii) 3개 모두 네모 무늬일 확률은

$$\frac{_5C_3}{_{12}C_3} = \frac{10}{220}$$

(iii) 3개 모두 별 무늬일 확률은

$$\frac{_4C_3}{_{12}C_3} = \frac{4}{220}$$

이상에서

$$P(A^C) = \frac{1}{220} + \frac{10}{220} + \frac{4}{220} = \frac{3}{44}$$

$$\therefore P(A) = 1 - P(A^C) = 1 - \frac{3}{44} = \frac{41}{44}$$

따라서 $p = 44$, $q = 41$이므로 $p + q = 85$

⬇0239 답 $\frac{29}{38}$

20개의 자연수 중에서 2개의 수를 택하는 경우의 수는 $_{20}C_2$

택한 수 중 작은 수가 10 이하인 사건을 A라 하면 여사건 A^C는 작은 수가 11 이상인 사건이므로

$$P(A^C) = \frac{_{10}C_2}{_{20}C_2} = \frac{9}{38}$$

따라서 구하는 확률은

$$P(A) = 1 - P(A^C) = 1 - \frac{9}{38} = \frac{29}{38}$$

⬇0240 답 ③

9장의 카드 중에서 2장의 카드를 꺼내는 경우의 수는 $_9C_2 = 36$

두 수 $\frac{b}{a}$, $\frac{a}{b}$가 모두 정수가 아닌 사건을 A라 하면 여사건 A^C는 $\frac{b}{a}$ 또는 $\frac{a}{b}$가 정수인 사건이다.

꺼낸 카드에 적힌 두 수를 순서쌍으로 나타내면

$A^C = \{(1, 2), (1, 3), (1, 4), (1, 5), (1, 6), (1, 7), (1, 8), \\ (1, 9), (2, 4), (2, 6), (2, 8), (3, 6), (3, 9), (4, 8)\}$

에서 $n(A^C) = 14$

$$\therefore P(A^C) = \frac{14}{36} = \frac{7}{18}$$

따라서 구하는 확률은

$$P(A) = 1 - P(A^C) = 1 - \frac{7}{18} = \frac{11}{18}$$

⬇0241 답 $\frac{4}{7}$

8개의 꼭짓점 중에서 2개의 꼭짓점을 택하여 그을 수 있는 선분의 개수는 $_8C_2 = 28$

8개의 꼭짓점 중에서 2개의 꼭짓점을 택하여 선분을 그을 때, 선분의 길이가 $\sqrt{2}$ 이상인 사건을 A라 하면 여사건 A^C는 선분의 길이가 $\sqrt{2}$ 미만, 즉 1인 사건이다.

이때 길이가 1인 선분은 정육면체의 모서리이므로 그 개수는 12

$$\therefore P(A^C) = \frac{12}{28} = \frac{3}{7}$$

따라서 구하는 확률은

$$P(A) = 1 - P(A^C) = 1 - \frac{3}{7} = \frac{4}{7}$$

다른 풀이

정육면체의 8개의 꼭짓점 중에서 2개의 꼭짓점을 택하여 그을 수 있는 선분의 개수는 $_8C_2 = 28$

선분의 길이가 $\sqrt{2}$인 사건을 A, 선분의 길이가 $\sqrt{3}$인 사건을 B라 하면

길이가 $\sqrt{2}$인 선분은 정사각형의 대각선이므로 $n(A) = 12$

$$\therefore P(A) = \frac{12}{28} = \frac{3}{7}$$

길이가 $\sqrt{3}$인 선분은 정육면체의 대각선이므로 $n(B) = 4$

$$\therefore P(B) = \frac{4}{28} = \frac{1}{7}$$

이때 두 사건 A, B가 서로 배반사건이므로 구하는 확률은

$$P(A \cup B) = P(A) + P(B) = \frac{3}{7} + \frac{1}{7} = \frac{4}{7}$$

⬆0242 답 ③

8장의 카드 중에서 3장의 카드를 선택하는 경우의 수는 $_8C_3$

같은 숫자가 적힌 카드가 2장 이상인 사건을 A라 하면 여사건 A^C는 3장의 카드에 적힌 숫자가 모두 다른 사건이다.

이때 1, 2, 3, 4 중 3개의 숫자를 선택하고, 이 3개의 숫자가 각각 적힌 카드 한 장씩을 선택하는 경우의 수는

$_4C_3 \times _2C_1 \times _2C_1 \times _2C_1$

$$\therefore P(A^C) = \frac{_4C_3 \times _2C_1 \times _2C_1 \times _2C_1}{_8C_3} = \frac{4}{7}$$

따라서 구하는 확률은

$$P(A) = 1 - P(A^C) = 1 - \frac{4}{7} = \frac{3}{7}$$

다른 풀이

8장의 카드 중에서 3장의 카드를 선택하는 경우의 수는

$_8C_3 = 56$

1, 2, 3, 4 중 한 개의 숫자를 선택하고, 이 숫자가 적힌 카드 2장을 모두 선택하는 경우의 수는

$_4C_1 \times _2C_2 = 4$

이때 선택하지 않은 카드 6장 중에서 1장을 선택하는 경우의 수는

$_6C_1 = 6$

따라서 구하는 확률은

$$\frac{4 \times 6}{56} = \frac{3}{7}$$

» 46~49쪽

중단원 마무리

0243 답 ⑤

동전의 앞면을 H, 뒷면을 T라 하고, 표본공간을 S라 하면

$S = \{HHH, HHT, HTH, THH, HTT, THT, TTH, TTT\}$

한 번은 앞면, 두 번은 뒷면이 나오는 사건 A는

$A = \{HTT, THT, TTH\}$

사건 A와 서로 배반인 사건은 사건 A^C의 부분집합이므로 그 개수는 S의 원소 중에서 3개의 원소 HTT, THT, TTH를 포함하지 않는 것의 부분집합의 개수와 같으므로

$2^{8-3} = 2^5 = 32$

집합 $A=\{a_1, a_2, a_3, \cdots, a_n\}$에 대하여 집합 A의 특정한 원소 k개를 원소로 갖지 않는 부분집합의 개수는

$\Rightarrow 2^{n-k}$ (단, $k<n$)

0244 답 ②

한 개의 주사위를 세 번 던질 때, 일어날 수 있는 모든 경우의 수는

$6\times6\times6=216$

주사위의 눈의 수 a, b, c에 대하여 a의 각 값에 따라 $a>b$이고 $a>c$인 경우의 수는 다음과 같다.

(i) $a=1$일 때, 조건을 만족시키는 경우는 없다.

(ii) $a=2$일 때, $b=1$, $c=1$만 가능하므로 경우의 수는

　1

(iii) $a=3$일 때, $b=1$, 2가 가능하고 $c=1$, 2가 가능하므로 경우의 수는

　$2\times2=4$

(iv) $a=4$일 때, $b=1$, 2, 3이 가능하고 $c=1$, 2, 3이 가능하므로 경우의 수는

　$3\times3=9$

(v) $a=5$일 때, $b=1$, 2, 3, 4가 가능하고 $c=1$, 2, 3, 4가 가능하므로 경우의 수는

　$4\times4=16$

(vi) $a=6$일 때, $b=1$, 2, 3, 4, 5가 가능하고 $c=1$, 2, 3, 4, 5가 가능하므로 경우의 수는

　$5\times5=25$

이상에서 조건을 만족시키는 경우의 수는

$1+4+9+16+25=55$

따라서 구하는 확률은 $\dfrac{55}{216}$이다.

0245 답 ④

8명의 선수가 8개의 레인에 임의로 배정되는 경우의 수는 8!

A와 B를 한 사람으로 생각하여 7명의 선수가 7개의 레인에 임의로 배정되는 경우의 수는

7!

이때 A와 B가 서로 자리를 바꾸는 경우의 수는

2!

즉, A와 B가 이웃한 레인에서 출발하는 경우의 수는

$7!\times2!$

따라서 구하는 확률은

$\dfrac{7!\times2!}{8!}=\dfrac{1}{4}$

0246 답 ④

6명의 학생이 6개의 좌석에 앉는 경우의 수는 6!=720

같은 나라의 두 학생끼리 좌석 번호의 차가 1 또는 10이 되도록 앉는 경우는 다음과 같다.

[그림 1]　　　　[그림 2]　　　　[그림 3]

이때 같은 나라의 두 학생을 한 사람으로, 좌석 번호의 차가 1 또는 10이 되는 좌석을 한 좌석으로 생각하여 3명의 학생이 3개의 좌석에 앉는 경우의 수는

$3!=6$

같은 나라의 학생끼리 서로 자리를 바꾸는 경우의 수는

$2!\times2!\times2!=8$

즉, [그림 1], [그림 2], [그림 3]과 같이 앉는 경우의 수는 각각

$6\times8=48$

이므로 주어진 조건을 만족시키는 경우의 수는

$3\times48=144$

따라서 구하는 확률은

$\dfrac{144}{720}=\dfrac{1}{5}$

0247 답 ③

6명의 학생이 원탁에 둘러앉는 경우의 수는

$(6-1)!=5!=120$

여학생 4명이 원탁에 둘러앉는 경우의 수는

$(4-1)!=3!=6$

이때 남학생 2명이 여학생 4명의 사이사이 4개의 자리 중 2개의 자리에 앉는 경우의 수는

$_4\mathrm{P}_2=12$

즉, 남학생 2명이 이웃하지 않게 앉는 경우의 수는

$6\times12=72$

따라서 구하는 확률은

$\dfrac{72}{120}=\dfrac{3}{5}$

다른 풀이

6명의 학생이 원탁에 둘러앉는 경우의 수는

$(6-1)!=5!=120$

남학생 2명이 서로 이웃하지 않게 앉는 사건의 여사건은 남학생 2명이 이웃하여 앉는 사건이고, 이때의 경우의 수는

$(5-1)!\times2!=24\times2=48$

따라서 구하는 확률은

$1-\dfrac{48}{120}=\dfrac{3}{5}$

0248 답 ③

주간 근무를 A, 야간 근무를 B라 할 때, 회사에서 근무를 배정하는 전체 경우는 10개의 문자 A, A, A, A, A, A, A, B, B, B를 일렬로 나열하면 되므로 그 경우의 수는

$\dfrac{10!}{7!\times3!}=120$

□A□A□A□A□A□A□A□

근로자가 2주 이상 연속하여 야간 근무를 하지 않는 경우는 위와 같이 7개의 A의 양 끝과 사이사이, 즉 8개의 자리 중에서 3개의 자리를 택하여 B를 나열하면 되므로 그 경우의 수는

$_8\mathrm{C}_3=56$

따라서 구하는 확률은

$\dfrac{56}{120}=\dfrac{7}{15}$

0249 답 ④

A의 부분집합의 개수는
$2^4 = 16$
A의 부분집합 중에서 임의로 서로 다른 두 집합을 택하는 경우의 수는
$_{16}C_2 = 120$
A의 부분집합 중에서 임의로 택한 서로 다른 두 집합을 X, Y라 하면 $X \subset Y$인 경우의 수는 Y의 원소의 개수에 따라 다음과 같다.
(i) $n(Y) = 4$인 경우
$_4C_4 \times (2^4 - 1) = 15$
(ii) $n(Y) = 3$인 경우
$_4C_3 \times (2^3 - 1) = 28$
(iii) $n(Y) = 2$인 경우
$_4C_2 \times (2^2 - 1) = 18$
(iv) $n(Y) = 1$인 경우
$_4C_1 \times (2 - 1) = 4$
이상에서 조건을 만족시키는 경우의 수는
$15 + 28 + 18 + 4 = 65$
따라서 구하는 확률은
$\dfrac{65}{120} = \dfrac{13}{24}$

0250 답 $\dfrac{4}{25}$

오른쪽 그림과 같이 색칠한 정사각형의 내부(경계선 포함)에 동전의 중심이 놓이면 동전이 한 장의 타일 안에 완전히 들어간다.
따라서 구하는 확률은
$\dfrac{(\text{색칠한 정사각형의 넓이})}{(\text{큰 정사각형의 넓이})} = \dfrac{4^2}{10^2} = \dfrac{4}{25}$

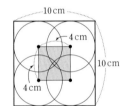

0251 답 4

$P(A) = 2P(A \cap B)$, $P(B) = 3P(A \cap B)$이므로
$\dfrac{P(A \cup B)}{P(A \cap B)} = \dfrac{P(A) + P(B) - P(A \cap B)}{P(A \cap B)}$
$= \dfrac{2P(A \cap B) + 3P(A \cap B) - P(A \cap B)}{P(A \cap B)}$
$= \dfrac{4P(A \cap B)}{P(A \cap B)}$
$= 4$

0252 답 ⑤

8명의 회원 중에서 5명의 회원을 뽑는 경우의 수는 $_8C_5$
A가 뽑히는 사건을 A, B가 뽑히는 사건을 B라 하면 A와 B가 모두 뽑히는 사건은 $A \cap B$, A 또는 B가 뽑히는 사건은 $A \cup B$이고
$P(A) = \dfrac{_7C_4}{_8C_5} = \dfrac{35}{56}$,
$P(B) = \dfrac{_7C_4}{_8C_5} = \dfrac{35}{56}$,
$P(A \cap B) = \dfrac{_6C_3}{_8C_5} = \dfrac{20}{56}$
따라서 구하는 확률은
$P(A \cup B) = P(A) + P(B) - P(A \cap B)$
$= \dfrac{35}{56} + \dfrac{35}{56} - \dfrac{20}{56} = \dfrac{25}{28}$

다른 풀이

A, B 중 어느 누구도 뽑히지 않는 사건을 E라 하면 A 또는 B가 뽑히는 사건은 E^C이다.
이때 $P(E) = \dfrac{_6C_5}{_8C_5} = \dfrac{3}{28}$이므로 구하는 확률은
$P(E^C) = 1 - P(E)$
$= 1 - \dfrac{3}{28} = \dfrac{25}{28}$

0253 답 ④

5명이 2명, 3명씩 2개의 조로 나누어 A 택시와 B 택시에 타는 모든 경우의 수는
$_5C_2 \times _3C_3 = 10 \times 1 = 10$
남자 2명이 A 택시에 타는 사건을 X라 하면 여자 3명은 B 택시에 타면 되므로 그 경우의 수는 1
$\therefore P(X) = \dfrac{1}{10}$
남자 2명이 B 택시에 타는 사건을 Y라 하면 여자 3명은 A 택시에 타는 2명과 B 택시에 타는 1명으로 나누면 되므로 그 경우의 수는
$_3C_2 = 3$
$\therefore P(Y) = \dfrac{3}{10}$
이때 두 사건 X, Y가 서로 배반사건이므로 구하는 확률은
$P(X \cup Y) = P(X) + P(Y)$
$= \dfrac{1}{10} + \dfrac{3}{10} = \dfrac{2}{5}$

0254 답 ①

10개의 제비 중에서 2개의 제비를 뽑는 경우의 수는
$_{10}C_2 = 45$
10개의 제비 중에서 뽑은 2개의 제비가 모두 당첨 제비가 아닌 경우는 $(10 - k)$개의 제비 중에서 2개를 뽑을 때이므로 그 경우의 수는
$_{10-k}C_2 = \dfrac{(10-k)(9-k)}{2}$
뽑은 2개의 제비 중 적어도 한 개가 당첨 제비일 확률은
$1 - \dfrac{_{10-k}C_2}{_{10}C_2} = 1 - \dfrac{(10-k)(9-k)}{90}$
즉, $1 - \dfrac{(10-k)(9-k)}{90} = \dfrac{8}{15}$에서
$\dfrac{(10-k)(9-k)}{90} = \dfrac{7}{15}$, $k^2 - 19k + 48 = 0$
$(k-3)(k-16) = 0$ $\therefore k = 3$ ($\because 1 \le k < 10$인 자연수)

0255 답 ③

5장의 카드 중에서 한 장씩 꺼내고 다시 넣는 것을 세 번 반복하는 경우는 5장의 카드 중에서 중복을 허용하여 세 장의 카드를 꺼낼 때이므로 그 경우의 수는
$_5\Pi_3 = 5^3 = 125$
x, y, z가 $(x-y)(y-z) = 0$을 만족시키는 사건을 A라 하면 여사건 A^C는 $(x-y)(y-z) \neq 0$을 만족시키는 사건이다.
즉, 사건 A^C는 $x - y \neq 0$, $y - z \neq 0$을 만족시키는 사건이므로
$x \neq y$, $y \neq z$
이때 x, y, z가 $x \neq y$, $y \neq z$를 만족시키는 경우의 수는
$5 \times 4 \times 4 = 80$

$$\therefore \mathrm{P}(A^C)=\frac{80}{125}=\frac{16}{25}$$

따라서 구하는 확률은

$$\mathrm{P}(A)=1-\mathrm{P}(A^C)$$
$$=1-\frac{16}{25}=\frac{9}{25}$$

도움 개념 **실수의 성질**

　두 실수 A, B에 대하여

　(1) $AB=0 \Longleftrightarrow A=0$ 또는 $B=0$

　(2) $AB\neq0 \Longleftrightarrow A\neq0$이고 $B\neq0$

0256 답 $\dfrac{13}{20}$

전략 순열을 이용하여 주어진 조건을 만족시키는 확률을 구한다.

5명이 5개의 좌석에 앉는 경우의 수는

$5!=120$

(i) B 자동차에 탔던 2명이 서로 자리를 바꾸어 앉고 나머지 3개의 좌석에 A 자동차에서 온 3명이 앉는 경우의 수는

　$3!=6$

(ii) B 자동차에 탔던 2명이 자신들이 앉지 않았던 3개의 좌석에 앉는 경우의 수는

　$_3\mathrm{P}_2=6$

　그 각각에 대하여 A 자동차에서 온 3명이 앉는 경우의 수는

　$3!=6$

　즉, 구하는 경우의 수는

　$6\times6=36$

(iii) B 자동차에 탔던 2명 중 1명은 다른 1명의 좌석에 앉고, 나머지 1명은 비었던 3개의 좌석 중 한 좌석에 앉는 경우의 수는

　$2\times{_3\mathrm{P}_1}=2\times3=6$

　그 각각에 대하여 A 자동차에서 온 3명이 앉는 경우의 수는

　$3!=6$

　즉, 구하는 경우의 수는

　$6\times6=36$

이상에서 B 자동차에 탔던 2명이 모두 처음 좌석이 아닌 다른 좌석에 앉는 경우의 수는

$6+36+36=78$

따라서 구하는 확률은

$$\frac{78}{120}=\frac{13}{20}$$

0257 답 $\dfrac{3}{100}$

전략 중복순열을 이용하여 만들 수 있는 네 자리 자연수의 개수를 구하고, 조건을 만족시키는 경우를 찾는다.

5개의 숫자 0, 1, 2, 3, 4에서 중복을 허용하여 만들 수 있는 네 자리 자연수의 개수는

$4\times{_5\Pi_3}=4\times125=500$

이때 $a_1<a_2<a_3$이고 $a_1\neq0$이므로 $a_3=3$ 또는 $a_3=4$

(i) $a_3=3$인 경우

　$a_1<a_2<a_3$이므로 $a_1=1$, $a_2=2$

　이때 a_4는 0, 1, 2 중 하나이므로 경우의 수는

　3

(ii) $a_3=4$인 경우

　a_1, a_2는 1, 2, 3 중 2개의 수를 택하여 큰 수는 a_2에, 작은 수는 a_1에 대응시키면 되므로 그 경우의 수는

　$_3\mathrm{C}_2=3$

　그 각각에 대하여 a_4는 0, 1, 2, 3 중 하나이므로 경우의 수는

　4

　즉, 주어진 조건을 만족시키는 경우의 수는

　$3\times4=12$

(i), (ii)에서 조건을 만족시키는 경우의 수는 $3+12=15$

따라서 구하는 확률은

$$\frac{15}{500}=\frac{3}{100}$$

0258 답 ④

전략 순열과 조합을 이용하여 주어진 조건을 만족시키는 확률을 구한다.

9장의 카드 중에서 3장의 카드를 동시에 꺼내어 일렬로 나열하는 경우의 수는

$_9\mathrm{P}_3=504$

$a\times b+c$가 짝수가 되는 경우는 a, b, c를 순서쌍 (a, b, c)로 나타낼 때,

(짝수, 홀수, 짝수) 또는 (홀수, 짝수, 짝수) 또는

(홀수, 홀수, 홀수) 또는 (짝수, 짝수, 짝수)

이다.

(i) (짝수, 홀수, 짝수)인 경우의 수는

　$_4\mathrm{C}_1\times{_5\mathrm{C}_1}\times{_3\mathrm{C}_1}=4\times5\times3=60$

(ii) (홀수, 짝수, 짝수)인 경우의 수는

　$_5\mathrm{C}_1\times{_4\mathrm{C}_1}\times{_3\mathrm{C}_1}=5\times4\times3=60$

(iii) (홀수, 홀수, 홀수)인 경우의 수는

　$_5\mathrm{C}_1\times{_4\mathrm{C}_1}\times{_3\mathrm{C}_1}=5\times4\times3=60$

(iv) (짝수, 짝수, 짝수)인 경우의 수는

　$_4\mathrm{C}_1\times{_3\mathrm{C}_1}\times{_2\mathrm{C}_1}=4\times3\times2=24$

이상에서 조건을 만족시키는 경우의 수는

$60+60+60+24=204$

따라서 구하는 확률은

$$\frac{204}{504}=\frac{17}{42}$$

0259 답 ㄱ, ㄴ

전략 조합을 이용하여 k에 따른 확률 P_k의 규칙성을 찾고, 주어진 보기의 참, 거짓을 확인한다.

연속하는 2개의 자연수를 택하는 경우는

$(1, 2), (2, 3), (3, 4), \cdots, (10, 11)$

의 10가지이므로

$$\mathrm{P}_2=\frac{10}{_{11}\mathrm{C}_2}$$

연속하는 3개의 자연수를 택하는 경우는

$(1, 2, 3), (2, 3, 4), (3, 4, 5), \cdots, (9, 10, 11)$

의 9가지이므로

$$\mathrm{P}_3=\frac{9}{_{11}\mathrm{C}_3}$$

연속하는 4개의 자연수를 택하는 경우는

$(1, 2, 3, 4), (2, 3, 4, 5), (3, 4, 5, 6), \cdots, (8, 9, 10, 11)$

의 8가지이므로

$$P_4 = \frac{8}{{}_{11}C_4}$$

$$\vdots$$

마찬가지 방법으로 연속하는 k개의 자연수를 택하는 경우는 $(12-k)$가지이므로

$$P_k = \frac{12-k}{{}_{11}C_k}$$

ㄱ. $P_2 = \frac{10}{{}_{11}C_2} = \frac{10}{55} = \frac{2}{11}$

ㄴ. $P_k = \frac{12-k}{{}_{11}C_k}$

$$= \frac{12-k}{\dfrac{11!}{k!(11-k)!}}$$

$$= \frac{k!(12-k)(11-k)!}{11!}$$

$$= \frac{k!(12-k)!}{11!}$$

$$P_{12-k} = \frac{12-(12-k)}{{}_{11}C_{12-k}}$$

$$= \frac{k}{\dfrac{11!}{(12-k)!(k-1)!}}$$

$$= \frac{k(k-1)!(12-k)!}{11!}$$

$$= \frac{k!(12-k)!}{11!}$$

$$\therefore P_k = P_{12-k}$$

ㄷ. [반례] $P_6 = \frac{6}{{}_{11}C_6} = \frac{6}{{}_{11}C_5} = \frac{6}{462} = \frac{1}{77}$

$$P_{10} = \frac{2}{{}_{11}C_{10}} = \frac{2}{{}_{11}C_1} = \frac{2}{11}$$

$$\therefore P_{10} > P_6$$

즉, P_k 중에서 최솟값이 P_{10}이 아니다.

이상에서 옳은 것은 ㄱ, ㄴ이다.

0260 답 $\dfrac{5}{14}$

전략 배반사건인 경우, 확률의 덧셈정리를 이용하여 주어진 조건을 만족시키는 확률을 구한다.

조건 ㈎에서 $a+b+c$가 홀수이므로 a, b, c는 모두 홀수이거나 a, b, c 중에서 두 개는 짝수, 한 개는 홀수이어야 하고, 조건 ㈏에서 $a \times b \times c$가 3의 배수이므로 a, b, c 중 적어도 한 개는 3의 배수이어야 한다.

9개의 공 중에서 3개의 공을 동시에 꺼내는 경우의 수는 ${}_9C_3 = 84$

(i) a, b, c는 모두 홀수이면서 a, b, c 중에서 적어도 한 개는 3의 배수인 경우

  5개의 홀수 1, 3, 5, 7, 9 중에서 3개를 꺼내는 경우의 수가 1, 5, 7인 경우, 즉 3과 9가 모두 포함되지 않는 경우를 제외하면 된다.

  즉, 조건을 만족시키는 경우의 수는
  $${}_5C_3 - 1 = 10 - 1 = 9$$
  이므로 그 확률은
  $$\frac{9}{84}$$

(ii) a, b, c 중에서 두 개는 짝수, 한 개는 홀수이면서 a, b, c 중에서 적어도 한 개는 3의 배수인 경우

  4개의 짝수 2, 4, 6, 8 중에서 두 개, 5개의 홀수 1, 3, 5, 7, 9 중에서 한 개를 꺼내는 경우에서 짝수이면서 3의 배수인 6이 포함되지 않고 홀수이면서 3의 배수인 3, 9가 모두 포함되지 않는 경우를 제외하면 된다.

  즉, 조건을 만족시키는 경우의 수는
  $${}_4C_2 \times {}_5C_1 - {}_3C_2 \times {}_3C_1 = 6 \times 5 - 3 \times 3 = 21$$
  이므로 그 확률은
  $$\frac{21}{84}$$

(i), (ii)는 서로 배반사건이므로 구하는 확률은
$$\frac{9}{84} + \frac{21}{84} = \frac{5}{14}$$

0261 답 68

전략 '적어도'의 조건이 있는 경우, 여사건의 확률을 이용하여 주어진 확률을 구한다.

8개의 좌석에 8명이 배정되는 경우의 수는 $8!$

적어도 2명의 남학생이 서로 이웃하게 배정되는 사건을 A라 하면 여사건 A^c는 남학생이 서로 이웃하지 않게 배정되는 사건이다.

이때 남학생끼리 이웃하지 않게 배정되는 경우는 남학생, 여학생의 자리가 위의 그림과 같은 2가지이고, 각 좌석에 남학생 4명, 여학생 4명이 배정되는 경우의 수는 각각 $4!$, $4!$이다.

즉, 남학생끼리 이웃하지 않게 배정되는 경우의 수는
$$2 \times 4! \times 4!$$
이므로
$$P(A^c) = \frac{2 \times 4! \times 4!}{8!} = \frac{1}{35}$$

따라서 $P(A) = 1 - P(A^c) = 1 - \frac{1}{35} = \frac{34}{35}$이므로

$$p = \frac{34}{35}$$

$$\therefore 70p = 70 \times \frac{34}{35} = 68$$

0262 답 $\dfrac{1}{12}$

해결 과정 한 개의 주사위를 2번 던질 때, 일어날 수 있는 모든 경우의 수는 $6 \times 6 = 36$　　◀ 20 %

$ax + by = 3$에서 $y = -\frac{a}{b}x + \frac{3}{b}$

$x - 2y = 2$에서 $y = \frac{1}{2}x - 1$

이때 두 직선이 서로 수직이려면
$$\left(-\frac{a}{b}\right) \times \frac{1}{2} = -1$$이므로 $a = 2b$　　◀ 30 %

$a = 2b$를 만족시키는 a, b의 순서쌍 (a, b)는 $(2, 1)$, $(4, 2)$, $(6, 3)$의 3가지　　◀ 40 %

답 구하기 따라서 구하는 확률은
$$\frac{3}{36} = \frac{1}{12}$$　　◀ 10 %

0263 답 $\dfrac{31}{256}$

[해결 과정] X에서 X로의 함수 f의 개수는

$_4\Pi_4=4^4=256$ ◂ 20 %

$f(1)+f(2)+f(3)+f(4)=8$을 만족시키는 함수 f의 개수는 1, 1, 3, 3 또는 1, 1, 2, 4 또는 1, 2, 2, 3 또는 2, 2, 2, 2를 일렬로 나열하는 경우의 수의 합과 같다. ◂ 30 %

(i) 1, 1, 3, 3을 일렬로 나열하는 경우의 수는

$\dfrac{4!}{2!\times 2!}=6$

(ii) 1, 1, 2, 4를 일렬로 나열하는 경우의 수는

$\dfrac{4!}{2!}=12$

(iii) 1, 2, 2, 3을 일렬로 나열하는 경우의 수는

$\dfrac{4!}{2!}=12$

(iv) 2, 2, 2, 2를 일렬로 나열하는 경우의 수는

1

이상에서 $f(1)+f(2)+f(3)+f(4)=8$을 만족시키는 경우의 수는

$6+12+12+1=31$ ◂ 40 %

[답 구하기] 따라서 구하는 확률은

$\dfrac{31}{256}$ ◂ 10 %

0264 답 21

[해결 과정] 남학생 수를 x라 하면 남학생 x명 중에서 2명을 뽑는 경우의 수는

$_x\mathrm{C}_2$

여학생 $(36-x)$명 중에서 2명을 뽑는 경우의 수는

$_{36-x}\mathrm{C}_2$

따라서 대표 2명을 뽑을 때, 2명 모두 남학생이거나 2명 모두 여학생일 확률은

$\dfrac{_x\mathrm{C}_2+_{36-x}\mathrm{C}_2}{_{36}\mathrm{C}_2}$ ◂ 50 %

즉, $\dfrac{\dfrac{x(x-1)}{2}+\dfrac{(36-x)(35-x)}{2}}{\dfrac{36\times 35}{2}}=\dfrac{1}{2}$에서

$2x^2-72x+630=0$, $x^2-36x+315=0$

$(x-15)(x-21)=0$

$\therefore x=15$ 또는 $x=21$ ◂ 40 %

[답 구하기] 남학생이 여학생보다 많으므로 구하는 남학생 수는 21이다. ◂ 10 %

0265 답 $\dfrac{2}{3}$

[해결 과정] $\mathrm{P}(A\cup B)=3\mathrm{P}(B)=1$에서

$\mathrm{P}(A\cup B)=1$, $\mathrm{P}(B)=\dfrac{1}{3}$ ◂ 40 %

두 사건 A, B가 서로 배반사건이므로

$\mathrm{P}(A\cup B)=\mathrm{P}(A)+\mathrm{P}(B)$에서

$1=\mathrm{P}(A)+\dfrac{1}{3}$ ◂ 50 %

[답 구하기] $\therefore \mathrm{P}(A)=\dfrac{2}{3}$ ◂ 10 %

0266 답 $\dfrac{118}{231}$

[문제 이해] 두 상자에 담긴 공에 적힌 수의 합이 각각 홀수이려면 각 상자에 홀수가 적힌 공이 홀수 개 있어야 한다. 즉, 한 상자에 홀수가 적힌 공을 1개 또는 3개 또는 5개 담으면 된다. ◂ 20 %

[해결 과정] 12개의 공을 임의로 6개씩 나누어 담는 경우의 수는

$_{12}\mathrm{C}_6\times _6\mathrm{C}_6=924$

한 상자에 홀수가 적힌 공이 1개, 짝수가 적힌 공이 5개 들어 있는 사건을 A, 한 상자에 홀수가 적힌 공이 3개, 짝수가 적힌 공이 3개 들어 있는 사건을 B, 한 상자에 홀수가 적힌 공이 5개, 짝수가 적힌 공이 1개 들어 있는 사건을 C라 하면

$\mathrm{P}(A)=\dfrac{_6\mathrm{C}_1\times _6\mathrm{C}_5}{924}=\dfrac{36}{924}$, $\mathrm{P}(B)=\dfrac{_6\mathrm{C}_3\times _6\mathrm{C}_3}{924}=\dfrac{400}{924}$,

$\mathrm{P}(C)=\dfrac{_6\mathrm{C}_5\times _6\mathrm{C}_1}{924}=\dfrac{36}{924}$ ◂ 60 %

[답 구하기] 이때 세 사건 A, B, C가 서로 배반사건이므로 구하는 확률은

$\mathrm{P}(A\cup B\cup C)=\mathrm{P}(A)+\mathrm{P}(B)+\mathrm{P}(C)$

$=\dfrac{36}{924}+\dfrac{400}{924}+\dfrac{36}{924}=\dfrac{118}{231}$ ◂ 20 %

0267 답 (1) 336 (2) $\dfrac{6}{7}$

(1) 조건 ㈎에서 함수 f는 일대일함수이므로 함수 f의 개수는

$_4\mathrm{P}_3=24$ ◂ 20 %

이때 조건 ㈏를 만족시키는 함수 g의 개수는

$_2\Pi_4-2=2^4-2=14$

즉, 합성함수 $g\circ f$의 개수는

$24\times 14=336$ ◂ 20 %

(2) $g\circ f$의 치역이 Z인 사건을 A라 하면 여사건 A^C는 $g\circ f$의 치역이 Z가 아닌 사건이다.

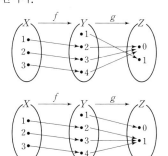

이때 조건 ㈎를 만족시키는 함수 f에 대하여 $g\circ f$의 치역이 Z가 아닌 경우는 위의 그림과 같은 2가지이므로

$n(A^C)=24\times 2=48$

$\therefore \mathrm{P}(A^C)=\dfrac{48}{336}=\dfrac{1}{7}$ ◂ 40 %

따라서 구하는 확률은

$\mathrm{P}(A)=1-\mathrm{P}(A^C)=1-\dfrac{1}{7}=\dfrac{6}{7}$ ◂ 20 %

도움 개념 **여러 가지 함수**

두 집합 X, Y에 대하여

(1) 일대일함수: 함수 $f:X\longrightarrow Y$에서 정의역 X의 두 원소 x_1, x_2에 대하여 $x_1\neq x_2$이면 $f(x_1)\neq f(x_2)$인 함수

(2) 일대일대응: 일대일함수이고, 치역과 공역이 같은 함수

Lecture ≫ 51~54쪽

07 조건부확률

0268 답 (1) $\frac{1}{5}$ (2) $\frac{1}{6}$

(1) $P(B|A)=\dfrac{P(A\cap B)}{P(A)}=\dfrac{\frac{1}{15}}{\frac{1}{3}}=\dfrac{1}{5}$

(2) $P(A|B)=\dfrac{P(A\cap B)}{P(B)}=\dfrac{\frac{1}{15}}{\frac{2}{5}}=\dfrac{1}{6}$

0269 답 (1) $\frac{1}{2}$ (2) $\frac{1}{3}$ (3) $\frac{2}{3}$

$A=\{2, 4, 6\}$, $B=\{1, 2, 4\}$에서

(1) $P(A)=\dfrac{3}{6}=\dfrac{1}{2}$

(2) $A\cap B=\{2, 4\}$이므로

$\quad P(A\cap B)=\dfrac{2}{6}=\dfrac{1}{3}$

(3) $P(B|A)=\dfrac{P(A\cap B)}{P(A)}=\dfrac{\frac{1}{3}}{\frac{1}{2}}=\dfrac{2}{3}$

0270 답 $\frac{2}{5}$

카드에 적힌 수가 홀수인 사건을 A, 3의 배수인 사건을 B라 하면

$A=\{1, 3, 5, 7, 9\}$, $B=\{3, 6, 9\}$, $A\cap B=\{3, 9\}$이므로

$P(A)=\dfrac{5}{10}=\dfrac{1}{2}$, $P(A\cap B)=\dfrac{2}{10}=\dfrac{1}{5}$

따라서 구하는 확률은

$P(B|A)=\dfrac{P(A\cap B)}{P(A)}=\dfrac{\frac{1}{5}}{\frac{1}{2}}=\dfrac{2}{5}$

0271 답 (1) $\frac{1}{12}$ (2) $\frac{1}{8}$ (3) $\frac{1}{6}$ (4) $\frac{2}{9}$

(1) $P(A\cap B)=P(B)P(A|B)=\dfrac{1}{4}\times\dfrac{1}{3}=\dfrac{1}{12}$

(2) $P(B|A)=\dfrac{P(A\cap B)}{P(A)}=\dfrac{\frac{1}{12}}{\frac{2}{3}}=\dfrac{1}{8}$

(3) $P(A\cup B)=P(A)+P(B)-P(A\cap B)$

$\qquad\qquad\quad =\dfrac{2}{3}+\dfrac{1}{4}-\dfrac{1}{12}=\dfrac{5}{6}$

$\quad \therefore P(A^C\cap B^C)=P((A\cup B)^C)=1-P(A\cup B)=1-\dfrac{5}{6}=\dfrac{1}{6}$

(4) $P(A^C|B^C)=\dfrac{P(A^C\cap B^C)}{P(B^C)}=\dfrac{\frac{1}{6}}{1-P(B)}=\dfrac{\frac{1}{6}}{1-\frac{1}{4}}=\dfrac{2}{9}$

0272 답 (1) $\frac{2}{5}$ (2) $\frac{1}{3}$ (3) $\frac{2}{15}$

(1) $P(A)=\dfrac{4}{10}=\dfrac{2}{5}$

(2) 첫 번째 시행에서 당첨 제비를 뽑으면 두 번째 시행에서 주머니 안에는 제비 9개 중 당첨 제비가 3개 들어 있다.

따라서 구하는 확률은

$\quad P(B|A)=\dfrac{3}{9}=\dfrac{1}{3}$

(3) $P(A\cap B)=P(A)P(B|A)=\dfrac{2}{5}\times\dfrac{1}{3}=\dfrac{2}{15}$

❀0273 답 $\frac{1}{2}$

$P(A^C\cap B^C)=P((A\cup B)^C)=1-P(A\cup B)=\dfrac{3}{10}$이므로

$P(A\cup B)=\dfrac{7}{10}$

$P(A\cup B)=P(A)+P(B)-P(A\cap B)$이므로

$\dfrac{7}{10}=\dfrac{2}{5}+\dfrac{3}{5}-P(A\cap B)$ $\quad \therefore P(A\cap B)=\dfrac{3}{10}$

$\therefore P(A|B)=\dfrac{P(A\cap B)}{P(B)}=\dfrac{\frac{3}{10}}{\frac{3}{5}}=\dfrac{1}{2}$

❀0274 답 $\frac{1}{6}$

$P(A|B)=\dfrac{P(A\cap B)}{P(B)}$이므로

$\dfrac{1}{3}=\dfrac{P(A\cap B)}{\frac{1}{4}}$ $\quad \therefore P(A\cap B)=\dfrac{1}{3}\times\dfrac{1}{4}=\dfrac{1}{12}$

$\therefore P(A^C\cap B)=P(B)-P(A\cap B)=\dfrac{1}{4}-\dfrac{1}{12}=\dfrac{1}{6}$

❀0275 답 ⑤

$P(A\cup B)=P(A)+P(B)-P(A\cap B)$

$\qquad\qquad\quad =\dfrac{3}{8}+\dfrac{1}{2}-\dfrac{1}{4}=\dfrac{5}{8}$

$\therefore P(B^C|A^C)=\dfrac{P(A^C\cap B^C)}{P(A^C)}=\dfrac{P((A\cup B)^C)}{P(A^C)}$

$\qquad\qquad\quad =\dfrac{1-P(A\cup B)}{1-P(A)}=\dfrac{1-\frac{5}{8}}{1-\frac{3}{8}}=\dfrac{3}{5}$

❀0276 답 $\frac{1}{4}$

$P(B^C)=1-P(B)=1-\dfrac{2}{3}=\dfrac{1}{3}$

이때 두 사건 A, B가 서로 배반사건이므로

$A\cap B=\varnothing$ $\quad \therefore A\subset B^C$

따라서 $A\cap B^C=A$이므로

$P(A\cap B^C)=P(A)=\dfrac{1}{12}$

$\therefore P(A|B^C)=\dfrac{P(A\cap B^C)}{P(B^C)}=\dfrac{\frac{1}{12}}{\frac{1}{3}}=\dfrac{1}{4}$

❸0277 답 $\dfrac{1}{3}$

해결 과정 $\mathrm{P}(A|B)=\dfrac{\mathrm{P}(A\cap B)}{\mathrm{P}(B)}$이므로

$\dfrac{1}{4}=\dfrac{\mathrm{P}(A\cap B)}{\mathrm{P}(B)}$

$\therefore \mathrm{P}(A\cap B)=\dfrac{1}{4}\mathrm{P}(B)$ ...... ㉠ ◀ 30 %

$\mathrm{P}(A\cup B)=\mathrm{P}(A)+\mathrm{P}(B)-\mathrm{P}(A\cap B)$이므로

$\dfrac{3}{5}=\dfrac{3}{10}+\mathrm{P}(B)-\dfrac{1}{4}\mathrm{P}(B)$

$\dfrac{3}{4}\mathrm{P}(B)=\dfrac{3}{10}$ $\therefore \mathrm{P}(B)=\dfrac{2}{5}$

$\therefore \mathrm{P}(A\cap B)=\dfrac{1}{4}\times\dfrac{2}{5}=\dfrac{1}{10}$ (∵ ㉠) ◀ 40 %

답 구하기 $\therefore \mathrm{P}(B|A)=\dfrac{\mathrm{P}(A\cap B)}{\mathrm{P}(A)}=\dfrac{\frac{1}{10}}{\frac{3}{10}}=\dfrac{1}{3}$ ◀ 30 %

❸0278 답 ②

임의로 택한 한 명이 안경을 착용한 학생인 사건을 A, 여학생인 사건을 B라 하면

$\mathrm{P}(A)=\dfrac{20}{100}=\dfrac{1}{5}$

$\mathrm{P}(A\cap B)=\dfrac{5}{100}=\dfrac{1}{20}$

따라서 구하는 확률은

$\mathrm{P}(B|A)=\dfrac{\mathrm{P}(A\cap B)}{\mathrm{P}(A)}=\dfrac{\frac{1}{20}}{\frac{1}{5}}=\dfrac{1}{4}$

❸0279 답 $\dfrac{2}{5}$

당첨 제비를 한 개 뽑는 사건을 A, 1등 당첨 제비를 한 개 뽑는 사건을 B라 하면

$\mathrm{P}(A)=\dfrac{{}_5\mathrm{C}_1\times{}_{15}\mathrm{C}_2}{{}_{20}\mathrm{C}_3}$

$\mathrm{P}(A\cap B)=\dfrac{{}_2\mathrm{C}_1\times{}_{15}\mathrm{C}_2}{{}_{20}\mathrm{C}_3}$

따라서 구하는 확률은

$\mathrm{P}(B|A)=\dfrac{\mathrm{P}(A\cap B)}{\mathrm{P}(A)}=\dfrac{\frac{{}_2\mathrm{C}_1\times{}_{15}\mathrm{C}_2}{{}_{20}\mathrm{C}_3}}{\frac{{}_5\mathrm{C}_1\times{}_{15}\mathrm{C}_2}{{}_{20}\mathrm{C}_3}}=\dfrac{{}_2\mathrm{C}_1}{{}_5\mathrm{C}_1}=\dfrac{2}{5}$

❸0280 답 $\dfrac{1}{5}$

첫 번째 나오는 눈의 수가 두 번째 나오는 눈의 수보다 큰 사건을 A, 두 눈의 수의 합이 7인 사건을 B라 하면

$\mathrm{P}(A)=\dfrac{{}_6\mathrm{C}_2}{36}=\dfrac{5}{12}$

$A\cap B=\{(6,1),(5,2),(4,3)\}$이므로

$\mathrm{P}(A\cap B)=\dfrac{3}{36}=\dfrac{1}{12}$

따라서 구하는 확률은

$\mathrm{P}(B|A)=\dfrac{\mathrm{P}(A\cap B)}{\mathrm{P}(A)}=\dfrac{\frac{1}{12}}{\frac{5}{12}}=\dfrac{1}{5}$

❸0281 답 5

전체 학생 수는 $30+x$

임의로 택한 한 명이 남학생인 사건을 A, 태블릿 PC가 있는 학생인 사건을 B라 하면

$\mathrm{P}(A)=\dfrac{15+x}{30+x}$, $\mathrm{P}(A\cap B)=\dfrac{x}{30+x}$

이때 $\mathrm{P}(B|A)=\dfrac{1}{4}$이므로

$\dfrac{\mathrm{P}(A\cap B)}{\mathrm{P}(A)}=\dfrac{1}{4}$, $\dfrac{\frac{x}{30+x}}{\frac{15+x}{30+x}}=\dfrac{1}{4}$, $\dfrac{x}{15+x}=\dfrac{1}{4}$

$4x=x+15$, $3x=15$

$\therefore x=5$

❸0282 답 ②

A, B, C, D의 교과서를 각각 a, b, c, d라 하고, D가 a를 택하는 사건을 X, 나머지 A, B, C 세 학생이 모두 자신의 교과서를 택하지 못하는 사건을 Y라 하면

$\mathrm{P}(X)=\dfrac{1}{4}$

네 학생이 교과서를 한 권씩 택하는 모든 경우의 수는

$4!=24$

D가 a를 택했을 때,

A가 b를 택하면 B는 c, C는 d를 택해야 하고,

A가 c를 택하면 B는 d, C는 b를 택해야 하며,

A가 d를 택하면 B는 c, C는 b를 택해야 한다.

즉, D가 a를 택했을 때 A, B, C 모두 자신의 교과서를 택하지 못하는 경우의 수는 3이므로

$\mathrm{P}(X\cap Y)=\dfrac{3}{24}=\dfrac{1}{8}$

따라서 구하는 확률은

$\mathrm{P}(Y|X)=\dfrac{\mathrm{P}(X\cap Y)}{\mathrm{P}(X)}=\dfrac{\frac{1}{8}}{\frac{1}{4}}=\dfrac{1}{2}$

❸0283 답 ②

첫 번째에 신입 회원을 뽑는 사건을 A, 두 번째에 신입 회원을 뽑는 사건을 B라 하자.

첫 번째에 신입 회원을 뽑을 확률은

$\mathrm{P}(A)=\dfrac{3}{15}=\dfrac{1}{5}$

첫 번째에 신입 회원을 뽑았을 때, 두 번째에도 신입 회원을 뽑을 확률은

$\mathrm{P}(B|A)=\dfrac{2}{14}=\dfrac{1}{7}$

따라서 구하는 확률은

$\mathrm{P}(A\cap B)=\mathrm{P}(A)\mathrm{P}(B|A)=\dfrac{1}{5}\times\dfrac{1}{7}=\dfrac{1}{35}$

❸0284 답 $\dfrac{8}{33}$

첫 번째에 흰 공을 꺼내는 사건을 A, 두 번째에 노란 공을 꺼내는 사건을 B라 하자.

첫 번째에 흰 공을 꺼낼 확률은

$$P(A) = \frac{4}{12} = \frac{1}{3}$$

첫 번째에 흰 공을 꺼냈을 때, 두 번째에 노란 공을 꺼낼 확률은

$$P(B|A) = \frac{8}{11}$$

따라서 구하는 확률은

$$P(A \cap B) = P(A)P(B|A) = \frac{1}{3} \times \frac{8}{11} = \frac{8}{33}$$

⊙0285 답 $\frac{3}{10}$

노란 필통을 택하는 사건을 A, 파란 펜을 꺼내는 사건을 B라 하자.
노란 필통을 택할 확률은

$$P(A) = \frac{1}{2}$$

노란 필통을 택하여 펜 한 자루를 꺼낼 때, 그 펜이 파란 펜일 확률은

$$P(B|A) = \frac{6}{4+6} = \frac{3}{5}$$

따라서 구하는 확률은

$$P(A \cap B) = P(A)P(B|A) = \frac{1}{2} \times \frac{3}{5} = \frac{3}{10}$$

⊙0286 답 8

[해결 과정] A가 흰 바둑돌을 꺼내지 않는 사건을 A, B가 흰 바둑돌을 꺼내는 사건을 B라 하자.
A가 흰 바둑돌을 꺼내지 않을 확률은

$$P(A) = \frac{8-n}{8}$$ ◀ 20 %

A가 흰 바둑돌을 꺼내지 않았을 때, B가 흰 바둑돌을 꺼낼 확률은

$$P(B|A) = \frac{n}{7}$$ ◀ 30 %

이때 B만 흰 바둑돌을 꺼낼 확률은

$$P(A \cap B) = P(A)P(B|A) = \frac{8-n}{8} \times \frac{n}{7} = \frac{n(8-n)}{56}$$

즉, $\frac{n(8-n)}{56} = \frac{15}{56}$에서 $n^2 - 8n + 15 = 0$

$(n-3)(n-5) = 0$ ∴ $n=3$ 또는 $n=5$ ◀ 40 %

[답 구하기] 따라서 모든 n의 값의 합은
$3+5=8$ ◀ 10 %

⊙0287 답 $\frac{3}{10}$

첫 번째에 꺼낸 제품이 불량품인 사건을 A, 두 번째에 꺼낸 제품이 불량품인 사건을 B라 하자.
(i) 첫 번째에 꺼낸 제품이 불량품이고 두 번째에 꺼낸 제품도 불량품일 확률은

$$P(A \cap B) = P(A)P(B|A) = \frac{3}{10} \times \frac{2}{9} = \frac{1}{15}$$

(ii) 첫 번째에 꺼낸 제품이 불량품이 아니고 두 번째에 꺼낸 제품이 불량품일 확률은

$$P(A^C \cap B) = P(A^C)P(B|A^C) = \frac{7}{10} \times \frac{3}{9} = \frac{7}{30}$$

(i), (ii)에서 두 사건 $A \cap B$, $A^C \cap B$는 서로 배반사건이므로 구하는 확률은

$$P(B) = P(A \cap B) + P(A^C \cap B) = \frac{1}{15} + \frac{7}{30} = \frac{3}{10}$$

⊙0288 답 $\frac{17}{30}$

A 상자를 택하는 사건을 A, B 상자를 택하는 사건을 B, 서로 다른 색의 공을 꺼내는 사건을 E라 하자.
(i) A 상자를 택하여 2개의 공을 꺼낼 때, 서로 다른 색일 확률은

$$\begin{aligned} P(A \cap E) &= P(A)P(E|A) \\ &= \frac{1}{2} \times \frac{{}_3C_1 \times {}_3C_1}{{}_6C_2} \\ &= \frac{1}{2} \times \frac{3}{5} = \frac{3}{10} \end{aligned}$$

(ii) B 상자를 택하여 2개의 공을 꺼낼 때, 서로 다른 색일 확률은

$$\begin{aligned} P(B \cap E) &= P(B)P(E|B) \\ &= \frac{1}{2} \times \frac{{}_2C_1 \times {}_4C_1}{{}_6C_2} \\ &= \frac{1}{2} \times \frac{8}{15} = \frac{4}{15} \end{aligned}$$

(i), (ii)에서 두 사건 $A \cap E$, $B \cap E$는 서로 배반사건이므로 구하는 확률은

$$P(E) = P(A \cap E) + P(B \cap E) = \frac{3}{10} + \frac{4}{15} = \frac{17}{30}$$

⊙0289 답 ③

버스 노선을 개편하는 사건을 A, 갑, 을, 병 세 사람이 시장에 당선되는 사건을 각각 B_1, B_2, B_3이라 하자.
(i) 갑이 당선되었을 때, 버스 노선을 개편할 확률은

$$\begin{aligned} P(A \cap B_1) &= P(B_1)P(A|B_1) \\ &= 0.3 \times 0.8 = 0.24 \end{aligned}$$

(ii) 을이 당선되었을 때, 버스 노선을 개편할 확률은

$$\begin{aligned} P(A \cap B_2) &= P(B_2)P(A|B_2) \\ &= 0.5 \times 0.1 = 0.05 \end{aligned}$$

(iii) 병이 당선되었을 때, 버스 노선을 개편할 확률은

$$\begin{aligned} P(A \cap B_3) &= P(B_3)P(A|B_3) \\ &= 0.2 \times 0.4 = 0.08 \end{aligned}$$

이상에서 세 사건 $A \cap B_1$, $A \cap B_2$, $A \cap B_3$은 서로 배반사건이므로 구하는 확률은

$$\begin{aligned} P(A) &= P(A \cap B_1) + P(A \cap B_2) + P(A \cap B_3) \\ &= 0.24 + 0.05 + 0.08 = 0.37 \end{aligned}$$

⊙0290 답 0.0248

암에 걸린 사람을 택하는 사건을 A, 암 검사에서 암에 걸렸다고 판정하는 사건을 B라 하면
$P(A) = 0.005$, $P(A^C) = 0.995$,
$P(B|A) = 0.98$, $P(B|A^C) = 0.02$
(i) 실제로 암에 걸린 사람을 암에 걸렸다고 판정할 확률은

$$\begin{aligned} P(A \cap B) &= P(A)P(B|A) \\ &= 0.005 \times 0.98 = 0.0049 \end{aligned}$$

(ii) 실제로 암에 걸리지 않은 사람을 암에 걸렸다고 판정할 확률은

$$\begin{aligned} P(A^C \cap B) &= P(A^C)P(B|A^C) \\ &= 0.995 \times 0.02 = 0.0199 \end{aligned}$$

(i), (ii)에서 두 사건 $A \cap B$, $A^C \cap B$는 서로 배반사건이므로 구하는 확률은

$$\begin{aligned} P(B) &= P(A \cap B) + P(A^C \cap B) \\ &= 0.0049 + 0.0199 = 0.0248 \end{aligned}$$

0291 답 ③

흰 공이 나오는 사건을 A, 검은 공이 나오는 사건을 B, b가 적힌 공이 나오는 사건을 E라 하자.

흰 공을 꺼냈을 때, b가 적힌 공일 확률은

$$P(A \cap E) = P(A)P(E|A) = \frac{4}{9} \times \frac{1}{4} = \frac{1}{9}$$

검은 공을 꺼냈을 때, b가 적힌 공일 확률은

$$P(B \cap E) = P(B)P(E|B) = \frac{5}{9} \times \frac{2}{5} = \frac{2}{9}$$

이때 두 사건 $A \cap E$, $B \cap E$는 서로 배반사건이므로

$$P(E) = P(A \cap E) + P(B \cap E) = \frac{1}{9} + \frac{2}{9} = \frac{1}{3}$$

따라서 구하는 확률은

$$P(A|E) = \frac{P(A \cap E)}{P(E)} = \frac{\frac{1}{9}}{\frac{1}{3}} = \frac{1}{3}$$

0292 답 ⑤

A 기계에서 생산된 부품을 뽑는 사건을 A, B 기계에서 생산된 부품을 뽑는 사건을 B, 불량품을 뽑는 사건을 E라 하자.

A 기계에서 생산된 불량품을 뽑을 확률은

$$P(A \cap E) = P(A)P(E|A) = 0.6 \times 0.04 = 0.024$$

B 기계에서 생산된 불량품을 뽑을 확률은

$$P(B \cap E) = P(B)P(E|B) = 0.4 \times 0.01 = 0.004$$

이때 두 사건 $A \cap E$, $B \cap E$는 서로 배반사건이므로

$$P(E) = P(A \cap E) + P(B \cap E)$$
$$= 0.024 + 0.004 = 0.028$$

따라서 구하는 확률은

$$P(A|E) = \frac{P(A \cap E)}{P(E)} = \frac{0.024}{0.028} = \frac{6}{7}$$

0293 답 $\frac{28}{31}$

[문제 이해] 홈 경기인 사건을 A, K 농구팀이 이기는 사건을 B라 하면 K 농구팀이 이긴 경기가 홈 경기였을 확률은 $P(A|B)$이다.

◀ 20 %

[해결 과정] 홈 경기이고, K 농구팀이 이길 확률은

$$P(A \cap B) = P(A)P(B|A) = \frac{7}{10} \times \frac{4}{5} = \frac{14}{25}$$

원정 경기이고, K 농구팀이 이길 확률은

$$P(A^c \cap B) = P(A^c)P(B|A^c) = \left(1 - \frac{7}{10}\right) \times \frac{1}{5} = \frac{3}{50}$$

이때 두 사건 $A \cap B$, $A^c \cap B$는 서로 배반사건이므로

$$P(B) = P(A \cap B) + P(A^c \cap B)$$
$$= \frac{14}{25} + \frac{3}{50} = \frac{31}{50}$$

◀ 50 %

[답 구하기] 따라서 구하는 확률은

$$P(A|B) = \frac{P(A \cap B)}{P(B)} = \frac{\frac{14}{25}}{\frac{31}{50}} = \frac{28}{31}$$

◀ 30 %

0294 답 ④

신호 0을 보내는 사건을 A, 신호 0을 받는 사건을 B라 하자.

신호 0을 보냈을 때, 신호 0을 받을 확률은

$$P(A \cap B) = P(A)P(B|A) = 0.4 \times 0.8 = 0.32$$

신호 1을 보냈을 때, 신호 0을 받을 확률은

$$P(A^c \cap B) = P(A^c)P(B|A^c) = 0.6 \times 0.1 = 0.06$$

이때 두 사건 $A \cap B$, $A^c \cap B$는 서로 배반사건이므로

$$P(B) = P(A \cap B) + P(A^c \cap B)$$
$$= 0.32 + 0.06 = 0.38$$

따라서 구하는 확률은

$$P(A|B) = \frac{P(A \cap B)}{P(B)} = \frac{0.32}{0.38} = \frac{16}{19}$$

≫ 55~58쪽

Lecture 08 사건의 독립과 종속

0295 답 (1) $P(B|A) = \frac{4}{9}$, $P(B) = \frac{4}{9}$, 독립

(2) $P(B|A) = \frac{1}{2}$, $P(B) = \frac{4}{9}$, 종속

(1) 첫 번째 꺼낸 공을 다시 넣으므로

$$P(B|A) = \frac{P(A \cap B)}{P(A)} = \frac{\frac{5}{9} \times \frac{4}{9}}{\frac{5}{9}} = \frac{4}{9}$$

$$P(B) = P(A \cap B) + P(A^c \cap B) = \frac{5}{9} \times \frac{4}{9} + \frac{4}{9} \times \frac{4}{9} = \frac{4}{9}$$

따라서 $P(B|A) = \frac{4}{9}$, $P(B) = \frac{4}{9}$에서 $P(B|A) = P(B)$이므로

두 사건 A, B는 서로 독립이다.

(2) 첫 번째 꺼낸 공을 다시 넣지 않으므로

$$P(B|A) = \frac{P(A \cap B)}{P(A)} = \frac{\frac{5}{9} \times \frac{4}{8}}{\frac{5}{9}} = \frac{4}{8} = \frac{1}{2}$$

$$P(B) = P(A \cap B) + P(A^c \cap B) = \frac{5}{9} \times \frac{4}{8} + \frac{4}{9} \times \frac{3}{8} = \frac{4}{9}$$

따라서 $P(B|A) = \frac{1}{2}$, $P(B) = \frac{4}{9}$에서 $P(B|A) \neq P(B)$이므로 두 사건 A, B는 서로 종속이다.

0296 답 종속

$P(A)P(B) = \frac{2}{3} \times \frac{3}{8} = \frac{1}{4}$, $P(A \cap B) = \frac{1}{3}$이므로

$$P(A \cap B) \neq P(A)P(B)$$

따라서 두 사건 A, B는 서로 종속이다.

0297 답 독립

$P(A)P(B) = \frac{1}{2} \times \frac{4}{7} = \frac{2}{7}$, $P(A \cap B) = \frac{2}{7}$이므로

$$P(A \cap B) = P(A)P(B)$$

따라서 두 사건 A, B는 서로 독립이다.

0298 답 $\frac{1}{10}$

두 사건 A, B가 서로 독립이므로

$$P(A \cap B) = P(A)P(B) = \frac{1}{4} \times \frac{2}{5} = \frac{1}{10}$$

0299 답 $\dfrac{3}{10}$

두 사건 A^C, B가 서로 독립이므로

$$P(A^C \cap B) = P(A^C)P(B) = \left(1 - \dfrac{1}{4}\right) \times \dfrac{2}{5} = \dfrac{3}{4} \times \dfrac{2}{5} = \dfrac{3}{10}$$

0300 답 $\dfrac{3}{5}$

두 사건 A, B^C가 서로 독립이므로

$$P(B^C \mid A) = P(B^C) = 1 - P(B) = 1 - \dfrac{2}{5} = \dfrac{3}{5}$$

0301 답 $\dfrac{3}{4}$

두 사건 A^C, B^C가 서로 독립이므로

$$P(A^C \mid B^C) = P(A^C) = 1 - P(A) = 1 - \dfrac{1}{4} = \dfrac{3}{4}$$

0302 답 (1) $\dfrac{1}{3}$ (2) $\dfrac{8}{81}$

(1) $A = \{1, 5\}$이므로

$$P(A) = \dfrac{2}{6} = \dfrac{1}{3}$$

(2) $P(A) = \dfrac{1}{3}$, $P(A^C) = 1 - \dfrac{1}{3} = \dfrac{2}{3}$이고, 각 시행은 서로 독립이므로 구하는 확률은

$${}_4C_3 \left(\dfrac{1}{3}\right)^3 \left(\dfrac{2}{3}\right)^1 = \dfrac{8}{81}$$

중 0303 답 ④

표본공간 S는 $S = \{1, 2, 3, 4, 5, 6\}$이고,
$A = \{2, 4, 6\}$, $B = \{1, 3, 5\}$, $C = \{3, 6\}$이므로
$A \cap B = \varnothing$, $A \cap C = \{6\}$, $B \cap C = \{3\}$

ㄱ. $P(A) = \dfrac{1}{2}$, $P(B) = \dfrac{1}{2}$, $P(A \cap B) = 0$이므로

$$P(A \cap B) \neq P(A)P(B)$$

따라서 두 사건 A, B는 서로 종속이다.

ㄴ. $P(A) = \dfrac{1}{2}$, $P(C) = \dfrac{1}{3}$, $P(A \cap C) = \dfrac{1}{6}$이므로

$$P(A \cap C) = P(A)P(C)$$

따라서 두 사건 A, C는 서로 독립이다.

ㄷ. $P(B) = \dfrac{1}{2}$, $P(C) = \dfrac{1}{3}$, $P(B \cap C) = \dfrac{1}{6}$이므로

$$P(B \cap C) = P(B)P(C)$$

따라서 두 사건 B, C는 서로 독립이다.

이상에서 서로 독립인 두 사건은 ㄴ, ㄷ이다.

중 0304 답 ㄴ

$A = \{1, 2, 3, 4\}$라 하면 $P(A) = \dfrac{2}{3}$

ㄱ. $B = \{2, 3, 4, 5\}$라 하면 $A \cap B = \{2, 3, 4\}$이므로

$$P(B) = \dfrac{2}{3}, \quad P(A \cap B) = \dfrac{1}{2}$$

$$\therefore P(A \cap B) \neq P(A)P(B)$$

따라서 두 사건 A, B는 서로 종속이다.

ㄴ. $C = \{3, 4, 5\}$라 하면 $A \cap C = \{3, 4\}$이므로

$$P(C) = \dfrac{1}{2}, \quad P(A \cap C) = \dfrac{1}{3}$$

$$\therefore P(A \cap C) = P(A)P(C)$$

따라서 두 사건 A, C는 서로 독립이다.

ㄷ. $D = \{4, 5, 6\}$이라 하면 $A \cap D = \{4\}$이므로

$$P(D) = \dfrac{1}{2}, \quad P(A \cap D) = \dfrac{1}{6}$$

$$\therefore P(A \cap D) \neq P(A)P(D)$$

따라서 두 사건 A, D는 서로 종속이다.

ㄹ. $E = \{4, 6\}$이라 하면 $A \cap E = \{4\}$이므로

$$P(E) = \dfrac{1}{3}, \quad P(A \cap E) = \dfrac{1}{6}$$

$$\therefore P(A \cap E) \neq P(A)P(E)$$

따라서 두 사건 A, E는 서로 종속이다.

ㅁ. $F = \{5, 6\}$이라 하면 $A \cap F = \varnothing$이므로

$$P(F) = \dfrac{1}{3}, \quad P(A \cap F) = 0$$

$$\therefore P(A \cap F) \neq P(A)P(F)$$

따라서 두 사건 A, F는 서로 종속이다.

이상에서 사건 $\{1, 2, 3, 4\}$와 서로 독립인 사건은 ㄴ뿐이다.

상 0305 답 6

이 회사의 직원 수를 표로 나타내면 다음과 같다.

(단위: 명)

	남성	여성	합계
기혼	15	10	25
미혼	9	x	$9+x$
합계	24	$10+x$	$34+x$

$$\therefore P(A) = \dfrac{24}{34+x}, \quad P(B) = \dfrac{9+x}{34+x}, \quad P(A \cap B) = \dfrac{9}{34+x}$$

두 사건 A, B가 서로 독립이기 위해서는

$$P(A \cap B) = P(A)P(B)$$

이어야 하므로

$$\dfrac{9}{34+x} = \dfrac{24}{34+x} \times \dfrac{9+x}{34+x}$$

$$9(34+x) = 24(9+x), \quad 15x = 90$$

$$\therefore x = 6$$

중 0306 답 ③

ㄱ. $P(B \mid A) = \dfrac{P(A \cap B)}{P(A)}$이므로 $P(B \mid A) = P(B)$이면

$$\dfrac{P(A \cap B)}{P(A)} = P(B)$$

$$\therefore P(A \cap B) = P(A)P(B)$$

ㄴ. $P(A \mid B) + P(A^C \mid B) = \dfrac{P(A \cap B)}{P(B)} + \dfrac{P(A^C \cap B)}{P(B)}$

$$= \dfrac{P(A \cap B) + P(A^C \cap B)}{P(B)}$$

$$= \dfrac{P(B)}{P(B)} = 1$$

ㄷ. 두 사건 A, B가 서로 배반사건이면 $A \cap B = \varnothing$이므로

$$P(A \cap B) = 0$$

$$\therefore P(A \mid B) = \dfrac{P(A \cap B)}{P(B)} = \dfrac{0}{P(B)} = 0$$

이상에서 옳은 것은 ㄱ, ㄴ이다.

종**0307** 답 ④

두 사건 A, B가 서로 독립이므로

$P(A \cap B) = P(A)P(B)$

ㄱ. $P(A \cup B) = P(A) + P(B) - P(A \cap B)$
$= P(A) + P(B) - P(A)P(B)$
$\neq P(A) + P(B)$

ㄴ. 두 사건 A, B가 서로 독립이면 A^c와 B도 서로 독립이므로

$P(A^c | B) = P(A^c) = 1 - P(A)$

ㄷ. $P(B) = P(A \cap B) + P(A^c \cap B)$
$= P(A)P(B) + P(A^c)P(B)$

이상에서 옳은 것은 ㄴ, ㄷ이다.

종**0308** 답 ②

ㄱ. $B \subset A$이면 $A \cap B = B$이므로 $P(A \cap B) = P(B)$

$\therefore P(A|B) = \dfrac{P(A \cap B)}{P(B)} = \dfrac{P(B)}{P(B)} = 1$

ㄴ. 두 사건 A, B가 서로 독립이면 A^c와 B^c, A와 B^c도 각각 서로 독립이다.

즉, $P(A^c | B^c) = P(A^c)$, $P(A | B^c) = P(A)$이므로

$P(A^c | B^c) = P(A^c)$
$= 1 - P(A)$
$= 1 - P(A | B^c)$

ㄷ. 두 사건 A, B가 서로 독립이면

$P(A \cap B) = P(A)P(B) \neq 0$ ($\because P(A) \neq 0$, $P(B) \neq 0$)

이므로 A, B는 서로 배반사건이 아니다.

이상에서 옳은 것은 ㄱ, ㄴ이다.

종**0309** 답 $\dfrac{1}{8}$

두 사건 A, B가 서로 독립이므로

$P(A \cap B) = P(A)P(B)$

$P(A \cup B) = P(A) + P(B) - P(A \cap B)$
$= P(A) + P(B) - P(A)P(B)$

$\dfrac{5}{8} = \dfrac{1}{4} + P(B) - \dfrac{1}{4}P(B)$

$\dfrac{3}{4}P(B) = \dfrac{3}{8}$ $\therefore P(B) = \dfrac{1}{2}$

$\therefore P(A \cap B) = P(A)P(B) = \dfrac{1}{4} \times \dfrac{1}{2} = \dfrac{1}{8}$

$\therefore P(A \cap B^c) = P(A) - P(A \cap B) = \dfrac{1}{4} - \dfrac{1}{8} = \dfrac{1}{8}$

다른 풀이

두 사건 A, B가 서로 독립이면 A와 B^c도 서로 독립이므로

$P(A \cap B^c) = P(A)P(B^c) = \dfrac{1}{4}\left(1 - \dfrac{1}{2}\right) = \dfrac{1}{8}$

하**0310** 답 $\dfrac{5}{6}$

두 사건 A, B가 서로 독립이므로

$P(A \cap B) = P(A)P(B) = \dfrac{1}{2} \times \dfrac{2}{3} = \dfrac{1}{3}$

따라서 구하는 확률은

$P(A \cup B) = P(A) + P(B) - P(A \cap B)$
$= \dfrac{1}{2} + \dfrac{2}{3} - \dfrac{1}{3} = \dfrac{5}{6}$

하**0311** 답 ⑤

두 사건 A, B가 서로 독립이므로

$P(A \cap B) = P(A)P(B) = 0.4 \times 0.5 = 0.2$

ㄱ. $P(A \cup B) = P(A) + P(B) - P(A \cap B)$
$= 0.4 + 0.5 - 0.2 = 0.7$

ㄴ. $P(A|B) = P(A) = 0.4$

ㄷ. $P(A^c \cup B^c) = P((A \cap B)^c) = 1 - P(A \cap B)$
$= 1 - 0.2 = 0.8$

이상에서 ㄱ, ㄴ, ㄷ 모두 옳다.

종**0312** 답 $\dfrac{1}{6}$

[해결 과정] 두 사건 A, B가 서로 독립이므로

$P(A \cap B) = P(A)P(B)$에서

$\dfrac{1}{4} = \dfrac{1}{2}P(A)$ $\therefore P(A) = \dfrac{1}{2}$ ◀ 50 %

[답 구하기] 두 사건 A, C는 서로 배반사건이므로

$P(A \cup C) = P(A) + P(C)$에서

$\dfrac{2}{3} = \dfrac{1}{2} + P(C)$ $\therefore P(C) = \dfrac{1}{6}$ ◀ 50 %

종**0313** 답 $\dfrac{1}{4}$

$P(A^c \cap B^c) = P((A \cup B)^c) = 1 - P(A \cup B)$에서

$\dfrac{1}{6} = 1 - P(A \cup B)$ $\therefore P(A \cup B) = \dfrac{5}{6}$

$P(A \cap B^c) = P(A \cup B) - P(B)$에서

$\dfrac{1}{2} = \dfrac{5}{6} - P(B)$ $\therefore P(B) = \dfrac{1}{3}$

두 사건 A, B가 서로 독립이므로

$P(A \cap B) = P(A)P(B) = \dfrac{1}{3}P(A)$

$P(A \cup B) = P(A) + P(B) - P(A \cap B)$
$= P(A) + P(B) - P(A)P(B)$

$\dfrac{5}{6} = P(A) + \dfrac{1}{3} - \dfrac{1}{3}P(A)$

$\dfrac{2}{3}P(A) = \dfrac{1}{2}$ $\therefore P(A) = \dfrac{3}{4}$

$\therefore P(A)P(B) = \dfrac{3}{4} \times \dfrac{1}{3} = \dfrac{1}{4}$

다른 풀이

두 사건 A, B가 서로 독립이므로 A와 B^c, A^c와 B^c도 각각 서로 독립이다. 즉,

$P(A \cap B^c) = P(A)P(B^c) = \dfrac{1}{2}$ ...... ㉠

$P(A^c \cap B^c) = P(A^c)P(B^c) = \dfrac{1}{6}$ ...... ㉡

㉠÷㉡을 하면 $\dfrac{P(A)}{P(A^c)} = 3$, $P(A) = 3P(A^c)$

$P(A) = 3\{1 - P(A)\}$, $4P(A) = 3$ $\therefore P(A) = \dfrac{3}{4}$

이것을 ㉠에 대입하면 $P(B^c) = \dfrac{2}{3}$

$\therefore P(B) = 1 - P(B^c) = 1 - \dfrac{2}{3} = \dfrac{1}{3}$

$\therefore P(A)P(B) = \dfrac{3}{4} \times \dfrac{1}{3} = \dfrac{1}{4}$

두 선수 A, B가 페널티 킥에 성공하는 사건을 각각 A, B라 하면 두 사건 A, B는 서로 독립이므로 A^c와 B^c도 서로 독립이다.

A, B 모두 페널티 킥에 성공하지 못할 확률은

$$\mathrm{P}(A^c \cap B^c) = \mathrm{P}(A^c)\mathrm{P}(B^c) = \left(1 - \dfrac{3}{4}\right) \times \left(1 - \dfrac{2}{3}\right)$$
$$= \dfrac{1}{4} \times \dfrac{1}{3} = \dfrac{1}{12}$$

따라서 구하는 확률은

$$1 - \mathrm{P}(A^c \cap B^c) = 1 - \dfrac{1}{12} = \dfrac{11}{12}$$

중 **0315** 답 ③

남학생의 표인 사건을 A, 찬성하는 표인 사건을 B라 하면

$$\mathrm{P}(A) = \dfrac{180}{360} = \dfrac{1}{2}, \ \mathrm{P}(B) = \dfrac{210}{360} = \dfrac{7}{12}, \ \mathrm{P}(A \cap B) = \dfrac{x}{360}$$

이때 두 사건 A, B가 서로 독립이므로

$\mathrm{P}(A \cap B) = \mathrm{P}(A)\mathrm{P}(B)$에서

$$\dfrac{x}{360} = \dfrac{1}{2} \times \dfrac{7}{12} \qquad \therefore x = 105$$

중 **0316** 답 $\dfrac{26}{49}$

[문제 이해] 수민이가 A 상자에서 흰 공을 꺼내는 사건을 A, 진호가 B 상자에서 흰 공을 꺼내는 사건을 B라 하면 두 사건 A, B는 서로 독립이므로 A와 B^c, A^c와 B도 각각 서로 독립이다. ◀ 20 %

[해결 과정] (i) 수민이가 흰 공을 꺼내고 진호가 검은 공을 꺼낼 확률은

$$\mathrm{P}(A \cap B^c) = \mathrm{P}(A)\mathrm{P}(B^c) = \dfrac{5}{7} \times \dfrac{4}{7} = \dfrac{20}{49} \qquad ◀ 30\%$$

(ii) 수민이가 검은 공을 꺼내고 진호가 흰 공을 꺼낼 확률은

$$\mathrm{P}(A^c \cap B) = \mathrm{P}(A^c)\mathrm{P}(B) = \dfrac{2}{7} \times \dfrac{3}{7} = \dfrac{6}{49} \qquad ◀ 30\%$$

[답 구하기] (i), (ii)에서 두 사건 $A \cap B^c$, $A^c \cap B$는 서로 배반사건이므로 구하는 확률은

$$\mathrm{P}(A \cap B^c) + \mathrm{P}(A^c \cap B) = \dfrac{20}{49} + \dfrac{6}{49} = \dfrac{26}{49} \qquad ◀ 20\%$$

중 **0317** 답 ⑤

세 도시 A, B, C에 내일 비가 오는 사건을 각각 A, B, C라 하면 세 사건 A, B, C는 서로 독립이다.

이때 내일 B 도시에서만 비가 올 확률은

$$\mathrm{P}(A^c \cap B \cap C^c) = \mathrm{P}(A^c)\mathrm{P}(B)\mathrm{P}(C^c)$$
$$= \left(1 - \dfrac{1}{3}\right) \times \dfrac{3}{4} \times (1 - p)$$
$$= \dfrac{1}{2}(1 - p)$$

즉, $\dfrac{1}{2}(1 - p) = \dfrac{2}{9}$에서 $p = \dfrac{5}{9}$

중 **0318** 답 $\dfrac{117}{125}$

서브를 한 번 시도할 때, 성공할 확률은 $\dfrac{3}{5}$, 실패할 확률은 $\dfrac{2}{5}$이다.

서브를 한 번 이상 성공할 확률은 전체 확률에서 서브를 3번 모두 실패할 확률을 뺀 것과 같다.

따라서 구하는 확률은

$$1 - {}_3\mathrm{C}_0\left(\dfrac{3}{5}\right)^0\left(\dfrac{2}{5}\right)^3 = 1 - \dfrac{8}{125} = \dfrac{117}{125}$$

중 **0319** 답 ③

세트마다 A가 이길 확률은 $\dfrac{1}{3}$, A가 질 확률은 $\dfrac{2}{3}$이다.

5세트에서 시합이 끝나려면 4세트까지의 시합에서 A와 B가 두 번씩 이겨야 한다.

따라서 구하는 확률은 4세트까지의 시합에서 A가 2번 이기고 2번 질 확률과 같으므로

$${}_4\mathrm{C}_2\left(\dfrac{1}{3}\right)^2\left(\dfrac{2}{3}\right)^2 = \dfrac{8}{27}$$

중 **0320** 답 97

[문제 이해] 주사위를 한 번 던질 때, 1의 눈이 나올 확률은 $\dfrac{1}{6}$, 1 이외의 눈이 나올 확률은 $\dfrac{5}{6}$이다. ◀ 30 %

[해결 과정] 점 A에서 출발하여 점 P에 도착하려면 오른쪽으로 1칸, 위쪽으로 2칸을 이동하면 되므로 1의 눈이 한 번, 1 이외의 눈이 두 번 나와야 한다.

따라서 구하는 확률은

$${}_3\mathrm{C}_1\left(\dfrac{1}{6}\right)^1\left(\dfrac{5}{6}\right)^2 = \dfrac{25}{72} \qquad ◀ 50\%$$

[답 구하기] 즉, $m = 72$, $n = 25$이므로

$m + n = 72 + 25 = 97$ ◀ 20 %

상 **0321** 답 ②

한 번의 시행에서 한 개의 공이 A, B, C가 적힌 세 상자 중 어느 하나에 들어갈 확률은 $\dfrac{1}{2}$이고, A, B, C가 적힌 세 상자 이외의 상자에 들어갈 확률은 $\dfrac{1}{2}$이다.

A, B, C가 적힌 세 상자에 들어가는 공의 개수의 합이 4이려면 10개의 공 중 4개의 공이 A, B, C가 적힌 세 상자 중 어느 하나에 들어가야 한다.

따라서 구하는 확률은

$${}_{10}\mathrm{C}_4\left(\dfrac{1}{2}\right)^4\left(\dfrac{1}{2}\right)^6 = \dfrac{105}{512}$$

중 **0322** 답 ③

주사위를 한 번 던질 때, 6의 약수의 눈이 나올 확률은 $\dfrac{2}{3}$, 6의 약수 이외의 눈이 나올 확률은 $\dfrac{1}{3}$이다.

또, 동전을 한 번 던질 때, 앞면이 나올 확률은 $\dfrac{1}{2}$, 뒷면이 나올 확률은 $\dfrac{1}{2}$이다.

(i) 주사위를 던져서 6의 약수의 눈이 나오고, 동전을 3번 던져서 앞면이 1번 나올 확률은

$$\dfrac{2}{3} \times {}_3\mathrm{C}_1\left(\dfrac{1}{2}\right)^1\left(\dfrac{1}{2}\right)^2 = \dfrac{2}{3} \times \dfrac{3}{8} = \dfrac{1}{4}$$

(ii) 주사위를 던져서 6의 약수 이외의 눈이 나오고, 동전을 2번 던져서 앞면이 1번 나올 확률은

$$\dfrac{1}{3} \times {}_2\mathrm{C}_1\left(\dfrac{1}{2}\right)^1\left(\dfrac{1}{2}\right)^1 = \dfrac{1}{3} \times \dfrac{1}{2} = \dfrac{1}{6}$$

(i), (ii)에서 구하는 확률은

$$\dfrac{1}{4} + \dfrac{1}{6} = \dfrac{5}{12}$$

0323 답 $\dfrac{81}{512}$

주머니에서 한 개의 공을 꺼낼 때, 흰 공이 나올 확률은 $\dfrac{3}{4}$, 검은 공

이 나올 확률은 $\dfrac{1}{4}$이다.

(i) 흰 공을 꺼내고, 화살을 3번 쏘아 과녁의 10점 영역을 2번 맞힐
 확률은

$$\dfrac{3}{4} \times {}_3C_2 \left(\dfrac{1}{4}\right)^2 \left(\dfrac{3}{4}\right)^1 = \dfrac{27}{256}$$

(ii) 검은 공을 꺼내고, 화살을 4번 쏘아 과녁의 10점 영역을 2번 맞힐
 확률은

$$\dfrac{1}{4} \times {}_4C_2 \left(\dfrac{1}{4}\right)^2 \left(\dfrac{3}{4}\right)^2 = \dfrac{27}{512}$$

(i), (ii)에서 구하는 확률은

$$\dfrac{27}{256} + \dfrac{27}{512} = \dfrac{81}{512}$$

0324 답 $\dfrac{8}{27}$

주사위를 한 번 던질 때, 3의 배수의 눈이 나올 확률은 $\dfrac{1}{3}$, 3의 배수

이외의 눈이 나올 확률은 $\dfrac{2}{3}$이다.

5번 시행 후 B가 주사위를 가지고 있기 위해서는 시곗바늘이 도는 방
향으로 3번, 시곗바늘이 도는 반대 방향으로 2번 이동하거나, 시곗바
늘이 도는 반대 방향으로 5번 이동해야 한다.

(i) 시곗바늘이 도는 방향으로 3번, 시곗바늘이 도는 반대 방향으로 2
 번 이동할 확률은

$$ {}_5C_3 \left(\dfrac{1}{3}\right)^3 \left(\dfrac{2}{3}\right)^2 = \dfrac{40}{243}$$

(ii) 시곗바늘이 도는 반대 방향으로 5번 이동할 확률은

$$ {}_5C_0 \left(\dfrac{1}{3}\right)^0 \left(\dfrac{2}{3}\right)^5 = \dfrac{32}{243}$$

(i), (ii)에서 구하는 확률은

$$\dfrac{40}{243} + \dfrac{32}{243} = \dfrac{8}{27}$$

》59~61쪽

중단원 마무리

0325 답 ⑤

$$P(A \cap B^C) = P(A-B) = P(A) - P(A \cap B) = \dfrac{1}{3} - \dfrac{1}{8} = \dfrac{5}{24}$$

$$\therefore P(B^C|A) = \dfrac{P(A \cap B^C)}{P(A)} = \dfrac{\dfrac{5}{24}}{\dfrac{1}{3}} = \dfrac{5}{8}$$

0326 답 ②

정팔각형의 꼭짓점 중 임의로 세 점을 택하여 만든 삼각형이 직각삼
각형인 사건을 A, 이등변삼각형인 사건을 B라 하자.

정팔각형의 꼭짓점 중 임의로 세 점을 택하여 삼각형을 만드는 경우
의 수는 정팔각형의 8개의 꼭짓점 중에서 3개를 택하는 조합의 수와
같으므로 ${}_8C_3$

직각삼각형은 오른쪽 그림에서 대각선 4개 중 1
개를 택하고, 택한 대각선의 양 끝 꼭짓점을 제
외한 6개의 꼭짓점 중에서 1개의 꼭짓점을 택하
여 만들면 되므로 직각삼각형을 만드는 경우의
수는 ${}_4C_1 \times {}_6C_1$

$$\therefore P(A) = \dfrac{{}_4C_1 \times {}_6C_1}{{}_8C_3} = \dfrac{3}{7}$$

직각이등변삼각형은 위의 그림에서 대각선 4개 중에서 1개를 택하고,
택한 대각선의 수직이등분선이 정팔각형과 만나는 2개의 꼭짓점 중
에서 1개를 택하여 만들면 되므로 직각이등변삼각형을 만드는 경우
의 수는 ${}_4C_1 \times {}_2C_1$

$$\therefore P(A \cap B) = \dfrac{{}_4C_1 \times {}_2C_1}{{}_8C_3} = \dfrac{1}{7}$$

따라서 구하는 확률은

$$P(B|A) = \dfrac{P(A \cap B)}{P(A)} = \dfrac{\dfrac{1}{7}}{\dfrac{3}{7}} = \dfrac{1}{3}$$

0327 답 ③

(i) 두 번째 검사에서 검사가 끝날 확률
 첫 번째 검사에서 불량품을 꺼내는 사건을 A_1, 두 번째 검사에서
 불량품을 꺼내는 사건을 B_1이라 하면

$$P(A_1) = \dfrac{{}_2C_1}{{}_{10}C_1} = \dfrac{1}{5}, \ P(B_1|A_1) = \dfrac{{}_1C_1}{{}_9C_1} = \dfrac{1}{9}$$

$$\therefore a = P(A_1 \cap B_1) = P(A_1)P(B_1|A_1)$$
$$= \dfrac{1}{5} \times \dfrac{1}{9} = \dfrac{1}{45}$$

(ii) 다섯 번째 검사에서 검사가 끝날 확률
 네 번째 검사까지 한 개의 불량품을 꺼내는 사건을 A_2, 다섯 번째
 검사에서 불량품을 꺼내는 사건을 B_2라 하면

$$P(A_2) = \dfrac{{}_2C_1 \times {}_8C_3}{{}_{10}C_4} = \dfrac{8}{15}, \ P(B_2|A_2) = \dfrac{{}_1C_1}{{}_6C_1} = \dfrac{1}{6}$$

$$\therefore b = P(A_2 \cap B_2) = P(A_2)P(B_2|A_2)$$
$$= \dfrac{8}{15} \times \dfrac{1}{6} = \dfrac{4}{45}$$

(i), (ii)에서 $a+b = \dfrac{1}{45} + \dfrac{4}{45} = \dfrac{1}{9}$

0328 답 ②

A 주머니에서 흰 공 3개를 꺼내는 사건을 A_1, 흰 공 2개와 검은 공 1
개를 꺼내는 사건을 A_2, 흰 공 1개와 검은 공 2개를 꺼내는 사건을
A_3, B 주머니에서 흰 공 1개를 꺼내는 사건을 B라 하자.

(i) A 주머니에서 흰 공 3개를 꺼내어 B 주머니에 넣을 때, B 주머니
 에서 흰 공을 꺼낼 확률은

$$P(A_1 \cap B) = P(A_1)P(B|A_1)$$
$$= \dfrac{{}_3C_3}{{}_5C_3} \times \dfrac{2+3}{5+3} = \dfrac{1}{10} \times \dfrac{5}{8} = \dfrac{1}{16}$$

(ii) A 주머니에서 흰 공 2개와 검은 공 1개를 꺼내어 B 주머니에 넣
 을 때, B 주머니에서 흰 공을 꺼낼 확률은

$$P(A_2 \cap B) = P(A_2)P(B|A_2)$$
$$= \dfrac{{}_3C_2 \times {}_2C_1}{{}_5C_3} \times \dfrac{2+2}{5+3} = \dfrac{3}{5} \times \dfrac{1}{2} = \dfrac{3}{10}$$

(iii) A 주머니에서 흰 공 1개와 검은 공 2개를 꺼내어 B 주머니에 넣을 때, B 주머니에서 흰 공을 꺼낼 확률은

$$P(A_3 \cap B) = P(A_3)P(B|A_3)$$
$$= \frac{{}_3C_1 \times {}_2C_2}{{}_5C_3} \times \frac{2+1}{5+3} = \frac{3}{10} \times \frac{3}{8} = \frac{9}{80}$$

이상에서 구하는 확률은

$$P(B) = P(A_1 \cap B) + P(A_2 \cap B) + P(A_3 \cap B)$$
$$= \frac{1}{16} + \frac{3}{10} + \frac{9}{80} = \frac{19}{40}$$

0329 답 ㄴ

ㄱ. $P(A \cap B) = P(A)P(B|A) = \frac{4}{12} \times \frac{3}{11} = \frac{1}{11}$

$P(A^c \cap B) = P(A^c)P(B|A^c) = \frac{8}{12} \times \frac{4}{11} = \frac{8}{33}$

∴ $P(A \cap B) \neq P(A^c \cap B)$

ㄴ. $P(A) = \frac{4}{12} = \frac{1}{3}$

$P(B) = P(A \cap B) + P(A^c \cap B) = \frac{1}{11} + \frac{8}{33} = \frac{1}{3}$

∴ $P(A) = P(B)$

ㄷ. $P(A \cup B) = P(A) + P(B) - P(A \cap B)$
$$= \frac{1}{3} + \frac{1}{3} - \frac{1}{11} = \frac{19}{33}$$

이상에서 옳은 것은 ㄴ뿐이다.

0330 답 30

두 상자 A, B에서 꺼낸 구슬이 모두 흰색일 확률은

$$\frac{a}{100} \times \frac{100-2a}{100} = \frac{100a-2a^2}{10000}$$

두 상자 A, B에서 꺼낸 구슬이 모두 검은색일 확률은

$$\frac{100-a}{100} \times \frac{2a}{100} = \frac{200a-2a^2}{10000}$$

이때 두 상자 A, B에서 꺼낸 구슬이 모두 흰색인 사건을 A, 서로 같은 색인 사건을 E라 하면

$$P(E) = \frac{100a-2a^2}{10000} + \frac{200a-2a^2}{10000} = \frac{300a-4a^2}{10000}$$

$$P(A \cap E) = \frac{100a-2a^2}{10000}$$

$$\therefore P(A|E) = \frac{P(A \cap E)}{P(E)} = \frac{\dfrac{100a-2a^2}{10000}}{\dfrac{300a-4a^2}{10000}} = \frac{50a-a^2}{150a-2a^2}$$

즉, $\dfrac{50a-a^2}{150a-2a^2} = \dfrac{2}{9}$에서 $2(150a-2a^2) = 9(50a-a^2)$

$5a^2 - 150a = 0$, $5a(a-30) = 0$

∴ $a = 30$ (∵ a는 자연수)

0331 답 ①

두 사건 A와 B_n이 서로 독립이려면

$$P(A \cap B_n) = P(A)P(B_n)$$

을 만족해야 한다.

$P(A) = \frac{4}{8} = \frac{1}{2}$, $P(B_n) = \frac{4}{8} = \frac{1}{2}$이므로

$$P(A \cap B_n) = P(A)P(B_n) = \frac{1}{2} \times \frac{1}{2} = \frac{1}{4}$$

즉, $A \cap B_n$의 원소는 2개이어야 한다.

$n=3$일 때, $B_3 = \{1, 2, 3, 5\}$이므로 $A \cap B_3 = \{2, 5\}$ (독립)

$n=4$일 때, $B_4 = \{1, 2, 4, 6\}$이므로 $A \cap B_4 = \{2, 4\}$ (독립)

$n=5$일 때, $B_5 = \{1, 2, 5, 7\}$이므로 $A \cap B_5 = \{2, 5, 7\}$ (종속)

$n=6$일 때, $B_6 = \{1, 2, 6, 8\}$이므로 $A \cap B_6 = \{2\}$ (종속)

따라서 구하는 모든 자연수 n의 값의 합은

$3+4 = 7$

0332 답 ③

ㄱ. 두 사건 A, B가 서로 배반사건이면 $A \cap B = \varnothing$이므로

$$P(A \cap B) = 0$$

$$\therefore P(B|A) = \frac{P(A \cap B)}{P(A)} = \frac{0}{P(A)} = 0$$

ㄴ. 두 사건 A, B가 서로 독립이면 A와 B^c도 서로 독립이므로

$$P(A|B^c) = P(A|B)$$

ㄷ. 두 사건 A, B가 서로 독립이면

$P(A \cap B) = P(A)P(B)$이므로

$$\{1-P(A)\}\{1-P(B)\} = 1-P(A)-P(B)+P(A)P(B)$$
$$= 1-P(A)-P(B)+P(A \cap B)$$
$$= 1-\{P(A)+P(B)-P(A \cap B)\}$$
$$= 1-P(A \cup B)$$

이상에서 옳은 것은 ㄱ, ㄷ이다.

0333 답 ③

두 사건 A, B가 서로 독립이므로

$$P(A \cap B) = P(A)P(B)$$

$P(A \cap B) = P(A) - P(B)$에서

$$P(A)P(B) = P(A) - P(B)$$

$$\frac{3}{5}P(B) = \frac{3}{5} - P(B), \quad \frac{8}{5}P(B) = \frac{3}{5}$$

$$\therefore P(B) = \frac{3}{8}$$

0334 답 ②

세 사람 A, B, C가 표적을 맞히는 사건을 각각 A, B, C라 하면

$P(A) = 0.25$, $P(A \cup B) = 0.5$, $P(A \cup C) = 0.625$

이때 세 사건 A, B, C는 서로 독립이므로

$P(A \cap B) = P(A)P(B)$,

$P(A \cap C) = P(A)P(C)$,

$P(B \cap C) = P(B)P(C)$

$P(A \cup B) = P(A) + P(B) - P(A \cap B)$에서

$P(A \cup B) = P(A) + P(B) - P(A)P(B)$

$0.5 = 0.25 + P(B) - 0.25P(B)$

$0.75P(B) = 0.25$ ∴ $P(B) = \frac{1}{3}$

또, $P(A \cup C) = P(A) + P(C) - P(A \cap C)$에서

$P(A \cup C) = P(A) + P(C) - P(A)P(C)$

$0.625 = 0.25 + P(C) - 0.25P(C)$

$0.75P(C) = 0.375$ ∴ $P(C) = \frac{1}{2}$

따라서 구하는 확률은

$$P(B \cup C) = P(B) + P(C) - P(B \cap C)$$
$$= P(B) + P(C) - P(B)P(C)$$
$$= \frac{1}{3} + \frac{1}{2} - \frac{1}{3} \times \frac{1}{2} = \frac{2}{3}$$

0335 📝 $\dfrac{1}{4}$

동전을 4번 던져 앞면이 x번, 뒷면은 y번 나온다고 하면

$$x+y=4 \qquad \cdots\cdots \text{㉠}$$

또, 점 A를 출발한 점 P가 다시 점 A로 돌아올 때까지 움직인 거리는 5이므로

$$x+2y=5 \qquad \cdots\cdots \text{㉡}$$

㉠, ㉡을 연립하여 풀면 $x=3$, $y=1$

따라서 구하는 확률은 동전을 4번 던져서 앞면이 3번, 뒷면이 1번 나올 확률과 같으므로

$${}_4\mathrm{C}_3\left(\dfrac{1}{2}\right)^3\left(\dfrac{1}{2}\right)^1=\dfrac{1}{4}$$

0336 📝 $\dfrac{1}{6}$

평균적으로 3문제 중 2문제를 맞히므로 한 문제를 맞힐 확률은 $\dfrac{2}{3}$

3문제 이상 맞히는 사건을 A, 1번 문제를 틀리는 사건을 B라 하면

$$\mathrm{P}(A)={}_4\mathrm{C}_3\left(\dfrac{2}{3}\right)^3\left(\dfrac{1}{3}\right)^1+{}_4\mathrm{C}_4\left(\dfrac{2}{3}\right)^4\left(\dfrac{1}{3}\right)^0=\dfrac{16}{27}$$

3문제 이상 맞히면서 1번 문제를 틀리는 사건은 2번, 3번, 4번 문제를 모두 맞히는 사건과 같으므로

$$\mathrm{P}(A\cap B)=\dfrac{1}{3}\times\left(\dfrac{2}{3}\right)^3=\dfrac{8}{81}$$

따라서 구하는 확률은

$$\mathrm{P}(B|A)=\dfrac{\mathrm{P}(A\cap B)}{\mathrm{P}(A)}=\dfrac{\dfrac{8}{81}}{\dfrac{16}{27}}=\dfrac{1}{6}$$

0337 📝 ①

(i) 앞면이 3번 나오는 경우

앞면이 연속해서 나오지 않으려면

□ 뒤 □ 뒤 □ 뒤 □

의 5개의 □ 자리에 앞면 3개를 나열하면 된다.

즉, 앞면이 3번 나오면서 연속해서 나오는 경우가 있을 확률은

$$({}_7\mathrm{C}_3-{}_5\mathrm{C}_3)\times\left(\dfrac{1}{2}\right)^3\left(\dfrac{1}{2}\right)^4=\dfrac{25}{128}$$

(ii) 앞면이 4번 나오는 경우

앞면이 연속해서 나오지 않으려면

앞-뒤-앞-뒤-앞-뒤-앞

과 같이 나오면 된다.

즉, 앞면이 4번 나오면서 연속해서 나오는 경우가 있을 확률은

$$({}_7\mathrm{C}_4-1)\times\left(\dfrac{1}{2}\right)^4\left(\dfrac{1}{2}\right)^3=\dfrac{34}{128}$$

(iii) 앞면이 5번 또는 6번 또는 7번 나오는 경우

앞면이 연속해서 나오는 경우가 반드시 있으므로 이 경우의 확률은

$${}_7\mathrm{C}_5\left(\dfrac{1}{2}\right)^5\left(\dfrac{1}{2}\right)^2+{}_7\mathrm{C}_6\left(\dfrac{1}{2}\right)^6\left(\dfrac{1}{2}\right)^1+{}_7\mathrm{C}_7\left(\dfrac{1}{2}\right)^7\left(\dfrac{1}{2}\right)^0=\dfrac{29}{128}$$

(i), (ii), (iii)은 서로 배반사건이므로 구하는 확률은

$$\dfrac{25}{128}+\dfrac{34}{128}+\dfrac{29}{128}=\dfrac{11}{16}$$

0338 📝 ④

전략 첫 번째에 이긴 학생이 없는 경우와 첫 번째에 이긴 학생이 2명인 경우로 나누어 확률의 곱셈정리와 조건부확률을 이용하여 확률을 구한다.

가위바위보를 2번 하여 A가 최종 승자가 되는 사건을 X, 두 번째 가위바위보를 한 학생이 2명인 사건을 Y라 하자.

(i) 첫 번째에 이긴 학생이 없는 경우

첫 번째에 모두 다른 것을 내거나 모두 같은 것을 내고, 두 번째에 A가 이길 확률은

$$\mathrm{P}(X\cap Y^C)=\dfrac{3!+3}{3^3}\times\dfrac{3}{3^3}=\dfrac{1}{27}$$

(ii) 첫 번째에 이긴 학생이 2명인 경우

첫 번째에 A를 포함한 2명이 이기고, 두 번째에 A가 이길 확률은

$$\mathrm{P}(X\cap Y)=\dfrac{3\times2}{3^3}\times\dfrac{3}{3^2}=\dfrac{2}{27}$$

(i), (ii)에서

$$\mathrm{P}(X)=\mathrm{P}(X\cap Y^C)+\mathrm{P}(X\cap Y)=\dfrac{1}{27}+\dfrac{2}{27}=\dfrac{1}{9}$$

따라서 구하는 확률은

$$\mathrm{P}(Y|X)=\dfrac{\mathrm{P}(X\cap Y)}{\mathrm{P}(X)}=\dfrac{\dfrac{2}{27}}{\dfrac{1}{9}}=\dfrac{2}{3}$$

0339 📝 ①

전략 독립사건의 확률과 확률의 곱셈정리를 이용하여 각 경우의 확률을 구한다.

① 2초 후에 A 구역에 있을 확률은

$$\mathrm{A}\xrightarrow{1초}\mathrm{B}\xrightarrow{1초}\mathrm{A} \text{ 또는 } \mathrm{A}\xrightarrow{1초}\mathrm{C}\xrightarrow{1초}\mathrm{A}에서$$

$$\dfrac{2}{3}\times\dfrac{5}{6}+\dfrac{1}{3}\times\dfrac{5}{6}=\dfrac{15}{18}$$

② 2초 후에 B 구역에 있을 확률은 $\mathrm{A}\xrightarrow{1초}\mathrm{C}\xrightarrow{1초}\mathrm{B}$에서

$$\dfrac{1}{3}\times\dfrac{1}{6}=\dfrac{1}{18}$$

③ 2초 후에 C 구역에 있을 확률은 $\mathrm{A}\xrightarrow{1초}\mathrm{B}\xrightarrow{1초}\mathrm{C}$에서

$$\dfrac{2}{3}\times\dfrac{1}{6}=\dfrac{2}{18}$$

④ 3초 후에 A 구역에 있을 확률은

$$\mathrm{A}\xrightarrow{2초}\mathrm{B}\xrightarrow{1초}\mathrm{A} \text{ 또는 } \mathrm{A}\xrightarrow{2초}\mathrm{C}\xrightarrow{1초}\mathrm{A}에서$$

$$\dfrac{1}{18}\times\dfrac{5}{6}+\dfrac{2}{18}\times\dfrac{5}{6}=\dfrac{15}{108}$$

⑤ 3초 후에 B 구역에 있을 확률은

$$\mathrm{A}\xrightarrow{2초}\mathrm{A}\xrightarrow{1초}\mathrm{B} \text{ 또는 } \mathrm{A}\xrightarrow{2초}\mathrm{C}\xrightarrow{1초}\mathrm{B}에서$$

$$\dfrac{15}{18}\times\dfrac{2}{3}+\dfrac{2}{18}\times\dfrac{1}{6}=\dfrac{62}{108}$$

따라서 쥐가 발견될 확률이 가장 큰 경우는 ①이다.

참고 3초 후에 C 구역에 있을 확률은

$$\mathrm{A}\xrightarrow{2초}\mathrm{A}\xrightarrow{1초}\mathrm{C} \text{ 또는 } \mathrm{A}\xrightarrow{2초}\mathrm{B}\xrightarrow{1초}\mathrm{C}에서$$

$$\dfrac{15}{18}\times\dfrac{1}{3}+\dfrac{1}{18}\times\dfrac{1}{6}=\dfrac{31}{108}$$

0340 📝 $\dfrac{2}{5}$

문제 이해 미래가 당첨 제비를 뽑는 사건을 A, 민영이가 당첨 제비를 뽑는 사건을 B라 하자. ◀ 20 %

해결 과정 (i) 미래가 당첨 제비를 뽑고 민영이도 당첨 제비를 뽑을 확률은

$$\mathrm{P}(A\cap B)=\mathrm{P}(A)\mathrm{P}(B|A)=\dfrac{4}{10}\times\dfrac{3}{9}=\dfrac{2}{15} \qquad ◀ 30\%$$

(ii) 미래가 당첨 제비를 뽑지 않고 민영이가 당첨 제비를 뽑을 확률은

$$P(A^c \cap B) = P(A^c)P(B \mid A^c) = \frac{6}{10} \times \frac{4}{9} = \frac{4}{15} \qquad \triangleleft 30\%$$

[답 구하기] (i), (ii)에서 두 사건 $A \cap B$, $A^c \cap B$는 서로 배반사건이므로 구하는 확률은

$$P(B) = P(A \cap B) + P(A^c \cap B) = \frac{2}{15} + \frac{4}{15} = \frac{2}{5} \qquad \triangleleft 20\%$$

0341 [답] (1) $\frac{2}{9}$ (2) $\frac{3}{4}$

(1) 꺼낸 3개의 전구 중에서 2개가 노란 전구인 경우에 따른 확률은 다음과 같다.

(i) 두 주머니 A, B에서 노란 전구, C 주머니에서 파란 전구를 꺼낼 확률은 $\frac{2}{6} \times \frac{3}{6} \times \frac{5}{6} = \frac{5}{36}$

(ii) 두 주머니 A, C에서 노란 전구, B 주머니에서 파란 전구를 꺼낼 확률은 $\frac{2}{6} \times \frac{3}{6} \times \frac{1}{6} = \frac{1}{36}$

(iii) 두 주머니 B, C에서 노란 전구, A 주머니에서 파란 전구를 꺼낼 확률은 $\frac{4}{6} \times \frac{3}{6} \times \frac{1}{6} = \frac{1}{18}$

이상에서 노란 전구 2개가 나올 확률은

$$\frac{5}{36} + \frac{1}{36} + \frac{1}{18} = \frac{2}{9} \qquad \triangleleft 40\%$$

(2) 꺼낸 3개의 전구 중에서 2개가 노란 전구인 사건을 E, A 주머니에서 꺼낸 전구가 노란 전구인 사건을 M이라 하자. $\quad \triangleleft 10\%$

(1)에 의하여 $P(E) = \frac{2}{9}$이고 (1)의 (i), (ii)에서

$$P(M \cap E) = \frac{5}{36} + \frac{1}{36} = \frac{1}{6} \qquad \triangleleft 20\%$$

따라서 구하는 확률은

$$P(M \mid E) = \frac{P(M \cap E)}{P(E)} = \frac{\frac{1}{6}}{\frac{2}{9}} = \frac{3}{4} \qquad \triangleleft 30\%$$

0342 [답] $\frac{11}{5}$배

[해결 과정] 남은 경기의 결과로 갑이 상금을 갖는 경우에 따른 확률은 다음과 같다.

(i) 갑이 4번째, 5번째 경기를 연속하여 이길 확률은

$${}_2C_2\left(\frac{1}{2}\right)^2\left(\frac{1}{2}\right)^0 = \frac{1}{4}$$

(ii) 갑이 4번째, 5번째 경기 중 1번 이기고, 6번째 경기에서 이길 확률은

$${}_2C_1\left(\frac{1}{2}\right)^1\left(\frac{1}{2}\right)^1 \times \frac{1}{2} = \frac{1}{2} \times \frac{1}{2} = \frac{1}{4}$$

(iii) 갑이 4, 5, 6번째 경기 중 1번 이기고, 7번째 경기에서 이길 확률은

$${}_3C_1\left(\frac{1}{2}\right)^1\left(\frac{1}{2}\right)^2 \times \frac{1}{2} = \frac{3}{8} \times \frac{1}{2} = \frac{3}{16} \qquad \triangleleft 60\%$$

이상에서 갑이 상금을 가질 확률은 $\frac{1}{4} + \frac{1}{4} + \frac{3}{16} = \frac{11}{16}$이고, 을이 상금을 가질 확률은 $1 - \frac{11}{16} = \frac{5}{16}$이다. $\quad \triangleleft 20\%$

[답 구하기] 따라서
(갑이 상금을 가질 확률) : (을이 상금을 가질 확률) = 11 : 5
이므로 갑은 을의 $\frac{11}{5}$배를 받는 것이 가장 합리적이다. $\quad \triangleleft 20\%$

---

05 확률변수와 확률분포

Lecture
09 이산확률변수와 연속확률변수 ≫ 66~69쪽

0343 [답] 0, 1, 2, 3

0344 [답] 0, 1, 2, 3, 4, 5

0345 [답] 이산
가족 구성원 수는 자연수와 같이 셀 수 있으므로 이산확률변수이다.

0346 [답] 연속
배차 간격이 5분인 버스를 기다리는 시간 X는 $0 \le X \le 5$에 속하는 모든 실수의 값을 가질 수 있으므로 연속확률변수이다.

0347 [답] $\frac{1}{4}$

0348 [답] 풀이 참조
한 개의 동전을 3번 던질 때 나오는 경우의 수는
$2 \times 2 \times 2 = 8$
동전의 앞면을 H, 뒷면을 T라 하자.
$X = 0$인 경우: TTT의 1가지
$\therefore P(X=0) = \frac{1}{8}$
$X = 1$인 경우: HTT, THT, TTH의 3가지
$\therefore P(X=1) = \frac{3}{8}$
$X = 2$인 경우: HHT, HTH, THH의 3가지
$\therefore P(X=2) = \frac{3}{8}$
$X = 3$인 경우: HHH의 1가지
$\therefore P(X=3) = \frac{1}{8}$
따라서 X의 확률분포를 표로 나타내면 다음과 같다.

X	0	1	2	3	합계
$P(X=x)$	$\frac{1}{8}$	$\frac{3}{8}$	$\frac{3}{8}$	$\frac{1}{8}$	1

0349 [답] (1) $a = \frac{1}{5}$, $b=1$ (2) $\frac{11}{30}$ (3) $\frac{5}{6}$

(1) 확률의 총합은 1이므로 $b=1$
또, $\frac{1}{3} + a + \frac{3}{10} + \frac{1}{6} = 1$이므로 $a = \frac{1}{5}$

(2) $P(X=2 \text{ 또는 } X=4) = P(X=2) + P(X=4)$
$$= \frac{1}{5} + \frac{1}{6}$$
$$= \frac{11}{30}$$

(3) $P(1 \leq X \leq 3) = P(X=1) + P(X=2) + P(X=3)$
$$= \frac{1}{3} + \frac{1}{5} + \frac{3}{10} = \frac{5}{6}$$

다른 풀이

(3) $P(1 \leq X \leq 3) = 1 - P(X=4) = 1 - \frac{1}{6} = \frac{5}{6}$

0350 답 ㄱ, ㄹ

보기의 함수 $f(x)$에 대하여 $y=f(x)$ $(0 \leq x \leq 1)$의 그래프는 각각 다음과 같다.

ㄱ. $0 \leq x \leq 1$에서 $f(x) \geq 0$이고, 함수 $y=f(x)$의 그래프와 x축 및 두 직선 $x=0$, $x=1$로 둘러싸인 부분의 넓이가
$1 \times 1 = 1$
이므로 $f(x)=1$은 확률밀도함수가 될 수 있다.

ㄴ. $0 \leq x \leq 1$에서 $f(x) \geq 0$이지만 함수 $y=f(x)$의 그래프와 x축 및 직선 $x=1$로 둘러싸인 부분의 넓이가
$\frac{1}{2} \times 1 \times 1 = \frac{1}{2}$
이므로 $f(x)=x$는 확률밀도함수가 될 수 없다.

ㄷ. $0 \leq x \leq 1$에서 $f(x) \leq 0$이므로 $f(x)=x-1$은 확률밀도함수가 될 수 없다.

ㄹ. $0 \leq x \leq 1$에서 $f(x) \geq 0$이고, 함수 $y=f(x)$의 그래프와 x축 및 두 직선 $x=0$, $x=1$로 둘러싸인 부분의 넓이가
$\frac{1}{2} \times \left(\frac{1}{2} + \frac{3}{2} \right) \times 1 = 1$
이므로 $f(x)=x+\frac{1}{2}$은 확률밀도함수가 될 수 있다.

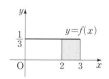

이상에서 $f(x)$가 확률밀도함수가 될 수 있는 것은 ㄱ, ㄹ이다.

0351 답 $\frac{1}{3}$

$P(X \geq 2)$는 오른쪽 그림의 색칠한 직사각형의 넓이와 같으므로
$P(X \geq 2) = 1 \times \frac{1}{3} = \frac{1}{3}$

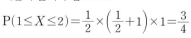

0352 답 $\frac{3}{4}$

$P(1 \leq X \leq 2)$는 오른쪽 그림의 색칠한 사다리꼴의 넓이와 같으므로
$P(1 \leq X \leq 2) = \frac{1}{2} \times \left(\frac{1}{2} + 1 \right) \times 1 = \frac{3}{4}$

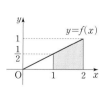

0353 답 (1) $\frac{1}{5}$ (2) $\frac{2}{5}$

(1) 함수 $y=f(x)$의 그래프와 x축 및 두 직선 $x=0$, $x=5$로 둘러싸인 부분의 넓이가 1 이므로
$5 \times k = 1$ ∴ $k = \frac{1}{5}$

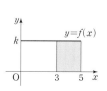

(2) $P(X \geq 3)$은 앞의 그림의 색칠한 직사각형의 넓이와 같으므로
$P(X \geq 3) = 2 \times \frac{1}{5} = \frac{2}{5}$

0354 답 (1) $f(x) = \frac{2}{9}x$ $(0 \leq x \leq 3)$ (2) $\frac{5}{9}$ (3) $\frac{1}{9}$

(1) $f(x)=kx$ $(k>0)$라 하면 함수 $y=f(x)$의 그래프와 x축 및 직선 $x=3$으로 둘러싸인 부분의 넓이가 1이므로
$\frac{1}{2} \times 3 \times 3k = 1$ ∴ $k = \frac{2}{9}$
∴ $f(x) = \frac{2}{9}x$ $(0 \leq x \leq 3)$

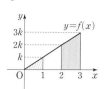

(2) $P(2 \leq X \leq 3)$은 위의 그림의 색칠한 부분의 넓이와 같으므로
$P(2 \leq X \leq 3) = \frac{1}{2} \times \left(\frac{4}{9} + \frac{2}{3} \right) \times 1 = \frac{5}{9}$

(3) $P(X<1)$은 위의 그림의 빗금 친 부분의 넓이와 같으므로
$P(X<1) = \frac{1}{2} \times 1 \times \frac{2}{9} = \frac{1}{9}$

0355 답 풀이 참조

6개의 공 중에서 3개의 공을 꺼내는 경우의 수는 $_6C_3$
꺼낸 3개의 공 중에서 흰 공이 x개인 경우의 수는 $_4C_x \times _2C_{3-x}$
따라서 X의 확률질량함수는
$$P(X=x) = \frac{_4C_x \times _2C_{3-x}}{_6C_3} \ (x=1, 2, 3)$$
이므로 확률변수 X가 1, 2, 3일 때의 확률은 각각
$$P(X=1) = \frac{_4C_1 \times _2C_2}{_6C_3} = \frac{1}{5},$$
$$P(X=2) = \frac{_4C_2 \times _2C_1}{_6C_3} = \frac{3}{5},$$
$$P(X=3) = \frac{_4C_3 \times _2C_0}{_6C_3} = \frac{1}{5}$$
따라서 X의 확률분포를 표로 나타내면 다음과 같다.

X	1	2	3	합계
$P(X=x)$	$\frac{1}{5}$	$\frac{3}{5}$	$\frac{1}{5}$	1

0356 답 $P(X=x) = \begin{cases} \frac{4}{9} \ (x=0, 1) \\ \frac{1}{9} \ (x=2) \end{cases}$

확률변수 X가 가질 수 있는 값은 0, 1, 2이다.

한 개의 주사위를 한 번 던질 때, 3의 배수의 눈이 나올 확률이 $\frac{1}{3}$, 3의 배수가 아닌 수의 눈이 나올 확률이 $\frac{2}{3}$이므로 X가 0, 1, 2일 때의 확률은 각각
$$P(X=0) = \frac{2}{3} \times \frac{2}{3} = \frac{4}{9},$$
$$P(X=1) = \frac{1}{3} \times \frac{2}{3} + \frac{2}{3} \times \frac{1}{3} = \frac{4}{9},$$
$$P(X=2) = \frac{1}{3} \times \frac{1}{3} = \frac{1}{9}$$
따라서 X의 확률질량함수는
$$P(X=x) = \begin{cases} \frac{4}{9} \ (x=0, 1) \\ \frac{1}{9} \ (x=2) \end{cases}$$

0357 답 ②

확률변수 X가 가질 수 있는 값은 0, 1, 2이다.

5개의 공 중에서 2개를 꺼내는 경우의 수는 $_5C_2$

꺼낸 공 중에서 흰 공이 x개인 경우의 수는 $_2C_x \times _3C_{2-x}$

따라서 X의 확률질량함수는

$$P(X=x)=\frac{_2C_x \times _3C_{2-x}}{_5C_2} \ (x=0, 1, 2)$$

이므로 확률변수 X가 0, 1, 2일 때의 확률은 각각

$$P(X=0)=\frac{_2C_0 \times _3C_2}{_5C_2}=\frac{3}{10},$$

$$P(X=1)=\frac{_2C_1 \times _3C_1}{_5C_2}=\frac{3}{5},$$

$$P(X=2)=\frac{_2C_2 \times _3C_0}{_5C_2}=\frac{1}{10}$$

따라서 X의 확률분포를 그래프로 바르게 나타낸 것은 ②이다.

참고 X의 확률분포를 표로 나타내면 다음과 같다.

X	0	1	2	합계
$P(X=x)$	$\frac{3}{10}$	$\frac{3}{5}$	$\frac{1}{10}$	1

0358 답 ④

확률의 총합은 1이므로

$$P(X=1)+P(X=2)+P(X=3)+P(X=4)=1$$

$$\left(k-\frac{1}{8}\right)+\left(2k-\frac{1}{8}\right)+\left(3k-\frac{1}{8}\right)+\left(4k-\frac{1}{8}\right)=1$$

$$10k-\frac{1}{2}=1, \ 10k=\frac{3}{2} \quad \therefore k=\frac{3}{20}$$

$$\therefore P(X=4)=\frac{3}{20}\times 4-\frac{1}{8}=\frac{19}{40}$$

0359 답 $\frac{1}{4}$

확률의 총합은 1이므로

$$a+a^2+2a+3a^2=1, \ 4a^2+3a-1=0$$

$$(a+1)(4a-1)=0 \quad \therefore a=-1 \ 또는 \ a=\frac{1}{4}$$

이때 $0 \le P(X=x) \le 1$이므로

$$a=\frac{1}{4}$$

0360 답 $\frac{7}{10}$

해결 과정 확률의 총합은 1이므로

$$P(X=1)+P(X=2)+\cdots+P(X=10)=1$$

$$\frac{k}{1\times 3}+\frac{k}{3\times 5}+\cdots+\frac{k}{19\times 21}=1 \qquad \blacktriangleleft 30\%$$

$$\frac{k}{2}\left\{\left(1-\frac{1}{3}\right)+\left(\frac{1}{3}-\frac{1}{5}\right)+\cdots+\left(\frac{1}{19}-\frac{1}{21}\right)\right\}=1$$

$$\frac{k}{2}\left(1-\frac{1}{21}\right)=1, \ \frac{10}{21}k=1 \quad \therefore k=\frac{21}{10} \qquad \blacktriangleleft 40\%$$

답 구하기 $\therefore P(X=1)=\frac{21}{10}\times\frac{1}{1\times 3}=\frac{7}{10}$ $\quad \blacktriangleleft 30\%$

도움 개념 부분분수로의 변형

$$\frac{1}{AB}=\frac{1}{B-A}\left(\frac{1}{A}-\frac{1}{B}\right) \ (단, A \ne B)$$

0361 답 ①

확률의 총합은 1이므로

$$\frac{a}{6}+\frac{a}{2}+2a+\frac{a}{3}=1, \ 3a=1$$

$$\therefore a=\frac{1}{3}$$

한편, $X^2-3X+2=0$에서

$$(X-1)(X-2)=0$$

$$\therefore X=1 \ 또는 \ X=2$$

$$\therefore P(X^2-3X+2=0)=P(X=1 \ 또는 \ X=2)$$

$$=P(X=1)+P(X=2)$$

$$=\frac{1}{3}\times\frac{1}{6}+\frac{1}{3}\times\frac{1}{2}$$

$$=\frac{1}{18}+\frac{1}{6}=\frac{2}{9}$$

0362 답 ③

확률의 총합은 1이므로

$$2a+\frac{1}{4}+a+\frac{1}{4}=1, \ 3a+\frac{1}{2}=1$$

$$\therefore a=\frac{1}{6}$$

$$\therefore P(X\ge 3)=P(X=3)+P(X=4)$$

$$=\frac{1}{6}+\frac{1}{4}=\frac{5}{12}$$

0363 답 $\frac{13}{24}$

문제 이해 확률의 총합은 1이므로

$$\frac{1}{12}+a+\frac{1}{8}+b+\frac{1}{6}=1$$

$$\therefore a+b=\frac{5}{8} \qquad \cdots\cdots \ \bigcirc \qquad \blacktriangleleft 20\%$$

해결 과정 $P(X=4)=\frac{2}{3}P(X=2)$에서

$$b=\frac{2}{3}a \qquad \cdots\cdots \ \bigcirc \qquad \blacktriangleleft 20\%$$

$\bigcirc$, $\bigcirc$을 연립하여 풀면

$$a=\frac{3}{8}, \ b=\frac{1}{4} \qquad \blacktriangleleft 20\%$$

답 구하기 $\therefore P(3\le X\le 5)=P(X=3)+P(X=4)+P(X=5)$

$$=\frac{1}{8}+b+\frac{1}{6}$$

$$=\frac{1}{8}+\frac{1}{4}+\frac{1}{6}=\frac{13}{24} \qquad \blacktriangleleft 40\%$$

0364 답 ②

확률변수 X가 가질 수 있는 값은 0, 1, 2, 3이므로

$$P(X\ge 2)=P(X=2)+P(X=3)$$

이때 홀수는 1, 3, 5, 7의 4개이고, 짝수는 2, 4, 6의 3개이므로

$$P(X=2)=\frac{_4C_2 \times _3C_1}{_7C_3}=\frac{18}{35},$$

$$P(X=3)=\frac{_4C_3 \times _3C_0}{_7C_3}=\frac{4}{35}$$

$$\therefore P(X\ge 2)=P(X=2)+P(X=3)$$

$$=\frac{18}{35}+\frac{4}{35}=\frac{22}{35}$$

X	0	1	2	3	합계
$P(X=x)$	$\dfrac{1}{35}$	$\dfrac{12}{35}$	$\dfrac{18}{35}$	$\dfrac{4}{35}$	1

하 **0365** 답 $\dfrac{2}{3}$

한 개의 주사위를 던질 때 나오는 경우의 수는 6

한 개의 주사위를 던져서 나오는 눈의 수를 4로 나누었을 때의 나머지가

1인 경우: 1, 5의 2가지

2인 경우: 2, 6의 2가지

이므로 그 확률은 각각

$P(X=1)=\dfrac{2}{6}=\dfrac{1}{3}$, $P(X=2)=\dfrac{2}{6}=\dfrac{1}{3}$

$\therefore P(X=1$ 또는 $X=2)=P(X=1)+P(X=2)$

$\qquad\qquad\qquad\qquad\qquad =\dfrac{1}{3}+\dfrac{1}{3}=\dfrac{2}{3}$

참고 X의 확률분포를 표로 나타내면 다음과 같다.

X	0	1	2	3	합계
$P(X=x)$	$\dfrac{1}{6}$	$\dfrac{1}{3}$	$\dfrac{1}{3}$	$\dfrac{1}{6}$	1

중 **0366** 답 $\dfrac{19}{20}$

확률변수 X가 가질 수 있는 값은 0, 1, 2, 3이고,

$X^2-4X+3\leq0$에서

$(X-1)(X-3)\leq0$ $\quad\therefore 1\leq X\leq3$

$\therefore P(X^2-4X+3\leq0)=P(1\leq X\leq3)$

$\qquad\qquad\qquad\qquad\quad =P(X=1)+P(X=2)+P(X=3)$

$\qquad\qquad\qquad\qquad\quad =1-P(X=0)$

이때 $P(X=0)=\dfrac{{}_3C_3\times{}_3C_0}{{}_6C_3}=\dfrac{1}{20}$이므로 구하는 확률은

$P(X^2-4X+3\leq0)=1-P(X=0)$

$\qquad\qquad\qquad\qquad\quad =1-\dfrac{1}{20}=\dfrac{19}{20}$

참고 X의 확률분포를 표로 나타내면 다음과 같다.

X	0	1	2	3	합계
$P(X=x)$	$\dfrac{1}{20}$	$\dfrac{9}{20}$	$\dfrac{9}{20}$	$\dfrac{1}{20}$	1

중 **0367** 답 2

확률변수 X가 가질 수 있는 값은 0, 1, 2, 3이고, 그 확률은 각각

$P(X=0)=\dfrac{{}_4C_0\times{}_6C_3}{{}_{10}C_3}=\dfrac{1}{6}$,

$P(X=1)=\dfrac{{}_4C_1\times{}_6C_2}{{}_{10}C_3}=\dfrac{1}{2}$,

$P(X=2)=\dfrac{{}_4C_2\times{}_6C_1}{{}_{10}C_3}=\dfrac{3}{10}$,

$P(X=3)=\dfrac{{}_4C_3\times{}_6C_0}{{}_{10}C_3}=\dfrac{1}{30}$

이므로 X의 확률분포를 표로 나타내면 다음과 같다.

X	0	1	2	3	합계
$P(X=x)$	$\dfrac{1}{6}$	$\dfrac{1}{2}$	$\dfrac{3}{10}$	$\dfrac{1}{30}$	1

이때 $P(X=2)+P(X=3)=\dfrac{3}{10}+\dfrac{1}{30}=\dfrac{1}{3}$이므로

$P(X\geq2)=\dfrac{1}{3}$ $\quad\therefore a=2$

중 **0368** 답 ①

함수 $y=f(x)$의 그래프는 오른쪽 그림과 같고, $y=f(x)$의 그래프와 x축 및 직선 $x=4$로 둘러싸인 부분의 넓이는 1이므로

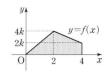

$\dfrac{1}{2}\times2\times4k+\dfrac{1}{2}\times(4k+2k)\times2=1$

$10k=1$ $\quad\therefore k=\dfrac{1}{10}$

하 **0369** 답 ②

① $f(x)\geq0$이고 함수 $y=f(x)$의 그래프와 x축 및 직선 $x=1$로 둘러싸인 부분의 넓이가 $\dfrac{1}{2}\times2\times1=1$이므로 확률밀도함수의 그래프가 될 수 있다.

② $f(x)\geq0$이지만 함수 $y=f(x)$의 그래프와 x축으로 둘러싸인 부분의 넓이가 1이 아니므로 확률밀도함수의 그래프가 될 수 없다.

③ $f(x)\geq0$이고 함수 $y=f(x)$의 그래프와 x축 및 두 직선 $x=-1$, $x=1$로 둘러싸인 부분의 넓이가 $2\times\dfrac{1}{2}=1$이므로 확률밀도함수의 그래프가 될 수 있다.

④ $f(x)\geq0$이고 함수 $y=f(x)$의 그래프와 x축 및 두 직선 $x=-1$, $x=1$로 둘러싸인 부분의 넓이가 $2\times\left(\dfrac{1}{2}\times1\times1\right)=1$이므로 확률밀도함수의 그래프가 될 수 있다.

⑤ $f(x)\geq0$이고 함수 $y=f(x)$의 그래프와 x축으로 둘러싸인 부분의 넓이가 $\dfrac{1}{2}\times2\times1=1$이므로 확률밀도함수의 그래프가 될 수 있다.

따라서 확률밀도함수 $f(x)$의 그래프가 될 수 없는 것은 ②이다.

중 **0370** 답 $-\dfrac{1}{8}$

함수 $y=f(x)$의 그래프는 오른쪽 그림과 같고, $y=f(x)$의 그래프와 x축, y축으로 둘러싸인 부분의 넓이는 1이므로

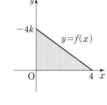

$\dfrac{1}{2}\times4\times(-4k)=1$

$-8k=1$ $\quad\therefore k=-\dfrac{1}{8}$

참고 $f(x)$가 확률밀도함수가 되려면 $0\leq x\leq4$에서 $f(x)\geq0$이어야 하므로 $k<0$이다.

중 **0371** 답 $\dfrac{1}{2}$

함수 $y=f(x)$의 그래프는 오른쪽 그림과 같고, $y=f(x)$의 그래프와 x축 및 직선 $x=2$로 둘러싸인 부분의 넓이가 1이므로

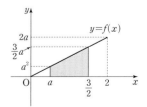

$\dfrac{1}{2}\times2\times2a=1$

$2a=1$ $\quad\therefore a=\dfrac{1}{2}$

이때 $P\left(a \le X \le \dfrac{3}{2}\right)$, 즉 $P\left(\dfrac{1}{2} \le X \le \dfrac{3}{2}\right)$은 앞의 그림의 색칠한 부분의 넓이와 같으므로

$$P\left(\dfrac{1}{2} \le X \le \dfrac{3}{2}\right) = \dfrac{1}{2} \times \left(\dfrac{1}{4} + \dfrac{3}{4}\right) \times \left(\dfrac{3}{2} - \dfrac{1}{2}\right) = \dfrac{1}{2}$$

0372 답 $\dfrac{31}{100}$

함수 $y=f(x)$의 그래프는 오른쪽 그림과 같고, $y=f(x)$의 그래프와 x축 및 직선 $x=2$로 둘러싸인 부분의 넓이가 1이므로

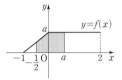

$$\dfrac{1}{2} \times 1 \times a + 2 \times a = 1, \quad \dfrac{5}{2}a = 1$$

$$\therefore a = \dfrac{2}{5}$$

이때 $P\left(-\dfrac{1}{2} < X < a\right)$, 즉 $P\left(-\dfrac{1}{2} \le X \le \dfrac{2}{5}\right)$는 위의 그림의 색칠한 부분의 넓이와 같으므로

$$P\left(-\dfrac{1}{2} \le X \le \dfrac{2}{5}\right) = \dfrac{1}{2} \times \left(\dfrac{1}{5} + \dfrac{2}{5}\right) \times \dfrac{1}{2} + \dfrac{2}{5} \times \dfrac{2}{5} = \dfrac{31}{100}$$

0373 답 $\dfrac{1}{2}$

함수 $y=f(x)$의 그래프와 x축으로 둘러싸인 부분의 넓이는 1이므로

$$\dfrac{1}{2} \times 3 \times 2k = 1, \ 3k = 1 \quad \therefore k = \dfrac{1}{3}$$

$0 \le x \le 2$에서 $y=f(x)$의 그래프는 두 점 $(0, 0)$, $\left(2, \dfrac{2}{3}\right)$를 지나는 직선이므로 그 직선의 방정식은

$$y = \dfrac{\dfrac{2}{3} - 0}{2 - 0}x, \ 즉 \ y = \dfrac{1}{3}x$$

$$\therefore f(x) = \dfrac{1}{3}x \ (0 \le x \le 2)$$

따라서 $f(1) = \dfrac{1}{3}$이고 $P(1 \le X \le 2)$는 오른쪽 그림의 색칠한 부분의 넓이와 같으므로

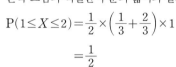

$$P(1 \le X \le 2) = \dfrac{1}{2} \times \left(\dfrac{1}{3} + \dfrac{2}{3}\right) \times 1$$
$$= \dfrac{1}{2}$$

0374 답 $\dfrac{3}{2}$

[해결 과정] 함수 $y=f(x)$의 그래프는 오른쪽 그림과 같고, $y=f(x)$의 그래프와 x축 및 두 직선 $x=0$, $x=2$로 둘러싸인 부분의 넓이가 1이므로

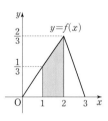

$$\dfrac{1}{2} \times \left\{\dfrac{1}{6} + \left(2a + \dfrac{1}{6}\right)\right\} \times 2 = 1$$

$$\dfrac{1}{3} + 2a = 1 \quad \therefore a = \dfrac{1}{3} \qquad \blacktriangleleft 40\%$$

$$\therefore f(x) = \dfrac{1}{3}x + \dfrac{1}{6} \ (0 \le x \le 2) \qquad \blacktriangleleft 10\%$$

[답 구하기] 이때 $P(X \le b)$는 위의 그림의 색칠한 부분의 넓이와 같으므로 $P(X \le b) = \dfrac{5}{8}$에서

$$\dfrac{1}{2} \times \left\{\dfrac{1}{6} + \left(\dfrac{b}{3} + \dfrac{1}{6}\right)\right\} \times b = \dfrac{5}{8} \qquad \blacktriangleleft 30\%$$

$$4b^2 + 4b - 15 = 0, \ (2b + 5)(2b - 3) = 0$$

$$\therefore b = \dfrac{3}{2} \ (\because 0 < b < 2) \qquad \blacktriangleleft 20\%$$

» 70~73쪽

Lecture

10 이산확률변수의 기댓값(평균), 분산, 표준편차

0375 답 (1) 4 (2) 4 (3) 2

(1) $E(X) = 2 \times \dfrac{2}{5} + 4 \times \dfrac{3}{10} + 6 \times \dfrac{1}{5} + 8 \times \dfrac{1}{10} = 4$

(2) $E(X^2) = 2^2 \times \dfrac{2}{5} + 4^2 \times \dfrac{3}{10} + 6^2 \times \dfrac{1}{5} + 8^2 \times \dfrac{1}{10} = 20$이므로

$$V(X) = E(X^2) - \{E(X)\}^2 = 20 - 4^2 = 4$$

(3) $\sigma(X) = \sqrt{V(X)} = \sqrt{4} = 2$

0376 답 (1) 풀이 참조 (2) $E(X) = \dfrac{2}{3}, \ V(X) = \dfrac{4}{9}, \ \sigma(X) = \dfrac{2}{3}$

(1) 한 개의 주사위를 한 번 던질 때, 5의 약수의 눈이 나올 확률은 $\dfrac{1}{3}$이므로 확률변수 X가 0, 1, 2일 때의 확률은 각각

$$P(X=0) = \dfrac{2}{3} \times \dfrac{2}{3} = \dfrac{4}{9},$$

$$P(X=1) = \dfrac{1}{3} \times \dfrac{2}{3} + \dfrac{2}{3} \times \dfrac{1}{3} = \dfrac{4}{9},$$

$$P(X=2) = \dfrac{1}{3} \times \dfrac{1}{3} = \dfrac{1}{9}$$

따라서 X의 확률분포를 표로 나타내면 다음과 같다.

X	0	1	2	합계
$P(X=x)$	$\dfrac{4}{9}$	$\dfrac{4}{9}$	$\dfrac{1}{9}$	1

(2) $E(X) = 0 \times \dfrac{4}{9} + 1 \times \dfrac{4}{9} + 2 \times \dfrac{1}{9} = \dfrac{2}{3}$

$$E(X^2) = 0^2 \times \dfrac{4}{9} + 1^2 \times \dfrac{4}{9} + 2^2 \times \dfrac{1}{9} = \dfrac{8}{9}$$

$$V(X) = E(X^2) - \{E(X)\}^2 = \dfrac{8}{9} - \left(\dfrac{2}{3}\right)^2 = \dfrac{4}{9}$$

$$\sigma(X) = \sqrt{V(X)} = \sqrt{\dfrac{4}{9}} = \dfrac{2}{3}$$

0377 답 150원

확률변수 X가 가질 수 있는 값은 0, 100, 200, 300이고, 그 확률은 각각

$$P(X=0) = {}_3C_0 \left(\dfrac{1}{2}\right)^0 \left(\dfrac{1}{2}\right)^3 = \dfrac{1}{8},$$

$$P(X=100) = {}_3C_1 \left(\dfrac{1}{2}\right)^1 \left(\dfrac{1}{2}\right)^2 = \dfrac{3}{8},$$

$$P(X=200) = {}_3C_2 \left(\dfrac{1}{2}\right)^2 \left(\dfrac{1}{2}\right)^1 = \dfrac{3}{8},$$

$$P(X=300) = {}_3C_3 \left(\dfrac{1}{2}\right)^3 \left(\dfrac{1}{2}\right)^0 = \dfrac{1}{8}$$

이므로 X의 확률분포를 표로 나타내면 다음과 같다.

X	0	100	200	300	합계
$P(X=x)$	$\frac{1}{8}$	$\frac{3}{8}$	$\frac{3}{8}$	$\frac{1}{8}$	1

$$\therefore E(X)=0\times\frac{1}{8}+100\times\frac{3}{8}+200\times\frac{3}{8}+300\times\frac{1}{8}=150$$

따라서 구하는 기댓값은 150원이다.

0378 답 평균: 16, 분산: 27, 표준편차: $3\sqrt{3}$

$E(3X-2)=3E(X)-2=3\times6-2=16$

$V(3X-2)=3^2V(X)=9\times3=27$

$\sigma(3X-2)=|3|\sigma(X)=3\times\sqrt{V(X)}=3\times\sqrt{3}=3\sqrt{3}$

0379 답 평균: -11, 분산: 12, 표준편차: $2\sqrt{3}$

$E(-2X+1)=-2E(X)+1=-2\times6+1=-11$

$V(-2X+1)=(-2)^2V(X)=4\times3=12$

$\sigma(-2X+1)=|-2|\sigma(X)=2\times\sqrt{V(X)}=2\times\sqrt{3}=2\sqrt{3}$

0380 답 평균: 3, 분산: $\frac{1}{3}$, 표준편차: $\frac{\sqrt{3}}{3}$

$E\left(-\frac{1}{3}X+5\right)=-\frac{1}{3}E(X)+5=-\frac{1}{3}\times6+5=3$

$V\left(-\frac{1}{3}X+5\right)=\left(-\frac{1}{3}\right)^2V(X)=\frac{1}{9}\times3=\frac{1}{3}$

$\sigma\left(-\frac{1}{3}X+5\right)=\left|-\frac{1}{3}\right|\sigma(X)=\frac{1}{3}\times\sqrt{V(X)}=\frac{1}{3}\times\sqrt{3}=\frac{\sqrt{3}}{3}$

0381 답 평균: -11, 분산: 47, 표준편차: $\sqrt{47}$

$E(X)=0\times\frac{1}{8}+1\times\frac{1}{4}+2\times\frac{1}{2}+3\times\frac{1}{8}=\frac{13}{8}$

$E(X^2)=0^2\times\frac{1}{8}+1^2\times\frac{1}{4}+2^2\times\frac{1}{2}+3^2\times\frac{1}{8}=\frac{27}{8}$

$V(X)=E(X^2)-\{E(X)\}^2=\frac{27}{8}-\left(\frac{13}{8}\right)^2=\frac{47}{64}$

$\sigma(X)=\sqrt{V(X)}=\sqrt{\frac{47}{64}}=\frac{\sqrt{47}}{8}$

$\therefore E(-8X+2)=-8E(X)+2=-8\times\frac{13}{8}+2=-11,$

$\quad V(-8X+2)=(-8)^2V(X)=64\times\frac{47}{64}=47,$

$\quad \sigma(-8X+2)=|-8|\sigma(X)=8\times\frac{\sqrt{47}}{8}=\sqrt{47}$

❨중❩0382 답 (1) $a=\frac{3}{10}$, $b=\frac{3}{10}$ (2) $\frac{\sqrt{35}}{5}$

(1) 확률의 총합은 1이므로

$$\frac{1}{10}+a+\frac{1}{5}+b+\frac{1}{10}=1$$

$$\therefore a+b=\frac{3}{5} \qquad\qquad\cdots\cdots\ \bigcirc$$

$P(X\geq4)=P(X=4)+P(X=5)=\frac{2}{5}$이므로

$b+\frac{1}{10}=\frac{2}{5}$ $\therefore b=\frac{3}{10}$

$b=\frac{3}{10}$을 $\bigcirc$에 대입하면

$a+\frac{3}{10}=\frac{3}{5}$ $\therefore a=\frac{3}{10}$

(2) $E(X)=1\times\frac{1}{10}+2\times\frac{3}{10}+3\times\frac{1}{5}+4\times\frac{3}{10}+5\times\frac{1}{10}$

$\qquad =3$

$E(X^2)=1^2\times\frac{1}{10}+2^2\times\frac{3}{10}+3^2\times\frac{1}{5}+4^2\times\frac{3}{10}+5^2\times\frac{1}{10}$

$\qquad =\frac{52}{5}$

$V(X)=E(X^2)-\{E(X)\}^2=\frac{52}{5}-3^2=\frac{7}{5}$

$\therefore \sigma(X)=\sqrt{V(X)}=\sqrt{\frac{7}{5}}=\frac{\sqrt{35}}{5}$

❨중❩0383 답 ④

확률의 총합은 1이므로

$$\frac{1}{4}+a+b+\frac{1}{3}=1$$

$$\therefore a+b=\frac{5}{12} \qquad\qquad\cdots\cdots\ \bigcirc$$

$E(X)=\frac{5}{3}$이므로

$$0\times\frac{1}{4}+1\times a+2\times b+3\times\frac{1}{3}=\frac{5}{3}$$

$$\therefore a+2b=\frac{2}{3} \qquad\qquad\cdots\cdots\ \bigcirc\!\!\bigcirc$$

$\bigcirc$, $\bigcirc\!\!\bigcirc$을 연립하여 풀면 $a=\frac{1}{6}$, $b=\frac{1}{4}$

$E(X^2)=0^2\times\frac{1}{4}+1^2\times\frac{1}{6}+2^2\times\frac{1}{4}+3^2\times\frac{1}{3}=\frac{25}{6}$

$\therefore V(X)=E(X^2)-\{E(X)\}^2=\frac{25}{6}-\left(\frac{5}{3}\right)^2=\frac{25}{18}$

❨중❩0384 답 $\frac{7}{8}$

확률의 총합은 1이므로

$a+b+c=1 \qquad\qquad\cdots\cdots\ \bigcirc$

$E(X)=1$이므로

$0\times a+1\times b+2\times c=1$

$\therefore b+2c=1 \qquad\qquad\cdots\cdots\ \bigcirc\!\!\bigcirc$

$\sigma(X)=\frac{1}{2}$에서 $V(X)=\left(\frac{1}{2}\right)^2=\frac{1}{4}$이므로

$0^2\times a+1^2\times b+2^2\times c-1^2=\frac{1}{4}$

$\therefore b+4c=\frac{5}{4} \qquad\qquad\cdots\cdots\ \bigcirc\!\!\bigcirc\!\!\bigcirc$

$\bigcirc$, $\bigcirc\!\!\bigcirc$, $\bigcirc\!\!\bigcirc\!\!\bigcirc$을 연립하여 풀면 $a=\frac{1}{8}$, $b=\frac{3}{4}$, $c=\frac{1}{8}$

$\therefore P(X\leq1)=P(X=0)+P(X=1)$

$\qquad =\frac{1}{8}+\frac{3}{4}=\frac{7}{8}$

❨중❩0385 답 ②

확률변수 X가 가질 수 있는 값은 0, 1, 2이고, 그 확률은 각각

$P(X=0)=\frac{{}_3C_0\times{}_2C_2}{{}_5C_2}=\frac{1}{10}$,

$P(X=1)=\frac{{}_3C_1\times{}_2C_1}{{}_5C_2}=\frac{3}{5}$,

$P(X=2)=\frac{{}_3C_2\times{}_2C_0}{{}_5C_2}=\frac{3}{10}$

이므로 X의 확률분포를 표로 나타내면 다음과 같다.

X	0	1	2	합계
$P(X=x)$	$\dfrac{1}{10}$	$\dfrac{3}{5}$	$\dfrac{3}{10}$	1

즉, 확률변수 X에 대하여

$E(X)=0\times\dfrac{1}{10}+1\times\dfrac{3}{5}+2\times\dfrac{3}{10}=\dfrac{6}{5}$

$E(X^2)=0^2\times\dfrac{1}{10}+1^2\times\dfrac{3}{5}+2^2\times\dfrac{3}{10}=\dfrac{9}{5}$

$V(X)=E(X^2)-\{E(X)\}^2=\dfrac{9}{5}-\left(\dfrac{6}{5}\right)^2=\dfrac{9}{25}$

$\therefore \sigma(X)=\sqrt{V(X)}=\sqrt{\dfrac{9}{25}}=\dfrac{3}{5}$

ⓗ **0386** 답 15

확률변수 X가 가질 수 있는 값은 12, 14, 16, 18이고, 그 확률은 모두 $\dfrac{1}{4}$이므로 X의 확률분포를 표로 나타내면 다음과 같다.

X	12	14	16	18	합계
$P(X=x)$	$\dfrac{1}{4}$	$\dfrac{1}{4}$	$\dfrac{1}{4}$	$\dfrac{1}{4}$	1

즉, 확률변수 X에 대하여

$E(X)=12\times\dfrac{1}{4}+14\times\dfrac{1}{4}+16\times\dfrac{1}{4}+18\times\dfrac{1}{4}=15$

ⓒ **0387** 답 $\dfrac{3\sqrt{5}}{10}$

[문제 이해] 확률변수 X가 가질 수 있는 값은 1, 2, 3이다. ◀ 10 %

[해결 과정] 각각의 확률을 구하면

(ⅰ) $X=1$인 경우: 1이 적힌 카드를 제외한 4장의 카드 중 2장의 카드를 뽑아야 하므로

$P(X=1)=\dfrac{{}_4C_2}{{}_5C_3}=\dfrac{3}{5}$

(ⅱ) $X=2$인 경우: 1, 2가 적힌 카드를 제외한 3장의 카드 중 2장의 카드를 뽑아야 하므로

$P(X=2)=\dfrac{{}_3C_2}{{}_5C_3}=\dfrac{3}{10}$

(ⅲ) $X=3$인 경우: 1, 2, 3이 적힌 카드를 제외한 2장의 카드 중 2장의 카드를 뽑아야 하므로

$P(X=3)=\dfrac{{}_2C_2}{{}_5C_3}=\dfrac{1}{10}$

이상에서 X의 확률분포를 표로 나타내면 다음과 같다.

X	1	2	3	합계
$P(X=x)$	$\dfrac{3}{5}$	$\dfrac{3}{10}$	$\dfrac{1}{10}$	1

◀ 30 %

[답 구하기] 즉, 확률변수 X에 대하여

$E(X)=1\times\dfrac{3}{5}+2\times\dfrac{3}{10}+3\times\dfrac{1}{10}=\dfrac{3}{2}$

$E(X^2)=1^2\times\dfrac{3}{5}+2^2\times\dfrac{3}{10}+3^2\times\dfrac{1}{10}=\dfrac{27}{10}$

$V(X)=E(X^2)-\{E(X)\}^2=\dfrac{27}{10}-\left(\dfrac{3}{2}\right)^2=\dfrac{9}{20}$ ◀ 40 %

$\therefore \sigma(X)=\sqrt{V(X)}=\sqrt{\dfrac{9}{20}}=\dfrac{3\sqrt{5}}{10}$ ◀ 20 %

ⓒ **0388** 답 ④

동전의 앞면을 H, 뒷면을 T라 하고, 100원짜리 동전 2개와 500원짜리 동전 1개를 동시에 던져서 나오는 결과를 표로 나타내면 다음과 같다.

100원	100원	500원	받는 금액(원)
H	H	H	700
H	H	T	200
H	T	H	600
H	T	T	100
T	H	H	600
T	H	T	100
T	T	H	500
T	T	T	0

한 번의 게임에서 받을 수 있는 금액을 X원이라 하면 확률변수 X가 가질 수 있는 값은 0, 100, 200, 500, 600, 700이고, 그 확률은 각각

$P(X=0)=\dfrac{1}{8}$, $P(X=100)=\dfrac{1}{4}$,

$P(X=200)=\dfrac{1}{8}$, $P(X=500)=\dfrac{1}{8}$,

$P(X=600)=\dfrac{1}{4}$, $P(X=700)=\dfrac{1}{8}$

이므로 X의 확률분포를 표로 나타내면 다음과 같다.

X	0	100	200	500	600	700	합계
$P(X=x)$	$\dfrac{1}{8}$	$\dfrac{1}{4}$	$\dfrac{1}{8}$	$\dfrac{1}{8}$	$\dfrac{1}{4}$	$\dfrac{1}{8}$	1

즉, 확률변수 X에 대하여

$E(X)=0\times\dfrac{1}{8}+100\times\dfrac{1}{4}+200\times\dfrac{1}{8}+500\times\dfrac{1}{8}$

$\qquad\qquad +600\times\dfrac{1}{4}+700\times\dfrac{1}{8}$

$\quad =350$

따라서 구하는 기댓값은 350원이다.

ⓗ **0389** 답 3

한 번의 게임에서 받을 수 있는 금액을 X원이라 하면 확률변수 X가 가질 수 있는 값은 1400, -700이고, 그 확률은 각각

$P(X=1400)=\dfrac{4}{4+a}$, $P(X=-700)=\dfrac{a}{4+a}$

이므로 X의 확률분포를 표로 나타내면 다음과 같다.

X	1400	-700	합계
$P(X=x)$	$\dfrac{4}{4+a}$	$\dfrac{a}{4+a}$	1

이때 $E(X)=500$이므로

$1400\times\dfrac{4}{4+a}+(-700)\times\dfrac{a}{4+a}=500$

$\dfrac{56-7a}{4+a}=5$, $56-7a=20+5a$

$12a=36$ $\quad\therefore a=3$

ⓒ **0390** 답 5

A 주머니에서 2개의 공을 꺼낼 때, 꺼낸 공에 적힌 수는 1, 2 또는 1, 3 또는 2, 3이므로 두 수의 합은 3 또는 4 또는 5이다.

두 주머니 A, B에서 각각 2개, 1개의 공을 꺼낼 때, 꺼낸 3개의 공에 적힌 수의 합은 다음 표와 같다.

B 주머니＼A 주머니	3	4	5
0	3	4	5
1	4	5	6
2	5	6	7

두 주머니 A, B에서 꺼낸 3개의 공에 적힌 수의 합을 확률변수 X라 하면 X가 가질 수 있는 값은 3, 4, 5, 6, 7이고, 그 확률은 각각

$$P(X=3)=\frac{1}{9},\ P(X=4)=\frac{2}{9},$$

$$P(X=5)=\frac{1}{3},\ P(X=6)=\frac{2}{9},$$

$$P(X=7)=\frac{1}{9}$$

이므로 X의 확률분포를 표로 나타내면 다음과 같다.

X	3	4	5	6	7	합계
$P(X=x)$	$\frac{1}{9}$	$\frac{2}{9}$	$\frac{1}{3}$	$\frac{2}{9}$	$\frac{1}{9}$	1

즉, 확률변수 X에 대하여

$$E(X)=3\times\frac{1}{9}+4\times\frac{2}{9}+5\times\frac{1}{3}+6\times\frac{2}{9}+7\times\frac{1}{9}=5$$

따라서 구하는 기댓값은 5이다.

⑧0391 답 ④

$E(X)=1$, $V(X)=3$이고 $Y=aX+b$이므로
$E(Y)=5$에서
$E(aX+b)=5$, $aE(X)+b=5$
$\therefore a+b=5$ ...... ㉠
또, $V(Y)=12$에서
$V(aX+b)=12$, $a^2V(X)=12$
$3a^2=12$, $a^2=4$
$\therefore a=2\ (\because a>0)$
$a=2$를 ㉠에 대입하면
$2+b=5$ $\therefore b=3$
$\therefore a+2b=2+2\times3=8$

⑨0392 답 ⑤

$E(2X)=8$에서 $2E(X)=8$
$\therefore E(X)=4$
$V(X)=E(X^2)-\{E(X)\}^2=20-4^2=4$
$\therefore V(3X)=3^2V(X)=9\times4=36$

⑧0393 답 3

$E(5X-2)=8$에서 $5E(X)-2=8$
$5E(X)=10$
$\therefore E(X)=2$
$E(aX+b)=7$에서 $aE(X)+b=7$
$\therefore 2a+b=7$ ...... ㉠
$E(bX+a)=8$에서 $bE(X)+a=8$
$\therefore a+2b=8$ ...... ㉡

㉠, ㉡을 연립하여 풀면 $a=2$, $b=3$
$\therefore E\left(\frac{b}{a}X\right)=E\left(\frac{3}{2}X\right)=\frac{3}{2}E(X)=\frac{3}{2}\times2=3$

⑧0394 답 22

[해결 과정] $E(X)=10$, $V(X)=4$이므로
$E(Y)=15$에서 $E\left(\frac{X+b}{a}\right)=15$
$\frac{1}{a}E(X)+\frac{b}{a}=15$, $\frac{10}{a}+\frac{b}{a}=15$
$\therefore b=15a-10$ ...... ㉠ ◀ 40 %
또, $V(Y)=1$에서 $V\left(\frac{X+b}{a}\right)=1$
$\frac{1}{a^2}V(X)=1$, $a^2=4$
$\therefore a=2\ (\because a>0)$ ◀ 40 %
$a=2$를 ㉠에 대입하면
$b=15\times2-10=20$ ◀ 10 %
[답 구하기] 따라서 $a=2$, $b=20$이므로
$a+b=22$ ◀ 10 %

⑧0395 답 ⑤

확률의 총합은 1이므로
$\frac{1}{5}+\frac{3}{10}+a+\frac{1}{5}=1$ $\therefore a=\frac{3}{10}$
따라서 확률변수 X에 대하여
$$E(X)=0\times\frac{1}{5}+1\times\frac{3}{10}+2\times\frac{3}{10}+3\times\frac{1}{5}=\frac{3}{2}$$
$$E(X^2)=0^2\times\frac{1}{5}+1^2\times\frac{3}{10}+2^2\times\frac{3}{10}+3^2\times\frac{1}{5}=\frac{33}{10}$$
$$V(X)=E(X^2)-\{E(X)\}^2=\frac{33}{10}-\left(\frac{3}{2}\right)^2=\frac{21}{20}$$
$$\therefore V(10X+3)=10^2V(X)=100\times\frac{21}{20}=105$$

⑧0396 답 ②

확률의 총합은 1이므로
$\frac{3}{8}+a+b=1$ $\therefore a+b=\frac{5}{8}$ ...... ㉠
또, $P(X<2)=\frac{7}{8}$이므로
$P(X=2)=b=\frac{1}{8}$
$b=\frac{1}{8}$을 ㉠에 대입하면
$a+\frac{1}{8}=\frac{5}{8}$ $\therefore a=\frac{1}{2}$
따라서 확률변수 X에 대하여
$$E(X)=0\times\frac{3}{8}+1\times\frac{1}{2}+2\times\frac{1}{8}=\frac{3}{4}$$
$$E(X^2)=0^2\times\frac{3}{8}+1^2\times\frac{1}{2}+2^2\times\frac{1}{8}=1$$
$$V(X)=E(X^2)-\{E(X)\}^2=1-\left(\frac{3}{4}\right)^2=\frac{7}{16}$$
$$\sigma(X)=\sqrt{V(X)}=\sqrt{\frac{7}{16}}=\frac{\sqrt{7}}{4}$$
$$\therefore \sigma(4X-1)=|4|\sigma(X)=4\times\frac{\sqrt{7}}{4}=\sqrt{7}$$

ⓒ0397 **답** ⑤

확률의 총합은 1이므로

$b+\dfrac{4}{7}+\dfrac{1}{7}=1$ $\therefore b=\dfrac{2}{7}$

이때 $\mathrm{E}(X)=4$이므로

$2\times\dfrac{2}{7}+4\times\dfrac{4}{7}+a\times\dfrac{1}{7}=4$

$\dfrac{20}{7}+\dfrac{1}{7}a=4,\ \dfrac{1}{7}a=\dfrac{8}{7}$ $\therefore a=8$

즉, $\mathrm{E}(X^2)=2^2\times\dfrac{2}{7}+4^2\times\dfrac{4}{7}+8^2\times\dfrac{1}{7}=\dfrac{136}{7}$이므로

$\mathrm{V}(X)=\mathrm{E}(X^2)-\{\mathrm{E}(X)\}^2=\dfrac{136}{7}-4^2=\dfrac{24}{7}$

$\therefore \mathrm{V}(7X+3)=7^2\mathrm{V}(X)=49\times\dfrac{24}{7}=168$

ⓒ0398 **답** ④

확률변수 X가 가질 수 있는 값은 0, 1, 2, 3이고, 그 확률은 각각

$\mathrm{P}(X=0)=\dfrac{{}_3\mathrm{C}_0\times{}_3\mathrm{C}_3}{{}_6\mathrm{C}_3}=\dfrac{1}{20}$,

$\mathrm{P}(X=1)=\dfrac{{}_3\mathrm{C}_1\times{}_3\mathrm{C}_2}{{}_6\mathrm{C}_3}=\dfrac{9}{20}$,

$\mathrm{P}(X=2)=\dfrac{{}_3\mathrm{C}_2\times{}_3\mathrm{C}_1}{{}_6\mathrm{C}_3}=\dfrac{9}{20}$,

$\mathrm{P}(X=3)=\dfrac{{}_3\mathrm{C}_3\times{}_3\mathrm{C}_0}{{}_6\mathrm{C}_3}=\dfrac{1}{20}$

이므로 X의 확률분포를 표로 나타내면 다음과 같다.

X	0	1	2	3	합계
$\mathrm{P}(X=x)$	$\dfrac{1}{20}$	$\dfrac{9}{20}$	$\dfrac{9}{20}$	$\dfrac{1}{20}$	1

따라서 확률변수 X에 대하여

$\mathrm{E}(X)=0\times\dfrac{1}{20}+1\times\dfrac{9}{20}+2\times\dfrac{9}{20}+3\times\dfrac{1}{20}=\dfrac{3}{2}$

$\mathrm{E}(X^2)=0^2\times\dfrac{1}{20}+1^2\times\dfrac{9}{20}+2^2\times\dfrac{9}{20}+3^2\times\dfrac{1}{20}=\dfrac{27}{10}$

$\mathrm{V}(X)=\mathrm{E}(X^2)-\{\mathrm{E}(X)\}^2=\dfrac{27}{10}-\left(\dfrac{3}{2}\right)^2=\dfrac{9}{20}$

$\therefore \mathrm{V}(10X-7)=10^2\mathrm{V}(X)=100\times\dfrac{9}{20}=45$

ⓒ0399 **답** ③

확률변수 X가 가질 수 있는 값은 0, 1, 2이고, 그 확률은 각각

$\mathrm{P}(X=0)=\dfrac{{}_2\mathrm{C}_0\times{}_2\mathrm{C}_2}{{}_4\mathrm{C}_2}=\dfrac{1}{6}$,

$\mathrm{P}(X=1)=\dfrac{{}_2\mathrm{C}_1\times{}_2\mathrm{C}_1}{{}_4\mathrm{C}_2}=\dfrac{2}{3}$,

$\mathrm{P}(X=2)=\dfrac{{}_2\mathrm{C}_2\times{}_2\mathrm{C}_0}{{}_4\mathrm{C}_2}=\dfrac{1}{6}$

이므로 X의 확률분포를 표로 나타내면 다음과 같다.

X	0	1	2	합계
$\mathrm{P}(X=x)$	$\dfrac{1}{6}$	$\dfrac{2}{3}$	$\dfrac{1}{6}$	1

따라서 확률변수 X에 대하여

$\mathrm{E}(X)=0\times\dfrac{1}{6}+1\times\dfrac{2}{3}+2\times\dfrac{1}{6}=1$

$\therefore \mathrm{E}(15X-2)=15\mathrm{E}(X)-2=15\times1-2=13$

ⓒ0400 **답** 44

확률변수 X의 확률분포를 표로 나타내면 다음과 같다.

X	1	2	3	4	합계
$\mathrm{P}(X=x)$	$\dfrac{1}{3}$	$\dfrac{1}{6}$	$\dfrac{1}{3}$	$\dfrac{1}{6}$	1

따라서 확률변수 X에 대하여

$\mathrm{E}(X)=1\times\dfrac{1}{3}+2\times\dfrac{1}{6}+3\times\dfrac{1}{3}+4\times\dfrac{1}{6}=\dfrac{7}{3}$

$\mathrm{E}(X^2)=1^2\times\dfrac{1}{3}+2^2\times\dfrac{1}{6}+3^2\times\dfrac{1}{3}+4^2\times\dfrac{1}{6}=\dfrac{20}{3}$

$\mathrm{V}(X)=\mathrm{E}(X^2)-\{\mathrm{E}(X)\}^2=\dfrac{20}{3}-\left(\dfrac{7}{3}\right)^2=\dfrac{11}{9}$

$\therefore \mathrm{V}(6X+5)=6^2\mathrm{V}(X)=36\times\dfrac{11}{9}=44$

ⓒ0401 **답** 3

[문제 이해] 홀수는 1, 3, 5의 3개이므로 확률변수 X가 가질 수 있는 값은 1, 2, 3이다. ◀ 10 %

[해결 과정] 각각의 확률을 구하면

$\mathrm{P}(X=1)=\dfrac{{}_3\mathrm{C}_1\times{}_2\mathrm{C}_2}{{}_5\mathrm{C}_3}=\dfrac{3}{10}$,

$\mathrm{P}(X=2)=\dfrac{{}_3\mathrm{C}_2\times{}_2\mathrm{C}_1}{{}_5\mathrm{C}_3}=\dfrac{3}{5}$,

$\mathrm{P}(X=3)=\dfrac{{}_3\mathrm{C}_3\times{}_2\mathrm{C}_0}{{}_5\mathrm{C}_3}=\dfrac{1}{10}$

이므로 X의 확률분포를 표로 나타내면 다음과 같다.

X	1	2	3	합계
$\mathrm{P}(X=x)$	$\dfrac{3}{10}$	$\dfrac{3}{5}$	$\dfrac{1}{10}$	1

◀ 30 %

따라서 확률변수 X에 대하여

$\mathrm{E}(X)=1\times\dfrac{3}{10}+2\times\dfrac{3}{5}+3\times\dfrac{1}{10}=\dfrac{9}{5}$

$\mathrm{E}(X^2)=1^2\times\dfrac{3}{10}+2^2\times\dfrac{3}{5}+3^2\times\dfrac{1}{10}=\dfrac{18}{5}$

$\mathrm{V}(X)=\mathrm{E}(X^2)-\{\mathrm{E}(X)\}^2=\dfrac{18}{5}-\left(\dfrac{9}{5}\right)^2=\dfrac{9}{25}$

$\sigma(X)=\sqrt{\mathrm{V}(X)}=\sqrt{\dfrac{9}{25}}=\dfrac{3}{5}$ ◀ 40 %

[답 구하기] $\therefore \sigma(5X+1)=|5|\sigma(X)=5\times\dfrac{3}{5}=3$ ◀ 20 %

ⓢ0402 **답** ②

6개의 공 중에서 2개의 공을 꺼내는 경우의 수는

${}_6\mathrm{C}_2$

2개의 공에 적힌 수 중 크지 않은 수가 k ($k=1$, 2, 3)가 되는 경우의 수는 k 이상의 수 중 2개를 꺼내는 경우의 수에서 k보다 큰 수 중 2개를 꺼내는 경우의 수를 뺀 것과 같다.

즉, 확률변수 X가 가질 수 있는 값은 1, 2, 3이고, 그 확률은 각각

$\mathrm{P}(X=1)=\dfrac{{}_6\mathrm{C}_2-{}_4\mathrm{C}_2}{{}_6\mathrm{C}_2}=\dfrac{3}{5}$,

$\mathrm{P}(X=2)=\dfrac{{}_4\mathrm{C}_2-{}_2\mathrm{C}_2}{{}_6\mathrm{C}_2}=\dfrac{1}{3}$,

$\mathrm{P}(X=3)=\dfrac{{}_2\mathrm{C}_2}{{}_6\mathrm{C}_2}=\dfrac{1}{15}$

이므로 X의 확률분포를 표로 나타내면 다음과 같다.

X	1	2	3	합계
$P(X=x)$	$\dfrac{3}{5}$	$\dfrac{1}{3}$	$\dfrac{1}{15}$	1

따라서 확률변수 X에 대하여

$E(X)=1\times\dfrac{3}{5}+2\times\dfrac{1}{3}+3\times\dfrac{1}{15}=\dfrac{22}{15}$

$\therefore E(15X-3)=15E(X)-3$

$\qquad\qquad\quad=15\times\dfrac{22}{15}-3=19$

≫ 74~77쪽

중단원 마무리

0403 답 ②

확률의 총합은 1이므로

$P(X=-2)+P(X=-1)+P(X=0)+P(X=1)$
$\qquad\qquad\qquad\qquad\qquad\qquad+P(X=2)=1$

$\dfrac{k}{3}+\dfrac{k}{2}+k+\dfrac{k}{2}+\dfrac{k}{3}=1$

$\dfrac{8}{3}k=1 \qquad \therefore k=\dfrac{3}{8}$

$\therefore P(X=1)=\dfrac{3}{8}\times\dfrac{1}{2}=\dfrac{3}{16}$

0404 답 ⑤

확률의 총합은 1이므로

$\dfrac{k}{8}+\left(\dfrac{3}{8}-k^2\right)+\dfrac{1}{8}+k+\dfrac{3k}{8}=1$

$2k^2-3k+1=0,\ (2k-1)(k-1)=0$

이때 $0\leq P(X=x)\leq 1$이므로 $k\neq 1$

$\therefore k=\dfrac{1}{2}$

$\therefore P(X^2\leq 1)=P(-1\leq X\leq 1)$

$\qquad\qquad\quad=P(X=-1)+P(X=0)+P(X=1)$

$\qquad\qquad\quad=\left\{\dfrac{3}{8}-\left(\dfrac{1}{2}\right)^2\right\}+\dfrac{1}{8}+\dfrac{1}{2}=\dfrac{3}{4}$

0405 답 ④

$P(X=x)=\dfrac{k}{\sqrt{x+1}+\sqrt{x}}$

$\qquad\qquad=\dfrac{k(\sqrt{x+1}-\sqrt{x})}{(\sqrt{x+1}+\sqrt{x})(\sqrt{x+1}-\sqrt{x})}$

$\qquad\qquad=k(\sqrt{x+1}-\sqrt{x})$

확률의 총합은 1이므로

$P(X=1)+P(X=2)+\cdots+P(X=48)=1$

$k(\sqrt{2}-\sqrt{1})+k(\sqrt{3}-\sqrt{2})+\cdots+k(\sqrt{49}-\sqrt{48})=1$

$k\{(\sqrt{2}-\sqrt{1})+(\sqrt{3}-\sqrt{2})+\cdots+(\sqrt{49}-\sqrt{48})\}=1$

$k(-\sqrt{1}+\sqrt{49})=1,\ 6k=1 \qquad \therefore k=\dfrac{1}{6}$

$\therefore P(9\leq X\leq 24)$

$=P(X=9)+P(X=10)+\cdots+P(X=24)$

$=\dfrac{1}{6}\{(\sqrt{10}-\sqrt{9})+(\sqrt{11}-\sqrt{10})+\cdots+(\sqrt{25}-\sqrt{24})\}$

$=\dfrac{1}{6}(-\sqrt{9}+\sqrt{25})=\dfrac{1}{6}\times 2=\dfrac{1}{3}$

0406 답 ③

2개의 공을 동시에 꺼낼 때, 주머니에 남아 있는 공에 적힌 수의 합을 표로 나타내면 다음과 같다.

꺼낸 공에 적힌 수	남아 있는 공에 적힌 수	남아 있는 공에 적힌 수의 합
2, 3	1, 1	2
1, 3	1, 2	3
1, 2	1, 3	4
1, 1	2, 3	5

확률변수 X가 가질 수 있는 값은 2, 3, 4, 5이고, 그 확률은 각각

$P(X=2)=\dfrac{{}_1C_1\times{}_1C_1}{{}_4C_2}=\dfrac{1}{6}$,

$P(X=3)=\dfrac{{}_2C_1\times{}_1C_1}{{}_4C_2}=\dfrac{1}{3}$,

$P(X=4)=\dfrac{{}_2C_1\times{}_1C_1}{{}_4C_2}=\dfrac{1}{3}$,

$P(X=5)=\dfrac{{}_2C_2}{{}_4C_2}=\dfrac{1}{6}$

이므로 X의 확률분포를 표로 나타내면 다음과 같다.

X	2	3	4	5	합계
$P(X=x)$	$\dfrac{1}{6}$	$\dfrac{1}{3}$	$\dfrac{1}{3}$	$\dfrac{1}{6}$	1

$\therefore P(X\leq 3)=P(X=2)+P(X=3)=\dfrac{1}{6}+\dfrac{1}{3}=\dfrac{1}{2}$

0407 답 $\dfrac{7}{10}$

남학생 3명과 여학생 2명을 일렬로 세우는 경우의 수는

5!

확률변수 X가 가질 수 있는 값은 2, 3, 4이므로

$P(X\leq 3)=P(X=2)+P(X=3)$

(ⅰ) $X=2$일 때, 1번과 2번이 남학생이어야 한다.

1번과 2번에 남학생을 세우는 경우의 수는 ${}_3P_2$

3번, 4번, 5번에 여학생 2명과 남은 남학생 1명을 세우는 경우의 수는 3!이므로

$P(X=2)=\dfrac{{}_3P_2\times 3!}{5!}=\dfrac{3}{10}$

(ⅱ) $X=3$일 때, 3번 남학생 앞에는 2명의 여학생 중 한 명과 3번이 아닌 남학생 중 한 명이 서 있어야 한다.

1번과 2번에 남학생 1명과 여학생 1명을 세우는 경우의 수는

${}_3C_1\times{}_2C_1\times 2!$

3번에 남학생을 세우는 경우의 수는 ${}_2C_1$

4번, 5번에 남은 여학생 1명과 남학생 1명을 세우는 경우의 수는 2!이므로

$P(X=3)=\dfrac{{}_3C_1\times{}_2C_1\times 2!\times{}_2C_1\times 2!}{5!}=\dfrac{2}{5}$

$\therefore P(X\leq 3)=\dfrac{3}{10}+\dfrac{2}{5}=\dfrac{7}{10}$

05

다른 풀이

남학생 3명과 여학생 2명을 일렬로 세우는 경우의 수는
$5!$
확률변수 X가 가질 수 있는 값은 2, 3, 4이므로
$$P(X \leq 3) = 1 - P(X=4)$$
$X=4$일 때, 4번 남학생 앞에는 2명의 여학생과 4번이 아닌 남학생 중 한 명이 서 있어야 한다.
1번, 2번, 3번에 남학생 1명과 여학생 2명을 세우는 경우의 수는
$_3C_1 \times {_2}C_2 \times 3!$
4번, 5번에 남은 남학생 2명을 세우는 경우의 수는 $2!$이므로
$$P(X=4) = \frac{_3C_1 \times {_2}C_2 \times 3! \times 2!}{5!} = \frac{3}{10}$$
$$\therefore P(X \leq 3) = 1 - \frac{3}{10} = \frac{7}{10}$$

0408 답 4

함수 $y=f(x)$의 그래프는 오른쪽 그림과 같고, $y=f(x)$의 그래프와 x축 및 직선 $x=\frac{m}{3}$으로 둘러싸인 부분의 넓이가 1이므로

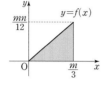

$$\frac{1}{2} \times \frac{m}{3} \times \frac{mn}{12} = 1, \ \frac{m^2n}{72} = 1$$
$$\therefore m^2n = 72$$
m, n이 자연수이므로
$m=1$일 때, $1^2 \times n = 72$에서 $n=72$
$m=2$일 때, $2^2 \times n = 72$에서 $n=18$
$m=3$일 때, $3^2 \times n = 72$에서 $n=8$
$m=6$일 때, $6^2 \times n = 72$에서 $n=2$
따라서 순서쌍 (m, n)은
$(1, 72), (2, 18), (3, 8), (6, 2)$
의 4개이다.

0409 답 ④

확률밀도함수의 그래프와 x축으로 둘러싸인 부분의 넓이는 1이므로
$$\frac{1}{2} \times \left\{ \left(a - \frac{1}{3} \right) + 2 \right\} \times \frac{3}{4} = 1$$
$$\frac{3}{8}a + \frac{5}{8} = 1, \ \frac{3}{8}a = \frac{3}{8}$$
$$\therefore a = 1$$
$$\therefore P\left(\frac{1}{3} \leq X \leq a \right) = P\left(\frac{1}{3} \leq X \leq 1 \right)$$
$$= \left(1 - \frac{1}{3} \right) \times \frac{3}{4}$$
$$= \frac{1}{2}$$

0410 답 ④

$$f(x) = a|x| + \frac{1}{6} = \begin{cases} -ax + \frac{1}{6} & (-2 \leq x < 0) \\ ax + \frac{1}{6} & (0 \leq x \leq 2) \end{cases}$$
이므로 함수 $y=f(x)$의 그래프는 오른쪽 그림과 같다.
함수 $y=f(x)$의 그래프와 x축 및 두 직선 $x=-2$, $x=2$로 둘러싸인 부분의 넓이는 1이므로

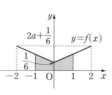

$$2 \times \left\{ \frac{1}{2} \times \left(\frac{1}{6} + 2a + \frac{1}{6} \right) \times 2 \right\} = 1$$
$$\frac{1}{3} + 2a = \frac{1}{2}, \ 2a = \frac{1}{6} \quad \therefore a = \frac{1}{12}$$
따라서 $P(-12a \leq X \leq 12a)$, 즉 $P(-1 \leq X \leq 1)$은 앞의 그림의 색칠한 부분의 넓이와 같으므로
$$P(-1 \leq X \leq 1) = 2P(0 \leq X \leq 1)$$
$$= 2 \times \left\{ \frac{1}{2} \times \left(\frac{1}{6} + \frac{1}{12} + \frac{1}{6} \right) \times 1 \right\}$$
$$= \frac{5}{12}$$
따라서 $p=12$, $q=5$이므로 $p+q=17$

0411 답 ①

확률의 총합은 1이므로
$$\frac{1}{8} + a + b + a = 1 \quad \therefore 2a + b = \frac{7}{8}$$
$$E(X) = 0 \times \frac{1}{8} + 1 \times a + 2 \times b + 3 \times a$$
$$= 4a + 2b = 2(2a+b)$$
$$= \frac{7}{4}$$
따라서 $E(X) = \frac{7}{4}$, $E(X^2) = 4$이므로
$$V(X) = E(X^2) - \{E(X)\}^2 = 4 - \left(\frac{7}{4} \right)^2 = \frac{15}{16}$$

0412 답 ②

확률변수 X가 가질 수 있는 값과 그 확률은 각각 다음과 같다.
(ⅰ) 동전의 앞면이 3번 나오는 경우
$X = 3 \times 2 = 6$이므로
$$P(X=6) = \left(\frac{1}{2} \right)^3 = \frac{1}{8}$$
(ⅱ) 동전의 앞면이 2번, 뒷면이 1번 나오는 경우
$X = 2 \times 2 + 1 \times 4 = 8$이므로
$$P(X=8) = {_3}C_2 \left(\frac{1}{2} \right)^2 \left(\frac{1}{2} \right)^1 = \frac{3}{8}$$
(ⅲ) 동전의 앞면이 1번, 뒷면이 2번 나오는 경우
$X = 1 \times 2 + 2 \times 4 = 10$이므로
$$P(X=10) = {_3}C_1 \left(\frac{1}{2} \right)^1 \left(\frac{1}{2} \right)^2 = \frac{3}{8}$$
(ⅳ) 동전의 뒷면이 3번 나오는 경우
$X = 3 \times 4 = 12$이므로
$$P(X=12) = \left(\frac{1}{2} \right)^3 = \frac{1}{8}$$
이상에서 X의 확률분포를 표로 나타내면 다음과 같다.

X	6	8	10	12	합계
$P(X=x)$	$\frac{1}{8}$	$\frac{3}{8}$	$\frac{3}{8}$	$\frac{1}{8}$	1

따라서 확률변수 X에 대하여
$$E(X) = 6 \times \frac{1}{8} + 8 \times \frac{3}{8} + 10 \times \frac{3}{8} + 12 \times \frac{1}{8} = 9$$

0413 답 $\frac{53}{30}$

확률변수 X가 가질 수 있는 값은 0, 1, 2, 3이고, 그 확률은 각각 다음과 같다.

(i) $X=0$일 때, 세 시민 모두가 반대하는 경우이므로

$$\mathrm{P}(X=0)=\frac{1}{3}\times\frac{2}{5}\times\frac{1}{2}=\frac{1}{15}$$

(ii) $X=1$일 때, 세 시민 중 한 명만 찬성하는 경우이므로

$$\mathrm{P}(X=1)=\frac{2}{3}\times\frac{2}{5}\times\frac{1}{2}+\frac{1}{3}\times\frac{3}{5}\times\frac{1}{2}+\frac{1}{3}\times\frac{2}{5}\times\frac{1}{2}=\frac{3}{10}$$

(iii) $X=2$일 때, 세 시민 중 두 명이 찬성하는 경우이므로

$$\mathrm{P}(X=2)=\frac{2}{3}\times\frac{3}{5}\times\frac{1}{2}+\frac{2}{3}\times\frac{2}{5}\times\frac{1}{2}+\frac{1}{3}\times\frac{3}{5}\times\frac{1}{2}=\frac{13}{30}$$

(iv) $X=3$일 때, 세 시민 모두가 찬성하는 경우이므로

$$\mathrm{P}(X=3)=\frac{2}{3}\times\frac{3}{5}\times\frac{1}{2}=\frac{1}{5}$$

이상에서 X의 확률분포를 표로 나타내면 다음과 같다.

X	0	1	2	3	합계
$\mathrm{P}(X=x)$	$\frac{1}{15}$	$\frac{3}{10}$	$\frac{13}{30}$	$\frac{1}{5}$	1

$$\therefore \mathrm{E}(X)=0\times\frac{1}{15}+1\times\frac{3}{10}+2\times\frac{13}{30}+3\times\frac{1}{5}=\frac{53}{30}$$

따라서 구하는 기댓값은 $\frac{53}{30}$이다.

0414 답 ②

$\mathrm{E}((X+2)^2)=13$이므로

$\mathrm{E}(X^2+4X+4)=13$

$\therefore \mathrm{E}(X^2)+4\mathrm{E}(X)+4=13$ ...... ㉠

$\mathrm{E}((X-2)^2)=5$이므로

$\mathrm{E}(X^2-4X+4)=5$

$\therefore \mathrm{E}(X^2)-4\mathrm{E}(X)+4=5$ ...... ㉡

㉠, ㉡을 연립하여 풀면

$\mathrm{E}(X^2)=5$, $\mathrm{E}(X)=1$

$\therefore \mathrm{V}(X)=\mathrm{E}(X^2)-\{\mathrm{E}(X)\}^2=5-1^2=4$

0415 답 ②

확률변수 X, Y에 대하여 점 (X,Y)는 직선 $y=3x+2k$ 위의 점이므로

$Y=3X+2k$

이때 $\mathrm{E}(X)=3$, $\mathrm{E}(Y)=15$이므로

$\mathrm{E}(Y)=\mathrm{E}(3X+2k)=3\mathrm{E}(X)+2k$에서

$3\times3+2k=15$, $2k=6$ $\therefore k=3$

또, $\mathrm{V}(X)=2$이므로

$\mathrm{V}(kY)=k^2\mathrm{V}(Y)=3^2\mathrm{V}(3X+6)$

$=9\times3^2\mathrm{V}(X)=81\mathrm{V}(X)$

$=81\times2=162$

0416 답 ⑤

확률의 총합은 1이므로

$\dfrac{_4\mathrm{C}_1}{k}+\dfrac{_4\mathrm{C}_2}{k}+\dfrac{_4\mathrm{C}_3}{k}+\dfrac{_4\mathrm{C}_4}{k}=1$, $\dfrac{4}{k}+\dfrac{6}{k}+\dfrac{4}{k}+\dfrac{1}{k}=1$

$\dfrac{15}{k}=1$ $\therefore k=15$

확률변수 X에 대하여

$\mathrm{E}(X)=2\times\dfrac{4}{15}+4\times\dfrac{6}{15}+8\times\dfrac{4}{15}+16\times\dfrac{1}{15}=\dfrac{16}{3}$

$\therefore \mathrm{E}(3X+1)=3\mathrm{E}(X)+1=3\times\dfrac{16}{3}+1=17$

0417 답 $\frac{2}{3}$

전략 $f(2)=k$로 놓고 미지수 k의 값을 구하고, 직선과 원이 만나도록 하는 X의 값의 범위를 구한다.

함수 $y=f(x)$의 그래프와 x축, y축으로 둘러싸인 부분의 넓이는 1이므로 $f(2)=k$라 하면

$2k+\dfrac{1}{2}\times2\times k=1$ $\therefore k=\dfrac{1}{3}$

직선 $3x-4y+X-1=0$과 원 $x^2+y^2=\dfrac{1}{25}$이 만나려면 원의 중심 $(0,0)$에서 직선 $3x-4y+X-1=0$에 이르는 거리가 $\dfrac{1}{5}$ 이하이어야 하므로

$\dfrac{|X-1|}{\sqrt{3^2+(-4)^2}}\le\dfrac{1}{5}$, $|X-1|\le1$, $-1\le X-1\le1$

$\therefore 0\le X\le2$

따라서 구하는 확률은 $\mathrm{P}(0\le X\le2)$이고 이는 오른쪽 그림의 색칠한 부분의 넓이와 같으므로

$\mathrm{P}(0\le X\le2)=2\times\dfrac{1}{3}=\dfrac{2}{3}$

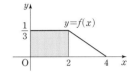

0418 답 ㄱ, ㄴ, ㄷ

전략 $f(k)=\mathrm{P}(X\ge k)$ $(k=1,2,3,4,5)$의 의미를 파악하여 옳은 것을 찾는다.

ㄱ. $f(4)=\mathrm{P}(X\ge4)=\mathrm{P}(X=4)+\mathrm{P}(X=5)$

$=\dfrac{1}{6}+\dfrac{1}{12}=\dfrac{1}{4}$

ㄴ. $1\le k\le4$일 때,

$\mathrm{P}(X=k)=\mathrm{P}(X=k)+\mathrm{P}(X=k+1)+\cdots+\mathrm{P}(X=5)$

$-\{\mathrm{P}(X=k+1)+\cdots+\mathrm{P}(X=5)\}$

$=\mathrm{P}(X\ge k)-\mathrm{P}(X\ge k+1)$

$=f(k)-f(k+1)$

ㄷ. $\mathrm{E}(X)=1\times\mathrm{P}(X=1)+2\times\mathrm{P}(X=2)+3\times\mathrm{P}(X=3)$

$+4\times\mathrm{P}(X=4)+5\times\mathrm{P}(X=5)$

$=\{f(1)-f(2)\}+2\{f(2)-f(3)\}+3\{f(3)-f(4)\}$

$+4\{f(4)-f(5)\}+5f(5)$ ($\because$ ㄴ)

$=f(1)+f(2)+f(3)+f(4)+f(5)$

이상에서 ㄱ, ㄴ, ㄷ 모두 옳다.

0419 답 ②

전략 $\mathrm{P}(X=k)=p_k$ $(k=1,2,3,4,5)$로 놓고 식을 세운 후 $\mathrm{E}(X)=8$임을 이용하여 $\mathrm{E}(Y)$를 구한다.

두 이산확률변수 X와 Y가 가질 수 있는 값이 각각 1부터 5까지의 자연수이므로 $\mathrm{P}(X=k)=p_k$ $(k=1,2,3,4,5)$라 하면

$\mathrm{E}(X)=8$이므로

$p_1+2p_2+3p_3+4p_4+5p_5=8$

$\mathrm{P}(Y=k)=\dfrac{1}{2}\mathrm{P}(X=k)+\dfrac{1}{5}$이므로

$\mathrm{E}(Y)=\left(\dfrac{1}{2}p_1+\dfrac{1}{5}\right)+2\left(\dfrac{1}{2}p_2+\dfrac{1}{5}\right)+3\left(\dfrac{1}{2}p_3+\dfrac{1}{5}\right)$

$+4\left(\dfrac{1}{2}p_4+\dfrac{1}{5}\right)+5\left(\dfrac{1}{2}p_5+\dfrac{1}{5}\right)$

$=\dfrac{1}{2}(p_1+2p_2+3p_3+4p_4+5p_5)+\dfrac{1}{5}(1+2+3+4+5)$

$=\dfrac{1}{2}\times8+\dfrac{1}{5}\times15=4+3=7$

05

0420 답 ①

전략 주사위를 한 번 던질 때, 3의 배수의 눈이 나올 확률은 $\frac{1}{3}$이고, 3의 배수의 눈이 $0 \sim 3$회 나올 확률은 독립시행의 확률임을 이용하여 기댓값을 구한다.

주사위를 한 번 던질 때, 3의 배수의 눈이 나올 확률은 $\frac{1}{3}$이다.

게임을 한 번 하여 받을 수 있는 점수를 X점이라 하면 확률변수 X가 가질 수 있는 값은 6, 12, 24이고, 그 확률은 각각

$$P(X=6) = {}_3C_0\left(\frac{1}{3}\right)^0\left(\frac{2}{3}\right)^3 + {}_3C_1\left(\frac{1}{3}\right)^1\left(\frac{2}{3}\right)^2 = \frac{20}{27},$$

$$P(X=12) = {}_3C_2\left(\frac{1}{3}\right)^2\left(\frac{2}{3}\right)^1 = \frac{2}{9},$$

$$P(X=24) = {}_3C_3\left(\frac{1}{3}\right)^3\left(\frac{2}{3}\right)^0 = \frac{1}{27}$$

이므로 X의 확률분포를 표로 나타내면 다음과 같다.

X	6	12	24	합계
$P(X=x)$	$\frac{20}{27}$	$\frac{2}{9}$	$\frac{1}{27}$	1

따라서 확률변수 X에 대하여

$$E(X) = 6 \times \frac{20}{27} + 12 \times \frac{2}{9} + 24 \times \frac{1}{27} = 8$$

즉, 구하는 기댓값은 8점이다.

0421 답 121

전략 두 확률변수 X, Y의 각 값에 대한 확률이 순서대로 같으므로 $Y=10X+1$임을 파악한 후 $E(aX+b)=aE(X)+b$, $V(aX+b)=a^2V(X)$를 이용한다.

$E(X)=2$, $E(X^2)=5$이므로

$$\begin{aligned} V(X) &= E(X^2) - \{E(X)\}^2 \\ &= 5 - 2^2 = 1 \end{aligned}$$

두 확률변수 X, Y의 확률분포를 나타낸 표에서

$P(X=1) = P(Y=10\times1+1) = a$
$P(X=2) = P(Y=10\times2+1) = b$
$P(X=3) = P(Y=10\times3+1) = c$
$P(X=4) = P(Y=10\times4+1) = d$

따라서 $Y=10X+1$이므로

$$\begin{aligned} E(Y) &= E(10X+1) \\ &= 10E(X)+1 \\ &= 10\times2+1 = 21 \end{aligned}$$

$$\begin{aligned} V(Y) &= V(10X+1) \\ &= 10^2\,V(X) \\ &= 100\times1 = 100 \end{aligned}$$

$$\therefore E(Y)+V(Y) = 21+100 = 121$$

0422 답 ③

전략 두 확률변수 X, Y 사이의 관계식을 찾아 $E(aX+b)=aE(X)+b$, $V(aX+b)=a^2V(X)$임을 이용한다.

확률변수 X가 가질 수 있는 값은 1, 2, 3, 4이고, 그 확률은 모두 $\frac{1}{4}$이다. 또, 확률변수 Y가 가질 수 있는 값은 1, 3, 5, 7이고, 그 확률도 모두 $\frac{1}{4}$이다.

이때 두 확률변수 X, Y 사이의 관계식은
$$Y=2X-1$$

ㄱ. X의 확률분포를 표로 나타내면 다음과 같다.

X	1	2	3	4	합계
$P(X=x)$	$\frac{1}{4}$	$\frac{1}{4}$	$\frac{1}{4}$	$\frac{1}{4}$	1

따라서 확률변수 X에 대하여

$$E(X) = 1\times\frac{1}{4} + 2\times\frac{1}{4} + 3\times\frac{1}{4} + 4\times\frac{1}{4} = \frac{5}{2}$$

ㄴ. $Y=2X-1$이므로
$$E(Y) = E(2X-1) = 2E(X)-1$$

ㄷ. $V(Y) = V(2X-1) = 2^2V(X) = 4V(X)$

이상에서 옳은 것은 ㄱ, ㄷ이다.

0423 답 37

[문제 이해] 확률변수 X가 가질 수 있는 값은 1, 2, 3, 4, 5, 6이다.　◀ 30 %

[해결 과정] 나오는 두 눈의 수를 순서쌍으로 나타내면 $X=x$인 경우는

$(1, x), (2, x), \cdots, (x-1, x),$
$(x, 1), (x, 2), \cdots, (x, x-1), (x, x)$

의 $(2x-1)$가지가 있으므로 X의 확률질량함수는

$$P(X=x) = \frac{2x-1}{36} \text{ (단, } x=1, 2, \cdots, 6)　◀ 50\%$$

[답 구하기] 따라서 $a=36$, $b=1$이므로
$$a+b=37　◀ 20\%$$

0424 답 $\frac{29}{120}$

[문제 이해] $P(X=1)=a$라 하면

$P(X=2) = a+d$
$P(X=3) = (a+d)+d = a+2d$
$P(X=4) = (a+2d)+d = a+3d$
$\vdots$
$P(X=10) = a+9d$　◀ 20 %

[해결 과정] 확률의 총합은 1이므로

$P(X=1)+P(X=2)+P(X=3)+\cdots+P(X=10)=1$
$a+(a+d)+(a+2d)+\cdots+(a+9d)=1$
$10a+45d=1$　⋯⋯ ㉠

또, $P(X=10)=\frac{1}{8}$이므로

$$a+9d=\frac{1}{8}　\cdots\cdots ㉡$$

㉠, ㉡을 연립하여 풀면

$$a=\frac{3}{40},\ d=\frac{1}{180}　◀ 50\%$$

[답 구하기] $\therefore P(X\le3) = P(X=1)+P(X=2)+P(X=3)$
$$\begin{aligned} &= a+(a+d)+(a+2d) \\ &= 3a+3d = \frac{9}{40}+\frac{1}{60} = \frac{29}{120}　◀ 30\% \end{aligned}$$

0425 답 $\frac{15}{16}$

[문제 이해] 100원짜리 동전 2개 중 앞면이 나온 것의 개수가 0, 1, 2일 확률은 각각 $\frac{1}{4}$, $\frac{1}{2}$, $\frac{1}{4}$이다.

또, 500원짜리 동전 2개 중 앞면이 나온 것의 개수가 0, 1, 2일 확률도 각각 $\frac{1}{4}$, $\frac{1}{2}$, $\frac{1}{4}$이다. ◀ 30 %

[해결 과정] 확률변수 X가 가질 수 있는 값은 0, 1, 2, 4이고, 그 확률은 각각

$P(X=0)=\frac{1}{4}\times\left(\frac{1}{4}+\frac{1}{2}+\frac{1}{4}\right)+\left(\frac{1}{4}+\frac{1}{2}+\frac{1}{4}\right)\times\frac{1}{4}-\frac{1}{4}\times\frac{1}{4}=\frac{7}{16}$,

$P(X=1)=\frac{1}{2}\times\frac{1}{2}=\frac{1}{4}$,

$P(X=2)=\frac{1}{2}\times\frac{1}{4}+\frac{1}{4}\times\frac{1}{2}=\frac{1}{4}$,

$P(X=4)=\frac{1}{4}\times\frac{1}{4}=\frac{1}{16}$

이므로 X의 확률분포를 표로 나타내면 다음과 같다.

X	0	1	2	4	합계
$P(X=x)$	$\frac{7}{16}$	$\frac{1}{4}$	$\frac{1}{4}$	$\frac{1}{16}$	1

◀ 40 %

[답 구하기] 따라서 구하는 확률은

$P(X\leq2)=P(X=0)+P(X=1)+P(X=2)$

$=\frac{7}{16}+\frac{1}{4}+\frac{1}{4}=\frac{15}{16}$ ◀ 30 %

[다른 풀이]

$P(X\leq2)=1-P(X=4)=1-\frac{1}{16}=\frac{15}{16}$

0426 답 5

[문제 이해] 확률변수 X가 가질 수 있는 값은 2, 3, 4, 5이다. ◀ 10 %

[해결 과정] 각각의 확률을 구하면

(i) $X=2$일 때, 2회 모두 검은 공을 꺼내는 경우이므로

$P(X=2)=\frac{{}_2C_2}{{}_5C_2}=\frac{1}{10}$

(ii) $X=3$일 때, 2회까지 흰 공과 검은 공을 각각 1개씩 꺼내고, 3회에 검은 공을 꺼내는 경우이므로

$P(X=3)=\frac{{}_3C_1\times{}_2C_1}{{}_5C_2}\times\frac{1}{3}=\frac{1}{5}$

(iii) $X=4$일 때, 3회까지 흰 공과 검은 공을 각각 2개, 1개 꺼내고, 4회에 검은 공을 꺼내는 경우이므로

$P(X=4)=\frac{{}_3C_2\times{}_2C_1}{{}_5C_3}\times\frac{1}{2}=\frac{3}{10}$

(iv) $X=5$일 때, 4회까지 흰 공과 검은 공을 각각 3개, 1개 꺼내고, 5회에 검은 공을 꺼내는 경우이므로

$P(X=5)=\frac{{}_3C_3\times{}_2C_1}{{}_5C_4}\times1=\frac{2}{5}$

이상에서 X의 확률분포를 표로 나타내면 다음과 같다.

X	2	3	4	5	합계
$P(X=x)$	$\frac{1}{10}$	$\frac{1}{5}$	$\frac{3}{10}$	$\frac{2}{5}$	1

◀ 50 %

[답 구하기] 따라서 확률변수 X에 대하여

$E(X)=2\times\frac{1}{10}+3\times\frac{1}{5}+4\times\frac{3}{10}+5\times\frac{2}{5}=4$

$E(X^2)=2^2\times\frac{1}{10}+3^2\times\frac{1}{5}+4^2\times\frac{3}{10}+5^2\times\frac{2}{5}=17$

$V(X)=E(X^2)-\{E(X)\}^2$

$=17-4^2=1$

$\therefore E(X)+V(X)=4+1=5$ ◀ 40 %

0427 답 16

[문제 이해] 확률의 총합은 1이므로

$P(X=-1)+P(X=0)+P(X=1)+P(X=2)=1$에서

$\frac{-a+2}{10}+\frac{2}{10}+\frac{a+2}{10}+\frac{2a+2}{10}=1$

$\frac{2a+8}{10}=1$

$\therefore a=1$ ◀ 30 %

[해결 과정] 따라서 확률변수 X에 대하여

$E(X)=-1\times\frac{1}{10}+0\times\frac{1}{5}+1\times\frac{3}{10}+2\times\frac{2}{5}$

$=1$

$E(X^2)=(-1)^2\times\frac{1}{10}+0^2\times\frac{1}{5}+1^2\times\frac{3}{10}+2^2\times\frac{2}{5}$

$=2$

$\therefore V(X)=E(X^2)-\{E(X)\}^2$

$=2-1^2=1$ ◀ 50 %

[답 구하기] $\therefore V(4X-3)=4^2V(X)=16\times1=16$ ◀ 20 %

0428 답 (1) 4 (2) $\frac{10}{7}$ (3) 70

(1) 확률변수 X가 가질 수 있는 값은 1, 2, k이다. ◀ 10 %

각각의 확률을 구하면

$P(X=1)=\frac{1}{k+3}$,

$P(X=2)=\frac{2}{k+3}$,

$P(X=k)=\frac{k}{k+3}$ ◀ 20 %

이때 $E(X)=3$이므로

$1\times\frac{1}{k+3}+2\times\frac{2}{k+3}+k\times\frac{k}{k+3}=3$

$\frac{k^2+5}{k+3}=3$, $k^2+5=3k+9$

$k^2-3k-4=0$, $(k+1)(k-4)=0$

$\therefore k=4$ ($\because k>2$인 자연수) ◀ 20 %

(2) X의 확률분포를 표로 나타내면 다음과 같다.

X	1	2	4	합계
$P(X=x)$	$\frac{1}{7}$	$\frac{2}{7}$	$\frac{4}{7}$	1

따라서 확률변수 X에 대하여

$E(X^2)=1^2\times\frac{1}{7}+2^2\times\frac{2}{7}+4^2\times\frac{4}{7}$

$=\frac{73}{7}$

$\therefore V(X)=E(X^2)-\{E(X)\}^2$

$=\frac{73}{7}-3^2=\frac{10}{7}$ ◀ 30 %

(3) $V(Y)=V(7X-3)=7^2V(X)$

$=49\times\frac{10}{7}=70$ ◀ 20 %

Lecture

>> 80~83쪽

이항분포와 정규분포

0429 탑 $B\left(10, \dfrac{2}{3}\right)$

한 개의 주사위를 한 번 던질 때, 3 이상의 눈이 나올 확률은 $\dfrac{2}{3}$이므로

확률변수 X는 이항분포 $B\left(10, \dfrac{2}{3}\right)$를 따른다.

0430 탑 이항분포를 따르지 않는다.

3개의 공을 차례로 꺼낼 때, 꺼낸 공을 다시 넣지 않으므로 각 시행은 독립시행이 아니다. 따라서 확률변수 X는 이항분포를 따르지 않는다.

0431 탑 (1) $P(X=x)={}_4C_x\left(\dfrac{1}{3}\right)^x\left(\dfrac{2}{3}\right)^{4-x}$ (단, $x=0, 1, 2, 3, 4$)

(2) $\dfrac{8}{81}$

(2) $P(X=3)={}_4C_3\left(\dfrac{1}{3}\right)^3\left(\dfrac{2}{3}\right)^1$

$\qquad\qquad\quad =\dfrac{8}{81}$

0432 탑 평균: 120, 분산: 30, 표준편차: $\sqrt{30}$

$E(X)=160\times\dfrac{3}{4}=120$

$V(X)=160\times\dfrac{3}{4}\times\dfrac{1}{4}=30$

$\sigma(X)=\sqrt{30}$

0433 탑 평균: 100, 분산: 60, 표준편차: $2\sqrt{15}$

$E(X)=250\times\dfrac{2}{5}=100$

$V(X)=250\times\dfrac{2}{5}\times\dfrac{3}{5}=60$

$\sigma(X)=\sqrt{60}=2\sqrt{15}$

0434 탑 (1) D, A (2) A, D

정규분포곡선은 평균이 커지면 x축의 양의 방향으로 평행이동하며, 표준편차가 커지면 가운데 부분의 높이는 낮아지고 옆으로 퍼진 모양이 된다.

⊗0435 탑 ③

이항분포 $B\left(8, \dfrac{1}{2}\right)$을 따르는 확률변수 X의 확률질량함수는

$P(X=x)={}_8C_x\left(\dfrac{1}{2}\right)^x\left(\dfrac{1}{2}\right)^{8-x}$

$\qquad\qquad ={}_8C_x\left(\dfrac{1}{2}\right)^8$ (단, $x=0, 1, 2, \cdots, 8$)

$\therefore P(X\le 3)$

$=P(X=0)+P(X=1)+P(X=2)+P(X=3)$

$={}_8C_0\left(\dfrac{1}{2}\right)^8+{}_8C_1\left(\dfrac{1}{2}\right)^8+{}_8C_2\left(\dfrac{1}{2}\right)^8+{}_8C_3\left(\dfrac{1}{2}\right)^8$

$=\left(\dfrac{1}{2}\right)^8+8\times\left(\dfrac{1}{2}\right)^8+28\times\left(\dfrac{1}{2}\right)^8+56\times\left(\dfrac{1}{2}\right)^8$

$=(1+8+28+56)\times\left(\dfrac{1}{2}\right)^8=\dfrac{93}{256}$

⊗0436 탑 ②

이항분포 $B\left(n, \dfrac{1}{3}\right)$을 따르는 확률변수 X의 확률질량함수는

$P(X=x)={}_nC_x\left(\dfrac{1}{3}\right)^x\left(\dfrac{2}{3}\right)^{n-x}$ (단, $x=0, 1, 2, \cdots, n$)

$P(X=2)=12P(X=1)$에서

${}_nC_2\left(\dfrac{1}{3}\right)^2\left(\dfrac{2}{3}\right)^{n-2}=12\times {}_nC_1\left(\dfrac{1}{3}\right)^1\left(\dfrac{2}{3}\right)^{n-1}$

$\dfrac{n(n-1)}{2}\times\left(\dfrac{1}{3}\right)^2\left(\dfrac{2}{3}\right)^{n-2}=12\times n\times\left(\dfrac{1}{3}\right)^1\left(\dfrac{2}{3}\right)^{n-1}$

$\dfrac{n-1}{2}\times\dfrac{1}{3}=12\times\dfrac{2}{3}$

$n-1=48$ $\qquad\therefore n=49$

⊗0437 탑 27

이항분포 $B\left(4, \dfrac{1}{4}\right)$을 따르는 확률변수 X의 확률질량함수는

$P(X=x)={}_4C_x\left(\dfrac{1}{4}\right)^x\left(\dfrac{3}{4}\right)^{4-x}$ (단, $x=0, 1, 2, 3, 4$)

이항분포 $B\left(5, \dfrac{1}{2}\right)$을 따르는 확률변수 Y의 확률질량함수는

$P(Y=y)={}_5C_y\left(\dfrac{1}{2}\right)^y\left(\dfrac{1}{2}\right)^{5-y}$ (단, $y=0, 1, 2, 3, 4, 5$)

$P(X=1)=k\times P(Y=2)$에서

${}_4C_1\left(\dfrac{1}{4}\right)^1\left(\dfrac{3}{4}\right)^3=k\times {}_5C_2\left(\dfrac{1}{2}\right)^2\left(\dfrac{1}{2}\right)^3$

$\dfrac{27}{64}=k\times\dfrac{5}{16}$ $\qquad\therefore k=\dfrac{27}{20}$

$\therefore 20k=27$

⊗0438 탑 ④

10가구를 각각 조사하는 것이므로 10회의 독립시행이고, 1가구가 드라마를 시청할 확률은 $\dfrac{30}{100}=\dfrac{3}{10}$이므로 확률변수 X는 이항분포

$B\left(10, \dfrac{3}{10}\right)$을 따른다.

즉, 확률변수 X의 확률질량함수는

$P(X=x)={}_{10}C_x\left(\dfrac{3}{10}\right)^x\left(\dfrac{7}{10}\right)^{10-x}$ (단, $x=0, 1, 2, \cdots, 10$)

$\therefore P(X\le 9)=1-P(X=10)$

$\qquad\qquad\quad =1-{}_{10}C_{10}\left(\dfrac{3}{10}\right)^{10}\left(\dfrac{7}{10}\right)^0$

$\qquad\qquad\quad =1-\left(\dfrac{3}{10}\right)^{10}$

⊗0439 탑 ④

한 개의 동전을 던지는 시행을 n번 반복하므로 n회의 독립시행이고, 한 개의 동전을 한 번 던질 때 앞면이 나올 확률은 $\dfrac{1}{2}$이므로 확률변수 X는 이항분포 $B\left(n, \dfrac{1}{2}\right)$을 따른다.

즉, X의 확률질량함수는

$$\mathrm{P}(X=x)={}_n\mathrm{C}_x\left(\frac{1}{2}\right)^x\left(\frac{1}{2}\right)^{n-x}\ (단,\ x=0,\ 1,\ 2,\ \cdots,\ n)$$

$\mathrm{P}(X=2)=20\mathrm{P}(X=1)$에서

$${}_n\mathrm{C}_2\left(\frac{1}{2}\right)^2\left(\frac{1}{2}\right)^{n-2}=20\times{}_n\mathrm{C}_1\left(\frac{1}{2}\right)^1\left(\frac{1}{2}\right)^{n-1}$$

$${}_n\mathrm{C}_2\left(\frac{1}{2}\right)^n=20\times{}_n\mathrm{C}_1\left(\frac{1}{2}\right)^n,\ \frac{n(n-1)}{2}=20n$$

$$n^2-n=40n,\ n(n-41)=0 \qquad \therefore n=41\ (\because n은\ 자연수)$$

(상) **0440** 답 0.183

[문제 이해] 30개 테이블의 예약을 받는 것이므로 30회의 독립시행이고, 예약 취소율이 10 %이므로 예약을 취소하지 않고 실제로 식당에 찾아오는 비율은 90 %이다. 즉, 실제로 식당에 찾아오는 건수를 확률변수 X라 하면 X는 이항분포 $\mathrm{B}(30,\ 0.9)$를 따른다. ◀ 20 %

[해결 과정] X의 확률질량함수는

$$\mathrm{P}(X=x)={}_{30}\mathrm{C}_x0.9^x\times0.1^{30-x}\ (단,\ x=0,\ 1,\ 2,\ \cdots,\ 30) \quad ◀ 40 \%$$

[답 구하기] 따라서 테이블이 부족하려면 $X>28$이어야 하므로 구하는 확률은

$$\begin{aligned}\mathrm{P}(X>28)&=\mathrm{P}(X=29)+\mathrm{P}(X=30)\\&={}_{30}\mathrm{C}_{29}0.9^{29}\times0.1+{}_{30}\mathrm{C}_{30}0.9^{30}\times0.1^0\\&=30\times0.047\times0.1+1\times0.042\times1\\&=0.183 \qquad\qquad\qquad\qquad ◀ 40\%\end{aligned}$$

(중) **0441** 답 ④

$\mathrm{E}(X)=12,\ \mathrm{V}(X)=8$이므로

$$\mathrm{E}(X)=np=12 \qquad\qquad\cdots\cdots\ \bigcirc$$
$$\mathrm{V}(X)=np(1-p)=8 \qquad\cdots\cdots\ \bigcirc$$

$\bigcirc$을 $\bigcirc$에 대입하면

$$12(1-p)=8$$
$$1-p=\frac{2}{3} \qquad \therefore p=\frac{1}{3}$$

$p=\frac{1}{3}$을 $\bigcirc$에 대입하면

$$\frac{1}{3}n=12 \qquad \therefore n=36$$

$$\therefore n+3p=36+3\times\frac{1}{3}=37$$

(중) **0442** 답 60

$\mathrm{E}(X)=120,\ \mathrm{V}(X)=30$이므로

$$\mathrm{E}(X)=np=120 \qquad\qquad\cdots\cdots\ \bigcirc$$
$$\mathrm{V}(X)=np(1-p)=30 \qquad\cdots\cdots\ \bigcirc$$

$\bigcirc$을 $\bigcirc$에 대입하면

$$120(1-p)=30$$
$$1-p=\frac{1}{4} \qquad \therefore p=\frac{3}{4}$$

$p=\frac{3}{4}$을 $\bigcirc$에 대입하면

$$\frac{3}{4}n=120 \qquad \therefore n=160$$

따라서 확률변수 Y는 이항분포 $\mathrm{B}\left(320,\ \frac{1}{4}\right)$을 따르므로

$$\mathrm{V}(Y)=320\times\frac{1}{4}\times\frac{3}{4}=60$$

(중) **0443** 답 410

$$\begin{aligned}\mathrm{P}(X=x)&={}_{40}\mathrm{C}_x\left(\frac{1}{2}\right)^{40}\\&={}_{40}\mathrm{C}_x\left(\frac{1}{2}\right)^x\left(\frac{1}{2}\right)^{40-x}\ (x=0,\ 1,\ 2,\ \cdots,\ 40)\end{aligned}$$

이므로 확률변수 X는 이항분포 $\mathrm{B}\left(40,\ \frac{1}{2}\right)$을 따른다.

$$\therefore \mathrm{E}(X)=40\times\frac{1}{2}=20,\ \mathrm{V}(X)=40\times\frac{1}{2}\times\frac{1}{2}=10$$

이때 $\mathrm{V}(X)=\mathrm{E}(X^2)-\{\mathrm{E}(X)\}^2$에서

$$\begin{aligned}\mathrm{E}(X^2)&=\mathrm{V}(X)+\{\mathrm{E}(X)\}^2\\&=10+20^2\\&=410\end{aligned}$$

(상) **0444** 답 100

$$\begin{aligned}f(a)&=\mathrm{E}(X^2)-4a\mathrm{E}(X)+4a^2\\&=\{2a-\mathrm{E}(X)\}^2+\mathrm{E}(X^2)-\{\mathrm{E}(X)\}^2\end{aligned}$$

이므로 함수 $f(a)$는 $a=\frac{1}{2}\mathrm{E}(X)$일 때,

최솟값 $b=\mathrm{E}(X^2)-\{\mathrm{E}(X)\}^2=\mathrm{V}(X)$를 갖는다.

이때 확률변수 X가 이항분포 $\mathrm{B}\left(200,\ \frac{1}{4}\right)$을 따르므로

$$k=\frac{1}{2}\mathrm{E}(X)=\frac{1}{2}\times200\times\frac{1}{4}=25$$

$$b=\mathrm{V}(X)=200\times\frac{1}{4}\times\frac{3}{4}=\frac{75}{2}$$

$$\therefore k+2b=25+2\times\frac{75}{2}=100$$

(중) **0445** 답 3

4개의 동전을 동시에 던지는 시행을 12번 반복하므로 12회의 독립시행이고, 4개의 동전을 동시에 한 번 던질 때 3개는 앞면, 1개는 뒷면이 나올 확률은

$${}_4\mathrm{C}_3\left(\frac{1}{2}\right)^3\left(\frac{1}{2}\right)^1=4\times\frac{1}{2^4}=\frac{1}{4}$$

따라서 확률변수 X는 이항분포 $\mathrm{B}\left(12,\ \frac{1}{4}\right)$을 따르므로

$$\mathrm{E}(X)=12\times\frac{1}{4}=3$$

(중) **0446** 답 80

[문제 이해] $x^2+2ax+5=0$이 서로 다른 두 실근을 가지려면 판별식 D가 $D>0$이어야 하므로

$$\frac{D}{4}=a^2-5>0 \qquad \therefore a^2>5$$

$$\therefore A=\{3,\ 4,\ 5,\ 6\} \qquad\qquad\qquad ◀ 40\%$$

[해결 과정] 이때 한 개의 주사위를 던지는 시행을 120번 반복하므로 120회의 독립시행이고, 한 번의 시행에서 사건 A가 일어날 확률이 $\frac{2}{3}$이므로 확률변수 X는 이항분포 $\mathrm{B}\left(120,\ \frac{2}{3}\right)$를 따른다. ◀ 40 %

[답 구하기] $\therefore \mathrm{E}(X)=120\times\frac{2}{3}=80$ ◀ 20 %

(중) **0447** 답 65

한 개의 주사위를 던지는 시행을 72번 반복하므로 72회의 독립시행이고, 한 개의 주사위를 한 번 던질 때 6의 약수의 눈이 나올 확률은 $\frac{4}{6}=\frac{2}{3}$이므로 확률변수 X는 이항분포 $\mathrm{B}\left(72,\ \frac{2}{3}\right)$를 따른다.

$$\therefore \mathrm{V}(X) = 72 \times \frac{2}{3} \times \frac{1}{3} = 16$$

한 개의 동전을 던지는 시행을 n번 반복하므로 n회의 독립시행이고, 한 개의 동전을 한 번 던질 때 앞면이 나올 확률은 $\frac{1}{2}$이므로 확률변수 Y는 이항분포 $\mathrm{B}\left(n, \frac{1}{2}\right)$을 따른다.

$$\therefore \mathrm{V}(Y) = n \times \frac{1}{2} \times \frac{1}{2} = \frac{n}{4}$$

이때 $\mathrm{V}(Y) > \mathrm{V}(X)$이어야 하므로

$$\frac{n}{4} > 16 \qquad \therefore n > 64$$

따라서 n의 최솟값은 65이다.

0448 📖 20

두 주사위의 눈의 수의 차가 3보다 크거나 같은 경우는
$(1, 4)$, $(1, 5)$, $(1, 6)$, $(2, 5)$, $(2, 6)$, $(3, 6)$,
$(4, 1)$, $(5, 1)$, $(6, 1)$, $(5, 2)$, $(6, 2)$, $(6, 3)$
의 12가지이므로 두 주사위의 눈의 수의 차가 3보다 작은 경우는 24가지이다.

이때 두 사람이 주사위를 한 개씩 동시에 던지는 시행을 60번 반복하므로 60회의 독립시행이고, 1번의 시행에서 A가 점수를 얻을 확률은 $\frac{24}{36} = \frac{2}{3}$, B가 점수를 얻을 확률은 $\frac{1}{3}$이다.

A가 얻는 점수의 합을 확률변수 X라 하면 X는 이항분포 $\mathrm{B}\left(60, \frac{2}{3}\right)$를 따르므로

$$\mathrm{E}(X) = 60 \times \frac{2}{3} = 40$$

B가 얻는 점수의 합을 확률변수 Y라 하면 Y는 이항분포 $\mathrm{B}\left(60, \frac{1}{3}\right)$을 따르므로

$$\mathrm{E}(Y) = 60 \times \frac{1}{3} = 20$$

따라서 두 기댓값의 차는
$$40 - 20 = 20$$

0449 📖 ④

두 주사위의 눈의 수의 합이 6 이하인 경우는
$(1, 1)$, $(1, 2)$, $(1, 3)$, $(1, 4)$, $(1, 5)$,
$(2, 1)$, $(2, 2)$, $(2, 3)$, $(2, 4)$,
$(3, 1)$, $(3, 2)$, $(3, 3)$,
$(4, 1)$, $(4, 2)$,
$(5, 1)$
의 15가지이다.

이때 서로 다른 2개의 주사위를 던지는 시행을 144번 반복하므로 144회의 독립시행이고, 서로 다른 2개의 주사위를 한 번 던질 때 나오는 두 눈의 수의 합이 6 이하일 확률은 $\frac{15}{36} = \frac{5}{12}$이므로 확률변수 X는 이항분포 $\mathrm{B}\left(144, \frac{5}{12}\right)$를 따른다.

따라서 $\mathrm{V}(X) = 144 \times \frac{5}{12} \times \frac{7}{12} = 35$이므로

$$\mathrm{V}(2X+5) = 2^2 \mathrm{V}(X) = 4 \times 35 = 140$$

0450 📖 ⑤

확률변수 X가 이항분포 $\mathrm{B}\left(36, \frac{1}{3}\right)$을 따르므로

$$\mathrm{E}(X) = 36 \times \frac{1}{3} = 12$$
$$\mathrm{V}(X) = 36 \times \frac{1}{3} \times \frac{2}{3} = 8$$
$$\begin{aligned}\therefore \mathrm{E}(3X-2) + \mathrm{V}(2X) &= 3\mathrm{E}(X) - 2 + 2^2 \mathrm{V}(X) \\ &= 3 \times 12 - 2 + 4 \times 8 \\ &= 66\end{aligned}$$

0451 📖 54

확률변수 X가 이항분포 $\mathrm{B}(10, p)$를 따르므로 X의 확률질량함수는
$$\mathrm{P}(X=x) = {}_{10}\mathrm{C}_x p^x (1-p)^{10-x} \ (\text{단}, x=0, 1, 2, \cdots, 10)$$
이때 $\mathrm{P}(X=4) = \frac{1}{3}\mathrm{P}(X=5)$이므로

$$\begin{aligned}{}_{10}\mathrm{C}_4 p^4 (1-p)^6 &= \frac{1}{3} \times {}_{10}\mathrm{C}_5 p^5 (1-p)^5 \\ 210 p^4 (1-p)^6 &= 84 p^5 (1-p)^5 \\ p^4 (1-p)^5 (5-7p) &= 0 \\ 5-7p &= 0 \ (\because 0 < p < 1)\end{aligned}$$
$$\therefore p = \frac{5}{7}$$

따라서 확률변수 X는 이항분포 $\mathrm{B}\left(10, \frac{5}{7}\right)$를 따르므로

$$\mathrm{E}(X) = 10 \times \frac{5}{7} = \frac{50}{7}$$
$$\begin{aligned}\therefore \mathrm{E}(7X+4) &= 7\mathrm{E}(X) + 4 \\ &= 7 \times \frac{50}{7} + 4 \\ &= 54\end{aligned}$$

0452 📖 ④

ㄱ. $a < b$일 때,
　　$\mathrm{P}(a \le X \le b) = \mathrm{P}(X \le b) - \mathrm{P}(X \le a)$
ㄴ. 정규분포곡선은 직선 $x=m$에 대하여 대칭이므로
　　$\mathrm{P}(X \ge m) = \mathrm{P}(X \le m) = 0.5$
ㄷ. 정규분포곡선과 x축 사이의 넓이가 1이므로
　　$\mathrm{P}(X \le a) + \mathrm{P}(X \ge a) = 1$
　　$\therefore \mathrm{P}(X \le a) = 1 - \mathrm{P}(X \ge a)$
이상에서 옳은 것은 ㄴ, ㄷ이다.

0453 📖 ㄱ, ㄴ, ㄷ

확률변수 $X_i \ (i=1, 2, 3)$는 정규분포 $\mathrm{N}(m_i, {\sigma_i}^2)$을 따르므로 확률변수 X_i의 평균과 표준편차는 각각 m_i, σ_i이다.

ㄱ. 평균 m_i가 같을 때, σ_i의 값이 클수록 정규분포곡선의 가운데 부분의 높이는 낮아지고 옆으로 퍼진 모양이 되므로 두 함수 $y=f_1(x)$, $y=f_2(x)$의 그래프에서 $\sigma_1 < \sigma_2$
ㄴ. 함수 $y=f_i(x)$의 그래프는 직선 $x=m_i \ (i=1, 2, 3)$에 대하여 대칭이므로 위의 그림에서 $m_1 = m_2 < m_3 \qquad \therefore m_1 < m_3$

ㄷ. 주어진 그래프에서 $x=m_2$일 때의 $f_2(x)$의 값이 $x=m_3$일 때의 $f_3(x)$의 값보다 작으므로
$$f_2(m_2)<f_3(m_3)$$
이상에서 ㄱ, ㄴ, ㄷ 모두 옳다.

ⓒ**0454** 답 31

[해결 과정] 정규분포곡선은 직선 $x=m$에 대하여 대칭이고, $P(X \leq 26)=P(X \geq 48)$이므로
$$m=\frac{26+48}{2}=37$$ ◀ 50 %

[답 구하기] 이때 $P(a \leq X \leq a+12)$가 최대가 되려면 오른쪽 그림과 같이 a와 $a+12$의 평균이 37이어야 하므로

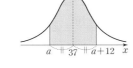

$$\frac{a+(a+12)}{2}=37$$
$$a+6=37$$
$$\therefore a=31$$ ◀ 50 %

ⓒ**0455** 답 0.6687

$m=78$, $\sigma=4$이므로
$P(70 \leq X \leq 80)$
$=P(78-8 \leq X \leq 78+2)$
$=P(78-2 \times 4 \leq X \leq 78+0.5 \times 4)$
$=P(m-2\sigma \leq X \leq m+0.5\sigma)$
$=P(m-2\sigma \leq X \leq m)+P(m \leq X \leq m+0.5\sigma)$
$=P(m \leq X \leq m+2\sigma)+P(m \leq X \leq m+0.5\sigma)$
$=0.4772+0.1915$
$=0.6687$

ⓒ**0456** 답 ①

$P(m-\sigma \leq X \leq m+2\sigma)=a$에서
$P(m-\sigma \leq X \leq m)+P(m \leq X \leq m+2\sigma)=a$
$P(m \leq X \leq m+\sigma)+P(m \leq X \leq m+2\sigma)=a$ ······ ㉠
$P(m-2\sigma \leq X \leq m)=b$에서
$P(m \leq X \leq m+2\sigma)=b$ ······ ㉡
㉠$-$㉡을 하면
$P(m \leq X \leq m+\sigma)=a-b$
$\therefore P(X \leq m+\sigma)$
$=P(X \leq m)+P(m \leq X \leq m+\sigma)$
$=\frac{1}{2}+a-b$

ⓒ**0457** 답 ②

$P(X \leq a)=0.0228$에서
$P(X \leq m)-P(a \leq X \leq m)=0.0228$
$0.5-P(a \leq X \leq m)=0.0228$
$\therefore P(a \leq X \leq m)=0.4772$
이때 $P(m \leq X \leq m+2\sigma)=0.4772$이므로
$P(m-2\sigma \leq X \leq m)=0.4772$
따라서 $a=m-2\sigma$이므로
$a=64-2 \times 6=52$

0458 답 (1) 0.4554 (2) 0.4656

0459 답 0.8664

$P(-1.5 \leq Z \leq 1.5)=P(-1.5 \leq Z \leq 0)+P(0 \leq Z \leq 1.5)$
$=P(0 \leq Z \leq 1.5)+P(0 \leq Z \leq 1.5)$
$=0.4332+0.4332=0.8664$

0460 답 0.2417

$P(0.5 \leq Z \leq 1.5)=P(0 \leq Z \leq 1.5)-P(0 \leq Z \leq 0.5)$
$=0.4332-0.1915=0.2417$

0461 답 0.9772

$P(Z \leq 2)=P(Z \leq 0)+P(0 \leq Z \leq 2)$
$=0.5+0.4772=0.9772$

0462 답 0.1587

$P(Z \geq 1)=P(Z \geq 0)-P(0 \leq Z \leq 1)$
$=0.5-0.3413=0.1587$

0463 답 0.9332

$P(Z \geq -1.5)=P(-1.5 \leq Z \leq 0)+P(Z \geq 0)$
$=P(0 \leq Z \leq 1.5)+P(Z \geq 0)$
$=0.4332+0.5=0.9332$

0464 답 -1.5

$P(Z \geq a)=0.9332$에서
$P(a \leq Z \leq 0)+P(Z \geq 0)=0.9332$
$P(0 \leq Z \leq -a)+0.5=0.9332$
$\therefore P(0 \leq Z \leq -a)=0.4332$
따라서 $-a=1.5$이므로 $a=-1.5$

0465 답 2

$P(-a \leq Z \leq a)=0.9544$에서
$P(-a \leq Z \leq 0)+P(0 \leq Z \leq a)=0.9544$
$P(0 \leq Z \leq a)+P(0 \leq Z \leq a)=0.9544$
$2P(0 \leq Z \leq a)=0.9544$
$\therefore P(0 \leq Z \leq a)=0.4772$
$\therefore a=2$

0466 답 3.5

$P(Z \leq a-1)=0.9938$에서
$P(Z \leq 0)+P(0 \leq Z \leq a-1)=0.9938$
$0.5+P(0 \leq Z \leq a-1)=0.9938$
$\therefore P(0 \leq Z \leq a-1)=0.4938$
따라서 $a-1=2.5$이므로 $a=3.5$

0467 답 0.5

$P(Z \geq 2a)=0.1587$에서

$P(Z \geq 0) - P(0 \leq Z \leq 2a) = 0.1587$

$0.5 - P(0 \leq Z \leq 2a) = 0.1587$

$\therefore P(0 \leq Z \leq 2a) = 0.3413$

따라서 $2a = 1$이므로 $a = 0.5$

0468 답 1.5

$P(-a \leq Z \leq a+1) = 0.927$에서

$P(-a \leq Z \leq 0) + P(0 \leq Z \leq a+1) = 0.927$

$\therefore P(0 \leq Z \leq a) + P(0 \leq Z \leq a+1) = 0.927$

이때

$P(0 \leq Z \leq 1.5) + P(0 \leq Z \leq 2.5) = 0.4332 + 0.4938 = 0.927$

이므로

$a = 1.5$

0469 답 $Z = \dfrac{X - 70}{2}$

0470 답 $Z = \dfrac{X + 20}{2}$

0471 답 (1) $Z = \dfrac{X - 50}{3}$ (2) 0.6826

(2) $P(47 \leq X \leq 53) = P\left(\dfrac{47-50}{3} \leq Z \leq \dfrac{53-50}{3}\right)$

$= P(-1 \leq Z \leq 1)$

$= P(-1 \leq Z \leq 0) + P(0 \leq Z \leq 1)$

$= P(0 \leq Z \leq 1) + P(0 \leq Z \leq 1)$

$= 2P(0 \leq Z \leq 1)$

$= 2 \times 0.3413 = 0.6826$

0472 답 $N(60, 6^2)$

$E(X) = 150 \times \dfrac{2}{5} = 60$, $V(X) = 150 \times \dfrac{2}{5} \times \dfrac{3}{5} = 36$

이때 150은 충분히 큰 수이므로 X는 근사적으로 정규분포 $N(60, 6^2)$을 따른다.

0473 답 $N(200, 10^2)$

$E(X) = 400 \times \dfrac{1}{2} = 200$, $V(X) = 400 \times \dfrac{1}{2} \times \dfrac{1}{2} = 100$

이때 400은 충분히 큰 수이므로 X는 근사적으로 정규분포 $N(200, 10^2)$을 따른다.

0474 답 (1) 평균: 48, 표준편차: 6 (2) $N(48, 6^2)$

(3) $Z = \dfrac{X-48}{6}$ (4) 0.9772

(1) $E(X) = 192 \times \dfrac{1}{4} = 48$

$\sigma(X) = \sqrt{192 \times \dfrac{1}{4} \times \dfrac{3}{4}} = \sqrt{36} = 6$

(2) 192는 충분히 큰 수이므로 X는 근사적으로 정규분포 $N(48, 6^2)$을 따른다.

(3) X의 평균이 48, 표준편차가 6이므로

$Z = \dfrac{X-48}{6}$

(4) $P(X \leq 60) = P\left(Z \leq \dfrac{60-48}{6}\right)$

$= P(Z \leq 2)$

$= P(Z \leq 0) + P(0 \leq Z \leq 2)$

$= 0.5 + 0.4772 = 0.9772$

0475 답 ④

두 확률변수 X, Y가 각각 정규분포 $N(10, 3^2)$, $N(20, 5^2)$을 따르므로 두 확률변수 $Z_X = \dfrac{X-10}{3}$, $Z_Y = \dfrac{Y-20}{5}$은 모두 표준정규분포 $N(0, 1)$을 따른다.

$P(16 \leq X \leq 25) = P(30 \leq Y \leq k)$에서

$P\left(\dfrac{16-10}{3} \leq Z_X \leq \dfrac{25-10}{3}\right) = P\left(\dfrac{30-20}{5} \leq Z_Y \leq \dfrac{k-20}{5}\right)$

이므로

$P(2 \leq Z_X \leq 5) = P\left(2 \leq Z_Y \leq \dfrac{k-20}{5}\right)$

따라서 $5 = \dfrac{k-20}{5}$이므로

$k = 45$

0476 답 4

[문제 이해] 두 확률변수 X, Y가 각각 정규분포 $N(m, 3^2)$, $N(2m, 2^2)$을 따르므로 두 확률변수 $Z_X = \dfrac{X-m}{3}$, $Z_Y = \dfrac{Y-2m}{2}$은 모두 표준정규분포 $N(0, 1)$을 따른다. ◀ 30 %

[해결 과정] $P(X \leq 2m+2) = P(Y \geq 4m-12)$에서

$P\left(Z_X \leq \dfrac{2m+2-m}{3}\right) = P\left(Z_Y \geq \dfrac{4m-12-2m}{2}\right)$

이므로

$P\left(Z_X \leq \dfrac{m+2}{3}\right) = P(Z_Y \geq m-6)$ ◀ 40 %

[답 구하기] 따라서 $-\dfrac{m+2}{3} = m-6$이므로

$4m - 16 = 0$ $\therefore m = 4$ ◀ 30 %

0477 답 ③

두 확률변수 X, Y가 각각 정규분포 $N(6, 1)$, $N(m, 3^2)$을 따르므로 두 확률변수 $Z_X = X-6$, $Z_Y = \dfrac{Y-m}{3}$은 모두 표준정규분포 $N(0, 1)$을 따른다.

$2P(6 \leq X \leq 8) = P(4 \leq Y \leq 2m-4)$에서

$2P(6-6 \leq Z_X \leq 8-6) = P\left(\dfrac{4-m}{3} \leq Z_Y \leq \dfrac{2m-4-m}{3}\right)$

$2P(0 \leq Z_X \leq 2) = P\left(-\dfrac{m-4}{3} \leq Z_Y \leq \dfrac{m-4}{3}\right)$

이므로

$P(0 \leq Z_X \leq 2) = P\left(0 \leq Z_Y \leq \dfrac{m-4}{3}\right)$

따라서 $2 = \dfrac{m-4}{3}$이므로

$m = 10$

0478 답 0.2857

확률변수 X가 정규분포 $N(68, 4^2)$을 따르므로 확률변수 $Z = \dfrac{X-68}{4}$은 표준정규분포 $N(0, 1)$을 따른다.

$$\therefore P(70 \le X \le 76) = P\left(\frac{70-68}{4} \le Z \le \frac{76-68}{4}\right)$$
$$= P(0.5 \le Z \le 2)$$
$$= P(0 \le Z \le 2) - P(0 \le Z \le 0.5)$$
$$= 0.4772 - 0.1915 = 0.2857$$

⑯0479 달 ②

확률변수 X가 정규분포 $N(m, \sigma^2)$을 따르므로 확률변수

$Z = \dfrac{X-m}{\sigma}$은 표준정규분포 $N(0, 1)$을 따른다.

$$\therefore P(m-\sigma \le X \le m+2\sigma)$$
$$= P\left(\frac{m-\sigma-m}{\sigma} \le Z \le \frac{m+2\sigma-m}{\sigma}\right)$$
$$= P(-1 \le Z \le 2)$$
$$= P(-1 \le Z \le 0) + P(0 \le Z \le 2)$$
$$= P(0 \le Z \le 1) + P(0 \le Z \le 2)$$
$$= 0.3413 + 0.4772 = 0.8185$$

⑳0480 달 0.7257

확률변수 X가 정규분포 $N(45, 10^2)$을 따르므로 확률변수

$Z = \dfrac{X-45}{10}$는 표준정규분포 $N(0, 1)$을 따른다.

$P(39 \le X \le 51) = 0.4514$에서

$$P\left(\frac{39-45}{10} \le Z \le \frac{51-45}{10}\right) = 0.4514$$
$$P(-0.6 \le Z \le 0.6) = 0.4514$$
$$P(-0.6 \le Z \le 0) + P(0 \le Z \le 0.6) = 0.4514$$
$$2P(0 \le Z \le 0.6) = 0.4514$$
$$\therefore P(0 \le Z \le 0.6) = 0.2257$$
$$\therefore P(X \le 51) = P\left(Z \le \frac{51-45}{10}\right)$$
$$= P(Z \le 0.6)$$
$$= P(Z \le 0) + P(0 \le Z \le 0.6)$$
$$= 0.5 + 0.2257 = 0.7257$$

⑳0481 달 0.6247

$E(X) = 36,\ \sigma(X) = 4$에서

$E(Y) = E(2X+4) = 2E(X) + 4 = 2 \times 36 + 4 = 76$

$\sigma(Y) = \sigma(2X+4) = |2|\sigma(X) = 2 \times 4 = 8$

따라서 확률변수 Y는 정규분포 $N(76, 8^2)$을 따르므로 확률변수

$Z = \dfrac{Y-76}{8}$은 표준정규분포 $N(0, 1)$을 따른다.

$$\therefore P(|Y-80| \le 8) = P(-8 \le Y-80 \le 8)$$
$$= P(72 \le Y \le 88)$$
$$= P\left(\frac{72-76}{8} \le Z \le \frac{88-76}{8}\right)$$
$$= P(-0.5 \le Z \le 1.5)$$
$$= P(0 \le Z \le 0.5) + P(0 \le Z \le 1.5)$$
$$= 0.1915 + 0.4332 = 0.6247$$

[다른 풀이]

$Y = 2X + 4$이므로

$P(|Y-80| \le 8) = P(|2X-76| \le 8) = P(34 \le X \le 42)$

확률변수 $Z = \dfrac{X-36}{4}$은 표준정규분포 $N(0, 1)$을 따르므로

$$P(|Y-80| \le 8) = P(34 \le X \le 42)$$
$$= P\left(\frac{34-36}{4} \le Z \le \frac{42-36}{4}\right)$$
$$= P(-0.5 \le Z \le 1.5)$$
$$= P(0 \le Z \le 0.5) + P(0 \le Z \le 1.5)$$
$$= 0.1915 + 0.4332 = 0.6247$$

⑳0482 달 49

확률변수 X가 정규분포 $N(42, 5^2)$을 따르므로 확률변수

$Z = \dfrac{X-42}{5}$는 표준정규분포 $N(0, 1)$을 따른다.

$P(48 \le X \le k) = 0.0343$에서

$$P\left(\frac{48-42}{5} \le Z \le \frac{k-42}{5}\right) = 0.0343$$
$$P\left(1.2 \le Z \le \frac{k-42}{5}\right) = 0.0343$$
$$P\left(0 \le Z \le \frac{k-42}{5}\right) - P(0 \le Z \le 1.2) = 0.0343$$
$$P\left(0 \le Z \le \frac{k-42}{5}\right) - 0.3849 = 0.0343$$
$$\therefore P\left(0 \le Z \le \frac{k-42}{5}\right) = 0.4192$$

이때 주어진 표준정규분포표에서 $P(0 \le Z \le 1.4) = 0.4192$이므로

$$\frac{k-42}{5} = 1.4,\ k-42 = 7$$
$$\therefore k = 49$$

⑳0483 달 ②

두 확률변수 X, Y가 각각 정규분포 $N(50, \sigma^2)$, $N(80, (2\sigma)^2)$을 따르므로 두 확률변수 $Z_X = \dfrac{X-50}{\sigma}$, $Z_Y = \dfrac{Y-80}{2\sigma}$은 모두 표준정규분포 $N(0, 1)$을 따른다.

$P(X \ge k) = P(Y \le k) = 0.0228$에서

$$P\left(Z_X \ge \frac{k-50}{\sigma}\right) = P\left(Z_Y \le \frac{k-80}{2\sigma}\right)$$이므로

$$\frac{k-50}{\sigma} = -\frac{k-80}{2\sigma}$$
$$2k-100 = -k+80$$
$$3k = 180 \qquad \therefore k = 60$$

즉, $P\left(Z_X \ge \dfrac{60-50}{\sigma}\right) = P\left(Z_X \ge \dfrac{10}{\sigma}\right) = 0.0228$이므로

$$P(Z_X \ge 0) - P\left(0 \le Z_X \le \frac{10}{\sigma}\right) = 0.0228$$
$$0.5 - P\left(0 \le Z_X \le \frac{10}{\sigma}\right) = 0.0228$$
$$\therefore P\left(0 \le Z_X \le \frac{10}{\sigma}\right) = 0.4772$$

이때 주어진 표준정규분포표에서 $P(0 \le Z_X \le 2) = 0.4772$이므로

$$\frac{10}{\sigma} = 2 \qquad \therefore \sigma = 5$$
$$\therefore k+\sigma = 60+5 = 65$$

⑳0484 달 33

[문제 이해] 임의의 실수 a에 대하여

$$P(X \le a) + P(X \le 60-a) = 1$$

이므로 정규분포를 따르는 확률변수 X의 평균 m은

$$m = \frac{a+(60-a)}{2} = 30$$

즉, 확률변수 X는 정규분포 $N(30, 2^2)$을 따르므로 확률변수 $Z=\dfrac{X-30}{2}$은 표준정규분포 $N(0, 1)$을 따른다. ◀ 30 %

[해결 과정] $P(28 \leq X \leq k)=0.7745$에서

$P\left(\dfrac{28-30}{2} \leq Z \leq \dfrac{k-30}{2}\right)=0.7745$

$P\left(-1 \leq Z \leq \dfrac{k-30}{2}\right)=0.7745$

이때 $0.7745>0.5$이므로 $\dfrac{k-30}{2}>0$

즉, $P(-1 \leq Z \leq 0)+P\left(0 \leq Z \leq \dfrac{k-30}{2}\right)=0.7745$

$P(0 \leq Z \leq 1)+P\left(0 \leq Z \leq \dfrac{k-30}{2}\right)=0.7745$

$0.3413+P\left(0 \leq Z \leq \dfrac{k-30}{2}\right)=0.7745$

$\therefore P\left(0 \leq Z \leq \dfrac{k-30}{2}\right)=0.4332$ ◀ 50 %

[답 구하기] 이때 주어진 표준정규분포표에서 $P(0 \leq Z \leq 1.5)=0.4332$이므로

$\dfrac{k-30}{2}=1.5$, $k-30=3$

$\therefore k=33$ ◀ 20 %

0485 답 ③

등산화 한 켤레의 무게를 확률변수 X라 하면 X는 정규분포 $N(476, 12^2)$을 따르므로 확률변수 $Z=\dfrac{X-476}{12}$은 표준정규분포 $N(0, 1)$을 따른다.

따라서 구하는 확률은

$P(470 \leq X \leq 494)=P\left(\dfrac{470-476}{12} \leq Z \leq \dfrac{494-476}{12}\right)$

$=P(-0.5 \leq Z \leq 1.5)$

$=P(0 \leq Z \leq 0.5)+P(0 \leq Z \leq 1.5)$

$=0.1915+0.4332=0.6247$

0486 답 16 %

수학 성적을 확률변수 X라 하면 X는 정규분포 $N(73, 7^2)$을 따르므로 확률변수 $Z=\dfrac{X-73}{7}$은 표준정규분포 $N(0, 1)$을 따른다.

$\therefore P(X \leq 66)=P\left(Z \leq \dfrac{66-73}{7}\right)$

$=P(Z \leq -1)=P(Z \geq 1)$

$=P(Z \geq 0)-P(0 \leq Z \leq 1)$

$=0.5-0.34=0.16$

따라서 수학 성적이 66점 이하인 학생은 전체의 16 %이다.

0487 답 ③

직원의 직무능력평가 시험 점수를 확률변수 X라 하면 X는 정규분포 $N(820, 25^2)$을 따르므로 확률변수 $Z=\dfrac{X-820}{25}$은 표준정규분포 $N(0, 1)$을 따른다.

따라서 구하는 확률은

$P(X \geq 870)=P\left(Z \geq \dfrac{870-820}{25}\right)=P(Z \geq 2)$

$=P(Z \geq 0)-P(0 \leq Z \leq 2)$

$=0.5-0.4772=0.0228$

0488 답 0.0668

과수원에서 수확한 배 한 개의 무게를 확률변수 X라 하면 X는 정규분포 $N(630, 20^2)$을 따르므로 확률변수 $Z=\dfrac{X-630}{20}$은 표준정규분포 $N(0, 1)$을 따른다.

특상품으로 분류되려면 무게가 660 g 이상이어야 하므로 구하는 확률은

$P(X \geq 660)=P\left(Z \geq \dfrac{660-630}{20}\right)=P(Z \geq 1.5)$

$=P(Z \geq 0)-P(0 \leq Z \leq 1.5)$

$=0.5-0.4332=0.0668$

0489 답 ④

고등학생의 하루 인터넷 사용 시간을 확률변수 X라 하면 X는 정규분포 $N(52, 8^2)$을 따르므로 확률변수 $Z=\dfrac{X-52}{8}$는 표준정규분포 $N(0, 1)$을 따른다.

$\therefore P(X \geq 60)=P\left(Z \geq \dfrac{60-52}{8}\right)=P(Z \geq 1)$

$=P(Z \geq 0)-P(0 \leq Z \leq 1)$

$=0.5-0.34=0.16$

따라서 하루 인터넷 사용 시간이 60분 이상인 학생 수는

$500 \times 0.16=80$

0490 답 ⑤

신입 사원의 키를 확률변수 X라 하면 X는 정규분포 $N(173, 5^2)$을 따르므로 확률변수 $Z=\dfrac{X-173}{5}$은 표준정규분포 $N(0, 1)$을 따른다.

$\therefore P(175.5 \leq X \leq 180.5)=P\left(\dfrac{175.5-173}{5} \leq Z \leq \dfrac{180.5-173}{5}\right)$

$=P(0.5 \leq Z \leq 1.5)$

$=P(0 \leq Z \leq 1.5)-P(0 \leq Z \leq 0.5)$

$=0.43-0.19=0.24$

따라서 키가 175.5 cm 이상이고 180.5 cm 이하인 신입 사원 수는

$650 \times 0.24=156$

0491 답 70

[문제 이해] 한 켤레의 운동화를 신는 기간을 확률변수 X라 하면 X는 정규분포 $N(18, 2^2)$을 따르므로 확률변수 $Z=\dfrac{X-18}{2}$은 표준정규분포 $N(0, 1)$을 따른다. ◀ 20 %

[해결 과정] $\therefore P(X \leq 15)=P\left(Z \leq \dfrac{15-18}{2}\right)$

$=P(Z \leq -1.5)=P(Z \geq 1.5)$

$=P(Z \geq 0)-P(0 \leq Z \leq 1.5)$

$=0.5-0.43=0.07$ ◀ 50 %

[답 구하기] 따라서 한 켤레의 운동화를 신는 기간이 15개월 이하인 사람 수는

$1000 \times 0.07=70$ ◀ 30 %

0492 답 ②

농장에서 생산한 한라봉의 무게를 확률변수 X라 하면 X는 정규분포 $N(200, 10^2)$을 따르므로 확률변수 $Z=\dfrac{X-200}{10}$은 표준정규분포 $N(0, 1)$을 따른다.

$$\therefore \mathrm{P}(X \leq 180) = \mathrm{P}\left(Z \leq \frac{180-200}{10}\right) = \mathrm{P}(Z \leq -2)$$
$$= \mathrm{P}(Z \geq 2) = \mathrm{P}(Z \geq 0) - \mathrm{P}(0 \leq Z \leq 2)$$
$$= 0.5 - 0.48 = 0.02$$

따라서 이 농장에서 생산한 한라봉 1000개 중에서 판매할 수 없는 한라봉의 개수는

$$1000 \times 0.02 = 20$$

중 0493 답 92점

수학 성적을 확률변수 X라 하면 X는 정규분포 $\mathrm{N}(64,\ 16^2)$을 따르므로 확률변수 $Z = \dfrac{X-64}{16}$는 표준정규분포 $\mathrm{N}(0,\ 1)$을 따른다.

1등급을 받기 위한 최저 점수를 a점이라 하면

$\mathrm{P}(X \geq a) = 0.04$에서

$$\mathrm{P}\left(Z \geq \frac{a-64}{16}\right) = 0.04$$

이때 $0.04 < 0.5$이므로 $\dfrac{a-64}{16} > 0$

즉, $\mathrm{P}(Z \geq 0) - \mathrm{P}\left(0 \leq Z \leq \dfrac{a-64}{16}\right) = 0.04$

$$0.5 - \mathrm{P}\left(0 \leq Z \leq \frac{a-64}{16}\right) = 0.04$$

$$\therefore \mathrm{P}\left(0 \leq Z \leq \frac{a-64}{16}\right) = 0.46$$

이때 주어진 표준정규분포표에서 $\mathrm{P}(0 \leq Z \leq 1.75) = 0.46$이므로

$$\frac{a-64}{16} = 1.75,\ a-64 = 28$$

$$\therefore a = 92$$

따라서 1등급을 받기 위한 최저 점수는 92점이다.

중 0494 답 ④

제품 한 개의 무게를 확률변수 X라 하면 X는 정규분포 $\mathrm{N}(160,\ 5^2)$을 따르므로 확률변수 $Z = \dfrac{X-160}{5}$은 표준정규분포 $\mathrm{N}(0,\ 1)$을 따른다.

$\mathrm{P}(X \leq a) = 0.0668$에서

$$\mathrm{P}\left(Z \leq \frac{a-160}{5}\right) = 0.0668$$

$$\mathrm{P}\left(Z \geq -\frac{a-160}{5}\right) = 0.0668$$

이때 $0.0668 < 0.5$이므로 $-\dfrac{a-160}{5} > 0$

즉, $\mathrm{P}(Z \geq 0) - \mathrm{P}\left(0 \leq Z \leq -\dfrac{a-160}{5}\right) = 0.0668$

$$0.5 - \mathrm{P}\left(0 \leq Z \leq -\frac{a-160}{5}\right) = 0.0668$$

$$\therefore \mathrm{P}\left(0 \leq Z \leq -\frac{a-160}{5}\right) = 0.4332$$

이때 주어진 표준정규분포표에서 $\mathrm{P}(0 \leq Z \leq 1.5) = 0.4332$이므로

$$-\frac{a-160}{5} = 1.5,\ a-160 = -7.5$$

$$\therefore a = 152.5$$

상 0495 답 179.2

1학년 학생의 키를 확률변수 X라 하면 X는 정규분포 $\mathrm{N}(166.8,\ 8^2)$을 따르므로 확률변수 $Z_X = \dfrac{X-166.8}{8}$은 표준정규분포 $\mathrm{N}(0,\ 1)$을 따른다.

1학년 학생의 키가 178 cm 이상일 확률은

$$\mathrm{P}(X \geq 178) = \mathrm{P}\left(Z_X \geq \frac{178-166.8}{8}\right) = \mathrm{P}(Z_X \geq 1.4)$$
$$= \mathrm{P}(Z_X \geq 0) - \mathrm{P}(0 \leq Z_X \leq 1.4)$$
$$= 0.5 - 0.42 = 0.08$$

한편, 3학년 학생의 키를 확률변수 Y라 하면 Y는 정규분포 $\mathrm{N}(176.4,\ 4^2)$을 따르므로 확률변수 $Z_Y = \dfrac{Y-176.4}{4}$는 표준정규분포 $\mathrm{N}(0,\ 1)$을 따른다.

이때 3학년에서 키가 a cm 이상인 학생 수는 1학년에서 키가 178 cm 이상인 학생 수의 3배이고, 1학년과 3학년의 학생 수가 같으므로 3학년에서 키가 a cm 이상일 확률도 1학년에서 키가 178 cm 이상일 확률의 3배이다. 즉,

$$\mathrm{P}(Y \geq a) = 3\mathrm{P}(X \geq 178)$$

$$\mathrm{P}\left(Z_Y \geq \frac{a-176.4}{4}\right) = 3 \times 0.08 = 0.24$$

이때 $0.24 < 0.5$이므로 $\dfrac{a-176.4}{4} > 0$

즉, $\mathrm{P}(Z_Y \geq 0) - \mathrm{P}\left(0 \leq Z_Y \leq \dfrac{a-176.4}{4}\right) = 0.24$

$$0.5 - \mathrm{P}\left(0 \leq Z_Y \leq \frac{a-176.4}{4}\right) = 0.24$$

$$\therefore \mathrm{P}\left(0 \leq Z_Y \leq \frac{a-176.4}{4}\right) = 0.26$$

이때 $\mathrm{P}(0 \leq Z_Y \leq 0.7) = 0.26$이므로

$$\frac{a-176.4}{4} = 0.7,\ a-176.4 = 2.8$$

$$\therefore a = 179.2$$

중 0496 답 ④

확률변수 X가 이항분포 $\mathrm{B}\left(100,\ \dfrac{1}{2}\right)$을 따르므로

$$\mathrm{E}(X) = 100 \times \frac{1}{2} = 50$$

$$\mathrm{V}(X) = 100 \times \frac{1}{2} \times \frac{1}{2} = 25$$

이때 100은 충분히 큰 수이므로 X는 근사적으로 정규분포 $\mathrm{N}(50,\ 5^2)$을 따른다.

따라서 확률변수 $Z = \dfrac{X-50}{5}$은 표준정규분포 $\mathrm{N}(0,\ 1)$을 따르므로

$$\mathrm{P}(55 \leq X \leq 60) = \mathrm{P}\left(\frac{55-50}{5} \leq Z \leq \frac{60-50}{5}\right) = \mathrm{P}(1 \leq Z \leq 2)$$
$$= \mathrm{P}(0 \leq Z \leq 2) - \mathrm{P}(0 \leq Z \leq 1)$$
$$= 0.4772 - 0.3413 = 0.1359$$

중 0497 답 96

확률변수 X가 이항분포 $\mathrm{B}\left(150,\ \dfrac{3}{5}\right)$을 따르므로

$$\mathrm{E}(X) = 150 \times \frac{3}{5} = 90$$

$$\mathrm{V}(X) = 150 \times \frac{3}{5} \times \frac{2}{5} = 36$$

이때 150은 충분히 큰 수이므로 X는 근사적으로 정규분포 $\mathrm{N}(90,\ 6^2)$을 따른다.

따라서 확률변수 $Z = \dfrac{X-90}{6}$은 표준정규분포 $\mathrm{N}(0,\ 1)$을 따르므로

$\mathrm{P}(X \geq a) = 0.16$에서

$$P\left(Z \geq \frac{a-90}{6}\right) = 0.16$$

이때 $0.16 < 0.5$이므로 $\dfrac{a-90}{6} > 0$

즉, $P(Z \geq 0) - P\left(0 \leq Z \leq \dfrac{a-90}{6}\right) = 0.16$

$0.5 - P\left(0 \leq Z \leq \dfrac{a-90}{6}\right) = 0.16$

$\therefore P\left(0 \leq Z \leq \dfrac{a-90}{6}\right) = 0.34$

이때 $P(0 \leq Z \leq 1) = 0.34$이므로

$\dfrac{a-90}{6} = 1$, $a - 90 = 6$

$\therefore a = 96$

0498 답 0.7745

$E(X) = 400 \times p = 400p$이므로

$E\left(\dfrac{1}{2}X\right) = \dfrac{1}{2}E(X) = \dfrac{1}{2} \times 400p = 200p$

$E\left(\dfrac{1}{2}X\right) = 40$에서 $200p = 40$ $\therefore p = \dfrac{1}{5}$

즉, 확률변수 X는 이항분포 $B\left(400, \dfrac{1}{5}\right)$을 따르므로

$E(X) = 400 \times \dfrac{1}{5} = 80$

$V(X) = 400 \times \dfrac{1}{5} \times \dfrac{4}{5} = 64$

이때 400은 충분히 큰 수이므로 X는 근사적으로 정규분포 $N(80, 8^2)$을 따른다.

따라서 확률변수 $Z = \dfrac{X-80}{8}$은 표준정규분포 $N(0, 1)$을 따르므로

$$\begin{aligned}
P(68 \leq X \leq 88) &= P\left(\dfrac{68-80}{8} \leq Z \leq \dfrac{88-80}{8}\right) \\
&= P(-1.5 \leq Z \leq 1) \\
&= P(0 \leq Z \leq 1.5) + P(0 \leq Z \leq 1) \\
&= 0.4332 + 0.3413 = 0.7745
\end{aligned}$$

0499 답 0.68

문제 이해 주어진 확률변수 X의 확률질량함수는

$$P(X=k) = {}_{100}C_k \left(\dfrac{1}{2}\right)^{100} = {}_{100}C_k \left(\dfrac{1}{2}\right)^k \left(\dfrac{1}{2}\right)^{100-k}$$
$$(k = 0, 1, 2, \cdots, 100)$$

이므로 확률변수 X는 이항분포 $B\left(100, \dfrac{1}{2}\right)$을 따른다. ◀ 20 %

해결 과정 $E(X) = 100 \times \dfrac{1}{2} = 50$

$V(X) = 100 \times \dfrac{1}{2} \times \dfrac{1}{2} = 25$

이때 100은 충분히 큰 수이므로 X는 근사적으로 정규분포 $N(50, 5^2)$을 따른다. ◀ 40 %

답 구하기 따라서 확률변수 $Z = \dfrac{X-50}{5}$은 표준정규분포 $N(0, 1)$을 따르므로

$$\begin{aligned}
P(45 \leq X \leq 55) &= P\left(\dfrac{45-50}{5} \leq Z \leq \dfrac{55-50}{5}\right) \\
&= P(-1 \leq Z \leq 1) \\
&= 2P(0 \leq Z \leq 1) \\
&= 2 \times 0.34 = 0.68
\end{aligned}$$
◀ 40 %

0500 답 0.62

3의 배수의 눈이 나오는 횟수를 확률변수 X라 하면 X는 이항분포 $B\left(450, \dfrac{1}{3}\right)$를 따르므로

$E(X) = 450 \times \dfrac{1}{3} = 150$

$V(X) = 450 \times \dfrac{1}{3} \times \dfrac{2}{3} = 100$

이때 450은 충분히 큰 수이므로 X는 근사적으로 정규분포 $N(150, 10^2)$을 따른다.

따라서 확률변수 $Z = \dfrac{X-150}{10}$은 표준정규분포 $N(0, 1)$을 따르므로 구하는 확률은

$$\begin{aligned}
P(135 \leq X \leq 155) &= P\left(\dfrac{135-150}{10} \leq Z \leq \dfrac{155-150}{10}\right) \\
&= P(-1.5 \leq Z \leq 0.5) \\
&= P(0 \leq Z \leq 1.5) + P(0 \leq Z \leq 0.5) \\
&= 0.43 + 0.19 = 0.62
\end{aligned}$$

0501 답 ③

A 제품을 선호하는 고객의 수를 확률변수 X라 하면 X는 이항분포 $B\left(150, \dfrac{3}{5}\right)$을 따르므로

$E(X) = 150 \times \dfrac{3}{5} = 90$

$V(X) = 150 \times \dfrac{3}{5} \times \dfrac{2}{5} = 36$

이때 150은 충분히 큰 수이므로 X는 근사적으로 정규분포 $N(90, 6^2)$을 따른다.

따라서 확률변수 $Z = \dfrac{X-90}{6}$은 표준정규분포 $N(0, 1)$을 따르므로 구하는 확률은

$$\begin{aligned}
P(X \geq 102) &= P\left(Z \geq \dfrac{102-90}{6}\right) \\
&= P(Z \geq 2) \\
&= P(Z \geq 0) - P(0 \leq Z \leq 2) \\
&= 0.5 - 0.4772 = 0.0228
\end{aligned}$$

0502 답 ④

흰 공 3개와 검은 공 2개가 들어 있는 주머니에서 임의로 3개의 공을 동시에 꺼낼 때, 흰 공이 2개 나올 확률은

$$\dfrac{{}_3C_2 \times {}_2C_1}{{}_5C_3} = \dfrac{3}{5}$$

임의로 3개의 공을 동시에 꺼내어 색을 확인하고 다시 주머니에 넣는 시행을 600번 반복하므로 600회의 독립시행이고, 흰 공이 2개 나오는 횟수를 확률변수 X라 하면 X는 이항분포 $B\left(600, \dfrac{3}{5}\right)$를 따르므로

$E(X) = 600 \times \dfrac{3}{5} = 360$

$V(X) = 600 \times \dfrac{3}{5} \times \dfrac{2}{5} = 144$

이때 600은 충분히 큰 수이므로 X는 근사적으로 정규분포 $N(360, 12^2)$을 따른다.

따라서 확률변수 $Z = \dfrac{X-360}{12}$은 표준정규분포 $N(0, 1)$을 따르므로 구하는 확률은

$$\begin{aligned}
\mathrm{P}(X \le 378) &= \mathrm{P}\!\left(Z \le \frac{378-360}{12}\right) \\
&= \mathrm{P}(Z \le 1.5) \\
&= \mathrm{P}(Z \le 0) + \mathrm{P}(0 \le Z \le 1.5) \\
&= 0.5 + 0.4332 = 0.9332
\end{aligned}$$

0503 답 24

판매한 100대의 청소기 중 A 회사의 제품의 수를 확률변수 X라 하면 X는 이항분포 $\mathrm{B}(100,\ 0.2)$를 따르므로

$\mathrm{E}(X) = 100 \times 0.2 = 20$

$\mathrm{V}(X) = 100 \times 0.2 \times 0.8 = 16$

이때 100은 충분히 큰 수이므로 X는 근사적으로 정규분포 $\mathrm{N}(20,\ 4^2)$을 따른다.

따라서 확률변수 $Z = \dfrac{X-20}{4}$은 표준정규분포 $\mathrm{N}(0,\ 1)$을 따르므로

$\mathrm{P}(X \ge k) = 0.1587$에서

$\mathrm{P}\!\left(Z \ge \dfrac{k-20}{4}\right) = 0.1587$

이때 $0.1587 < 0.5$이므로 $\dfrac{k-20}{4} > 0$

즉, $\mathrm{P}(Z \ge 0) - \mathrm{P}\!\left(0 \le Z \le \dfrac{k-20}{4}\right) = 0.1587$

$0.5 - \mathrm{P}\!\left(0 \le Z \le \dfrac{k-20}{4}\right) = 0.1587$

$\therefore \mathrm{P}\!\left(0 \le Z \le \dfrac{k-20}{4}\right) = 0.3413$

이때 주어진 표준정규분포표에서 $\mathrm{P}(0 \le Z \le 1) = 0.3413$이므로

$\dfrac{k-20}{4} = 1,\ k-20 = 4$

$\therefore k = 24$

0504 답 36

확률변수 X가 이항분포 $\mathrm{B}(2500,\ 0.02)$를 따르므로

$\mathrm{E}(X) = 2500 \times 0.02 = 50$

$\mathrm{V}(X) = 2500 \times 0.02 \times 0.98 = 49$

이때 2500은 충분히 큰 수이므로 X는 근사적으로 정규분포 $\mathrm{N}(50,\ 7^2)$을 따른다.

따라서 확률변수 $Z = \dfrac{X-50}{7}$은 표준정규분포 $\mathrm{N}(0,\ 1)$을 따르므로

$\mathrm{P}(X \ge k) = 0.9772$에서

$\mathrm{P}\!\left(Z \ge \dfrac{k-50}{7}\right) = 0.9772$

이때 $0.9772 > 0.5$이므로 $\dfrac{k-50}{7} < 0$

즉, $\mathrm{P}\!\left(\dfrac{k-50}{7} \le Z \le 0\right) + \mathrm{P}(Z \ge 0) = 0.9772$

$\mathrm{P}\!\left(0 \le Z \le -\dfrac{k-50}{7}\right) + 0.5 = 0.9772$

$\therefore \mathrm{P}\!\left(0 \le Z \le -\dfrac{k-50}{7}\right) = 0.4772$

이때 $\mathrm{P}(0 \le Z \le 2) = 0.4772$이므로

$-\dfrac{k-50}{7} = 2,\ k-50 = -14$

$\therefore k = 36$

0505 답 6

[문제 이해] 확률변수 X는 이항분포 $\mathrm{B}\!\left(150,\ \dfrac{2}{5}\right)$를 따른다. ◀ 10 %

[해결 과정] $\mathrm{E}(X) = 150 \times \dfrac{2}{5} = 60$, $\mathrm{V}(X) = 150 \times \dfrac{2}{5} \times \dfrac{3}{5} = 36$

이때 150은 충분히 큰 수이므로 X는 근사적으로 정규분포 $\mathrm{N}(60,\ 6^2)$을 따른다. ◀ 20 %

따라서 확률변수 $Z = \dfrac{X-60}{6}$은 표준정규분포 $\mathrm{N}(0,\ 1)$을 따르므로

$\mathrm{P}(|X-60| \ge k) = 0.32$에서

$\mathrm{P}(X-60 \le -k) + \mathrm{P}(X-60 \ge k) = 0.32$

$\mathrm{P}(X \le -k+60) + \mathrm{P}(X \ge k+60) = 0.32$

$\mathrm{P}\!\left(Z \le \dfrac{-k+60-60}{6}\right) + \mathrm{P}\!\left(Z \ge \dfrac{k+60-60}{6}\right) = 0.32$

$\mathrm{P}\!\left(Z \le -\dfrac{k}{6}\right) + \mathrm{P}\!\left(Z \ge \dfrac{k}{6}\right) = 0.32$

$2\mathrm{P}\!\left(Z \ge \dfrac{k}{6}\right) = 0.32$

$\mathrm{P}\!\left(Z \ge \dfrac{k}{6}\right) = 0.16$

이때 $0.16 < 0.5$이므로 $\dfrac{k}{6} > 0$

즉, $\mathrm{P}(Z \ge 0) - \mathrm{P}\!\left(0 \le Z \le \dfrac{k}{6}\right) = 0.16$

$0.5 - \mathrm{P}\!\left(0 \le Z \le \dfrac{k}{6}\right) = 0.16$

$\therefore \mathrm{P}\!\left(0 \le Z \le \dfrac{k}{6}\right) = 0.34$ ◀ 50 %

[답 구하기] 이때 주어진 표준정규분포표에서 $\mathrm{P}(0 \le Z \le 1) = 0.34$이므로

$\dfrac{k}{6} = 1 \qquad \therefore k = 6$ ◀ 20 %

>> 90~93쪽

중단원 마무리

0506 답 ⑤

확률변수 X의 확률질량함수는

$\mathrm{P}(X=x) = {}_3\mathrm{C}_x\, p^x (1-p)^{3-x}\ (x=0,\ 1,\ 2,\ 3)$이므로

$\mathrm{P}(X=3) = {}_3\mathrm{C}_3\, p^3 = p^3$

또, 확률변수 Y의 확률질량함수는

$\mathrm{P}(Y=y) = {}_4\mathrm{C}_y\, (2p)^y (1-2p)^{4-y}\ (y=0,\ 1,\ 2,\ 3,\ 4)$이므로

$$\begin{aligned}
\mathrm{P}(Y \ge 3) &= \mathrm{P}(Y=3) + \mathrm{P}(Y=4) \\
&= {}_4\mathrm{C}_3\, (2p)^3 (1-2p)^1 + {}_4\mathrm{C}_4\, (2p)^4 \\
&= 16p^3(2-3p)
\end{aligned}$$

따라서 $8\mathrm{P}(X=3) = \mathrm{P}(Y \ge 3)$에서

$8p^3 = 16p^3(2-3p),\ p^3 = 2p^3(2-3p),\ p^3(1-2p) = 0$

$\therefore p = \dfrac{1}{2}\ (\because p > 0)$

0507 답 ①

$E(X) = n \times \dfrac{1}{2} = \dfrac{n}{2}$

$V(X) = E(X^2) - \{E(X)\}^2$에서

$E(X^2) = V(X) + \{E(X)\}^2$이므로

$\{E(X)\}^2 = 25$

즉, $\dfrac{n^2}{4} = 25$이므로

$n^2 = 100$ $\therefore n = 10$ ($\because n$은 자연수)

0508 답 ⑤

한 개의 주사위를 던지는 시행을 20번 반복하므로 20회의 독립시행

이고, 한 개의 주사위를 한 번 던질 때 소수의 눈이 나올 확률은 $\dfrac{1}{2}$이

므로 확률변수 X는 이항분포 $B\left(20, \dfrac{1}{2}\right)$을 따른다.

ㄱ. $P(10 \le Y \le 12) = P(10 \le 20 - X \le 12)$
$\qquad\qquad\qquad = P(-10 \le -X \le -8)$
$\qquad\qquad\qquad = P(8 \le X \le 10)$

ㄴ. $E(X) = 20 \times \dfrac{1}{2} = 10$

$\quad Y = 20 - X$에서

$\quad E(Y) = E(20 - X) = 20 - E(X) = 20 - 10 = 10$

$\quad \therefore E(Y) = E(X)$

ㄷ. $V(X) = 20 \times \dfrac{1}{2} \times \dfrac{1}{2} = 5$

$\quad Y = 20 - X$에서

$\quad V(Y) = V(20 - X) = (-1)^2 V(X) = 5$

$\quad \therefore V(Y) = V(X)$

이상에서 ㄱ, ㄴ, ㄷ 모두 옳다.

0509 답 64

확률변수 X가 이항분포 $B\left(n, \dfrac{1}{5}\right)$을 따르므로

$E(X) = n \times \dfrac{1}{5} = \dfrac{n}{5}$

이때 $E(4X - 10) = 4E(X) - 10 = 70$이므로

$4 \times \dfrac{n}{5} - 10 = 70$, $\dfrac{4}{5}n = 80$

$\therefore n = 100$

따라서 확률변수 X가 이항분포 $B\left(100, \dfrac{1}{5}\right)$을 따르므로

$V(X) = 100 \times \dfrac{1}{5} \times \dfrac{4}{5} = 16$

$\therefore V(2X - 5) = 2^2 V(X) = 4 \times 16 = 64$

0510 답 8

확률변수 X의 확률밀도함수를 $f(x)$
라 하면 함수 $y = f(x)$의 그래프는 직
선 $x = 60$에 대하여 대칭이고
$P(54 \le X \le 57)$은 함수 $y = f(x)$의
그래프와 x축 및 두 직선 $x = 54$, $x = 57$로 둘러싸인 부분의 넓이와
같다.

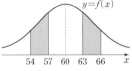

$\therefore P(54 \le X \le 57) = P(60 - 6 \le X \le 60 - 3)$
$\qquad\qquad\qquad\quad = P(60 + 3 \le X \le 60 + 6)$
$\qquad\qquad\qquad\quad = P(63 \le X \le 66)$

부등식 $P(54 \le X \le 57) < P(54 + a \le X \le 57 + a)$가 성립하려면

$54 < 54 + a < 63$, $57 < 57 + a < 66$

$\therefore 0 < a < 9$

따라서 자연수 a의 최댓값은 8이다.

0511 답 2

정규분포 $N(m, \sigma^2)$을 따르는 확률변수 X의 확률밀도함수의 그래
프는 직선 $x = m$에 대하여 대칭이므로 $P(a - 2 \le X \le a + 4)$가 최
대일 때는 $a - 2$와 $a + 4$의 평균이 m일 때이다.

즉, $\dfrac{(a-2) + (a+4)}{2} = m$에서

$a = m - 1$

$P(X \le a + 4) = 0.9332$에서

$P(X \le m + 3) = 0.9332$

$P(X \le m) + P(m \le X \le m + 3) = 0.9332$

$0.5 + P(m \le X \le m + 3) = 0.9332$

$\therefore P(m \le X \le m + 3) = 0.4332$

이때 $P(m \le X \le m + 1.5\sigma) = 0.4332$이므로

$1.5\sigma = 3$

$\therefore \sigma = 2$

0512 답 ④

모든 실수 x에 대하여 $f(90 - x) = f(90 + x)$이므로 함수 $f(x)$의
그래프는 직선 $x = 90$에 대하여 대칭이다. 즉, $m = 90$이다.

확률변수 X는 정규분포 $N(90, \sigma^2)$을 따르므로 확률변수

$Z = \dfrac{X - 90}{\sigma}$은 표준정규분포 $N(0, 1)$을 따른다.

$P(m \le X \le m + 8) = 0.4772$에서

$P(90 \le X \le 98) = 0.4772$

$P\left(\dfrac{90 - 90}{\sigma} \le Z \le \dfrac{98 - 90}{\sigma}\right) = 0.4772$

$\therefore P\left(0 \le Z \le \dfrac{8}{\sigma}\right) = 0.4772$

이때 주어진 표준정규분포표에서 $P(0 \le Z \le 2) = 0.4772$이므로

$\dfrac{8}{\sigma} = 2$ $\therefore \sigma = 4$

$\therefore P(84 \le X \le 100) = P\left(\dfrac{84 - 90}{4} \le Z \le \dfrac{100 - 90}{4}\right)$
$\qquad\qquad\qquad\qquad = P(-1.5 \le Z \le 2.5)$
$\qquad\qquad\qquad\qquad = P(-1.5 \le Z \le 0) + P(0 \le Z \le 2.5)$
$\qquad\qquad\qquad\qquad = P(0 \le Z \le 1.5) + P(0 \le Z \le 2.5)$
$\qquad\qquad\qquad\qquad = 0.4332 + 0.4938 = 0.927$

0513 답 155

확률변수 X가 정규분포 $N(m, \sigma^2)$을 따르므로 확률변수

$Z = \dfrac{X - m}{\sigma}$은 표준정규분포 $N(0, 1)$을 따른다.

$P(X \le 3) = 0.3$에서

$P\left(Z \le \dfrac{3 - m}{\sigma}\right) = 0.3$

이때 $0.3 < 0.5$이므로 $\dfrac{3-m}{\sigma} < 0$

즉, $\mathrm{P}(Z \leq 0) - \mathrm{P}\left(\dfrac{3-m}{\sigma} \leq Z \leq 0\right) = 0.3$

$0.5 - \mathrm{P}\left(0 \leq Z \leq \dfrac{m-3}{\sigma}\right) = 0.3$

$\therefore \mathrm{P}\left(0 \leq Z \leq \dfrac{m-3}{\sigma}\right) = 0.2$

이때 $\mathrm{P}(0 \leq Z \leq 0.52) = 0.2$이므로

$\dfrac{m-3}{\sigma} = 0.52$

$\therefore m = 3 + 0.52\sigma$ $\cdots\cdots$ ㉠

또, $\mathrm{P}(3 \leq X \leq 80) = 0.3$에서

$\mathrm{P}\left(\dfrac{3-m}{\sigma} \leq Z \leq \dfrac{80-m}{\sigma}\right) = 0.3$

$\mathrm{P}\left(\dfrac{3-m}{\sigma} \leq Z \leq 0\right) + \mathrm{P}\left(0 \leq Z \leq \dfrac{80-m}{\sigma}\right) = 0.3$

$\mathrm{P}\left(0 \leq Z \leq \dfrac{m-3}{\sigma}\right) + \mathrm{P}\left(0 \leq Z \leq \dfrac{80-m}{\sigma}\right) = 0.3$

$0.2 + \mathrm{P}\left(0 \leq Z \leq \dfrac{80-m}{\sigma}\right) = 0.3$

$\therefore \mathrm{P}\left(0 \leq Z \leq \dfrac{80-m}{\sigma}\right) = 0.1$

이때 $\mathrm{P}(0 \leq Z \leq 0.25) = 0.1$이므로

$\dfrac{80-m}{\sigma} = 0.25$

$\therefore m = 80 - 0.25\sigma$ $\cdots\cdots$ ㉡

㉠, ㉡을 연립하여 풀면 $m = 55$, $\sigma = 100$

$\therefore m + \sigma = 55 + 100 = 155$

0514 답 ⑤

이 회사 직원들의 이 날의 출근 시간을 확률변수 X라 하면 X는 정규분포 $\mathrm{N}(66.4, 15^2)$을 따르므로 확률변수 $Z = \dfrac{X-66.4}{15}$는 표준정규분포 $\mathrm{N}(0, 1)$을 따른다. 이때

$\mathrm{P}(X \geq 73) = \mathrm{P}\left(Z \geq \dfrac{73-66.4}{15}\right) = \mathrm{P}(Z \geq 0.44)$

$= \mathrm{P}(Z \geq 0) - \mathrm{P}(0 \leq Z \leq 0.44)$

$= 0.5 - 0.17 = 0.33$

이므로

$\mathrm{P}(X < 73) = 1 - \mathrm{P}(X \geq 73) = 1 - 0.33 = 0.67$

따라서 구하는 확률은

$0.33 \times 0.4 + 0.67 \times 0.2 = 0.132 + 0.134 = 0.266$

0515 답 300

지난 달 생산된 계란의 무게를 확률변수 X라 하면 X는 정규분포 $\mathrm{N}(59.6, 10^2)$을 따르므로 확률변수 $Z = \dfrac{X-59.6}{10}$은 표준정규분포 $\mathrm{N}(0, 1)$을 따른다.

$\therefore \mathrm{P}(X \geq 68) = \mathrm{P}\left(Z \geq \dfrac{68-59.6}{10}\right) = \mathrm{P}(Z \geq 0.84)$

$= \mathrm{P}(Z \geq 0) - \mathrm{P}(0 \leq Z \leq 0.84)$

$= 0.5 - 0.3 = 0.2$

따라서 지난 달 생산된 계란 1500개 중 왕란의 개수는

$1500 \times 0.2 = 300$

0516 답 ②

직원의 평가 점수를 확률변수 X라 하면 X는 정규분포 $\mathrm{N}(900, 50^2)$을 따르므로 확률변수 $Z = \dfrac{X-900}{50}$은 표준정규분포 $\mathrm{N}(0, 1)$을 따른다.

성과급을 받기 위한 최저 점수를 a점이라 하면

$\mathrm{P}(X \geq a) = 0.3$에서

$\mathrm{P}\left(Z \geq \dfrac{a-900}{50}\right) = 0.3$

이때 $0.3 < 0.5$이므로 $\dfrac{a-900}{50} > 0$

즉, $\mathrm{P}(Z \geq 0) - \mathrm{P}\left(0 \leq Z \leq \dfrac{a-900}{50}\right) = 0.3$

$0.5 - \mathrm{P}\left(0 \leq Z \leq \dfrac{a-900}{50}\right) = 0.3$

$\therefore \mathrm{P}\left(0 \leq Z \leq \dfrac{a-900}{50}\right) = 0.2$

이때 주어진 표준정규분포표에서 $\mathrm{P}(0 \leq Z \leq 0.52) = 0.2$이므로

$\dfrac{a-900}{50} = 0.52$, $a - 900 = 26$ $\therefore a = 926$

따라서 성과급을 받기 위한 최저 점수는 926점이다.

0517 답 ⑤

$\mathrm{V}(-3X+2) = 81$에서

$(-3)^2 \mathrm{V}(X) = 81$ $\therefore \mathrm{V}(X) = 9$

확률변수 X는 이항분포 $\mathrm{B}(48, p)$를 따르므로

$\mathrm{V}(X) = 48 \times p(1-p) = 9$에서

$16p(1-p) = 3$, $16p^2 - 16p + 3 = 0$

$(4p-1)(4p-3) = 0$ $\therefore p = \dfrac{1}{4}\left(\because 0 < p < \dfrac{1}{2}\right)$

즉, 확률변수 X가 이항분포 $\mathrm{B}\left(48, \dfrac{1}{4}\right)$을 따르므로

$\mathrm{E}(X) = 48 \times \dfrac{1}{4} = 12$

이때 48은 충분히 큰 수이므로 X는 근사적으로 정규분포 $\mathrm{N}(12, 3^2)$을 따른다.

따라서 확률변수 $Z = \dfrac{X-12}{3}$는 표준정규분포 $\mathrm{N}(0, 1)$을 따르므로

$\mathrm{P}(X \geq 15) = \mathrm{P}\left(Z \geq \dfrac{15-12}{3}\right) = \mathrm{P}(Z \geq 1)$

$= \mathrm{P}(Z \geq 0) - \mathrm{P}(0 \leq Z \leq 1)$

$= 0.5 - 0.3413 = 0.1587$

0518 답 0.0668

제주도를 선호하는 학생 수를 확률변수 X라 하면 X는 이항분포 $\mathrm{B}\left(600, \dfrac{2}{5}\right)$를 따르므로

$\mathrm{E}(X) = 600 \times \dfrac{2}{5} = 240$

$\mathrm{V}(X) = 600 \times \dfrac{2}{5} \times \dfrac{3}{5} = 144$

이때 600은 충분히 큰 수이므로 X는 근사적으로 정규분포 $\mathrm{N}(240, 12^2)$을 따른다.

따라서 확률변수 $Z = \dfrac{X-240}{12}$은 표준정규분포 $\mathrm{N}(0, 1)$을 따르므로 구하는 확률은

$$\begin{aligned}
\mathrm{P}(X\geq258)&=\mathrm{P}\left(Z\geq\frac{258-240}{12}\right)\\
&=\mathrm{P}(Z\geq1.5)\\
&=\mathrm{P}(Z\geq0)-\mathrm{P}(0\leq Z\leq1.5)\\
&=0.5-0.4332\\
&=0.0668
\end{aligned}$$

0519 답 200

전략 이차함수의 그래프와 직선의 위치 관계를 이용하여 사건 A를 구하고 이항분포를 이용한다.

직선 $y=ax-2$와 곡선 $y=x^2-2x+2$가 서로 다른 두 점에서 만나려면 이차방정식 $x^2-2x+2=ax-2$, 즉 $x^2-(a+2)x+4=0$의 판별식 D가 $D>0$이어야 하므로
$$D=(a+2)^2-16>0$$
$$a^2+4a-12>0,\ (a+6)(a-2)>0$$
$$\therefore a>2\ (\because a+6>0)$$
$$\therefore A=\{3,\ 4,\ 5,\ 6\}$$

이때 한 번의 시행에서 사건 A가 일어날 확률은 $\dfrac{4}{6}=\dfrac{2}{3}$이므로 확률변수 X는 이항분포 $\mathrm{B}\left(300,\ \dfrac{2}{3}\right)$를 따른다.
$$\therefore \mathrm{E}(X)=300\times\frac{2}{3}=200$$

0520 답 0.19

전략 표준편차가 같은 두 확률변수의 확률밀도함수의 그래프는 평행이동에 의하여 겹칠 수 있음을 이용한다.

두 곡선 $y=f(x)$, $y=g(x)$는 각각 직선 $x=m$과 $x=-m$에 대하여 대칭이고, 두 곡선과 x축 사이의 넓이는 각각 1이다.
주어진 조건과 $\mathrm{P}(Y\geq m)=0.16$임을 이용하여 두 곡선을 그리면 다음 그림과 같다.

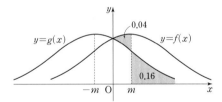

위의 그림에서 $\mathrm{P}(-m\leq Y\leq0)=\mathrm{P}(0\leq X\leq m)$이므로
곡선 $y=g(x)$에 대하여
$$\mathrm{P}(-m\leq Y\leq0)+\mathrm{P}(0\leq Y\leq m)+\mathrm{P}(Y\geq m)=0.5$$
$$2\mathrm{P}(-m\leq Y\leq0)-0.04+0.16=0.5$$
$$2\mathrm{P}(-m\leq Y\leq0)=0.38$$
$$2\mathrm{P}(0\leq X\leq m)=0.38$$
$$\therefore \mathrm{P}(0\leq X\leq m)=0.19$$

0521 답 ③

전략 확률변수의 성질과 정규분포곡선의 성질을 이해하고 정규분포곡선에서 σ의 값이 클수록 가운데 부분의 높이는 낮아지고 옆으로 퍼진 모양이 되는 것을 이용하여 해결한다.

ㄱ. 주어진 정규분포곡선에서 $\mathrm{E}(X)=10$, $\mathrm{E}(Y)=12$이므로
$$\mathrm{E}\left(\frac{1}{2}X+1\right)=\frac{1}{2}\mathrm{E}(X)+1=\frac{1}{2}\times10+1=6$$
$$\mathrm{E}\left(\frac{1}{3}Y+2\right)=\frac{1}{3}\mathrm{E}(Y)+2=\frac{1}{3}\times12+2=6$$

$$\therefore \mathrm{E}\left(\frac{1}{2}X+1\right)=\mathrm{E}\left(\frac{1}{3}Y+2\right)$$

ㄴ. 정규분포곡선은 σ의 값이 클수록 가운데 부분의 높이는 낮아지고 폭은 넓어지며 σ의 값이 작을수록 가운데 부분의 높이는 높아지고 폭은 좁아진다.
따라서 함수 $y=f(x)$의 그래프가 함수 $y=g(x)$의 그래프보다 넓게 퍼져 있으므로 $\sigma(X)>\sigma(Y)$이다.

ㄷ. 두 확률변수 X, Y가 각각 정규분포를 따르므로 두 확률변수 $Z_X=\dfrac{X-10}{\sigma(X)}$, $Z_Y=\dfrac{Y-12}{\sigma(Y)}$는 모두 표준정규분포 $\mathrm{N}(0,\ 1)$을 따른다.
$$\begin{aligned}
\mathrm{P}(10\leq X\leq12)&=\mathrm{P}\left(\frac{10-10}{\sigma(X)}\leq Z_X\leq\frac{12-10}{\sigma(X)}\right)\\
&=\mathrm{P}\left(0\leq Z_X\leq\frac{2}{\sigma(X)}\right)
\end{aligned}$$
$$\begin{aligned}
\mathrm{P}(10\leq Y\leq12)&=\mathrm{P}\left(\frac{10-12}{\sigma(Y)}\leq Z_Y\leq\frac{12-12}{\sigma(Y)}\right)\\
&=\mathrm{P}\left(-\frac{2}{\sigma(Y)}\leq Z_Y\leq0\right)\\
&=\mathrm{P}\left(0\leq Z_Y\leq\frac{2}{\sigma(Y)}\right)
\end{aligned}$$
ㄴ에서 $\sigma(X)>\sigma(Y)$이므로
$$\frac{2}{\sigma(X)}<\frac{2}{\sigma(Y)}$$
$$\therefore \mathrm{P}(10\leq X\leq12)<\mathrm{P}(10\leq Y\leq12)$$
이상에서 옳은 것은 ㄱ, ㄷ이다.

0522 답 576

전략 두 확률변수 X, Y가 정규분포를 따르므로 표준화하여 식을 세우고 점과 직선 사이의 거리를 이용하여 최솟값을 구한다.

두 확률변수 X, Y가 각각 정규분포 $\mathrm{N}(15,\ 3^2)$, $\mathrm{N}(20,\ 4^2)$을 따르므로 두 확률변수 $Z_X=\dfrac{X-15}{3}$, $Z_Y=\dfrac{Y-20}{4}$은 모두 표준정규분포 $\mathrm{N}(0,\ 1)$을 따른다.
$\mathrm{P}(X\leq a)=\mathrm{P}(Y\geq b)$에서
$$\mathrm{P}\left(Z_X\leq\frac{a-15}{3}\right)=\mathrm{P}\left(Z_Y\geq\frac{b-20}{4}\right)$$이므로
$$\frac{a-15}{3}=-\frac{b-20}{4}$$
$$4a-60=-3b+60$$
$$\therefore 4a+3b=120$$
$a^2+b^2=k^2$으로 놓으면 중심이 점 $(0,\ 0)$이고 반지름의 길이가 $|k|$인 원이므로 이 원이 직선 $4a+3b=120$에 접할 때, k^2의 값이 최소가 된다. 즉, 점 $(0,\ 0)$과 직선 $4a+3b=120$ 사이의 거리가 $|k|$이므로
$$\frac{|-120|}{\sqrt{4^2+3^2}}=|k|,\ |k|=24$$
$$\therefore k^2=24^2=576$$
따라서 a^2+b^2의 최솟값은 576이다.

도움 개념 **점 $(x_1,\ y_1)$과 직선 $ax+by+c=0$ 사이의 거리**
점 $(x_1,\ y_1)$과 직선 $ax+by+c=0$ 사이의 거리는
$$\frac{|ax_1+by_1+c|}{\sqrt{a^2+b^2}}$$

0523 답 112

전략 정규분포 $N(m, 8^2)$을 따르는 정규분포곡선은 직선 $x=m$에 대하여 대칭임과 주어진 조건을 이용하여 문제를 해결한다.

확률변수 X는 정규분포 $N(m, 8^2)$을 따르므로 X의 정규분포곡선은 직선 $x=m$에 대하여 대칭이다.

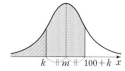

이때 조건 ㈎를 만족시키는 정규분포곡선은 위의 그림과 같으므로

$$\frac{k+(100+k)}{2}=m \quad \therefore k=m-50$$

확률변수 X는 정규분포 $N(m, 8^2)$을 따르므로 확률변수 $Z=\dfrac{X-m}{8}$은 표준정규분포 $N(0, 1)$을 따른다.

조건 ㈏에서 $P(X \geq 2k)=0.0668$이므로

$$P\left(Z \geq \frac{2k-m}{8}\right)=0.0668, \ P\left(Z \geq \frac{m-100}{8}\right)=0.0668$$

이때 $0.0668<0.5$이므로 $\dfrac{m-100}{8}>0$

즉, $P(Z \geq 0)-P\left(0 \leq Z \leq \dfrac{m-100}{8}\right)=0.0668$

$$0.5-P\left(0 \leq Z \leq \frac{m-100}{8}\right)=0.0668$$

$$\therefore P\left(0 \leq Z \leq \frac{m-100}{8}\right)=0.4332$$

이때 주어진 표준정규분포표에서 $P(0 \leq Z \leq 1.5)=0.4332$이므로

$$\frac{m-100}{8}=1.5 \quad \therefore m=112$$

0524 답 60

전략 확률변수 X, Y의 이항분포와 정규분포를 구한 후 X, Y를 각각 표준화하여 등식을 세운다.

확률변수 X는 이항분포 $B\left(400, \dfrac{1}{2}\right)$을 따르므로

$$E(X)=400 \times \frac{1}{2}=200, \ V(X)=400 \times \frac{1}{2} \times \frac{1}{2}=100$$

이때 400은 충분히 큰 수이므로 X는 근사적으로 정규분포 $N(200, 10^2)$을 따른다.

확률변수 $Z_X=\dfrac{X-200}{10}$은 표준정규분포 $N(0, 1)$을 따르므로

$$P(X \leq 225)=P\left(Z_X \leq \frac{225-200}{10}\right)=P(Z_X \leq 2.5) \quad \cdots\cdots \ ㉠$$

또, 확률변수 Y는 이항분포 $B\left(400, \dfrac{1}{5}\right)$을 따르므로

$$E(Y)=400 \times \frac{1}{5}=80, \ V(Y)=400 \times \frac{1}{5} \times \frac{4}{5}=64$$

이때 400은 충분히 큰 수이므로 Y는 근사적으로 정규분포 $N(80, 8^2)$을 따른다.

확률변수 $Z_Y=\dfrac{Y-80}{8}$은 표준정규분포 $N(0, 1)$을 따르므로

$$P(Y \geq a)=P\left(Z_Y \geq \frac{a-80}{8}\right) \quad \cdots\cdots \ ㉡$$

$P(X \leq 225)=P(Y \geq a)$이므로 ㉠, ㉡에 의하여

$$P(Z_X \leq 2.5)=P\left(Z_Y \geq \frac{a-80}{8}\right)$$

이때 $P(Z_X \leq 2.5)=P(Z_X \geq -2.5)$이므로

$$\frac{a-80}{8}=-2.5 \quad \therefore a=60$$

0525 답 $\dfrac{4}{3}$

문제 이해 확률변수 X의 확률질량함수는

$$P(X=x)={}_8C_x\,p^x(1-p)^{8-x} \ (x=0, 1, 2, \cdots, 8)$$

이므로 ◀ 30 %

해결 과정 $P(X=1)={}_8C_1\,p(1-p)^7=8p(1-p)^7$

$P(X=2)={}_8C_2\,p^2(1-p)^6=28p^2(1-p)^6$

$2P(X=1)+P(X=2)=20p(1-p)^6$에서

$16p(1-p)^7+28p^2(1-p)^6=20p(1-p)^6$

이때 $0<p<1$이므로 양변을 $4p(1-p)^6$으로 나누면

$4(1-p)+7p=5, \ 3p+4=5$

$$\therefore p=\frac{1}{3}$$ ◀ 40 %

답 구하기 따라서 확률변수 X는 이항분포 $B\left(8, \dfrac{1}{3}\right)$을 따르므로

$$\sigma(X)=\sqrt{8 \times \frac{1}{3} \times \frac{2}{3}}=\frac{4}{3}$$ ◀ 30 %

0526 답 80

문제 이해 한 개의 공을 꺼내어 색을 확인하고 다시 주머니에 넣는 시행을 36번 반복하므로 36회의 독립시행이고, $(k+4)$개의 공이 들어 있는 주머니에서 한 개의 공을 꺼낼 때 흰 공이 나올 확률은 $\dfrac{4}{k+4}$이므로 확률변수 X는 이항분포 $B\left(36, \dfrac{4}{k+4}\right)$를 따른다. ◀ 30 %

해결 과정 $E(X)=16$이므로

$$36 \times \frac{4}{k+4}=16$$

$$\frac{9}{k+4}=1 \quad \therefore k=5$$ ◀ 40 %

답 구하기 따라서 확률변수 X는 이항분포 $B\left(36, \dfrac{4}{9}\right)$를 따르므로

$$V(X)=36 \times \frac{4}{9} \times \frac{5}{9}=\frac{80}{9}$$

$$\therefore V(3X)=3^2V(X)=9 \times \frac{80}{9}=80$$ ◀ 30 %

0527 답 62

문제 이해 확률변수 X는 정규분포 $N(m, 5^2)$을 따르므로 함수 $y=f(x)$의 그래프는 직선 $x=m$에 대하여 대칭이다. ◀ 20 %

해결 과정 조건 ㈎에서 $f(10)>f(20)$이므로

$m-10<20-m \quad \therefore m<15 \quad \cdots\cdots \ ㉠$

또, 조건 ㈏에서 $f(4)<f(22)$이므로

$m-4>22-m \quad \therefore m>13 \quad \cdots\cdots \ ㉡$

㉠과 ㉡에서 m은 자연수이므로 $m=14$ ◀ 40 %

즉, 확률변수 X는 정규분포 $N(14, 5^2)$을 따르므로 확률변수 $Z=\dfrac{X-14}{5}$는 표준정규분포 $N(0, 1)$을 따른다.

$$\begin{aligned}\therefore P(17 \leq X \leq 18) &=P\left(\frac{17-14}{5} \leq Z \leq \frac{18-14}{5}\right)\\ &=P(0.6 \leq Z \leq 0.8)\\ &=P(0 \leq Z \leq 0.8)-P(0 \leq Z \leq 0.6)\\ &=0.288-0.226=0.062\end{aligned}$$ ◀ 30 %

답 구하기 따라서 $a=0.062$이므로

$$1000a=62$$ ◀ 10 %

0528 답 0.0668

[문제 이해] 확률변수 X가 정규분포 $N(m, 8^2)$을 따르므로 확률변수 $Z = \dfrac{X-m}{8}$은 표준정규분포 $N(0, 1)$을 따른다. ◀ 20 %

[해결 과정] $P(X \leq a) = 0.8413$에서 $P\left(Z \leq \dfrac{a-m}{8}\right) = 0.8413$

이때 $0.8413 > 0.5$이므로 $\dfrac{a-m}{8} > 0$

즉, $P(Z \leq 0) + P\left(0 \leq Z \leq \dfrac{a-m}{8}\right) = 0.8413$

$0.5 + P\left(0 \leq Z \leq \dfrac{a-m}{8}\right) = 0.8413$

$\therefore P\left(0 \leq Z \leq \dfrac{a-m}{8}\right) = 0.3413$

이때 주어진 표준정규분포표에서 $P(0 \leq Z \leq 1) = 0.3413$이므로

$\dfrac{a-m}{8} = 1$ $\therefore a = m+8$ ◀ 40 %

[답 구하기] $\therefore P(X \geq a+4) = P(X \geq m+12)$

$= P\left(Z \geq \dfrac{m+12-m}{8}\right) = P(Z \geq 1.5)$

$= P(Z \geq 0) - P(0 \leq Z \leq 1.5)$

$= 0.5 - 0.4332 = 0.0668$ ◀ 40 %

0529 답 (1) 0.02 (2) 228

(1) 음료수 한 개의 용량을 확률변수 X라 하면 X는 정규분포

$N(300, 10^2)$을 따르므로 확률변수 $Z_X = \dfrac{X-300}{10}$은 표준정규

분포 $N(0, 1)$을 따른다. ◀ 10 %

따라서 음료수가 불량품일 확률은

$P(X \geq 325) + P(X \leq 275)$

$= P\left(Z_X \geq \dfrac{325-300}{10}\right) + P\left(Z_X \leq \dfrac{275-300}{10}\right)$

$= P(Z_X \geq 2.5) + P(Z_X \leq -2.5) = 2P(Z_X \geq 2.5)$

$= 2\{P(Z_X \geq 0) - P(0 \leq Z_X \leq 2.5)\}$

$= 2(0.5 - 0.49) = 0.02$ ◀ 30 %

(2) 음료수 10000개 중 불량품의 개수를 확률변수 Y라 하면 Y는 이항분포 $B(10000, 0.02)$를 따르므로

$E(Y) = 10000 \times 0.02 = 200$

$V(Y) = 10000 \times 0.02 \times 0.98 = 196$

이때 10000은 충분히 큰 수이므로 Y는 근사적으로 정규분포

$N(200, 14^2)$을 따른다. ◀ 20 %

확률변수 $Z_Y = \dfrac{Y-200}{14}$은 표준정규분포 $N(0, 1)$을 따르므로

$P(Y \geq n) \leq 0.02$에서 $P\left(Z_Y \geq \dfrac{n-200}{14}\right) \leq 0.02$

이때 $0.02 < 0.5$이므로 $\dfrac{n-200}{14} > 0$

즉, $P(Z_Y \geq 0) - P\left(0 \leq Z_Y \leq \dfrac{n-200}{14}\right) \leq 0.02$

$0.5 - P\left(0 \leq Z_Y \leq \dfrac{n-200}{14}\right) \leq 0.02$

$\therefore P\left(0 \leq Z_Y \leq \dfrac{n-200}{14}\right) \geq 0.48$

이때 주어진 표준정규분포표에서 $P(0 \leq Z_Y \leq 2) = 0.48$이므로

$\dfrac{n-200}{14} \geq 2$ $\therefore n \geq 228$ ◀ 30 %

따라서 구하는 자연수 n의 최솟값은 228이다. ◀ 10 %

Lecture ≫ 96~99쪽

13 모집단과 표본

0530 답 표본조사 **0531** 답 전수조사

0532 답 (1) 16 (2) 12

(1) 4개의 공 중에서 2개의 공을 꺼내는 중복순열의 수와 같으므로

$_4\Pi_2 = 4^2 = 16$

(2) 4개의 공 중에서 2개의 공을 꺼내는 순열의 수와 같으므로

$_4P_2 = 4 \times 3 = 12$

0533 답 (1) 풀이 참조 (2) 평균: 3, 분산: $\dfrac{4}{3}$, 표준편차: $\dfrac{2\sqrt{3}}{3}$

(1) 1, 3, 5가 각각 하나씩 적힌 3장의 카드 중에서 2장의 카드를 1장씩 복원추출하는 경우의 수는

$_3\Pi_2 = 3^2 = 9$

$\overline{X} = 1$인 경우는 $(1, 1)$의 1가지

$\overline{X} = 2$인 경우는 $(1, 3)$, $(3, 1)$의 2가지

$\overline{X} = 3$인 경우는 $(1, 5)$, $(3, 3)$, $(5, 1)$의 3가지

$\overline{X} = 4$인 경우는 $(3, 5)$, $(5, 3)$의 2가지

$\overline{X} = 5$인 경우는 $(5, 5)$의 1가지

따라서 표본평균 $\overline{X}$의 확률분포를 표로 나타내면 다음과 같다.

$\overline{X}$	1	2	3	4	5	합계
$P(\overline{X} = \overline{x})$	$\dfrac{1}{9}$	$\dfrac{2}{9}$	$\dfrac{1}{3}$	$\dfrac{2}{9}$	$\dfrac{1}{9}$	1

(2) $E(\overline{X}) = 1 \times \dfrac{1}{9} + 2 \times \dfrac{2}{9} + 3 \times \dfrac{1}{3} + 4 \times \dfrac{2}{9} + 5 \times \dfrac{1}{9} = 3$

$V(\overline{X}) = 1^2 \times \dfrac{1}{9} + 2^2 \times \dfrac{2}{9} + 3^2 \times \dfrac{1}{3} + 4^2 \times \dfrac{2}{9} + 5^2 \times \dfrac{1}{9} - 3^2$

$= \dfrac{4}{3}$

$\sigma(\overline{X}) = \sqrt{V(\overline{X})} = \sqrt{\dfrac{4}{3}} = \dfrac{2\sqrt{3}}{3}$

0534 답 (1) 20 (2) $\dfrac{9}{16}$ (3) $\dfrac{3}{4}$

모평균이 20, 모표준편차가 3, 표본의 크기가 16이므로

(1) $E(\overline{X}) = 20$

(2) $V(\overline{X}) = \dfrac{3^2}{16} = \dfrac{9}{16}$

(3) $\sigma(\overline{X}) = \dfrac{3}{\sqrt{16}} = \dfrac{3}{4}$

0535 답 (1) 평균: 110, 분산: 4 (2) $N(110, 2^2)$

(3) $Z = \dfrac{\overline{X}-110}{2}$ (4) 0.9772

(1) $E(\overline{X}) = 110$, $V(\overline{X}) = \dfrac{6^2}{9} = 4$

(4) $P(\overline{X} \leq 114) = P\left(Z \leq \dfrac{114-110}{2}\right)$

$\qquad\qquad\qquad = P(Z \leq 2)$

$\qquad\qquad\qquad = P(Z \leq 0) + P(0 \leq Z \leq 2)$

$\qquad\qquad\qquad = 0.5 + 0.4772 = 0.9772$

0536 답 ④

모평균이 8, 모표준편차가 6, 표본의 크기가 4이므로

$E(\overline{X}) = 8$, $V(\overline{X}) = \dfrac{6^2}{4} = 9$

이때 $V(\overline{X}) = E(\overline{X}^2) - \{E(\overline{X})\}^2$이므로

$E(\overline{X}^2) = V(\overline{X}) + \{E(\overline{X})\}^2 = 9 + 8^2 = 73$

$\therefore E(\overline{X}) + E(\overline{X}^2) = 8 + 73 = 81$

0537 답 49

모표준편차가 14, 표본의 크기가 n이므로

$\sigma(\overline{X}) = \dfrac{14}{\sqrt{n}}$

$\sigma(\overline{X}) \leq 2$이므로 $\dfrac{14}{\sqrt{n}} \leq 2$

$\sqrt{n} \geq 7$ $\quad \therefore n \geq 49$

따라서 n의 최솟값은 49이다.

0538 답 ④

모평균이 72, 모표준편차가 8, 표본의 크기가 n이므로

$E(\overline{X}) = 72$ $\quad \therefore m = 72$

$V(\overline{X}) = \dfrac{8^2}{n} = \dfrac{2}{3}$ $\quad \therefore n = 96$

$\therefore m + n = 72 + 96 = 168$

0539 답 5

확률의 총합은 1이므로

$\dfrac{1}{6} + \dfrac{1}{3} + a = 1$ $\quad \therefore a = \dfrac{1}{2}$

따라서 확률변수 X에 대하여

$E(X) = 0 \times \dfrac{1}{6} + 3 \times \dfrac{1}{3} + 6 \times \dfrac{1}{2} = 4$

$V(X) = 0^2 \times \dfrac{1}{6} + 3^2 \times \dfrac{1}{3} + 6^2 \times \dfrac{1}{2} - 4^2 = 5$

이때 표본의 크기가 4이므로

$E(\overline{X}) = E(X) = 4$, $V(\overline{X}) = \dfrac{V(X)}{4} = \dfrac{5}{4}$

$\therefore E(\overline{X}) \times V(\overline{X}) = 4 \times \dfrac{5}{4} = 5$

0540 답 6

[문제 이해] 확률변수 X의 확률분포를 표로 나타내면 다음과 같다.

X	2	4	6	8	합계
$P(X=x)$	$\dfrac{1}{10}$	$\dfrac{1}{5}$	$\dfrac{3}{10}$	$\dfrac{2}{5}$	1

◀ 20 %

[해결 과정] 확률변수 X에 대하여

$E(X) = 2 \times \dfrac{1}{10} + 4 \times \dfrac{1}{5} + 6 \times \dfrac{3}{10} + 8 \times \dfrac{2}{5} = 6$

$V(X) = 2^2 \times \dfrac{1}{10} + 4^2 \times \dfrac{1}{5} + 6^2 \times \dfrac{3}{10} + 8^2 \times \dfrac{2}{5} - 6^2$

$\qquad\quad = 40 - 36 = 4$

◀ 30 %

이때 표본의 크기가 6이므로

$V(\overline{X}) = \dfrac{V(X)}{6} = \dfrac{4}{6} = \dfrac{2}{3}$

◀ 30 %

[답 구하기] $\therefore V(3\overline{X}) = 3^2 V(\overline{X}) = 9 \times \dfrac{2}{3} = 6$

◀ 20 %

0541 답 2

확률의 총합은 1이므로

$\dfrac{1}{6} + a + b = 1$ $\quad \therefore a + b = \dfrac{5}{6}$ $\qquad \cdots\cdots$ ㉠

이때 확률변수 X에 대하여 $E(X^2) = \dfrac{16}{3}$이므로

$0^2 \times \dfrac{1}{6} + 2^2 \times a + 4^2 \times b = \dfrac{16}{3}$, $4a + 16b = \dfrac{16}{3}$

$\therefore a + 4b = \dfrac{4}{3}$ $\qquad \cdots\cdots$ ㉡

㉠, ㉡을 연립하여 풀면

$a = \dfrac{2}{3}$, $b = \dfrac{1}{6}$

따라서 확률변수 X에 대하여

$E(X) = 0 \times \dfrac{1}{6} + 2 \times \dfrac{2}{3} + 4 \times \dfrac{1}{6} = 2$

$V(X) = E(X^2) - \{E(X)\}^2 = \dfrac{16}{3} - 2^2 = \dfrac{4}{3}$

이때 표본의 크기가 3이므로

$V(\overline{X}) = \dfrac{V(X)}{3} = \dfrac{\frac{4}{3}}{3} = \dfrac{4}{9}$

$\therefore \sigma(\overline{X}) = \sqrt{\dfrac{4}{9}} = \dfrac{2}{3}$

$\therefore \sigma(3\overline{X}) = |3| \sigma(\overline{X}) = 3 \times \dfrac{2}{3} = 2$

0542 답 $E(\overline{X}) = 3$, $V(\overline{X}) = \dfrac{1}{4}$

상자에서 임의로 한 장의 카드를 꺼낼 때, 카드에 적힌 숫자를 확률변수 X라 하고 X의 확률분포를 표로 나타내면 다음과 같다.

X	1	2	3	4	합계
$P(X=x)$	$\dfrac{1}{10}$	$\dfrac{1}{5}$	$\dfrac{3}{10}$	$\dfrac{2}{5}$	1

확률변수 X에 대하여

$E(X) = 1 \times \dfrac{1}{10} + 2 \times \dfrac{1}{5} + 3 \times \dfrac{3}{10} + 4 \times \dfrac{2}{5} = 3$

$V(X) = 1^2 \times \dfrac{1}{10} + 2^2 \times \dfrac{1}{5} + 3^2 \times \dfrac{3}{10} + 4^2 \times \dfrac{2}{5} - 3^2$

$\qquad\quad = 10 - 9 = 1$

이때 표본의 크기가 4이므로

$E(\overline{X}) = E(X) = 3$, $V(\overline{X}) = \dfrac{V(X)}{4} = \dfrac{1}{4}$

0543 답 ②

주머니에서 임의로 한 개의 공을 꺼낼 때, 공에 적힌 숫자를 확률변수 X라 하고 X의 확률분포를 표로 나타내면 다음과 같다.

X	2	4	6	8	합계
$P(X=x)$	$\dfrac{1}{4}$	$\dfrac{1}{4}$	$\dfrac{1}{4}$	$\dfrac{1}{4}$	1

확률변수 X에 대하여

$E(X)=2\times\dfrac{1}{4}+4\times\dfrac{1}{4}+6\times\dfrac{1}{4}+8\times\dfrac{1}{4}=5$

$V(X)=2^2\times\dfrac{1}{4}+4^2\times\dfrac{1}{4}+6^2\times\dfrac{1}{4}+8^2\times\dfrac{1}{4}-5^2$

$\qquad\quad=30-25=5$

이때 표본의 크기가 3이므로

$E(\overline{X})=E(X)=5,\ V(\overline{X})=\dfrac{V(X)}{3}=\dfrac{5}{3}$

$\therefore E(2\overline{X}+3)=2E(\overline{X})+3=2\times5+3=13,$

$\qquad V(3\overline{X}-2)=3^2V(\overline{X})=9\times\dfrac{5}{3}=15$

$\therefore E(2\overline{X}+3)+V(3\overline{X}-2)=13+15=28$

중 0544 답 ②

상자에서 임의로 한 장의 카드를 꺼낼 때, 카드에 적힌 숫자를 확률변수 X라 하고 X의 확률분포를 표로 나타내면 다음과 같다.

X	1	2	3	합계
$P(X=x)$	$\dfrac{2}{7}$	$\dfrac{3}{7}$	$\dfrac{2}{7}$	1

확률변수 X에 대하여

$E(X)=1\times\dfrac{2}{7}+2\times\dfrac{3}{7}+3\times\dfrac{2}{7}=2$

$V(X)=1^2\times\dfrac{2}{7}+2^2\times\dfrac{3}{7}+3^2\times\dfrac{2}{7}-2^2=\dfrac{32}{7}-4=\dfrac{4}{7}$

표본의 크기가 n일 때, $V(\overline{X})=\dfrac{1}{7}$이므로

$\dfrac{\frac{4}{7}}{n}=\dfrac{1}{7}\qquad\therefore n=4$

중 0545 답 ④

모집단이 정규분포 $N(600,\,12^2)$을 따르고 표본의 크기가 36이므로 표본평균 $\overline{X}$는 정규분포 $N\left(600,\,\dfrac{12^2}{36}\right)$, 즉 $N(600,\,2^2)$을 따른다.

따라서 확률변수 $Z=\dfrac{\overline{X}-600}{2}$은 표준정규분포 $N(0,\,1)$을 따르므로 구하는 확률은

$P(598\leq\overline{X}\leq605)=P\left(\dfrac{598-600}{2}\leq Z\leq\dfrac{605-600}{2}\right)$

$\qquad=P(-1\leq Z\leq2.5)$

$\qquad=P(-1\leq Z\leq0)+P(0\leq Z\leq2.5)$

$\qquad=P(0\leq Z\leq1)+P(0\leq Z\leq2.5)$

$\qquad=0.3413+0.4938=0.8351$

중 0546 답 0.0228

모집단이 정규분포 $N(15,\,4^2)$을 따르고 표본의 크기가 16이므로 표본평균 $\overline{X}$는 정규분포 $N\left(15,\,\dfrac{4^2}{16}\right)$, 즉 $N(15,\,1^2)$을 따른다.

따라서 확률변수 $Z=\overline{X}-15$는 표준정규분포 $N(0,\,1)$을 따르므로 구하는 확률은

$P(\overline{X}\geq17)=P(Z\geq17-15)$

$\qquad=P(Z\geq2)$

$\qquad=P(Z\geq0)-P(0\leq Z\leq2)$

$\qquad=0.5-0.4772=0.0228$

중 0547 답 10

[문제 이해] 모집단이 정규분포 $N(m,\,\sigma^2)$을 따르고 표본의 크기가 16이므로 표본평균 $\overline{X}$는 정규분포 $N\left(m,\,\dfrac{\sigma^2}{16}\right)$, 즉 $N\left(m,\,\left(\dfrac{\sigma}{4}\right)^2\right)$을 따른다. ◀ 20 %

[해결 과정] 따라서 확률변수 $Z=\dfrac{\overline{X}-m}{\dfrac{\sigma}{4}}=\dfrac{4(\overline{X}-m)}{\sigma}$은 표준정규

분포 $N(0,\,1)$을 따르므로

$P(m-5\leq\overline{X}\leq m+5)=0.9544$에서

$P\left(\dfrac{4\{(m-5)-m\}}{\sigma}\leq Z\leq\dfrac{4\{(m+5)-m\}}{\sigma}\right)=0.9544$

$P\left(-\dfrac{20}{\sigma}\leq Z\leq\dfrac{20}{\sigma}\right)=0.9544,\ 2P\left(0\leq Z\leq\dfrac{20}{\sigma}\right)=0.9544$

$\therefore P\left(0\leq Z\leq\dfrac{20}{\sigma}\right)=0.4772$ ◀ 60 %

[답 구하기] 이때 주어진 표준정규분포표에서 $P(0\leq Z\leq2)=0.4772$이므로

$\dfrac{20}{\sigma}=2\qquad\therefore\sigma=10$ ◀ 20 %

상 0548 답 0.0668

모집단이 정규분포 $N(394,\,12^2)$을 따르고 표본의 크기가 9이므로 표본평균 $\overline{X}$는 정규분포 $N\left(394,\,\dfrac{12^2}{9}\right)$, 즉 $N(394,\,4^2)$을 따른다.

따라서 확률변수 $Z=\dfrac{\overline{X}-394}{4}$는 표준정규분포 $N(0,\,1)$을 따르므로 사과 9개가 들어 있는 상자의 무게가 3.6 kg 이상일 확률은

$P(9\overline{X}\geq3600)=P(\overline{X}\geq400)$

$\qquad=P\left(Z\geq\dfrac{400-394}{4}\right)$

$\qquad=P(Z\geq1.5)$

$\qquad=P(Z\geq0)-P(0\leq Z\leq1.5)$

$\qquad=0.5-0.4332=0.0668$

상 0549 답 ③

모집단이 정규분포 $N(430,\,16^2)$을 따르고 표본의 크기가 4이므로 표본평균 $\overline{X}$는 정규분포 $N\left(430,\,\dfrac{16^2}{4}\right)$, 즉 $N(430,\,8^2)$을 따른다.

따라서 확률변수 $Z=\dfrac{\overline{X}-430}{8}$은 표준정규분포 $N(0,\,1)$을 따르므로 축구공 4개가 들어 있는 상자의 무게가 1768 g 이하일 확률은

$P(4\overline{X}\leq1768)=P(\overline{X}\leq442)$

$\qquad=P\left(Z\leq\dfrac{442-430}{8}\right)$

$\qquad=P(Z\leq1.5)$

$\qquad=P(Z\leq0)+P(0\leq Z\leq1.5)$

$\qquad=0.5+0.4332=0.9332$

중 0550 답 36

모집단이 정규분포 $N(3000,\,300^2)$을 따르고 표본의 크기가 n이므로 표본평균 $\overline{X}$는 정규분포 $N\left(3000,\,\left(\dfrac{300}{\sqrt{n}}\right)^2\right)$을 따른다.

따라서 확률변수 $Z=\dfrac{\overline{X}-3000}{\dfrac{300}{\sqrt{n}}}$은 표준정규분포 $N(0,\,1)$을 따르므로

$P(2900 \leq \overline{X} \leq 3100) = 0.9544$에서

$$P\left(\frac{2900-3000}{\frac{300}{\sqrt{n}}} \leq Z \leq \frac{3100-3000}{\frac{300}{\sqrt{n}}}\right) = 0.9544$$

$$P\left(-\frac{\sqrt{n}}{3} \leq Z \leq \frac{\sqrt{n}}{3}\right) = 0.9544$$

$$2P\left(0 \leq Z \leq \frac{\sqrt{n}}{3}\right) = 0.9544$$

$$\therefore P\left(0 \leq Z \leq \frac{\sqrt{n}}{3}\right) = 0.4772$$

이때 주어진 표준정규분포표에서 $P(0 \leq Z \leq 2) = 0.4772$이므로

$$\frac{\sqrt{n}}{3} = 2, \ \sqrt{n} = 6 \qquad \therefore n = 36$$

(중) 0551 답 16

모집단이 정규분포 $N(3, 3^2)$을 따르고 표본의 크기가 n이므로 표본평균 $\overline{X}$는 정규분포 $N\left(3, \left(\frac{3}{\sqrt{n}}\right)^2\right)$을 따른다.

따라서 확률변수 $Z = \dfrac{\overline{X}-3}{\frac{3}{\sqrt{n}}}$은 표준정규분포 $N(0, 1)$을 따르므로

$$P\left(\overline{X} \leq 2.58 \times \frac{3}{\sqrt{n}}\right) = 0.08$$에서

$$P\left(Z \leq \frac{2.58 \times \frac{3}{\sqrt{n}} - 3}{\frac{3}{\sqrt{n}}}\right) = 0.08$$

$$P(Z \leq 2.58 - \sqrt{n}) = 0.08$$

이때 $0.08 < 0.5$이므로 $2.58 - \sqrt{n} < 0$

즉, $P(Z \leq 0) - P(2.58-\sqrt{n} \leq Z \leq 0) = 0.08$

$0.5 - P(0 \leq Z \leq \sqrt{n}-2.58) = 0.08$

$$\therefore P(0 \leq Z \leq \sqrt{n}-2.58) = 0.42$$

이때 주어진 표준정규분포표에서 $P(0 \leq Z \leq 1.42) = 0.42$이므로

$\sqrt{n} - 2.58 = 1.42, \ \sqrt{n} = 4 \qquad \therefore n = 16$

(중) 0552 답 144

[문제 이해] 모집단이 정규분포 $N(m, 4^2)$을 따르고 표본의 크기가 n이므로 표본평균 $\overline{X}$는 정규분포 $N\left(m, \left(\frac{4}{\sqrt{n}}\right)^2\right)$을 따른다. ◀ 20 %

[해결 과정] 따라서 확률변수 $Z = \dfrac{\overline{X}-m}{\frac{4}{\sqrt{n}}}$은 표준정규분포 $N(0, 1)$

을 따르므로

$P(m-0.5 \leq \overline{X} \leq m+0.5) = 0.8664$에서

$$P\left(\frac{m-0.5-m}{\frac{4}{\sqrt{n}}} \leq Z \leq \frac{m+0.5-m}{\frac{4}{\sqrt{n}}}\right) = 0.8664$$

$$P\left(-\frac{\sqrt{n}}{8} \leq Z \leq \frac{\sqrt{n}}{8}\right) = 0.8664$$

$$2P\left(0 \leq Z \leq \frac{\sqrt{n}}{8}\right) = 0.8664$$

$$\therefore P\left(0 \leq Z \leq \frac{\sqrt{n}}{8}\right) = 0.4332 \qquad ◀ 50 \%$$

[답 구하기] 이때 주어진 표준정규분포표에서

$P(0 \leq Z \leq 1.5) = 0.4332$이므로

$$\frac{\sqrt{n}}{8} = 1.5, \ \sqrt{n} = 12 \qquad \therefore n = 144 \qquad ◀ 30 \%$$

(상) 0553 답 ③

모집단이 정규분포 $N(100, 6^2)$을 따르고 표본의 크기가 n이므로 표본평균 $\overline{X}$는 정규분포 $N\left(100, \left(\frac{6}{\sqrt{n}}\right)^2\right)$을 따른다.

따라서 확률변수 $Z = \dfrac{\overline{X}-100}{\frac{6}{\sqrt{n}}}$은 표준정규분포 $N(0, 1)$을 따르므로

$P(99 \leq \overline{X} \leq 101) \geq 0.7$에서

$$P\left(\frac{99-100}{\frac{6}{\sqrt{n}}} \leq Z \leq \frac{101-100}{\frac{6}{\sqrt{n}}}\right) \geq 0.7$$

$$P\left(-\frac{\sqrt{n}}{6} \leq Z \leq \frac{\sqrt{n}}{6}\right) \geq 0.7$$

$$2P\left(0 \leq Z \leq \frac{\sqrt{n}}{6}\right) \geq 0.7$$

$$\therefore P\left(0 \leq Z \leq \frac{\sqrt{n}}{6}\right) \geq 0.35$$

이때 주어진 표준정규분포표에서 $P(0 \leq Z \leq 1) = 0.35$이므로

$$\frac{\sqrt{n}}{6} \geq 1, \ \sqrt{n} \geq 6$$

$$\therefore n \geq 36$$

따라서 구하는 n의 최솟값은 36이다.

(중) 0554 답 ④

모집단이 정규분포 $N(60, 4^2)$을 따르고 표본의 크기가 256이므로 표본평균 $\overline{X}$는 정규분포 $N\left(60, \frac{4^2}{256}\right)$, 즉 $N\left(60, \left(\frac{1}{4}\right)^2\right)$을 따른다.

따라서 확률변수 $Z = \dfrac{\overline{X}-60}{\frac{1}{4}}$은 표준정규분포 $N(0, 1)$을 따르므로

$P(\overline{X} \leq k) \leq 0.014$에서

$$P\left(Z \leq \frac{k-60}{\frac{1}{4}}\right) \leq 0.014$$

$$P(Z \leq 4k-240) \leq 0.014$$

이때 $0.014 < 0.5$이므로 $4k-240 < 0$

즉, $P(Z \leq 0) - P(4k-240 \leq Z \leq 0) \leq 0.014$

$0.5 - P(0 \leq Z \leq 240-4k) \leq 0.014$

$$\therefore P(0 \leq Z \leq 240-4k) \geq 0.486$$

이때 주어진 표준정규분포표에서 $P(0 \leq Z \leq 2.2) = 0.486$이므로

$240-4k \geq 2.2, \ -4k \geq -237.8$

$$\therefore k \leq 59.45$$

따라서 k의 최댓값은 59.45이다.

(중) 0555 답 ②

모집단이 정규분포 $N(80, 2.5^2)$을 따르고 표본의 크기가 16이므로 표본평균 $\overline{X}$는 정규분포 $N\left(80, \frac{2.5^2}{16}\right)$, 즉 $N\left(80, \left(\frac{5}{8}\right)^2\right)$을 따른다.

따라서 확률변수 $Z = \dfrac{\overline{X}-80}{\frac{5}{8}}$은 표준정규분포 $N(0, 1)$을 따르므로

$P(|\overline{X}-80| \leq a) = 0.9544$에서

$$P\left(\left|\frac{\overline{X}-80}{\frac{5}{8}}\right| \leq \frac{a}{\frac{5}{8}}\right) = 0.9544$$

$$P\left(|Z| \leq \frac{8}{5}a\right) = 0.9544$$

$2P\left(0 \leq Z \leq \dfrac{8}{5}a\right) = 0.9544$

$\therefore P\left(0 \leq Z \leq \dfrac{8}{5}a\right) = 0.4772$

이때 주어진 표준정규분포표에서 $P(0 \leq Z \leq 2) = 0.4772$이므로

$\dfrac{8}{5}a = 2$ $\therefore a = 1.25$

》100~103쪽

Lecture 14 모평균의 추정

0556 답 $43.04 \leq m \leq 46.96$

모평균 m에 대한 신뢰도 95 %의 신뢰구간은

$45 - 1.96 \times \dfrac{6}{\sqrt{36}} \leq m \leq 45 + 1.96 \times \dfrac{6}{\sqrt{36}}$

$\therefore 43.04 \leq m \leq 46.96$

0557 답 $49.608 \leq m \leq 50.392$

모평균 m에 대한 신뢰도 95 %의 신뢰구간은

$50 - 1.96 \times \dfrac{6}{\sqrt{900}} \leq m \leq 50 + 1.96 \times \dfrac{6}{\sqrt{900}}$

$\therefore 49.608 \leq m \leq 50.392$

0558 답 $116.13 \leq m \leq 123.87$

모평균 m에 대한 신뢰도 99 %의 신뢰구간은

$120 - 2.58 \times \dfrac{15}{\sqrt{100}} \leq m \leq 120 + 2.58 \times \dfrac{15}{\sqrt{100}}$

$\therefore 116.13 \leq m \leq 123.87$

0559 답 $98.065 \leq m \leq 101.935$

모평균 m에 대한 신뢰도 99 %의 신뢰구간은

$100 - 2.58 \times \dfrac{15}{\sqrt{400}} \leq m \leq 100 + 2.58 \times \dfrac{15}{\sqrt{400}}$

$\therefore 98.065 \leq m \leq 101.935$

0560 답 $39.51 \leq m \leq 40.49$

모평균 m에 대한 신뢰도 95 %의 신뢰구간은

$40 - 1.96 \times \dfrac{4}{\sqrt{256}} \leq m \leq 40 + 1.96 \times \dfrac{4}{\sqrt{256}}$

$\therefore 39.51 \leq m \leq 40.49$

0561 답 $39.355 \leq m \leq 40.645$

모평균 m에 대한 신뢰도 99 %의 신뢰구간은

$40 - 2.58 \times \dfrac{4}{\sqrt{256}} \leq m \leq 40 + 2.58 \times \dfrac{4}{\sqrt{256}}$

$\therefore 39.355 \leq m \leq 40.645$

0562 답 1.96

모평균 m에 대한 신뢰도 95 %의 신뢰구간의 길이는

$2 \times 1.96 \times \dfrac{5}{\sqrt{100}} = 1.96$

0563 답 2.58

모평균 m에 대한 신뢰도 99 %의 신뢰구간의 길이는

$2 \times 2.58 \times \dfrac{5}{\sqrt{100}} = 2.58$

(중) 0564 답 $382.04 \leq m \leq 385.96$

표본평균이 384점, 모표준편차가 10점, 표본의 크기가 100이므로 모평균 m에 대한 신뢰도 95 %의 신뢰구간은

$384 - 1.96 \times \dfrac{10}{\sqrt{100}} \leq m \leq 384 + 1.96 \times \dfrac{10}{\sqrt{100}}$

$\therefore 382.04 \leq m \leq 385.96$

(중) 0565 답 $1.371 \leq m \leq 1.629$

표본평균이 1.5 kg, 모표준편차가 0.35 kg, 표본의 크기가 49이므로 모평균 m에 대한 신뢰도 99 %의 신뢰구간은

$1.5 - 2.58 \times \dfrac{0.35}{\sqrt{49}} \leq m \leq 1.5 + 2.58 \times \dfrac{0.35}{\sqrt{49}}$

$\therefore 1.371 \leq m \leq 1.629$

(중) 0566 답 7

표본평균이 80분, 모표준편차가 16분, 표본의 크기가 64이므로 모평균 m에 대한 신뢰도 95 %의 신뢰구간은

$80 - 1.96 \times \dfrac{16}{\sqrt{64}} \leq m \leq 80 + 1.96 \times \dfrac{16}{\sqrt{64}}$

$\therefore 76.08 \leq m \leq 83.92$

따라서 모평균 m에 대한 신뢰도 95 %의 신뢰구간에 속하는 자연수는 77, 78, 79, …, 83의 7개이다.

(상) 0567 답 85

[해결 과정] 표본평균이 24, 모표준편차가 10, 표본의 크기가 25이므로 $P(|Z| \leq k) = \dfrac{\alpha}{100}$라 할 때, 모평균 m에 대한 신뢰도 α %의 신뢰구간은

$24 - k \times \dfrac{10}{\sqrt{25}} \leq m \leq 24 + k \times \dfrac{10}{\sqrt{25}}$

$\therefore 24 - 2k \leq m \leq 24 + 2k$ ◀ 40 %

이때 $21.12 \leq m \leq 26.88$이므로

$24 - 2k = 21.12,\ 24 + 2k = 26.88$

$\therefore k = 1.44$ ◀ 30 %

[답 구하기] 따라서 주어진 표준정규분포표에서

$P(|Z| \leq 1.44) = 2P(0 \leq Z \leq 1.44) = 2 \times 0.425 = 0.85$

따라서 $\dfrac{\alpha}{100} = 0.85$이므로 $\alpha = 85$ ◀ 30 %

(중) 0568 답 $13.284 \leq m \leq 14.316$

표본의 크기 100이 충분히 크므로 모표준편차 대신 표본표준편차 2초를 사용할 수 있고, 표본평균이 13.8초이므로 모평균 m에 대한 신뢰도 99 %의 신뢰구간은

$13.8 - 2.58 \times \dfrac{2}{\sqrt{100}} \leq m \leq 13.8 + 2.58 \times \dfrac{2}{\sqrt{100}}$

$\therefore 13.284 \leq m \leq 14.316$

(중) 0569 답 ④

표본의 크기 196이 충분히 크므로 모표준편차 대신 표본표준편차 5시간을 사용할 수 있고, 표본평균이 62시간이므로 모평균 m에 대한 신뢰도 95 %의 신뢰구간은

$$62 - 1.96 \times \frac{5}{\sqrt{196}} \leq m \leq 62 + 1.96 \times \frac{5}{\sqrt{196}}$$

$$\therefore 61.3 \leq m \leq 62.7$$

0570 답 ③

표본의 크기 100이 충분히 크므로 모표준편차 대신 표본표준편차 24 g을 사용할 수 있고, 표본평균이 360 g이므로 모평균 m에 대한 신뢰도 95 %의 신뢰구간은

$$360 - 2 \times \frac{24}{\sqrt{100}} \leq m \leq 360 + 2 \times \frac{24}{\sqrt{100}}$$

$$\therefore 355.2 \leq m \leq 364.8$$

따라서 모평균 m에 대한 신뢰도 95 %의 신뢰구간에 속하는 자연수는 356, 357, 358, $\cdots$, 364의 9개이다.

0571 답 ④

표본평균이 250 g, 모표준편차가 36 g, 표본의 크기가 n이므로 모평균 m에 대한 신뢰도 95 %의 신뢰구간은

$$250 - 2 \times \frac{36}{\sqrt{n}} \leq m \leq 250 + 2 \times \frac{36}{\sqrt{n}}$$

이때 $250 - 2 \times \frac{36}{\sqrt{n}} = 244$이므로

$$\sqrt{n} = 12 \qquad \therefore n = 144$$

따라서 $a = 250 + 2 \times \frac{36}{\sqrt{144}} = 256$이므로

$$n + a = 144 + 256 = 400$$

0572 답 196

표본평균이 12.4권, 모표준편차가 4권, 표본의 크기가 n이므로 모평균 m에 대한 신뢰도 95 %의 신뢰구간은

$$12.4 - 1.96 \times \frac{4}{\sqrt{n}} \leq m \leq 12.4 + 1.96 \times \frac{4}{\sqrt{n}}$$

이때 $11.84 \leq m \leq 12.96$이므로

$$12.4 - 1.96 \times \frac{4}{\sqrt{n}} = 11.84, \ 12.4 + 1.96 \times \frac{4}{\sqrt{n}} = 12.96$$

따라서 $1.96 \times \frac{4}{\sqrt{n}} = 0.56$이므로

$$\sqrt{n} = 14 \qquad \therefore n = 196$$

0573 답 ③

모표준편차가 80분, 표본의 크기가 400이므로 모평균을 신뢰도 99 %로 추정한 신뢰구간의 길이는

$$2 \times 2.58 \times \frac{80}{\sqrt{400}} = 20.64$$

0574 답 ②

$P(|Z| \leq k) = \dfrac{\alpha}{100}$라 하면 모평균을 신뢰도 α %로 추정한 신뢰구간의 길이는 다음과 같다.

① $2k \times \dfrac{12}{\sqrt{100}} = 2.4k$ ② $2k \times \dfrac{14}{\sqrt{100}} = 2.8k$

③ $2k \times \dfrac{12}{\sqrt{400}} = 1.2k$ ④ $2k \times \dfrac{16}{\sqrt{400}} = 1.6k$

⑤ $2k \times \dfrac{24}{\sqrt{400}} = 2.4k$

따라서 신뢰구간의 길이가 가장 긴 것은 ②이다.

0575 답 64

[해결 과정] 모평균 m을 신뢰도 95 %로 추정한 신뢰구간의 길이는

$$2 \times 1.96 \times \frac{\sigma}{\sqrt{n_1}} = 34.245 - 33.755 = 0.49$$

모평균 m을 신뢰도 99 %로 추정한 신뢰구간의 길이는

$$2 \times 2.58 \times \frac{\sigma}{\sqrt{n_2}} = 47.58 - 42.42 = 5.16$$

$$\therefore \sqrt{n_1} = \frac{2 \times 1.96\sigma}{0.49} = 8\sigma, \ \sqrt{n_2} = \frac{2 \times 2.58\sigma}{5.16} = \sigma \qquad \blacktriangleleft \ 60 \ \%$$

[답 구하기] 따라서 $\dfrac{\sqrt{n_1}}{\sqrt{n_2}} = \dfrac{8\sigma}{\sigma} = 8$이므로

$$\frac{n_1}{n_2} = 64 \qquad \blacktriangleleft \ 40 \ \%$$

0576 답 ③

모평균 m을 신뢰도 95 %로 추정한 신뢰구간의 길이는

$$2 \times 1.96 \times \frac{\sigma}{\sqrt{49}} = 3.67 - 3.53 = 0.14$$

$$0.56\sigma = 0.14 \qquad \therefore \sigma = 0.25$$

즉, 표본평균이 $\bar{x}$ g, 모표준편차가 0.25 g, 표본의 크기가 49이므로 모평균 m에 대한 신뢰도 95 %의 신뢰구간은

$$\bar{x} - 1.96 \times \frac{0.25}{\sqrt{49}} \leq m \leq \bar{x} + 1.96 \times \frac{0.25}{\sqrt{49}}$$

이때 $3.53 \leq m \leq 3.67$이므로

$$\bar{x} - 1.96 \times \frac{0.25}{7} = 3.53, \ \bar{x} + 1.96 \times \frac{0.25}{7} = 3.67$$

$$\therefore \bar{x} = 3.6$$

$$\therefore \bar{x}\sigma = 3.6 \times 0.25 = 0.9$$

0577 답 25

모표준편차가 10분이고, 신뢰도 95 %로 추정한 모평균에 대한 신뢰구간의 길이가 7.84 이하가 되려면

$$2 \times 1.96 \times \frac{10}{\sqrt{n}} \leq 7.84, \ \sqrt{n} \geq 5$$

$$\therefore n \geq 25$$

따라서 n의 최솟값은 25이다.

0578 답 64

$P(|Z| \leq k) = \dfrac{\alpha}{100}$라 하면 신뢰도 α %로 모평균을 추정할 때, 모표준편차가 1, 표본의 크기가 4, 신뢰구간의 길이가 2이므로

$$2k \times \frac{1}{\sqrt{4}} = 2 \qquad \therefore k = 2$$

따라서 표본의 크기를 n이라 하고 신뢰도 α %로 모평균을 추정할 때, 신뢰구간의 길이가 0.5가 되려면

$$4 \times \frac{1}{\sqrt{n}} = 0.5, \ \sqrt{n} = 8$$

$$\therefore n = 64$$

0579 답 144

표본평균이 $\bar{x}$, 모표준편차가 6, 표본의 크기가 n일 때, 신뢰도 95 %로 추정한 모평균 m에 대한 신뢰구간은

$$\bar{x} - 2 \times \frac{6}{\sqrt{n}} \leq m \leq \bar{x} + 2 \times \frac{6}{\sqrt{n}}$$

$$-\frac{12}{\sqrt{n}} \leq m - \bar{x} \leq \frac{12}{\sqrt{n}}$$

$$\therefore |m-\overline{x}| \leq \frac{12}{\sqrt{n}}$$

모평균 m과 표본평균 $\overline{x}$의 차가 1 이하가 되려면

$$\frac{12}{\sqrt{n}} \leq 1, \sqrt{n} \geq 12 \qquad \therefore n \geq 144$$

따라서 n의 최솟값은 144이다.

⊜0580 답 ①

표본평균을 $\overline{x}$ kg이라 할 때, 모표준편차가 0.4 kg, 표본의 크기가 64이므로 신뢰도 95 %로 추정한 모평균 m에 대한 신뢰구간은

$$\overline{x} - 2 \times \frac{0.4}{\sqrt{64}} \leq m \leq \overline{x} + 2 \times \frac{0.4}{\sqrt{64}}$$

$$-\frac{1}{10} \leq m - \overline{x} \leq \frac{1}{10}$$

$$\therefore |m-\overline{x}| \leq \frac{1}{10}$$

따라서 모평균과 표본평균의 차의 최댓값은 $\frac{1}{10}$ kg이다.

⊜0581 답 167

[해결 과정] 표본평균을 $\overline{x}$, 모평균을 m, 모표준편차를 σ라 할 때, 표본의 크기가 n이므로 신뢰도 99 %로 추정한 모평균 m에 대한 신뢰구간은

$$\overline{x} - 2.58 \times \frac{\sigma}{\sqrt{n}} \leq m \leq \overline{x} + 2.58 \times \frac{\sigma}{\sqrt{n}}$$

$$-\frac{2.58\sigma}{\sqrt{n}} \leq m - \overline{x} \leq \frac{2.58\sigma}{\sqrt{n}}$$

$$\therefore |m-\overline{x}| \leq \frac{2.58\sigma}{\sqrt{n}} \qquad \blacktriangleleft 50\%$$

모평균 m과 표본평균 $\overline{x}$의 차가 $\frac{1}{5}\sigma$ 이하가 되려면

$$\frac{2.58\sigma}{\sqrt{n}} \leq \frac{\sigma}{5}, \sqrt{n} \geq 12.9 \qquad \therefore n \geq 166.41 \qquad \blacktriangleleft 40\%$$

[답 구하기] 이때 n은 자연수이므로 n의 최솟값은 167이다. ◀ 10 %

⊜0582 답 ①, ③

신뢰도 a %로 모평균 m을 추정한 신뢰구간이 $a \leq m \leq b$이므로 표본의 크기를 n, $\mathrm{P}(|Z| \leq k) = \frac{a}{100}$라 하면

$$b - a = 2k\frac{\sigma}{\sqrt{n}}$$

① 신뢰도를 높이면 k의 값은 커지고, 표본의 크기를 작게 하면 n의 값은 작아지므로 $b-a$의 값은 커진다.

② 신뢰도가 일정하면 k의 값은 일정하고, 표본의 크기를 작게 하면 n의 값은 작아지므로 $b-a$의 값은 커진다.

③ $b-a$의 값은 표본평균의 값과 관계가 없다.

④ 표본의 크기가 일정하면 n의 값은 일정하다. 이때 $b-a$의 값이 작아지므로 k의 값은 작아진다. 즉, 신뢰도는 낮아진다.

⑤ 동일한 표본을 이용할 때, 표본평균의 값을 $\overline{x}$라 하면 모평균 m에 대한 신뢰도 a %의 신뢰구간은

$$\overline{x} - k\frac{\sigma}{\sqrt{n}} \leq m \leq \overline{x} + k\frac{\sigma}{\sqrt{n}}$$

신뢰도가 95 %이면 신뢰도가 99 %일 때보다 k의 값이 더 작으므로 모평균 m의 신뢰도 95 %의 신뢰구간은 신뢰도 99 %의 신뢰구간을 포함하지 않는다.

따라서 옳은 것은 ①, ③이다.

⊜0583 답 ②

정규분포 $\mathrm{N}(m, \sigma^2)$을 따르는 모집단에서 크기가 n인 표본을 임의추출하여 추정한 모평균에 대한 신뢰구간의 길이는

$$2k\frac{\sigma}{\sqrt{n}} \text{ (단, } k\text{는 상수이다.)}$$

신뢰도는 일정하고 표본의 크기가 $4n$이면 신뢰구간의 길이는

$$2k\frac{\sigma}{\sqrt{4n}} = \frac{1}{2} \times 2k\frac{\sigma}{\sqrt{n}}$$

따라서 표본의 크기가 4배가 되면 신뢰구간의 길이는 $\frac{1}{2}$배가 되므로

$$a = \frac{1}{2}$$

》104~107쪽

중단원 마무리

0584 답 $\sqrt{15}$

모평균이 20이므로 $\mathrm{E}(\overline{X}) = 20$

이때 $\mathrm{E}(\overline{X}) = \frac{n}{3}$이므로 $\frac{n}{3} = 20$ $\qquad \therefore n = 60$

모표준편차가 σ, 표본의 크기가 60이므로 $\mathrm{V}(\overline{X}) = \frac{\sigma^2}{60}$

이때 $\mathrm{V}(\overline{X}) = \frac{1}{4}$이므로 $\frac{\sigma^2}{60} = \frac{1}{4}$, $\sigma^2 = 15$

$\therefore \sigma = \sqrt{15}$ ($\because \sigma > 0$)

0585 답 13

확률변수 X에 대하여

$$\mathrm{E}(X) = 0 \times \frac{1}{5} + 1 \times \frac{2}{5} + 2 \times \frac{1}{5} + 3 \times \frac{1}{5} = \frac{7}{5}$$

$$\mathrm{V}(X) = 0^2 \times \frac{1}{5} + 1^2 \times \frac{2}{5} + 2^2 \times \frac{1}{5} + 3^2 \times \frac{1}{5} - \left(\frac{7}{5}\right)^2 = \frac{26}{25}$$

$$\therefore \mathrm{V}(\overline{X}) = \frac{\mathrm{V}(X)}{n} = \frac{\frac{26}{25}}{n} = \frac{26}{25n}$$

이때 $\mathrm{V}(\overline{X}) = \frac{2}{25}$이므로

$$\frac{26}{25n} = \frac{2}{25}, 2n = 26 \qquad \therefore n = 13$$

0586 답 ⑤

모집단이 정규분포 $\mathrm{N}(201.5, 1.8^2)$을 따르고 표본의 크기가 9이므로 표본평균 $\overline{X}$는 정규분포 $\mathrm{N}\left(201.5, \frac{1.8^2}{9}\right)$, 즉 $\mathrm{N}(201.5, 0.6^2)$을 따른다.

따라서 확률변수 $Z = \frac{\overline{X} - 201.5}{0.6}$는 표준정규분포 $\mathrm{N}(0, 1)$을 따르므로 구하는 확률은

$$\mathrm{P}(\overline{X} \geq 200) = \mathrm{P}\left(Z \geq \frac{200 - 201.5}{0.6}\right)$$

$$= \mathrm{P}(Z \geq -2.5)$$

$$= \mathrm{P}(-2.5 \leq Z \leq 0) + \mathrm{P}(Z \geq 0)$$

$$= \mathrm{P}(0 \leq Z \leq 2.5) + \mathrm{P}(Z \geq 0)$$

$$= 0.4938 + 0.5 = 0.9938$$

0587 답 ③

모집단이 정규분포 $N(m, 1^2)$을 따르고 표본의 크기가 n이므로 표본평균 $\overline{X}$는 정규분포 $N\left(m, \left(\dfrac{1}{\sqrt{n}}\right)^2\right)$을 따른다.

따라서 확률변수 $Z=\dfrac{\overline{X}-m}{\dfrac{1}{\sqrt{n}}}$은 표준정규분포 $N(0, 1)$을 따르므로

$$f(n)=P(m\leq\overline{X}\leq m+1)$$
$$=P\left(\dfrac{m-m}{\dfrac{1}{\sqrt{n}}}\leq Z\leq\dfrac{m+1-m}{\dfrac{1}{\sqrt{n}}}\right)$$
$$=P(0\leq Z\leq\sqrt{n})$$

ㄱ. $f(1)=P(0\leq Z\leq 1)=0.34$

ㄴ. $y=f(n)$은 $n=1$에서 최소이므로 최솟값은 $f(1)=0.34$이다.

ㄷ. $a<b$이면 $P(0\leq Z\leq\sqrt{a})<P(0\leq Z\leq\sqrt{b})$이므로 $f(a)<f(b)$이다.

이상에서 옳은 것은 ㄱ, ㄷ이다.

0588 답 144

모집단이 정규분포 $N(m, \sigma^2)$을 따르고 표본의 크기가 n이므로 표본평균 $\overline{X}$는 정규분포 $N\left(m, \left(\dfrac{\sigma}{\sqrt{n}}\right)^2\right)$을 따른다.

확률변수 $Z=\dfrac{\overline{X}-m}{\dfrac{\sigma}{\sqrt{n}}}$은 표준정규분포 $N(0, 1)$을 따르므로

$$f(n)=P\left(|\overline{X}-m|<\dfrac{\sigma}{4}\right)$$
$$=P\left(\left|\dfrac{\overline{X}-m}{\dfrac{\sigma}{\sqrt{n}}}\right|<\dfrac{\dfrac{\sigma}{4}}{\dfrac{\sigma}{\sqrt{n}}}\right)$$
$$=P\left(|Z|<\dfrac{\sqrt{n}}{4}\right)$$
$$=2P\left(0\leq Z<\dfrac{\sqrt{n}}{4}\right)$$

이때 $f(n)=0.9974$이므로

$$2P\left(0\leq Z<\dfrac{\sqrt{n}}{4}\right)=0.9974$$
$$\therefore P\left(0\leq Z<\dfrac{\sqrt{n}}{4}\right)=0.4987$$

이때 주어진 표준정규분포표에서 $P(0\leq Z\leq 3)=0.4987$이므로

$$\dfrac{\sqrt{n}}{4}=3, \sqrt{n}=12$$
$$\therefore n=144$$

0589 답 ③

모집단이 정규분포 $N(0, 4^2)$을 따르고 표본의 크기가 9인 표본평균 $\overline{X}$는 정규분포 $N\left(0, \left(\dfrac{4}{3}\right)^2\right)$을 따른다.

또, 모집단이 정규분포 $N(3, 2^2)$을 따르고 표본의 크기가 16인 표본평균 $\overline{Y}$는 정규분포 $N\left(3, \left(\dfrac{1}{2}\right)^2\right)$을 따른다.

즉, 확률변수 $Z_{\overline{X}}=\dfrac{\overline{X}-0}{\dfrac{4}{3}}$은 표준정규분포 $N(0, 1)$을 따르고,

확률변수 $Z_{\overline{Y}}=\dfrac{\overline{Y}-3}{\dfrac{1}{2}}$은 표준정규분포 $N(0, 1)$을 따르므로

$$P(\overline{X}\geq 1)=P\left(Z_{\overline{X}}\geq\dfrac{1-0}{\dfrac{4}{3}}\right)=P\left(Z_{\overline{X}}\geq\dfrac{3}{4}\right)$$

$$P(\overline{Y}\leq a)=P\left(Z_{\overline{Y}}\leq\dfrac{a-3}{\dfrac{1}{2}}\right)=P(Z_{\overline{Y}}\leq 2(a-3))$$

이때 $P(\overline{X}\geq 1)=P(\overline{Y}\leq a)$이므로

$$\dfrac{3}{4}=-2(a-3), a-3=-\dfrac{3}{8} \quad \therefore a=\dfrac{21}{8}$$

0590 답 ㄱ, ㄴ

모집단이 정규분포 $N(64, 5^2)$을 따르므로 표본의 크기가 25인 표본평균 $\overline{X}$는 정규분포 $N\left(64, \dfrac{5^2}{25}\right)$, 즉 $N(64, 1^2)$을 따르고, 표본의 크기가 100인 표본평균 $\overline{Y}$는 정규분포 $N\left(64, \dfrac{5^2}{100}\right)$, 즉 $N\left(64, \left(\dfrac{1}{2}\right)^2\right)$을 따른다.

ㄱ. $E(\overline{X})=E(\overline{Y})=64$

ㄴ. $V(\overline{X})=1^2=1$

$V(\overline{Y})=\left(\dfrac{1}{2}\right)^2=\dfrac{1}{4}$이므로 $V(2\overline{Y})=2^2 V(\overline{Y})=4\times\dfrac{1}{4}=1$

$\therefore V(\overline{X})=V(2\overline{Y})$

ㄷ. 두 확률변수 $Z_{\overline{X}}=\overline{X}-64$, $Z_{\overline{Y}}=\dfrac{\overline{Y}-64}{\dfrac{1}{2}}=2\overline{Y}-128$은 모두 표준정규분포 $N(0, 1)$을 따른다.

이때

$P(\overline{X}\leq a)=P(Z_{\overline{X}}\leq a-64)$,

$P(\overline{Y}\leq b)=P(Z_{\overline{Y}}\leq 2b-128)$

이므로

$P(\overline{X}\leq a)=P(\overline{Y}\leq b)$이면

$a-64=2b-128$

$\therefore 2b-a=64$

이상에서 옳은 것은 ㄱ, ㄴ이다.

0591 답 ②

표본평균을 $\overline{x}$라 할 때, 모표준편차가 1.4 kg, 표본의 크기가 49이므로 모평균 m에 대한 신뢰도 95 %의 신뢰구간은

$$\overline{x}-1.96\times\dfrac{1.4}{\sqrt{49}}\leq m\leq\overline{x}+1.96\times\dfrac{1.4}{\sqrt{49}}$$

이때 $a\leq m\leq 7.992$이므로

$$\overline{x}+1.96\times\dfrac{1.4}{\sqrt{49}}=7.992$$
$$\overline{x}+0.392=7.992 \quad \therefore \overline{x}=7.6$$
$$\therefore a=\overline{x}-1.96\times\dfrac{1.4}{\sqrt{49}}$$
$$=7.6-0.392=7.208$$

0592 답 12

표본평균이 75분, 모표준편차가 σ분, 표본의 크기가 16일 때, 모평균 m에 대한 신뢰도 95 %의 신뢰구간은

$$75-1.96\times\dfrac{\sigma}{\sqrt{16}}\leq m\leq 75+1.96\times\dfrac{\sigma}{\sqrt{16}}$$

$$\therefore b=75+1.96\times\dfrac{\sigma}{\sqrt{16}}=75+0.49\sigma$$

표본평균이 77분, 모표준편차가 σ분, 표본의 크기가 16일 때, 모평균 m에 대한 신뢰도 99 %의 신뢰구간은

$$77-2.58\times\frac{\sigma}{\sqrt{16}}\le m\le 77+2.58\times\frac{\sigma}{\sqrt{16}}$$

$$\therefore d=77+2.58\times\frac{\sigma}{\sqrt{16}}=77+0.645\sigma$$

$$\therefore d-b=(77+0.645\sigma)-(75+0.49\sigma)$$
$$=2+0.155\sigma$$

이때 $d-b=3.86$이므로

$$2+0.155\sigma=3.86,\ 0.155\sigma=1.86 \qquad \therefore \sigma=12$$

0593 답 14

표본의 크기 49가 충분히 크므로 모표준편차 대신 표본표준편차 50 시간을 사용할 수 있고, 표본평균이 $\bar{x}$시간이므로 모평균 m에 대한 신뢰도 95 %의 신뢰구간은

$$\bar{x}-1.96\times\frac{50}{\sqrt{49}}\le m\le \bar{x}+1.96\times\frac{50}{\sqrt{49}}$$

$$\bar{x}-14\le m\le \bar{x}+14$$

$$\therefore c=14$$

0594 답 144

표본의 크기 n이 충분히 크므로 모표준편차 대신 표본표준편차 0.6 km를 사용할 수 있고, 표본평균이 a km이므로 모평균 m에 대한 신뢰도 95 %의 신뢰구간은

$$a-2\times\frac{0.6}{\sqrt{n}}\le m\le a+2\times\frac{0.6}{\sqrt{n}}$$

이때 $2.6\le m\le 2.8$이므로

$$a-2\times\frac{0.6}{\sqrt{n}}=2.6,\ a+2\times\frac{0.6}{\sqrt{n}}=2.8$$

위의 두 식을 변끼리 빼면

$$2\times 2\times\frac{0.6}{\sqrt{n}}=0.2$$

$$\sqrt{n}=12 \qquad \therefore n=144$$

0595 답 ②

$P(-k\le Z\le k)=\dfrac{\alpha}{100}$라 하고 신뢰도 α %로 모평균을 추정할 때, 모표준편차를 σ라 하면 표본의 크기가 n, 신뢰구간의 길이가 l이므로

$l=2k\dfrac{\sigma}{\sqrt{n}}$에서 $\dfrac{l}{a}=2k\dfrac{\sigma}{\sqrt{a^2 n}}$

즉, $f(a)=a^2 n$이므로

$$f(2)=2^2 n=4n,\ f(3)=3^2 n=9n$$

$$\therefore f(2)+f(3)=4n+9n=13n$$

0596 답 ㄱ, ㄷ

전략 표본평균 $\bar{X}$가 따르는 정규분포를 구한 후 정규분포곡선은 직선 $x=m$에 대하여 대칭인 것과 정규분포곡선에서 σ가 클수록 곡선의 높이는 낮아지고 폭은 넓어지는 것을 이용하여 해결한다.

모집단이 정규분포 $N(m,\ 8^2)$을 따르고 표본의 크기가 16이므로 표본평균 $\bar{X}$는 정규분포 $N\!\left(m,\ \dfrac{8^2}{16}\right)$, 즉 $N(m,\ 2^2)$을 따른다.

ㄱ. $V(X)=64$

$V(\bar{X})=\dfrac{64}{16}=4$이므로 $V(4\bar{X})=4^2 V(\bar{X})=16\times 4=64$

$$\therefore V(X)=V(4\bar{X})$$

ㄴ. $\sigma(\bar{X})=\dfrac{\sigma(X)}{\sqrt{16}}=\dfrac{\sigma(X)}{4}$에서

$\sigma(X)>\sigma(\bar{X})$이므로 두 확률밀도함수 $y=f(x)$, $y=g(x)$의 그래프는 오른쪽 그림과 같다.

따라서 함수 $f(x)$의 최댓값이 함수 $g(x)$의 최댓값보다 작다.

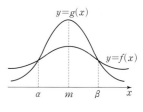

ㄷ. 위의 그림에서 두 함수 $y=f(x)$, $y=g(x)$의 그래프는 직선 $x=m$에 대하여 대칭이므로

$$\frac{\alpha+\beta}{2}=m$$

따라서 방정식 $f(x)=g(x)$의 두 실근의 합은 $2m$이다.

이상에서 옳은 것은 ㄱ, ㄷ이다.

0597 답 0.1815

전략 표본의 크기가 4, 16인 표본평균이 따르는 정규분포를 각각 구하고 표준화하여 확률을 구한다.

모집단이 정규분포 $N(110,\ 10^2)$을 따르므로 표본의 크기가 4인 표본평균 $\bar{X}$는 정규분포 $N\!\left(110,\ \dfrac{10^2}{4}\right)$, 즉 $N(110,\ 5^2)$을 따르고, 표본의 크기가 16인 표본평균 $\bar{Y}$는 정규분포 $N\!\left(110,\ \dfrac{10^2}{16}\right)$, 즉

$N\!\left(110,\ \left(\dfrac{5}{2}\right)^2\right)$을 따른다.

두 확률변수 $Z_{\bar{X}}=\dfrac{\bar{X}-110}{5}$, $Z_{\bar{Y}}=\dfrac{\bar{Y}-110}{\frac{5}{2}}$은 모두 표준정규분포

$N(0,\ 1)$을 따르므로 임의추출한 4개의 제품의 무게의 합이 460 g 이상일 확률은

$p_4=P(4\bar{X}\ge 460)=P(\bar{X}\ge 115)$
$$=P\!\left(Z_{\bar{X}}\ge\frac{115-110}{5}\right)$$
$$=P(Z_{\bar{X}}\ge 1)$$
$$=P(Z_{\bar{X}}\ge 0)-P(0\le Z_{\bar{X}}\le 1)$$
$$=0.5-0.3413=0.1587$$

임의추출한 16개의 제품의 무게의 합이 1840 g 이상일 확률은

$p_{16}=P(16\bar{Y}\ge 1840)=P(\bar{Y}\ge 115)$
$$=P\!\left(Z_{\bar{Y}}\ge\frac{115-110}{\frac{5}{2}}\right)$$
$$=P(Z_{\bar{Y}}\ge 2)$$
$$=P(Z_{\bar{Y}}\ge 0)-P(0\le Z_{\bar{Y}}\le 2)$$
$$=0.5-0.4772=0.0228$$

$\therefore p_4+p_{16}=0.1587+0.0228$
$$=0.1815$$

0598 답 ①

전략 두 모집단에서 표본평균이 따르는 정규분포를 각각 구하고 표준화하여 확률을 구한다.

정규분포 $N(50,\ 8^2)$을 따르는 모집단에서 임의추출한 크기가 16인 표본의 표본평균 $\bar{X}$는 정규분포 $N\!\left(50,\ \dfrac{8^2}{16}\right)$, 즉 $N(50,\ 2^2)$을 따르므로 확률변수 $Z_{\bar{X}}=\dfrac{\bar{X}-50}{2}$은 표준정규분포 $N(0,\ 1)$을 따른다.

$$\therefore P(\bar{X}\le 53)=P\!\left(Z_{\bar{X}}\le\frac{53-50}{2}\right)=P(Z_{\bar{X}}\le 1.5) \qquad \cdots\cdots ㉠$$

또, 정규분포 $N(75, \sigma^2)$을 따르는 모집단에서 임의추출한 크기가 25인 표본의 표본평균 $\overline{Y}$는 정규분포 $N\left(75, \dfrac{\sigma^2}{25}\right)$, 즉 $N\left(75, \left(\dfrac{\sigma}{5}\right)^2\right)$을 따르므로 확률변수 $Z_{\overline{Y}}=\dfrac{\overline{Y}-75}{\dfrac{\sigma}{5}}$는 표준정규분포 $N(0, 1)$을 따른다.

$\therefore P(\overline{Y}\leq 69)=P\left(Z_{\overline{Y}}\leq \dfrac{69-75}{\dfrac{\sigma}{5}}\right)=P\left(Z_{\overline{Y}}\leq -\dfrac{30}{\sigma}\right)$ ...... ㉡

이때 $P(\overline{X}\leq 53)+P(\overline{Y}\leq 69)=1$이므로 ㉠, ㉡에서

$P(Z_{\overline{X}}\leq 1.5)+P\left(Z_{\overline{Y}}\leq -\dfrac{30}{\sigma}\right)=1$

$\{0.5+P(0\leq Z_{\overline{X}}\leq 1.5)\}+\left\{0.5-P\left(0\leq Z_{\overline{Y}}\leq \dfrac{30}{\sigma}\right)\right\}=1$

$P(0\leq Z_{\overline{X}}\leq 1.5)=P\left(0\leq Z_{\overline{Y}}\leq \dfrac{30}{\sigma}\right)$

즉, $1.5=\dfrac{30}{\sigma}$이므로 $\sigma=20$

따라서 표본평균 $\overline{Y}$는 정규분포 $N(75, 4^2)$을 따르므로

$Z_{\overline{Y}}=\dfrac{\overline{Y}-75}{4}$

$\therefore P(\overline{Y}\geq 71)=P\left(Z_{\overline{Y}}\geq \dfrac{71-75}{4}\right)=P(Z_{\overline{Y}}\geq -1)$

$=0.5+P(0\leq Z_{\overline{Y}}\leq 1)$

$=0.5+0.3413$

$=0.8413$

0599 답 ⑤

[전략] 모평균 m에 대한 신뢰도 $a\%$의 신뢰구간의 길이가 $2k\dfrac{\sigma}{\sqrt{n}}$임을 이용하여 a의 값을 구한다. (단, k는 신뢰도 $a\%$에 따른 상수이다.)

모평균 m에 대한 신뢰도가 87.6 %이므로

$P(-z\leq Z\leq z)=0.876$에서

$2P(0\leq Z\leq z)=0.876$, $P(0\leq Z\leq z)=0.438$

$\therefore z=1.54$

$\therefore l=2\times 1.54\times \dfrac{\sigma}{\sqrt{n}}$

신뢰구간의 길이가 $2l$이면

$2l=2\times\left(2\times 1.54\times \dfrac{\sigma}{\sqrt{n}}\right)=2\times 3.08\times \dfrac{\sigma}{\sqrt{n}}$

이므로

$P(-3.08\leq Z\leq 3.08)=2P(0\leq Z\leq 3.08)$

$=2\times 0.499=0.998$

$\therefore a=99.8$

0600 답 ③

[전략] 표본평균 $\overline{X_A}$, $\overline{X_B}$의 분포와 모평균 m에 대한 신뢰도 $a\%$의 신뢰구간의 길이가 $2k\dfrac{\sigma}{\sqrt{n}}$임을 이용하여 해결한다. (단, k는 신뢰도 $a\%$에 따른 상수이다.)

ㄱ. $E(\overline{X_A})=m_1$, $E(\overline{X_B})=m_2$이므로
$m_1=m_2$이면 $E(\overline{X_A})=E(\overline{X_B})$이다.

ㄴ. $n_2=16$이면 표본평균 $\overline{X_B}$의 표준편차는 $\dfrac{2\sigma}{\sqrt{n_2}}=\dfrac{2\sigma}{\sqrt{16}}=\dfrac{\sigma}{2}$이므로 $\overline{X_B}$는 정규분포 $N\left(m_2, \left(\dfrac{\sigma}{2}\right)^2\right)$을 따른다.

ㄷ. m_1에 대한 신뢰도 95 %의 신뢰구간의 길이는

$b-a=2\times 1.96\times \dfrac{\sigma}{\sqrt{n_1}}$

m_2에 대한 신뢰도 95 %의 신뢰구간의 길이는

$d-c=2\times 1.96\times \dfrac{2\sigma}{\sqrt{n_2}}$

이때 $n_2=4n_1$이면

$d-c=2\times 1.96\times \dfrac{2\sigma}{\sqrt{4n_1}}=2\times 1.96\times \dfrac{\sigma}{\sqrt{n_1}}$

$\therefore b-a=d-c$

이상에서 옳은 것은 ㄱ, ㄷ이다.

0601 답 2

[해결 과정] 확률변수 X에 대하여

$E(X)=0\times \dfrac{1}{3}+2\times a+3\times b=2a+3b$ ◀ 40 %

[답 구하기] 이때 $E(\overline{X})=2$이고 표본의 크기에 관계없이

$E(X)=E(\overline{X})=2$ ◀ 40 %

$\therefore 2a+3b=2$ ◀ 20 %

0602 답 1

[문제 이해] 모집단의 확률변수를 X라 하고 X의 확률분포를 표로 나타내면 다음과 같다.

X	n	$n+1$	$n+2$	$n+3$	$n+4$	합계
$P(X=x)$	$\dfrac{1}{5}$	$\dfrac{1}{5}$	$\dfrac{1}{5}$	$\dfrac{1}{5}$	$\dfrac{1}{5}$	1

◀ 20 %

[해결 과정] 확률변수 X에 대하여

$E(X)=\dfrac{1}{5}n+\dfrac{1}{5}(n+1)+\dfrac{1}{5}(n+2)+\dfrac{1}{5}(n+3)+\dfrac{1}{5}(n+4)$

$=n+2$

$E(X)=E(\overline{X})=6$이므로

$n+2=6$ $\therefore n=4$ ◀ 30 %

따라서 5개의 공에 각각 하나씩 적힌 수는 4, 5, 6, 7, 8이므로

$V(X)=4^2\times \dfrac{1}{5}+5^2\times \dfrac{1}{5}+6^2\times \dfrac{1}{5}+7^2\times \dfrac{1}{5}+8^2\times \dfrac{1}{5}-6^2$

$=38-36=2$

$\therefore \sigma(X)=\sqrt{2}$ ◀ 30 %

[답 구하기] 이때 표본의 크기가 2이므로

$\sigma(\overline{X})=\dfrac{\sigma(X)}{\sqrt{2}}=\dfrac{\sqrt{2}}{\sqrt{2}}=1$ ◀ 20 %

0603 답 66

[문제 이해] 모집단이 정규분포 $N(m, 2^2)$을 따르고 표본의 크기가 n이므로 표본평균 $\overline{X}$는 정규분포 $N\left(m, \left(\dfrac{2}{\sqrt{n}}\right)^2\right)$을 따른다.

확률변수 $Z=\dfrac{\overline{X}-m}{\dfrac{2}{\sqrt{n}}}$은 표준정규분포 $N(0, 1)$을 따르므로

$f(m)=P\left(\overline{X}\leq 1.96\times \dfrac{2}{\sqrt{n}}\right)$

$=P\left(Z\leq \dfrac{1.96\times \dfrac{2}{\sqrt{n}}-m}{\dfrac{2}{\sqrt{n}}}\right)$

$=P\left(Z\leq 1.96-\dfrac{m\sqrt{n}}{2}\right)$ ◀ 30 %

[해결 과정] $f(0)=\mathrm{P}(Z\le 1.96)$

$\qquad\qquad\quad =\mathrm{P}(Z\le 0)+\mathrm{P}(0\le Z\le 1.96)$

$\qquad\qquad\quad =0.5+0.48=0.98$

$f(0.8)=\mathrm{P}\left(Z\le 1.96-\dfrac{0.8\sqrt{n}}{2}\right)$

$\qquad\quad\ =\mathrm{P}(Z\le 1.96-0.4\sqrt{n})$

$f(0)+f(0.8)\le 1.08$이어야 하므로

$0.98+\mathrm{P}(Z\le 1.96-0.4\sqrt{n})\le 1.08$

$\therefore \mathrm{P}(Z\le 1.96-0.4\sqrt{n})\le 0.1$

이때 $0.1<0.5$이므로 $1.96-0.4\sqrt{n}<0$

즉, $\mathrm{P}(Z\le 0)-\mathrm{P}(1.96-0.4\sqrt{n}\le Z\le 0)\le 0.1$

$0.5-\mathrm{P}(0\le Z\le 0.4\sqrt{n}-1.96)\le 0.1$

$\therefore \mathrm{P}(0\le Z\le 0.4\sqrt{n}-1.96)\ge 0.4$　　　◀ 40 %

[답 구하기] 이때 주어진 표준정규분포표에서 $\mathrm{P}(0\le Z\le 1.28)=0.4$

이므로

$0.4\sqrt{n}-1.96\ge 1.28$

$\sqrt{n}\ge\dfrac{1.96+1.28}{0.4}=8.1$

$\therefore n\ge 65.61$

따라서 자연수 n의 최솟값은 66이다.　　　◀ 30 %

0604 **답** (1) 32　(2) 35　(3) 11

(1) 임의로 택한 36명이 한 달 동안 요가원을 이용한 시간의 평균이 $\bar{x}$

　 시간이므로

$$\bar{x}=\frac{12\times 36+24\times 30}{36}=32$$　　　◀ 20 %

(2) 표본평균이 32시간, 모표준편차가 12시간, 표본의 크기가 36이므

　 로 모평균 m에 대한 신뢰도 95 %의 신뢰구간은

$$32-1.96\times\frac{12}{\sqrt{36}}\le m\le 32+1.96\times\frac{12}{\sqrt{36}}$$

$\therefore 28.08\le m\le 35.92$　　　◀ 30 %

　 따라서 구하는 정수 m의 최댓값은 35이다.　　　◀ 10 %

(3) 표본평균이 32시간, 모표준편차가 12시간, 표본의 크기가 36이므

　 로 모평균 m에 대한 신뢰도 99 %의 신뢰구간은

$$32-2.58\times\frac{12}{\sqrt{36}}\le m\le 32+2.58\times\frac{12}{\sqrt{36}}$$

$\therefore 26.84\le m\le 37.16$　　　◀ 30 %

　 따라서 모평균 m에 대한 신뢰도 99 %의 신뢰구간에 속하는 자연

　 수는 27, 28, 29, $\cdots$, 37의 11개이다.　　　◀ 10 %

0605 **답** 227

[해결 과정] 표본평균이 20.34 mg, 모표준편차가 σ mg, 표본의 크기

가 16이므로 모평균 m에 대한 신뢰도 95 %의 신뢰구간은

$$20.34-1.96\times\frac{\sigma}{\sqrt{16}}\le m\le 20.34+1.96\times\frac{\sigma}{\sqrt{16}}$$

이때 $20.34-1.96\times\dfrac{\sigma}{\sqrt{16}}=18.38$이므로

$1.96\times\dfrac{\sigma}{4}=1.96$

$\therefore \sigma=4$　　　◀ 40 %

따라서 $a=20.34+1.96\times\dfrac{4}{\sqrt{16}}=22.3$이므로　　　◀ 40 %

[답 구하기] $10a+\sigma=223+4=227$　　　◀ 20 %

Memo

Memo

www.mirae-nedu.com

학습하다가 이해되지 않는 부분이나 정오표 등의 궁금한 사항이 있나요?
미래엔 에듀 홈페이지에서 해결해 드립니다.

교재 내용 문의
나의 교재 문의 | 수학 과외쌤 | 자주하는 질문 | 기타 문의

교재 정답 및 정오표
정답과 해설 | 정오표

교재 학습 자료
MP3

학습하다가 이해되지 않는 부분이나 정오표 등의 궁금한 사항이 있나요?
미래엔 에듀 홈페이지에서 해결해 드립니다.

교재 내용 문의
나의 교재 문의 | 수학 과외쌤 | 자주하는 질문 | 기타 문의

교재 정답 및 정오표
정답과 해설 | 정오표

만점 완성을 위한
실전 코스

수학 I

한국지리

물리학 I

개념부터 유형까지
1등급을 선점하라!

새 교육과정

수학 I

• 원리를 쉽게 이해할 수 있는 체계적인 개념 학습
• 기출 문제 분석을 통한 탄탄한 내신 유형 학습
• 수준별 문제로 구성한 든든한 마무리 학습

NEW
내신 잡는 필수 개념서
올리드
Allead

MiraeN 에듀

[수학] 고등 수학(상), 고등 수학(하),
수학 I, 수학 II, 확률과 통계, 미적분
[사회] 통합사회, 한국사, 한국지리, 사회·문화,
생활과 윤리, 윤리와 사상
[과학] 통합과학, 물리학 I, 화학 I, 생명과학 I,
지구과학 I

1 알차게 구성된 기본서
개념 학습과
시험 대비를 한 권에!

2 쉽게 이해되는 기본서
교과서보다 더 알차고
체계적인 설명

3 강력한 실전 대비서
최신 기출 및 신경향 문제로
적중률 높은 문제